普通高等教育电气能源类专业教材

继电保护及二次回路

葛强 编著

中国水利水电出版社
www.waterpub.com.cn
·北京·

内 容 提 要

本书系统介绍继电保护及二次回路的基本概念、基本原理和有关设计计算方法。全书分 3 篇共 14 章，包括继电保护基础知识、线路相间短路保护、线路接地故障零序电流保护、线路短路的阻抗保护、变压器保护、高压电动机及电容器保护、控制回路、信号回路、测量回路及绝缘监察回路、操作电源、二次接线安装图、微机保护基本原理、电力设备微机保护及变电站综合自动化技术等。

本书既可供普通高等学校电气工程及其自动化专业、能源与动力工程专业等作为本科教材，也可作为电气信息类有关专科专业的教学参考用书，还可供继电保护和二次回路设计、运行、调试的工程技术人员参考使用。

图书在版编目（ＣＩＰ）数据

继电保护及二次回路 / 葛强编著. -- 北京 ：中国水利水电出版社，2023.3
普通高等教育电气能源类专业教材
ISBN 978-7-5226-0506-7

Ⅰ. ①继… Ⅱ. ①葛… Ⅲ. ①继电保护－高等学校－教材②二次系统－高等学校－教材 Ⅳ. ①TM77②TM645.2

中国版本图书馆CIP数据核字 (2022) 第032128号

书　　名	普通高等教育电气能源类专业教材 **继电保护及二次回路** JIDIAN BAOHU JI ER CI HUILU
作　　者	葛　强　编著
出版发行	中国水利水电出版社 （北京市海淀区玉渊潭南路 1 号 D 座　100038） 网址：www. waterpub. com. cn E-mail：sales@mwr. gov. cn 电话：(010) 68545888（营销中心）
经　　售	北京科水图书销售有限公司 电话：(010) 68545874、63202643 全国各地新华书店和相关出版物销售网点
排　　版	中国水利水电出版社微机排版中心
印　　刷	清淞永业（天津）印刷有限公司
规　　格	184mm×260mm　16 开本　19.75 印张　493 千字
版　　次	2023 年 3 月第 1 版　2023 年 3 月第 1 次印刷
印　　数	0001—2000 册
定　　价	**68.00 元**

凡购买我社图书，如有缺页、倒页、脱页的，本社营销中心负责调换

前　言

　　本书系统介绍了 110kV 及以下电力系统中继电保护及二次回路的基本概念、基本原理和有关设计计算方法。在编写过程中，注重基础理论与实践相结合，将继电保护的整定计算、二次回路设计、变电站综合自动化技术等与工程实际紧密联系；注重反映新理论、新技术、新设备；注重把国家现行相关技术标准、规范反映到本书中。

　　全书分 3 篇共 14 章。第 1 篇为继电保护原理，主要内容有继电保护基础知识、线路相间短路保护、线路接地故障零序电流保护、线路短路的阻抗保护、变压器保护、高压电动机及电容器保护；第 2 篇为二次回路，主要内容有控制回路、信号回路、测量回路及绝缘监察回路、操作电源、二次接线安装图；第 3 篇为微机保护，主要内容有微机保护基本原理、电力设备微机保护、变电站综合自动化技术。为了便于理解所学内容，关键章都配有例题，同时每章都配有复习思考题，每章最后增加本章小结。

　　本书由葛强教授编著，莫岳平教授主审。莫岳平教授对本书提出了很多宝贵意见，研究生吴丹丹、徐逍帆、徐川翔、李振志、孙子明、陈友等在文字录入校对、插图整理中付出了辛勤劳动，在此一并表示真诚的感谢！

　　本书是在总结继电保护及二次回路设计和长期教学、科研、教材建设等经验的基础上，参考和引用了多种教材及许多国内外文献编写而成，在此对这些文献的作者表示感谢。

　　由于编著者学识水平所限，书中难免存在缺点和疏漏之处，恳请广大读者批评指正。

编者

2022 年 1 月

下 角 标 对 照 表

文字符号	中文名称	英文名称
K	继电器	relay
k	短路	short-circuit
kmax	最大短路	short-circuit maximum
op	动作	operating
re	返回	return
sen	灵敏度	sensitivity
W	接线	wiring
w	工作	work
sr	自启动	self-start
rel	可靠	reliability
max	最大	maximum
min	最小	minimum
set	整定	setting
s	系统	system
i	电流互感器变比	TA ratio
u	电压互感器变比	TV ratio
res	剩余	residual
p	保护	protection
b	基准值	basic
d	差动	differential
T	变压器	transformor
st	启动	start
NT	变压器额定值	nominal transformor
NM	电动机额定值	nominal motor
co	配合系数	coordinated
dsq	不平衡	disequibrium
0	零序	zero-sequence
1	正序	positive-sequence
2	负序	negative-sequence
Σ	总和	total，sum

目　　录

● 第1篇　继电保护原理

第2篇　二　次　回　路

第1篇 继电保护原理

第1章 继电保护基础知识

1.1 继电保护概述

继电保护是继电保护技术和继电保护装置的统称，是一个完整的体系。由电力系统故障分析、继电保护原理及实现、继电保护配置设计、继电保护运行及维护等技术构成。继电保护装置是能反映电力系统中电力设备或线路发生故障或异常运行状态，并动作于断路器跳闸或发出信号的一种自动装置；也是用来对电气元件（以下简称元件）如发电机、输配电线路、变压器、母线、电动机、电力电容器等进行监视和保护的一种自动装置。当元件发生故障或出现异常运行状态时，继电保护装置能发出使故障元件退出运行的操作"命令"，或给值班人员发出警告信号。它和其他自动装置（如自动重合闸装置、备用电源自动投入装置）配合工作，可以大大提高电力系统安全可靠运行水平。

1.1.1 电力系统的短路故障和异常运行状态

1.1.1.1 短路和断线故障

电力系统故障包括电气元件各种形式短路（$k^{(3)}$、$k^{(2)}$、$k^{(1)}$、$k^{(1.1)}$）和断路（单相和两相），其中最常见也最危险的故障是各种形式的短路。在发生短路时，系统或其中一部分元件的正常工作遭到破坏，造成对用户少送电的后果或使电能质量变坏到不能容许的地步，甚至造成人身伤亡和电力设备及线路的损坏。可能产生以下后果：

（1）通过故障点的短路电流和所燃起的电弧，损坏故障元件。

（2）短路电流通过非故障元件，由于短路电流引起发热和电动力的作用，引起非故障元件的损坏或缩短使用寿命。

（3）电力系统中部分地区的电压大大降低，破坏用电设备工作的稳定性或影响产品质量。

（4）破坏电力系统并列运行的稳定性，引起系统振荡，甚至使整个系统瓦解。

1.1.1.2 异常运行状态

异常运行状态是指电力系统中电气元件的正常工作遭到破坏，但没有发生如短路和断线故障的运行状态，如过负荷、频率降低、过电压、电力系统振荡等。

电力系统在运行过程中应尽量避免各种短路故障的发生。一旦发生故障，要求尽快切除故障元件，保证电力系统内无故障元件继续运行，缩小停电范围。由于电磁变化过程非常迅速，为了避免故障扩大，要求切除故障元件的时间为零点几秒，甚至更短，不可能靠值班人员手动操作将故障元件切除，只有借助继电保护装置才能实现。

1.1.2　继电保护的基本原理

利用正常运行与区内外短路故障电气参数变化的特征构成保护判据，根据不同判据构成不同原理的继电保护。系统故障时电气参数变化的特征有以下几种：

（1）电流增加（电流保护）：故障点与电源直接连接的电气设备的电流会增大。

（2）电压降低（电压保护）：各变电站母线上的电压将发生不同程度的降低，短路点的电压降低到零。

（3）电流电压间的相位角发生变化（方向保护）：正常运行状态，系统电流与电压间的相位角为 $20°$ 左右，当发生短路时系统电流与电压间的相位角为 $60°\sim85°$。

（4）电压与电流的比值发生变化（阻抗保护或距离保护）：系统正常运行是负荷阻抗，其值较大；系统短路时阻抗是保护安装处到短路点之间的阻抗，其值较小。

（5）电流差动保护（纵联差动保护或横联差动保护）：正常运行时通过元件的输入电流等于输出电流，即 $I_入 = I_出$；当发生短路时输入电流不等于输出电流，即 $I_入 \neq I_出$。

（6）分量保护：在发生不对称短路时出现负序电流分量 I_2 及零序电流分量 I_0。

继电保护除能够根据电气参数变化进行保护外，还有非电气量的保护如油浸式变压器瓦斯保护、干式变压器过热保护等。

1.1.3　继电保护的任务及要求

1.1.3.1　继电保护的任务

（1）发生故障时自动、迅速且有选择地将故障元件切除，使故障元件免受破坏，保证电力系统无故障元件恢复运行。

（2）当电力系统出现异常工作状态时能作出反应，根据异常工作状态的种类以及设备运行维护条件（例如有无经常值班人员），确定保护是发出信号，还是由值班人员进行处理或自动进行调节，将那些继续运行会引起故障的元件切除。

1.1.3.2　继电保护的要求

动作于跳闸的继电保护，在技术上应满足四个基本要求，即选择性、速动性、灵敏性和可靠性。

（1）选择性。继电保护选择性是指发生故障时首先由故障设备或线路本身的保护切除故障，当故障设备或线路本身的保护或断路器拒动时，才允许由相邻设备、线路的保护或断路器失灵保护切除故障。保护装置工作时，仅将故障元件切除，使停电范围最小，而非故障部分仍能继续安全运行。以图 1.1 单侧电源供电网络为例，在 k_1 点短路时，应由装于 QF3 和 QF4 处的保护将断路器 QF3 和 QF4 断开，此时双回线的另一回线路仍能继续运行。当 k_2 点短路时，应由距离短路点最近处的保护将断路器 QF5 断开。

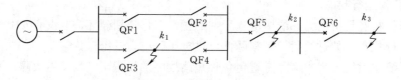

图 1.1　有选择性切除故障的单侧电源供电网络

（2）速动性。继电保护速动性是指保护装置应能尽快地切除短路故障，对作用于断路器跳闸的继电保护要求快速动作，以提高电力系统运行的稳定性，加速恢复正常工作的过程，减轻故障设备和线路的损坏程度，缩小故障波及范围，防止事故扩大，改善自动重合闸和备用电源或备用设备自动投入的效果。因此，迅速切除故障，对于提高电力系统可靠性有着重要的意义。

故障切除时间是指从发生故障起到断路器跳闸并熄灭电弧为止的一段时间，它等于保护动作时间和断路器动作时间（包括灭弧时间）之和。因此，为了保证快速切除故障，除需要采用快速动作的断路器外，还需要加快保护动作时间，对于 35kV 及以下系统，保护的最快动作时间为 0.02~0.06s，现代快速保护的最小动作时间可达 0.01~0.04s。但不是所有场合都要求动作时间越小越好，对不同电压等级和不同结构的电网，故障切除时间有着不同的要求。

（3）灵敏性。继电保护的灵敏性是指对其保护范围内的设备或线路，发生短路故障或异常运行状态的反应能力，即保护装置具有的正确动作能力的裕度。满足灵敏性要求的保护，在事先规定的保护范围内发生故障时，无论短路点的位置和短路的性质如何，都应该灵敏地感觉并正确地反应。保护装置灵敏与否，受运行方式的影响较大。通常在灵敏度校验时只考虑系统运行方式的两种极端情况：最大运行方式和最小运行方式。

所谓系统最大运行方式，是指系统中所有电气元件都投入运行，所选定接地的中性点全部接地时的运行方式。为了使继电保护在其保护范围内发生故障时均能起到保护作用，要求它不仅在系统最大运行方式下金属性短路时（这时系统等效阻抗最小，通过保护装置的短路电流最大）能可靠地动作，而且在系统最小运行方式下和经过较大的过渡电阻短路时（这时系统等效阻抗最大，通过保护装置的短路电流最小）也能可靠地动作。

继电保护灵敏性用灵敏系数 K_{sen} 来衡量。

对于反应故障时参数量（如电流）增加的保护，灵敏系数由式（1.1）表示，即

$$K_{sen} = \frac{I_{kmin}}{I_{op}} \tag{1.1}$$

式中　　I_{kmin} ——系统处于最小运行方式下，保护区内短路点的最小短路电流；

　　　　I_{op} ——保护装置的一次动作电流整定值。

对于反应故障时参数量（如电压）降低的保护，灵敏系数由式（1.2）表示，即

$$K_{sen} = \frac{U_{op}}{U_{kmax}} \tag{1.2}$$

式中　　U_{op} ——保护装置的一次动作电压整定值；

　　　　U_{kmax} ——保护区末端金属性三相短路时，在保护安装处母线上的最大线电压。

保护装置的灵敏系数，应根据不利运行方式和不利故障类型进行计算，必要时应计及短路电流衰减的影响。各类继电保护的最小灵敏系数，应符合《电力装置的继电保护和自动装置设计规范》（GB/T 50062—2008）要求。

（4）可靠性。保护的可靠性是指在规定的保护范围内发生属于它应该动作的故障时，应可靠地动作，不应由于其本身的故障而拒绝动作；在其他任何不应由它动作的情况下，则不应该动作。要求保护有很高的动作可靠性非常必要，因为保护拒绝动作或误动作都将使事故扩大，给电力系统和用户带来严重的损失。

1.1.4　继电保护装置的组成

继电保护一般由测量、逻辑和执行三部分组成，如图 1.2 所示。

（1）测量部分。测量部分测量从被保护对象输入的有关电气量，与已给定的整定值进

图 1.2　继电保护装置原理结构

行比较，根据比较的结果判断保护是否应该启动。

（2）逻辑部分。逻辑部分是根据测量部分各输出量的大小、性质、输出的逻辑状态、出现的顺序或它们的组合，使保护装置按一定的逻辑关系工作，最后确定是否应该使断路器跳闸或发出信号，将有关命令传给执行部分。继电保护中常用的逻辑回路有"与"、"或"、"否"、"延时启动"、"延时返回"以及"记忆"等回路。

（3）执行部分。执行部分是根据逻辑部分输出的信号，最后完成保护装置所担负的任务。如故障时，动作于跳闸；异常运行时，发出信号；正常运行时，不动作等。

1.1.5　继电保护的分类

电力系统发生故障时会引起电流增大、电压降低以及电流与电压相位变化等，绝大多数的保护装置都是以反映这些物理量变化为基础，利用正常运行与故障时各物理量的差别来实现。

（1）按被保护对象分类，有发电机保护、输电线路保护、变压器保护、母线保护、电动机保护、电容器保护等。

（2）按保护原理分类，根据所反映物理量不同，可构成不同类型的保护。例如，反映电流量变化的为电流保护，反映电压量变化的为电压保护，既反映电流又反映相角改变的为方向过电流保护等。此外还有距离保护、差动保护、零序保护等。

（3）按故障类型分类，有相间短路保护、接地故障保护、匝间短路保护、断线保护、失步保护、失磁保护及过励磁保护等。

（4）按保护装置实现技术或根据保护所采用的继电器分类，有机电型保护（如电磁型保护和感应型保护）、整流型保护及微机型保护等。随着计算机技术的飞速发展，微机保护得到广泛应用。

（5）按保护所起的作用分类，根据保护的功能不同，可分为主保护、后备保护和辅助保护三种。

1）主保护。满足系统稳定和设备安全要求，能以最快速度有选择地切除被保护设备和线路故障的保护。主保护指能以较小的动作时限而且有选择地切除被保护电气元件整个范围内故障的保护，动作时限应能满足电力系统稳定及设备安全的要求。

2）后备保护。主保护或断路器拒动时，用来切除故障的保护。后备保护又分为远后备保护和近后备保护两种方式。

a）远后备保护：远后备保护指当主保护或断路器拒动时，由相邻电力设备或线路的保护来实现的后备保护。当被保护元件的主保护拒绝动作或退出工作（如调度时），以及相邻元件的保护或断路器拒绝动作时，能保证带一定延时使断路器跳闸以消除故障的保护。例如在图 1.1 中 k_3 点故障时，应由装于 QF6 处的保护动作，使断路器 QF6 动作跳闸将故障切除。若由于某种原因，装于 QF6 处的保护或断路器 QF6 拒绝动作，故障就不能消除，这就要求上一段线路装于 QF5 处的保护动作，将断路器 QF5 跳闸，使故障范围不致再扩大，这时 QF5 处保护所起的作用，称为下一段线路的远后备保护。远后备保护动作虽然是越级动作，但亦应认为是有选择性的保护。

b）近后备保护：当主保护拒动时，由本电力设备或本线路的另一套保护来实现后备的保护；当断路器拒动时，由断路器失灵保护来实现的后备保护。

3）辅助保护。辅助保护是指能补充主保护和后备保护性能的不足，或为了缩短切除某部分故障的动作时间，但又不能取代主保护和后备保护，仅起到辅助作用的保护，是为补充主保护和后备保护的性能或当主保护和后备保护退出运行而增设的简单保护。

如图 1.3 所示，由 I 段、II 段共同构成的主保护，最长的切除故障时间为 0.5s。如 k_1 处故障，保护 P1 I 段拒动，由 P1 II 段作为近后备跳开 1QF。如 k_2 处故障，保护 P2 或 2QF 拒动，保护 P1 II 段作为远后备跳开 1QF。k_3 处故障，由保护 P1 III 段保护提供完整的远后备作用。

4）异常运行保护。是反映被保护电力设备或线路异常动作状态的保护。

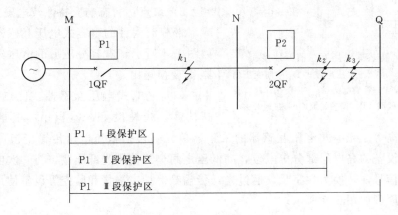

图 1.3　线路三段式保护范围

1.2 互　感　器

互感器分为电压互感器和电流互感器，主要用途是：

（1）将二次回路与一次回路隔离，保证操作人员和二次设备的安全。

（2）将被测量或被保护元件的运行工况参数，变换成统一的标准值，以减少测量仪表和继电器的规格品种，使仪表和继电器标准化。

为了人身和设备的安全，互感器的二次线圈都应接地，防止当互感器绝缘损坏时，在仪表和继电器上出现危险的高电压。

1.2.1　电压互感器

1.2.1.1　原理

电压互感器（TV）是隔离高电压，供继电保护、自动装置和测量仪表获取一次电压的传感器，是一种特殊形式的变换器。

（1）容量小（通常只有几十伏安或几百伏安）。

（2）一次侧电压（即电网电压）不受二次侧电压的影响。

（3）正常运行时近似空载，二次电压基本上等于二次感应电动势。

（4）二次侧严禁短路，一次侧、二次侧接有熔断器保护。

1.2.1.2　结构形式

电压互感器按结构形式分为电磁式电压互感器、电容式电压互感器、光电式电压互感器。

（1）电磁式电压互感器。

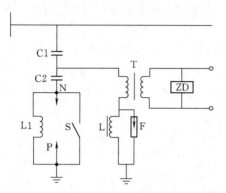

图 1.4　电容式电压互感器原理接线

C1—高压电容；C2—中压电容；T—中间变压器；
ZD—阻尼器；L—补偿电抗器；F—氧化锌避雷器；
L1—排流线圈；P—保护间隙；S—接地开关

1）优点：结构简单，暂态响应特性较好。

2）缺点：因铁芯的非线性特性，容易产生铁磁谐振，引起测量不准确和造成电压互感器的损坏。

（2）电容式电压互感器（CVT）。

1）优点：没有谐振问题，装在线路上时可以兼作高频通道的结合电容器。

2）缺点：暂态响应特性较电磁式差。

带载波附件的电容式电压互感器原理接线如图 1.4 所示，电容分压后的电压经中间变压器 T 变换输出。

（3）光电式电压互感器。优点：无饱和，高精度，线性度好，体积小，重量轻，可靠性、安全性高等。光电式电压互感器的采集器单元（包括电流电压传输变换和信号处理等）与电力设备的高电压部分等电位，高低压之间全部使用光纤连接，将一次电流电压转变为小电压信号，转换为数字量，通过光纤传输给保护、测量和监控等设备使用。光电式电压互感器原理如图 1.5 所示。

1.2.1.3　电压互感器的变比及误差

以电磁式电压互感器为例分析电压互感器的变比及误差。电磁感应式电压互感器的结构原理、接线和工作特性与变压器相似，主要区别在于互感器容量很小。

电压互感器的额定变比，就是一次、二次额定电压之比，即

$$K_{u} = \frac{U_{N1}}{U_{N2}} \approx \frac{N_1}{N_2} \tag{1.3}$$

式中　U_{N1}、U_{N2}——电压互感器一次和二次额定电压；

N_1、N_2——电压互感器一次绕组和二次绕组的匝数。

反映电压互感器准确度的参数是电压互感器的误差，分为电压误差 ΔU 和角误差 δ_u 两种。

电压误差为二次侧测量电压所求得的数值（$U_2 K_u$）与一次侧实际电压值（U_1）的差，与一次侧实际电压 U_1 之比的百分值，表示为

$$\Delta U = \frac{U_2 K_u - U_1}{U_1} \times 100\% \tag{1.4}$$

角误差是指电压互感器一次电压向量与反向二次电压向量之间的夹角 δ。电压互感器

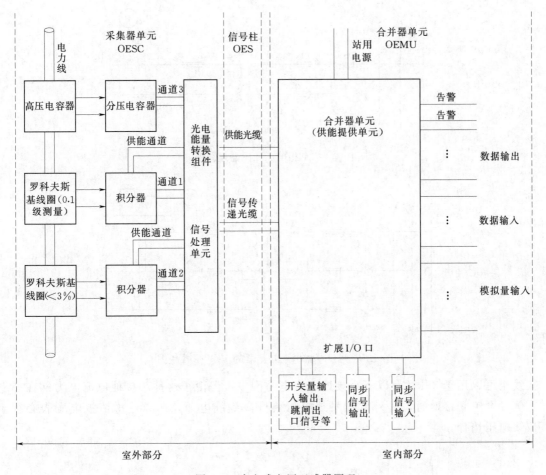

图 1.5　光电式电压互感器原理

的误差与其励磁电流、二次负荷、功率因数以及电压波形有关。对于测量用电压互感器的标准准确度有 0.1、0.2、0.5、1.0、3.0 五个等级，继电保护用电压互感器的标准准确度有 3P 和 6P 两个等级。

　　由于电压互感器的误差与其二次负荷大小有关，即准确度等级与其容量（供给二次负荷的功率）有关，因此，当电压互感器在超过额定容量的情况下运行，其准确度等级将相应降低。

1.2.1.4　电压互感器的接线图

　　(1) 图 1.6 为单相电压互感器接线图，在三相装置中只能测量任意两相间线电压。

　　(2) 图 1.7 为两只单相电压互感器的不完全星形接线图（V/V 形接线），用于只需测量线电压的仪表和反映线电压的继电器。这种接线广泛用于中性点不接地或经消弧线圈接地的电力网中。两相不完全星形接线用于 35kV 及以下电压等级小电流接地系统，可以获得 AB、BC 线电压。

　　(3) 图 1.8 为三只单相电压互感器的 $Y_0/Y_0/\square$ 接线图，一次绕组中性点、二次绕组中性点和辅助二次绕组都应该有一点接地。由于电压互感器一次绕组绝缘是按相电压设计，所以这种接线可以用来接入任何测量仪表和监视电力网对地的绝缘状况。该

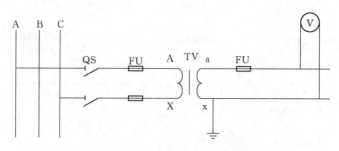

图 1.6　单相电压互感器接线图

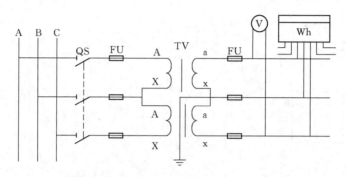

图 1.7　两只单相电压互感器的 V/V 形接线图

接线也可以用于 35kV 及以下小接地电流电力网中，但由于这种小接地电流电力网在一次侧发生单相接地时，另外两相对地电压要升高到线电压，所以绝缘监视电压表必须按线电压选择。

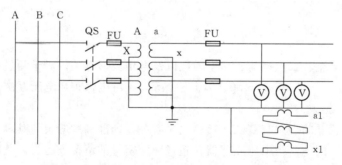

图 1.8　三只单相电压互感器的 $Y_0/Y_0/\triangle$ 接线图

（4）图 1.9 为三相五柱式电压互感器的接线图，此种接线实质上和图 1.8 相同。铁芯增加旁轭是为了提供零序磁通通路，所以设计成五柱式。辅助二次绕组每一相额定电压按 $(100/3)$ V 设计。

1.2.2　电流互感器

1.2.2.1　电流互感器的特点

电流互感器（TA）（图 1.10）的作用是把大电流按比例降到可以用仪表直接测量的数值，以便用仪表直接测量，并作为各种继电保护的信号源。由于其一次、二次绕组之间有足够的绝缘，从而保证所有二次设备与高电压相隔离。电流互感器二次绕组必须与仪

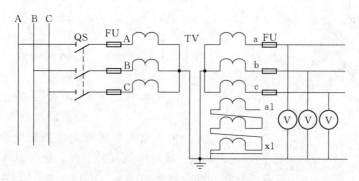

图 1.9 三相五柱式电压互感器接线图

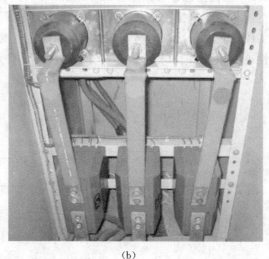

(a)   (b)

图 1.10 电流互感器

表、继电器的电流绕组串联。

电流互感器具有下列特点:

(1) 接在电流互感器二次侧的仪表和继电器电流线圈的阻抗很小,电流互感器正常运行时,二次绕组接近于短路状态。

(2) 电流互感器的一次绕组串联在电路中,匝数很少。电流互感器一次绕组中的电流取决于主电路中的负荷电流,与电流互感器的二次负荷无关。

(3) 电流互感器在运行中不容许二次侧开路。

电流互感器在一次电流为额定值而且二次侧在闭合回路的情况下,铁芯中的磁通密度为 $0.06 \sim 0.1$T,但当二次侧开路而一次电流仍存在时,铁芯中的磁通密度剧烈增加,其值可达 $1.4 \sim 1.8$T,使铁芯严重饱和。这时在二次侧感应电势很高,如图 1.11 所示,其峰值可达数千伏甚至上万伏,对设备和运行人员的安全都有危害。同时由于铁芯中磁通密度的骤增,磁滞涡流损耗增大,使铁芯剧烈发热,导致互感器损坏。此外,在铁芯中产生剩磁,使电流互感器误差增大。

电流互感器的额定变流比就是一次额定电流 I_{N1} 和二次额定电流 I_{N2} 之比,即

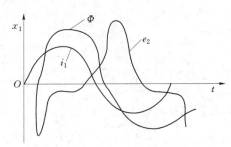

图 1.11　电流互感器二次
侧开路时磁通和电势波形

$$K_i = \frac{I_{N1}}{I_{N2}} \approx \frac{N_2}{N_1} \qquad (1.5)$$

式中　I_{N1}、I_{N2}——电流互感器一次和二次额定
电流；

N_1、N_2——电流互感器一次绕组和二次
绕组的匝数。

由于电流互感器二次额定电流通常为 5A 或 1A，设计电流互感器时，已将其一次额定电流标准化（如 100A、150A、200A、…），所以电流互感器变流比也标准化。

1.2.2.2　电流互感器极性及接线方式

电流互感器的极性按"减极性"原则标示。即一次电流由"＊"端流入电流互感器作为它的假定正方向，二次电流由"＊"端流出电流互感器作为它的假定正方向。电流互感器极性表示如图 1.12 所示。

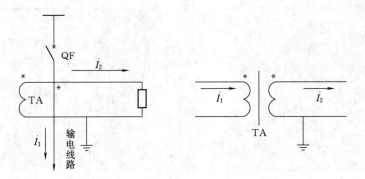

图 1.12　电流互感器极性表示

电流互感器接线方式主要有两相不完全星形接线 ［图 1.13 (a)］、三相完全星形接线 ［图 1.13 (b)］。两相不完全星形接线用于 35kV 及以下电压等级小电流接地系统，可以获得 A、C 相电流；三相完全星形接线用于 110kV 及以上电压等级大电流接地系统，可以获得三相相电流。三相完全星形接线的中线上可以获得三相电流之和，即 3 倍的零序电流。

1.2.2.3　电流互感器的误差

图 1.14 为电流互感器的等值电路图和相量图。相量图可根据下述关系式作出

$$\left.\begin{array}{l} \dot{U}_2 = Z_L \dot{I}_2 = (r_L + jX_L)\dot{I}_2 \\[2mm] \dot{E}_2 = \dot{U}_2 + Z_2 \dot{I}_2 = \dot{U}_2 + (r_2 + jX_2)\dot{I}_2 \\[2mm] \alpha = \arctan \dfrac{X_1 + X_2}{r_1 + r_2} \\[4mm] \dot{I}'_m = \dfrac{\dot{E}'_2}{Z'_m} \\[4mm] \dot{I}'_1 = \dot{I}_2 + \dot{I}'_m \end{array}\right\} \qquad (1.6)$$

式中　Z_L、Z_2——二次负荷阻抗和二次绕组阻抗；

Z'_{m}、Z'_{1}——归算到二次侧的励磁阻抗和一次绕组阻抗；

$\dot{U}_{2}$、$\dot{E}_{2}$、$\dot{U}'_{1}$——二次电压、感应电势和归算到二次侧的一次电压；

$\dot{I}_{2}$、$\dot{I}'_{\mathrm{m}}$、$\dot{I}'_{1}$——二次电流、归算到二次侧的励磁电流和一次电流。

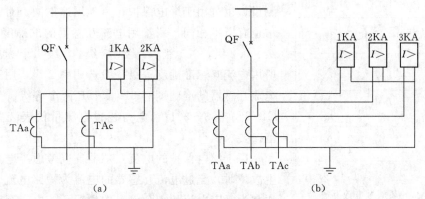

图 1.13　电流互感器接线方式

(a) 两相不完全星形接线；(b) 三相完全星形接线

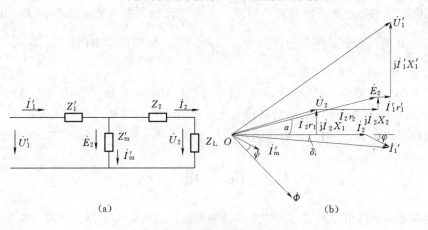

图 1.14　电流互感器的等值电路和相量图

(a) 等值电路图；(b) 相量图

从相量图中可以看出：电流互感器本身存在励磁损耗（对应于励磁电流 $\dot{I}'_{\mathrm{m}}$），致使 $\dot{I}'_{1}$ 和 $\dot{I}_{2}$ 在数值上和相位上都有差异，即产生所谓的电流误差和角度误差。

电流误差为二次电流的测量值乘以额定变流比所得的一次电流（$K_{\mathrm{i}}I_{2}$）与实际一次电流 I_{1} 之差，用一次电流的百分数表示，即

$$\Delta I = \frac{K_{\mathrm{i}}I_{2}-I_{1}}{I_{1}}\times 100\% \tag{1.7}$$

二次电流 $\dot{I}_{2}$ 与转过 $180°$ 的一次电流 $\dot{I}'_{1}$ 之间的夹角 δ_{i}，称为电流互感器角误差。

从图 1.14 (b) 可以看出，ΔI 和 δ_{i} 随着励磁电流 I'_{m} 的变化而变化。式 (1.6) 表明：I'_{m} 取决于 E_{2}，E_{2} 又与负载阻抗 Z_{L}、一次电流 I_{1} 的大小有关。因此，电流互感器的误差随着负载阻抗和一次电流的变化而变化。

对于设计人员，可通过控制电流互感器的二次负载阻抗 Z_L 大小，使它不超过某一数值，这样电流互感器就能保证足够的准确度。

1.2.2.4 电流互感器的准确度和 10%误差曲线

准确度是指在额定电流和一定的二次负载下的最大容许误差。电流互感器可用于电气

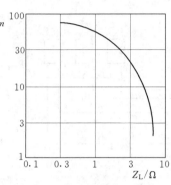

图 1.15 某型号电流互感器的 10%误差曲线

测量，也可用于继电保护。由于用途不同，对它们的要求也有所不相同。测量用电流互感器的准确度分为 0.1 级、0.2 级、0.5 级、1 级、3 级、5 级六个标准，计量所用电流互感准确度等级一般选用 0.2 级，用于保护用电流互感器的准确度有 5P 和 10P 两个等级。具体按照 GB/T 50063—2017《电力装置电测量仪表装置设计规范》要求执行。

用于继电保护的电流互感器，应考虑当电力设备发生故障时，流过电流互感器的电流为短路电流（其数值通常为额定电流的十余倍）的情况下，电流互感器的准确度满足要求，即电流误差应不大于 10%。因此，对于保护用的电流互感器，为了校验其准确度，生产厂家绘制有电流互感器的 10%误差曲线（图 1.15）。此曲线表示互感器的误差为 10%时，其一侧额定电流倍数 $n\left(n=\dfrac{I_k}{I_{N1}}\right)$ 与二次负载阻抗 Z_L 的函数关系。

利用 10%误差曲线，可以计算出互感器二次负载的容许值。应用时，根据一次短路电流 I_k 求出短路电流倍数 n，然后从曲线上找出与 n 相对应的二次负载阻抗 Z_L，当实际的二次负载阻抗小于 Z_L 时，便可以保证误差 $\Delta I < 10\%$。

1.3 继 电 器

继电器是一种电力控制器件，它具有控制系统（又称输入回路）和被控制系统（又称输出回路），应用于自动控制电路中，是用较小的电流去控制较大电流的一种"自动开关"。继电器是一种能根据某物理量的变化而自动动作的电器，当控制它的物理量达到一定数值时，它能使被控制的物理量发生突然变化而动作，这种动作特性称为继电特性。继电器在电路中起着自动调节、安全保护、转换电路等作用。继电保护要借助其内部各个继电器去完成预定的任务，继电器是继电保护的基本元件。

1.3.1 继电器的型号及符号表示法

1.3.1.1 继电器的原理及分类

继电器是一种当输入物理量（如电压、电流、温度等）达到规定值时，使被控制的输出电路导通或断开的电器。继电器种类很多，总体看，根据继电器所反映物理量的种类不同，可分为电气量（如电流、电压、频率、阻抗、功率等）继电器及非电气量（如瓦斯、温度、转速、压力等）继电器两大类。继电器具有动作快、工作稳定、使用寿命长、体积小等优点，广泛应用于电力保护、自动化、运动、遥控、测量和通信等装置中。对于电气量继电器，通常按下列原则和方法分类：

（1）根据所反映物理量的增减，继电器可分为过量继电器（如过电流继电器和过电压继电器等）和低量继电器（如低电压继电器和阻抗继电器等）。

（2）根据在保护装置中作用的不同，继电器分为电流继电器、电压继电器、中间继电器、时间继电器和信号继电器等。

（3）根据结构原理上的不同，继电器分为电磁型继电器、感应型继电器、整流型继电器和晶体管型继电器等。

1.3.1.2 继电器的文字符号

为了便于阅读和记忆二次接线图，在设备或元件的图形符号上方应按照国家标准所规定的文字符号表示出该二次设备或元件的名称。部分二次设备、元件和小母线的文字符号摘录于表1.1。

表1.1　　　　　　　　　　　部分二次设备、元件和小母线的文字符号

名　称	文字符号	名　称	文字符号
断路器及其辅助触点	QF	隔离开关及其辅助触点	QS
电流互感器	TA	电流表	PA
电压互感器	TV	电压表	PV
合闸接触器	KO	有功功率表	PW
合闸线圈	YO	有功电度表	PJ
跳闸线圈	YR	控制开关	SA
电流继电器	KA	选择开关	SA
电压继电器	KV	热继电器	KH
时间继电器	KT	刀开关	QK
差动继电器	KD	信号灯	HL
信号继电器	KS	绿色信号灯	GN
温度继电器	KH	红色信号灯	RD
瓦斯继电器	KG	白色信号灯	WH
中间继电器	KM	蜂鸣器	HB
信号脉冲继电器（冲击继电器）	KP	电笛	HW
控制回路电源小母线	WC	警铃	HA
信号回路电源小母线	WS	按钮	SB
事故音响信号小母线	WAS	整流器	U
预告信号小母线	WFS	电阻	R
闪光信号小母线	（+）WF	电容	C
合闸电源小母线	WO	电感	L
电压互感器二次电压小母线	WV	连接片	XB
二极管	VD	蓄电池	G
晶体三极管	VT	熔断器	FU

在继电保护原理图中所采用的设备及元件，通常都用能代表该设备及元件特征的图形符号来表示，从而做到看到图形符号便能联想到特征。二次设备及元件的图形符号可参见

有关手册。

在二次接线图中，触点通断表示的状态是以其相应继电器（或开关电器）的正常状态为条件的，所谓正常状态是指继电器（或开关电器）不通电时的状态。通常认为动合触点（常开触点）是指触点断开时其相应继电器（或开关电器）处于正常状态（不通电状态），动断触点（常闭触点）是指触点闭合时其相应继电器（或开关电器）处于正常状态。

1.3.2　电磁型继电器的工作原理和特性

35kV 及以下电网中的电力线路和电力设备的继电保护装置，除了日渐推广微机继电保护外，仍有部分设备采用电磁型和感应型继电器。本节主要介绍几种反映单一电气量的继电器结构、原理和特性。主要有电磁型继电器和感应型继电器两种。

电磁型继电器一般由铁芯、线圈、衔铁、触点簧片等组成。只要在线圈两端加上一定的电压，线圈中就会流过一定的电流，从而产生电磁效应，衔铁就会在电磁力吸引的作用下克服返回弹簧的拉力吸向铁芯，从而带动衔铁的动触点与静触点（常开触点）吸合。当线圈断电后，电磁的吸力也随之消失，衔铁就会在弹簧的反作用力下返回原来的位置，使动触点与原来的静触点（常闭触点）吸合。这样吸合、释放，从而达到在电路中的导通、切断目的。对于继电器的“常开、常闭”触点，通常这样来区分：继电器线圈未通电时处于断开状态的静触点，称为“常开触点”；处于接通状态的静触点称为“常闭触点”。

电磁型继电器主要有三种不同的结构形式，即吸引衔铁式、螺管线圈式和转动舌片式，如图 1.16 所示。

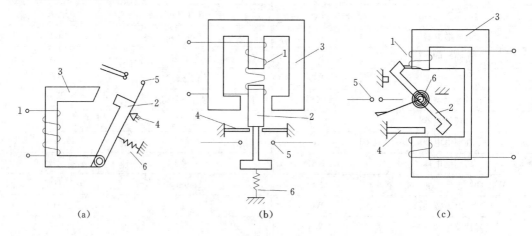

图 1.16　三种不同的结构形式电磁型继电器
(a) 吸引衔铁式；(b) 螺管线圈式；(c) 转动舌片式
1—线圈；2—可动衔铁；3—电磁铁；4—止挡；5—触点；6—反作用弹簧

1.3.2.1　电磁型继电器的基本工作原理

电磁型继电器是反映电流增加而动作的一种继电器，其结构如图 1.17 所示，当通过线圈的电流增大，继电器的电磁力矩大于反抗力矩时，可动舌片被吸引，导致触点 5 与 6 接通，称为继电器动作。能使过电流继电器刚好动作，使触点闭合的最小电流，称继电器的动作电流，用 $I_{\text{op ka}}$ 表示。

在继电器动作以后，当电流减小到一定的数值时，继电器返回。使电流继电器返回的

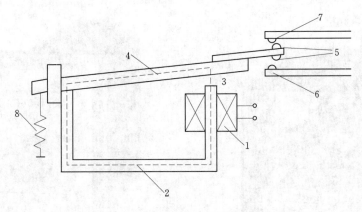

图 1.17 电磁型继电器的原理结构示意

1—线圈；2—铁芯；3—空气隙；4—可动舌片；5—动触点；6、7—定触点；8—弹簧

最大电流称为继电器的返回电流，用 I_{re} 表示。返回电流 I_{re} 与动作电流 $I_{op\,ka}$ 的比值称为继电器的返回系数，以 K_{re} 表示，即

$$K_{re} = \frac{I_{re}}{I_{op\,ka}} \tag{1.8}$$

它是继电器的重要质量指标。过量继电器 $K_{re} < 1$，实际上 K_{re} 一般为 0.85～0.9。

低电压继电器是反映电压降低而动作的继电器，其结构原理与电流继电器基本相同，但其工作情况则相反，继电器动作之后，需升高电压，增大电磁力矩才能使可动舌片重新被吸引，称为低电压继电器的返回。显然低电压继电器和一切低量继电器的返回系数 $K_{re} > 1$。

1.3.2.2 电磁型继电器的结构特点

电磁型继电器有电流继电器 KA、电压继电器 KV、信号继电器 KS、中间继电器 KM 和时间继电器 KT 等。按照保护所反映的物理量大小，继电器可分为过动作量继电器（电流继电器、过电压继电器）和欠动作量继电器（低电压继电器）。

(1) 电流继电器。电流继电器如图 1.18 所示，其线圈串联在电流互感器的二次侧，继电器按预先整定的电流值动作，其线圈阻抗很小。当输入电流 $I_k > I_{op\,ka}$ 时，继电器动作，动合触点闭合；若 $I_k < I_{re}$，继电器返回，触点再次断开。

(2) 电压继电器。电压继电器线圈并联在电压互感器的二次侧，其线圈所用导线细且匝数多，流入继电器中的电流正比于加在继电器线圈上的电压。继电器按预先整定的电压值动作，其线圈阻抗很大。电流继电器和电压继电器在保护装置中皆起到判别和启动的作用，故称为启动元件。电压继电器分为过电压继电器和低电压继电器。

低电压继电器的工作原理：电力系统正常运行时，电压较高，低电压继电器动断触点断开。当发生故障，电压低于动作电压时，继电器动作，触点闭合；故障切除后系统电压升高时，继电器返回，触点再次断开。

(3) 信号继电器。信号继电器如图 1.19 所示，其作用是在保护动作时，发出灯光和音响信号，并对保护装置的动作情况有记忆作用，以便记录保护装置动作情况和分析电力系统故障性质、保护动作的正确性。它用来作为整套保护或个别元件的动作指示器，并利

图 1.18　电流继电器

图 1.19　信号继电器

用其触点接通灯光和音响信号回路，继电器内有信号牌（或信号灯），信号继电器动作时，信号牌掉落（或信号灯点亮），可以从外壳的玻璃小孔看到信号继电器的动作标志。信号继电器有电流型和电压型两种，前者线圈的阻抗很小，串联在二次回路内，在回路中它不是主要的压降元件，如图 1.20（a）所示，在回路中主要压降元件是跳闸线圈 YR；后者线圈的阻抗较大，并联在二次回路上，如图 1.20（b）所示，KS 是回路中的主要压降元件。

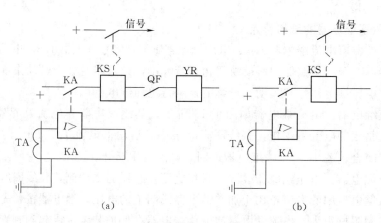

图 1.20　信号继电器接入电路方式
(a) 电流型；(b) 电压型

（4）中间继电器。中间继电器如图 1.21 所示，用于继电保护与自动控制系统中，以增加触点的数量及容量。它用于在控制电路中传递中间信号，可同时接通或断开几条独立回路和用以代替小容量触点或者带有不大的延时来满足保护的需要。从结构上看，中间继电器类似于电压继电器，但它的触点对数多而且其容量较大。它有两个功用：一是当电流或电压继电器触点的容量不够时，可借助它接通容量较大的执行回路；二是可用它来增加触点数目，控制多条电路。中间继电器的结构和原理与交流接触器基本相同，与接触器的主要区别在于：接触器的主触头可以通过大电流，而中间继电器的触头只能通过小电流。所以，中间继电器只能用于控制电路中。它一般没有主触点，因为过载能力比较小，所以它用的都是辅助触头，数量比较多。一般是直流电源供电，少数使用交流供电。

DZ 系列继电器为阀型电磁式继电器。线圈装在 U 形导磁体上，导磁体上面有一个活动的衔铁，导磁体两侧装有两排触点弹片。在非动作状态下触点弹片将衔铁向上托起，使衔铁与导磁体之间保持一定间隙。当气隙间的电磁力矩超过反作用力矩时，衔铁被吸向导磁体，同时衔铁压动触点弹片，使常闭触点断开、常开触点闭合，完成继电器工作。

（5）时间继电器。当加上或除去输入信号时，输出部分需延时或限时到规定的时间才闭合或断开其被控线路的继电器。时间继电器如图 1.22 所示，是一种利用电磁原理或机械原理实现延时控制的控制电器，以建立保护装置动作时限。它由电磁机构和延时机构等组成，其电磁机构与电压继电器类似；其延时机构通常是一套钟表机构，在保护装置中起延时作用。继电器感测元件得到动作信号后，执行元件（触头）要延迟一段时间才动作的继电器称为时间继电器。它由电磁系统、延时机构和触点三部分组成。

图 1.21　中间继电器

图 1.22　时间继电器

时间继电器类型及特点如下：

1）空气阻尼式时间继电器：根据空气压缩产生的阻力进行延时，其结构简单，价格低廉，延时范围大（0.4～180s），但延时精确度低。

2）电磁式时间继电器：当线圈加上信号后，通过减缓电磁铁的磁场变化，然后延时的时间继电器。延时时间短（0.3～1.6s），结构简单，通常用在断电延时场合和直流电路中。

3）电动式时间继电器：其原理与钟表类似，它是由内部电动机带动减速齿轮转动而获得延时的。这种继电器延时精度高，延时范围大（0.4～72h），但结构复杂，价格高。

4）晶体管式时间继电器（又称电子式时间继电器）：由分立元件组成的电子延时线路所构成的时间继电器，或由固体延时线路构成的时间继电器。它是利用延时电路来进行延时的。继电器精度高，体积小。

此外，时间继电器还可分为通电延时型和断电延时型两种类型。

1.3.3　感应型继电器的工作原理

感应型继电器如图 1.23 所示，由感应元件和电磁元件组成，两元件有机地组成为一体，它们共用一套电磁铁芯和一只线圈。

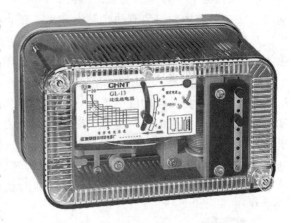

感应元件由电磁铁芯、线圈、旋转铝盘、动定触点以及减速、离合和阻尼等机械机构组成。当通过继电器线圈中的电流大于它的动作电流时，在离合机构的作用下继电器启动，经延时后动定触点闭合，继电器动作。感应元件的动作时限（从故障开始至继电器动作这一段时间）与通过继电器的电流成反比关系。

图 1.23　感应型继电器

图 1.24（a）为感应型继电器动作原理的示意图。为了获得时间和空间都有相位差的两个磁通，将电磁铁芯一端割成两部分，其中一部分装上短路环。从短路环包围的截面下穿出来的合成磁能 $\dot{\Phi}_1$，由通过继电器线圈中电流 $\dot{I}_{ka}$ 所产生磁通的一部分 $\dot{\Phi}_{ka1}$ 和短路环所产生的磁通 $\dot{\Phi}_k$ 组成，即

$$\dot{\Phi}_1 = \dot{\Phi}_{ka1} + \dot{\Phi}_k \tag{1.9}$$

从没有短路环截面下穿出来的磁通 $\dot{\Phi}_2$ 由 $\dot{I}_{ka}$ 所产生磁通的另一部分 $\dot{\Phi}_{ka2}$ 和 $\dot{\Phi}_k$ 组成，即

$$\dot{\Phi}_2 = \dot{\Phi}_{ka2} - \dot{\Phi}_k \tag{1.10}$$

磁通相位关系如图 1.24（b）所示。

由于安装了短路环，$\dot{\Phi}_1$ 和 $\dot{\Phi}_2$ 之间出现了相位差 φ。当继电器通过电流 $\dot{I}_{ka}$，由于 $\dot{\Phi}_1$、$\dot{\Phi}_2$ 分别在铝盘上感应的涡流相互交叉作用，产生一个合成电磁转矩（以下简称电磁转矩），它的大小和 $\dot{I}_{ka}$ 的平方成正比，其方向总是由超前磁通指向滞后磁通，使铝盘旋转。

如果通过继电器线圈的电流大于继电器的动作电流，经延时之后感应元件动作，其动作时限 t_{op}（s）取决于时限内铝盘的角位移 $\alpha\left(\alpha = \dfrac{2\pi n}{60}，n\text{ 为铝盘的转速，单位：r/min}\right)$ 与铝盘的平均角速度 ω（rad/s），即

$$t_{op} = \frac{\alpha}{\omega} \tag{1.11}$$

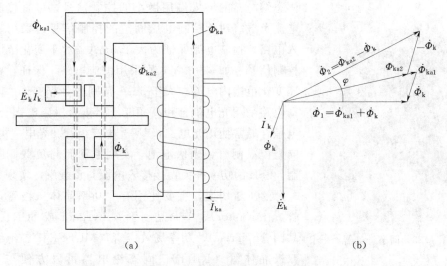

(a)   (b)

图 1.24　感应型继电器工作原理

(a) 加装短路环示意图；(b) 相量图

时限整定后 α 为常数，而 ω 则和电磁转矩与反抗转矩之差成正比。当 I_{ka} 增大时，电磁转矩与反抗转矩之差也增大，即 ω 也增大，所以 t_{op} 与 I_{ka} 成反比。

当被保护元件出现短路故障时，通过继电器的电流剧增，其电磁元件起作用，继电器瞬时动作。

1.3.4　继电器主要产品技术参数

(1) 额定工作电压，是指继电器正常工作时线圈所需要的电压。根据继电器的型号不同，可以是交流电压，也可以是直流电压。

(2) 直流电阻，是指继电器中线圈的直流电阻，可以通过万用表测量。

(3) 吸合电流，是指继电器能够产生吸合动作的最小电流。在正常使用时，给定的电流必须略大于吸合电流，这样继电器才能稳定地工作。而对于线圈所加的工作电压，一般不要超过额定工作电压的 1.5 倍，否则会产生较大的电流而把线圈烧毁。

(4) 释放电流，是指继电器产生释放动作的最大电流。当继电器吸合状态的电流减小到一定程度时，继电器就会恢复到未通电的释放状态。这时的电流远远小于吸合电流。

(5) 触点切换电压和电流，是指继电器允许加载的电压和电流。它决定了继电器能控制电压和电流的大小，使用时不能超过此值，否则很容易损坏继电器的触点。

1.3.5　热敏干簧继电器

热敏干簧继电器是一种利用热敏磁性材料检测和控制温度的新型热敏开关。它由感温磁环、恒磁环、干簧管、导热安装片、塑料衬底及其他一些附件组成。热敏干簧继电器不用线圈励磁，而由恒磁环产生的磁力驱动开关动作。恒磁环能否向干簧管提供磁力是由感温磁环的温控特性决定的。

1.3.6　固态继电器

固态继电器（solid state relay，SSR），是由微电子电路、分立电子器件、电力电子功率器件组成的无触点开关，如图 1.25 所示，用隔离器件实现控制端与负载端的隔离。

图 1.25　固态继电器

固态继电器的输入端用微小的控制信号，可直接驱动大电流负载。对于控制电压固定的控制信号，采用阻性输入电路。控制电流保证为大于 5mA。对于变化范围大的控制信号（如 3～32V）则采用恒流电路，保证在整个电压变化范围内电流在大于 5mA 范围内可靠工作。隔离驱动电路采用光电耦合和高频变压器耦合（磁电耦合），光电耦合通常使用光电二极管-光电三极管、光电二极管-双向光控晶闸管、光伏电池，实现控制侧与负载侧隔离控制。SSR 的功率开关直接接入电源与负载端，实现对负载电源的通断切换，主要使用有大功率晶体三极管（开关管，transistor）、单向晶闸管（thyristor 或 SCR）、双向晶闸管（Triac）、功率场效应管（MOSFET）、绝缘栅型双极晶体管（IGBT）。固态继电器可以方便与 TTL、MOS 逻辑电路连接。专用的固态继电器可以具有短路保护、过载保护和过热保护功能，与组合逻辑固化封装就可以实现用户需要的智能模块，直接用于控制系统中。

1.3.6.1　固态继电器的组成结构

固态继电器是一种含两个输入接线端和两个输出接线端的四端器件，中间采用隔离器件实现输入输出的电隔离。

固态继电器由三部分组成：输入电路，隔离（耦合）和输出电路。按输入电压的不同，输入电路可分为直流输入电路、交流输入电路和交直流输入电路三种。有些输入控制电路还具有与 TTL/CMOS 兼容、正负逻辑控制和反相等功能。固态继电器的输入与输出电路的隔离和耦合方式有光电耦合和变压器耦合两种。固态继电器的输出电路也可分为直流输出电路、交流输出电路和交直流输出电路等形式。交流输出时，通常使用两个晶闸管或一个双向晶闸管，直流输出时可使用双极性器件或功率场效应管。

固态继电器按负载电源类型可分为交流型和直流型。按开关形式可分为常开型和常闭型。按隔离形式可分为混合型、变压器隔离型和光电隔离型，以光电隔离型为最多。

1.3.6.2　固态继电器的工作原理

固态继电器是用半导体器件代替传统电接点作为切换装置、具有继电器特性的无触点开关器件。单相固态继电器为四端有源器件，其中两个为输入控制端，两个为输出端，输入输出间为光隔离，输入端加上直流或脉冲信号到一定电流值后，输出端就能从断态转变成通态。

1.3.6.3　固态继电器的特点

（1）固态继电器的优点。

1）高寿命，高可靠：固态继电器没有机械零部件，由固体器件完成触点功能，所以其寿命长，可靠性高。

2）灵敏度高，控制功率小，电磁兼容性好：固态继电器的输入电压范围较宽，驱动功率低，可与大多数逻辑集成电路兼容，不需加缓冲器或驱动器。

3）快速转换：固态继电器因为采用固体器件，所以切换速度可从几毫秒至几微秒。

4）电磁干扰小：固态继电器没有输入"线圈"，没有触点燃弧和回跳，因而减少了电磁干扰。

(2) 固态继电器的缺点。导通后的管压降大，晶闸管或双相晶闸管的正向降压可达 $1\sim2V$，大功率晶体管的饱和压降也为 $1\sim2V$，半导体器件关断后仍可有数微安至数毫安的漏电流，不能实现理想的电隔离；导通后的功耗和发热量大，大功率固态继电器的体积远远大于同容量的电磁继电器，成本也较高；电子元器件的温度特性和电子线路的抗干扰能力较差，耐辐射能力也较差，如不采取有效措施，则工作可靠性低。

1.3.6.4 固态继电器的应用

S 系列固态继电器、HS 系列增强型固态继电器广泛用于计算机外围接口装置、恒温器和电阻炉控制、交流电机控制、中间继电器和电磁阀控制工业自动化装置等。

1.3.7 继电器技术的发展

计算机技术的普及使得微机用继电器的需求量显著增加，带微处理器的继电器迅速发展。

通信技术的发展对继电器的发展具有深远的意义。一方面，通信技术的迅速发展使整个继电器的应用增加；另一方面，在光纤通信、光传感、光计算机、光信息处理技术的推动下将出现光纤继电器、舌簧管光纤开关等新型继电器。

光电子技术对于继电器技术将产生巨大的促进作用，为实现光计算机的可靠运行，目前已试制出双稳态继电器。

新型特殊结构材料、新分子材料、高性能复合材料、光电子材料，还有吸氧磁性材料、感温磁性材料、非晶体软磁材料的发展对研制新型磁保持继电器、温度继电器、电磁继电器都具有重要的意义，必将出现新原理、新效应的继电器。

随着微型和片式化技术的提高，继电器将向二维、三维尺寸只有几毫米的微型和表面贴装化方向发展。

在功率继电器领域尤其需要安全可靠的继电器，如高绝缘性继电器。日本公司推出的 JV 系列功率继电器内含五个放大器，采用高绝缘性小截面设计，尺寸为 $17.5mm\times10mm\times12.5mm$。由于机芯和外缘之间采用强化绝缘系统，其绝缘性能达到 5kV。日本 NEC 公司推出的 MR82 系列功率继电器的功耗只有 200mW。

新技术的成群崛起，将促进不同原理、不同性能、不同结构和用途的各类继电器竞相发展。在科技进步、需求牵引以及敏感、功能材料发展的推动下，特种继电器，如温度、射频、高压、高绝缘、低热电势以及非电量控制等继电器的性能将日臻完善。

本 章 小 结

本章介绍了继电保护的一些基本概念和基本原理，主要有以下几方面内容：

(1) 继电保护就是装设在某一个电气设备上，用来反映发生的故障和异常运行情况，从而动作于断路器跳闸或发出信号的一种有效的反事故自动装置。

(2) 继电保护的主要任务是自动地、有选择地、快速地将故障元件从电力系统中切除，使故障元件损坏程度尽可能降低，并保证电力系统非故障部分迅速恢复正常运行。

(3) 利用故障时电气量的变化特征，可以构成各种作用原理的继电保护，如反映短路故障时的电流构成的过电流保护和电流速断保护，反映短路故障时的电压构成的低电压保护和电压速断保护，反映短路故障时电流与电压之间相角的变化构成的功率方向保护，反映电压与电流比值的变化构成的距离保护以及根据故障时被保护元件两端电流相位和大小的变化构成的差动保护等。

（4）动作于跳闸的继电保护，应满足四个基本要求，即选择性、速动性、灵敏性和可靠性。要在满足选择性要求的前提下保证速动性。灵敏性是指保护装置对其保护区域发生故障或异常运行状态的反应能力，通常用灵敏系数 K_{sen} 来衡量，它主要决定于被保护元件和系统运行的参数和运行方式，要求 $K_{sen} > 1$。可靠性是指在该保护装置规定的保护范围内发生了应该动作的故障时，不能拒动也不能误动。

复 习 思 考 题

1. 什么是故障、异常工作状态和事故？它们之间有何区别及联系？

2. 什么是主保护和后备保护？近后备保护和远后备保护有什么区别和特点？

3. 继电保护的基本原理是什么？

4. 继电保护的任务是什么？继电保护装置的四项基本要求是什么？

5. 什么是继电保护的灵敏性？用什么来衡量保护的灵敏性？写出电流保护灵敏系数的表达式，并说明式中各符号的含义。

6. 什么是主保护、后备保护和辅助保护？什么叫近后备保护？什么叫远后备保护？

7. 什么是过电流继电器的动作电流、返回电流和返回系数？

8. 电磁式电流继电器、时间继电器、信号继电器和中间继电器在保护装置中各起什么作用？感应式电流继电器又有哪些功能？

9. 填空

（1）电力系统发生短路故障时，通常伴有_____，_____以及_____改变等现象。

（2）TA 的二次绕组按三相三角形接线，它的接线系数是_____。

（3）保护用的 TA 变比误差不应大于_____，角误差不应超过_____。

（4）对系统二次电压回路通电时，必须_____至 TV 二次侧的回路，防止_____。

（5）当 TV 有三个绕组时，第三绕组一般接成开口三角形，其二次额定相电压，在大接地电流系统为_____，在小接地电流系统为_____。

10. 选择

（1）继电保护应满足的要求是（　　）。

　　A、可靠性、选择性、灵敏性和经济性

　　B、可靠性、选择性、灵敏性和速动性

　　C、可靠性、选择性、合理性和经济性

　　D、可靠性、合理性、选择性和快速性

（2）继电保护整定计算时，以下常用系数中不正确的是（　　）。

　　A、电流保护可靠系数 $K_k > 1$

　　B、距离保护可靠系数 $K_k > 1$

C、过量动作的继电器返回系数 $K_f > 1$

  D、欠量动作的继电器返回系数 $K_f > 1$

（3）两只变比相同、容量相同的 TA，在二次绕组串联使用时（　　）。

  A、容量和变比都增加 1 倍

  B、变比增加 1 倍，容量不变

  C、变比不变，容量增加 1 倍

（4）中性点经装设消弧线圈后，若接地故障的电容电流小于电感电流，此时的补偿方式为（　　）。

  A、全补偿　　　　　B、过补偿　　　　　C、欠补偿

（5）在电压回路中，PT 二次绕组至保护和自动装置的电压降不得超过其额定电压的（　　）。

  A、5%　　　　　　B、3%　　　　　　C、10%

（6）主保护或断路器拒动时，用来切除故障的保护是（　　）。

  A、辅助保护　　　　B、异常运行保护　　　C、后备保护

（7）继电保护的"三误"是指（　　）。

  A、误整定、误试验、误碰　　　　　　B、误整定、误接线、误试验

  C、误接线、误碰、误整定

（8）运行中的电压互感器，为避免产生很大的短路电流而烧坏互感器，要求互感器（　　）。

  A、必须一点接地　　B、严禁过负荷　　C、要两点接地　　D、严禁二次短路

（9）电流和电压互感器二次绕组接地是（　　）。

  A、防雷接地　　　　B、保护接地　　　　C、工作接地

11. 判断

（1）所有的 TV 二次绕组出口均应装设熔断器或自动开关。（　　）

（2）继电保护装置试验用仪表的精确度应为 0.2 级。（　　）

（3）电流继电器的整定值，在弹簧力矩不变的情况下，两线圈并联时比串联时大 1 倍，这是因为并联时流入线圈中的电流比串联时大 1 倍。（　　）

第2章 线路相间短路保护

当线路发生相间短路故障时,电流超过某一预定值,继电器触点经过一定的时限动作或立即动作的保护称为电流保护,这种保护接线简单,工作可靠,广泛应用于电力线路和各种电力设备相间短路上。按其所起的作用不同,电流保护可分为相间短路保护和接地短路保护两种,前者反应短路电流的全电流,称为电流保护;后者反应短路电流的零序分量,称为零序电流保护。

2.1 无时限电流速断保护

无时限电流速断保护又称电流Ⅰ段保护,反应电流升高而不带时限动作的保护。对于多段线路为了获得选择性,其保护时限按阶梯原则选择,如果线路段数较多,则靠近电源端的保护动作时间将很长,为了克服这一缺点,可提高其整定值,使其动作电流躲过被保护线路外部短路时流过保护的最大短路电流。这样,其保护范围只限制在本线路的一定区间内,其动作时限可不与下一段线路相配合,可以做成瞬时动作保护。这种以躲过被保护线路外部短路时流过保护装置的最大短路电流来整定动作电流的保护称为电流速断保护。

2.1.1 无时限电流速断保护原理

无时限电流速断保护原理接线如图 2.1 所示。电流继电器动作时其触点闭合,中间继电器得电,由中间继电器 KM 触点接通线路断路器跳闸回路,同时信号继电器 KS 发出保护跳闸信号。在小接地电流系统中,保护相间短路的电流速断保护,一般采用两相不完全星形接线,接线中采用了带延时 0.06~0.08s 动作的中间继电器,其作用有两个:一是利用它的触点去接通断路器 QF 的跳闸线圈,以解决电流继电器触点容量不足的问题;二是利用它增加保护的固有动作时间,以避免线路管型避雷器放电而引起保护的误动作。因为当管型避雷器

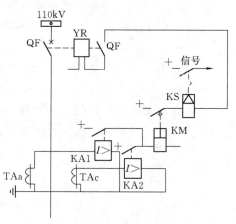

图 2.1 无时限电流速断保护按两相
不完全星形连接的原理

放电时相当于发生暂时性接地,放电后即恢复正常,此时保护不应动作。如没有管型避雷器,则中间继电器不必带时限。

2.1.2 无时限电流速断保护整定

继电保护整定计算包括保护动作电流的计算、动作时限的确定及保护灵敏性校核等内容。图 2.2 为电流速断保护计算图,为保证选择性,保护 P1 的动作电流应大于被保护线

路 AB 末端最大的短路电流。

如图 2.2 所示的电流速断保护，保护装置 P1 安装在单侧电源网络的 A 侧，在线路 AB 上任意一点 k 三相短路时，通过保护的短路电流是 I_k，当短路点从线路末端 B 逐渐移向首端 A 时，由于线路电抗逐渐减小，短路电流 I_k 便逐渐增大，图中曲线 1 是短路点位置沿着线路改变时，在最大运行方式下三相短路电流 I_k 的变化曲线，为了保证保护的选择性，在相邻线路首端 k_1 点短路时保护不应动作，因此保护的动作电流应大于 k_1 点短路电流，由于 k_1 点短路

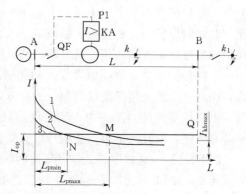

图 2.2　电流速断保护的计算图

时的短路电流与母线 B 上短路时的短路电流相等，因此，线路速断保护的一次动作电流 I_{op1}^{I} 按大于线路末端（母线 B）短路时流过保护的最大短路电流 I_{kmax} 来整定，即

$$I_{op1}^{I} = K_{rel} I_{kmax} \tag{2.1}$$

式中　K_{rel}——可靠系数。

可靠系数是考虑继电器整定和短路电流计算误差以及一次短路电流非周期分量影响而引入的系数，对于电磁型继电器，取 1.2～1.3；对于感应型继电器，取 1.4～1.5。

2.1.3　无时限电流速断保护特点及灵敏性校验

（1）保护区受运行方式、故障类型影响，由式（2.2）的两个方程，不难计算出电流 I 段保护的最大、最小保护区 L_{max}、L_{min}。即

$$I_{opka}^{I} = \frac{E_{\phi}}{Z_{smin} + Z_1 L_{max}} \quad I_{opka}^{I} = \frac{E_{\phi}}{Z_{smax} + Z_1 L_{min}} \times \frac{\sqrt{3}}{2} \tag{2.2}$$

图 2.2 所示曲线 2 为短路电流曲线，表示在一定系统运行方式下短路电流与故障点远近的关系。

（2）电流 I 段保护不能保护本线全长，在线路末端发生短路时，短路电流小于整定值，保护不动作，如图 2.2 所示中 QM 段，所以线路上只配有电流 I 段保护不能切除所有故障。

图 2.2 中直线 3 表示保护的动作电流整定值，可见曲线 1 与直线 3 交点 M，在交点 M 与保护安装处的一段线路上短路时，$I_k > I_{op}$，保护能够动作；在交点 M 以后的线路上短路时，$I_k < I_{op}$，保护不能动作。因此，电流速断保护只能保护线路的一部分，而不能保护线路的全长，其最大保护范围为 L_{pmax}。

对于系统不同的运行方式和短路类型，线路上同一地点短路时的短路电流也不相同，以最大运行方式下三相短路电流为最大，而在最小运行方式下两相短路时通过保护的短路电流 $I_k^{(2)}$ 则大大减小。它的变化规律如曲线 2 所示，曲线 2 与直线 3 的交点 N 确定了保护的最小保护范围 L_{pmin}。很明显，在最小运行方式下保护范围将缩小。

电流速断保护的保护范围，通常用保护范围长度与被保护线路全长的百分比来表示，其最大保护范围应不小于线路全长的 50%；当它作为辅助保护时，在正常运行方式下（所谓正常运行方式就是根据系统正常负荷所确定的运行方式，在备用容量不足的系统，

正常运行方式与最大运行方式是一致的），其最小保护范围应不小于线路全长的 15%～20%。保护范围满足上述要求时，就可以认为满足灵敏性要求。在 35kV 及以下配电线路，其速断保护的灵敏性还可以按式（1.1）校验，式中的 I_{kmin} 指的是最小运行方式下，保护安装处线路首端两相短路电流，其灵敏系数应不小于 1.5。

这种保护的优点是简单可靠、动作迅速，在结构复杂的多电源系统中能有选择地动作，因此它广泛应用于接线简单、运行方式变化不大线路的保护以及小容量发电机、变压器和电动机等元件的保护中；其缺点是只能保护线路或其他元件的一部分，保护范围较小，有死区，而且保护范围受运行方式变化的影响较大。

【例 2.1】　试根据图 2.3 电流速断保护系统图和表 2.1 短路电流数据，对 110kV 供电线路 L1 与 L2 的无时限电流速断装置进行整定计算，保护采用两相两继电器式接线，假设单相接地短路与两相接地短路时，故障相中的电流均小于三相短路电流。

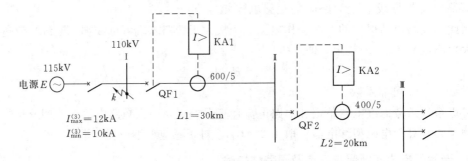

图 2.3　电流速断保护系统

表 2.1 各 点 短 路 电 流 值

线路	L_* （从母线至短路点的距离，标幺值）	$I''^{(3)}_{kmax}$ /A	$I''^{(2)}_{kmin}$ /A
L1 （Ⅰ—Ⅱ）	0	12000	8670
	0.25	7770	5970
	0.5	5750	4540
	0.75	4560	3670
	1	3780	3080
L2 （Ⅱ—Ⅲ）	0	3780	3080
	0.5	3080	2540
	1	2600	2160

解： 根据表 2.1 绘制出图 2.4 曲线，并算出动作电流如下

$$I_{op1} = K_{rel} I''^{(3)}_{kⅡmax} = 1.25 \times 3780 = 4725(A)$$

$$I_{op2} = K_{rel} I''^{(3)}_{kⅢmax} = 1.25 \times 2600 = 3250(A)$$

在图 2.4 中找出 I_{op1} 与 I_{op2} 值之后，便可求出最小与最大保护区，它们分别约等于线路全长的 47% 与 70%（对于 1 号保护）及线路全长的 0 与 30%（对于 2 号保护）。继电器的动作电流为

$$I_{op\,ka1} = \frac{I_{op1}}{K_i} = \frac{4725}{600/5} = 39.4(A)$$

$$I_{op\,ka2} = \frac{I_{op2}}{K_i} = \frac{3250}{400/5} = 40.6(A)$$

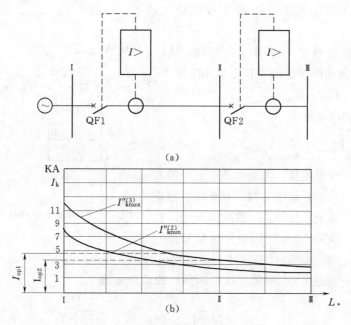

图 2.4 电流速断保护整定计算

2.2 带时限电流速断保护

带时限电流速断保护（又称电流Ⅱ段保护）的目的是保护本线路全长，因此Ⅱ段保护的保护区域必然会伸入下一线路（相邻线路）。虽然无时限电流速断保护的最大优点是动作迅速，但它不能保护线路全长。为此，必须增设第二套电流速断保护，它的保护范围应包括本线路全长。这样做的结果，其保护范围必然延伸到下一线路的一部分。为了保证其动作的选择性，第二套电流速断保护必须带有一定的时限以便和下一线路的保护相配合，时限的大小与保护范围延伸的程度有关，为了使时限尽量缩短，通常使第二套电流速断保护延伸至下一线路的部分不超过下一线路无时限电流速断的保护范围。它的动作时限只需比下一线路无时限电流速断保护大一个时限级差 Δt（一般取 $0.5s$）。把带 $0.5s$ 延时的第二套电流速断保护称为带时限电流速断保护（或称限时电流速断保护）。

2.2.1 带时限电流速断保护的原理接线

无时限电流速断保护不能保护线路全长，为保护线路剩余部分，采用限时电流速断保护。

带时限电流速断保护的原理接线如图 2.5 所示，由电流继电器 KA、时间继电器 KT 和信号继电器 KS 所组成。带时限电流速断保护特点：①保护范围大于本线路全长；②依靠动作电流值和动作时间共同保证其选择性；③与第Ⅰ段共同构成被保护线路的主保护，兼作第Ⅰ段的近后备保护。

2.2.2 带时限电流速断保护整定

带时限电流速断保护整定原则是与下一线路Ⅰ段保护配合。

（1）动作电流及保护区配合。

Ⅱ段保护区不伸出下一线路Ⅰ段保护区，如图 2.6 所示。

电流Ⅱ段保护整定，以图 2.6 为例，线路 L1 的带时限电流速断保护的动作电流 $I_{\mathrm{op1}}^{\mathrm{II}}$ 应为

$$I_{\mathrm{op1}}^{\mathrm{II}} = K_{\mathrm{rel}} I_{\mathrm{op1,2}}^{\mathrm{I}} \qquad (2.3)$$

继电器 KA 的动作电流为

$$I_{\mathrm{opkA}}^{\mathrm{II}} = \frac{K_{\mathrm{w}}}{K_{\mathrm{TA}}} \cdot I_{\mathrm{op1}}^{\mathrm{II}} \qquad (2.4)$$

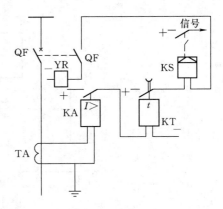

图 2.5　带时限电流速断保护的原理接线

式中　K_{rel}——可靠系数，考虑短路电流中的非周期分量已衰减，对于带时限电流速断保护，一般取 1.1～1.2；

$\quad\quad I_{\mathrm{op1,2}}^{\mathrm{I}}$——线路 L2 无时限电流速断保护的动作电流；

$\quad\quad I_{\mathrm{op1}}^{\mathrm{II}}$——线路 L1 带时限电流速断保护的动作电流。

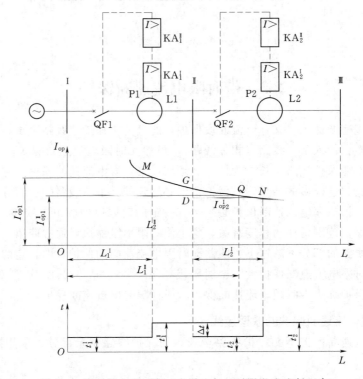

图 2.6　带时限电流速断（Ⅱ段）与无时限电流速断配合

（2）动作时限配合。

$$t_1^{\mathrm{II}} = t_2^{\mathrm{I}} + \Delta t$$

式中，Δt 为 0.3～0.5s，一般取 0.5s。

按上述原则整定后，从图 2.6 中可以看到，L1 的带时限电流速断的保护范围为 L_1^{II}，L2 的无时限电流速断的保护范围为 L_2^{I}，这样就保证了线路 L1 带时限电流速断保护延伸至线路 L2 的一部分（GQ）小于线路 L2 无时限电流速断的保护范围（DN）。因此，线路

L1 带时限电流速断保护的动作时限 t_1^{II}，只需与线路 L2 的无时限电流速断保护的动作时限 t_2^{I} 配合即可，即 $t_1^{\text{II}} = t_2^{\text{I}} + \Delta t$。

2.2.3 灵敏度校验

为了使带时限电流速断保护在系统最小运行方式下发生两相短路时，仍能可靠地保护本线路全长，必须以本线路末端作为灵敏度校验点，按式（1.1）校验其灵敏度，保护反应故障能力以灵敏度系数 K_{sen} 表示，即 $K_{\text{sen}} = \dfrac{I_{\text{k min II}}^{(2)}}{I_{\text{op1}}^{\text{II}}} \geqslant 1.25$（$I_{\text{k min II}}^{(2)}$ 为在 L1 末端短路时流过保护装置的最小短路电流）灵敏度合格。

当灵敏系数不能满足要求时，可以降低其动作电流，其动作电流应按躲过相邻下一段线路的限时电流速断保护的动作电流来整定。为了保证选择性，其动作时限应比相邻下一级线路的动作时限大一个时间级差 Δt。

$$t_1^{\text{II}} = t_2^{\text{II}} + \Delta t = 2\Delta t$$

$$I_{\text{op1}}^{\text{II}} = K_{\text{rel}} I_{\text{op2}}^{\text{II}}$$

式中　$I_{\text{op1}}^{\text{II}}$——L1 的带时限电流速断保护的一次动作电流。

2.3　过　电　流　保　护

2.3.1　过电流保护的接线方式

作为相间短路的过电流保护，电流继电器与电流互感器的接线方式有以下三种：

（1）三相三继电器的完全星形接线。完全星形接线如图 2.7 所示，它不仅能保护相间短路，还能保护单相接地短路（对于单相接地短路目前广泛采用接地零序保护）。采用这种接线的保护，其流经电流继电器线圈的电流与流经电流互感器二次绕组的电流相等。

由于互感器与继电器的接线方式不同，流经电流继电器线圈与流经电流互感器二次绕组的电流不一定都相等，在继电保护整定计算中，将这两个电流的比值称为接线系数 K_{w}，即

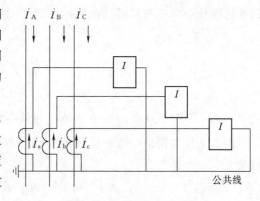

图 2.7　三相完全星形接线

$$K_{\text{w}} = \frac{I_{\text{ka}}}{I_{\text{TA2}}} \qquad (2.5)$$

式中　I_{ka}——流经电流继电器的电流；

　　　I_{TA2}——流经电流互感器二次绕组的电流。

可见，对于完全星形接线，$K_{\text{w}} = 1$。

这种接线方式主要用在高压大接地电流系统中，作为相间短路保护和单相接地保护，以及 Y，d 接线变压器的过电流保护。在小接地电流系统中，当采用其他接线方式不能满足灵敏度要求时，亦可采用这种接线方式。

（2）两相两继电器的不完全星形接线。如图 2.8 所示，它能反映各种相间短路，但在未装电流互感器的 B 相发生单相接地短路时保护不会动作。这种接线的 $K_w=1$ 适用于 6～10kV 中性点不接地的供配电系统中，作为相间短路保护装置的接线。Y，d 接线的变压器，在△侧后面发生两相短路时，不完全星形与完全星形两种接线，它们的灵敏度并不相同。

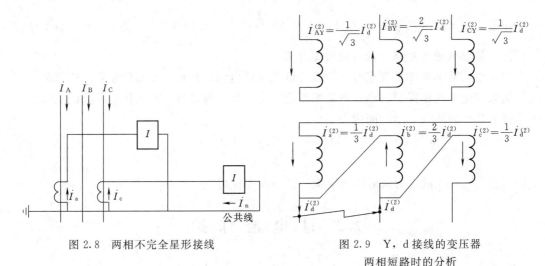

图 2.8　两相不完全星形接线　　　　　图 2.9　Y，d 接线的变压器
　　　　　　　　　　　　　　　　　　　　两相短路时的分析

图 2.9 为 Y，d 接线变压器的原理图，设变比 $K_T=1$（即匝数比 $N_Y/N_{\triangle}=1/\sqrt{3}$）。

当变压器二次侧发生两相短路时，例如△侧的 A、B 两相短路时，在三角形内各相绕组中的电流分布应与其阻抗成反比，即

$$\left.\begin{array}{l} I_a^{(2)}=(1/3)I_d^{(2)} \\ I_b^{(2)}=(2/3)I_d^{(2)} \\ I_c^{(2)}=(1/3)I_d^{(2)} \end{array}\right\} \tag{2.6}$$

式中　　$I_a^{(2)}$、$I_b^{(2)}$、$I_c^{(2)}$——变压器△侧两相短路时，在△侧绕组内各相的电流。

因为变压器两侧绕组的匝数比为 $N_Y/N_{\triangle}=1/\sqrt{3}$，所以 Y 侧绕组中流过的短路电流应为

$$\left.\begin{array}{l} I_{AY}^{(2)}=I_a^{(2)}(N_{\triangle}/N_Y)=(1/\sqrt{3})I_d^{(2)} \\ I_{BY}^{(2)}=I_b^{(2)}(N_{\triangle}/N_Y)=(2/\sqrt{3})I_d^{(2)} \\ I_{CY}^{(2)}=I_c^{(2)}(N_{\triangle}/N_Y)=(1/\sqrt{3})I_d^{(2)} \end{array}\right\} \tag{2.7}$$

显然，当保护装置采用完全星形接线时，总有一个继电器通过短路全电流的 $2/\sqrt{3}$，如果采用不完全星形接线，则可能只通过短路全电流的 $1/\sqrt{3}$，其灵敏度将比完全星形接线时减小 1/2。为了提高其灵敏度，可在公共线上接入第三个电流继电器（图中未画出），而构成所谓两相三继电器的接线。第三个电流继电器中的电流在没有零序电流分量的情况下，数值上等于 B 相的电流，即 $\dot{I}_N=\dot{I}_a+\dot{I}_c=-\dot{I}_b$，这种接线广泛应用于 6～10kV 及以上小接地电流系统中。

（3）两相一继电器（也称两相电流差）接线。两相电流差接线如图 2.10 所示，它能反映所有形式的相间短路，但未装电流互感器的 B 相单相接地短路时，保护不会动作。这种接线中通过继电器的电流是两相电流差，即 $\dot{I}_{ka}=\dot{I}_a-\dot{I}_c$。当对称运行或发生对称三相短路时，$I_{ka}=\sqrt{3}\,I_a=\sqrt{3}\,I_c$，$K_w=\sqrt{3}$；在 A、C 两相短路时，$I_{ka}=2I_a=2I_c$，$K_w=2$；而当 A、B 两相或 B、C 两相短路时，$I_{ka}=I_a$ 或 $I_{ka}=I_c$，$K_w=1$。可见，由于短路形式的不同，

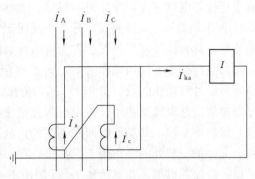

图 2.10　一个继电器接入两相电流差的接线

通过继电器的电流与电流互感器二次绕组的电流之比也不同，即接线系数 K_w 有不同的数值。一般情况下，保护整定时取 $K_w=\sqrt{3}$，灵敏度校核时取 $K_w=1$。这种接线方式最经济，可用作受电元件（如电动机和 10kV 及以下线路）的保护。当用作线路保护时，不应作 Y，d 接线变压器的后备保护。以图 2.9 为例，当变压器 △ 侧发生 A、B 两相短路时，流经继电器的电流为零，故保护无法反映这种故障。

（4）几种不同接线方式的特点。

1）完全星形与不完全星形接线的接线系数为 1。

2）两相电流差接线的接线系数随短路类型而变化，性能不好，一般不用于线路保护，仅用于电动机保护。

3）完全星形接线和不完全星形接线中流入电流继电器的电流均为相电流，两种接线都能反映各种相间短路故障。

4）完全星形接线还可以反映各种单相接地短路。

5）不完全星形接线不能反映全部的单相接地短路（如 B 相接地）。

2.3.2　过电流保护的时限特性

过电流保护又称Ⅲ段保护，启动电流按躲过最大负荷电流来整定，此保护不仅能保护本线路全长，且能保护相邻线路的全长，起到后备保护的作用。

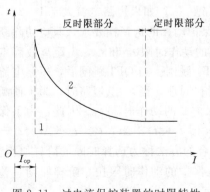

图 2.11　过电流保护装置的时限特性
1—定时限特性；2—反时限特性

过电流保护是反应电流增加而动作的保护，为了保证其动作的选择性，都带有一定的时限，动作于断路器跳闸。表示动作时间与流过保护的电流之间关系的曲线，称为过电流保护的时限特性，通常过电流保护的时限特性有如下两种。

（1）定时限特性。当通过保护装置的短路电流大于其动作电流时，保护装置就动作，保护装置的动作时限恒定，与通过保护的电流大小无关，如图 2.11 所示的直线 1。具有这种时限特性的过电流保护称为定时限过电流保护。

（2）反时限特性。当通过保护装置的短路电流大于其动作电流时，动作时限是随短路电流大小而改变的，动作时间与通过保护装置的电

流成反比，电流越大，动作时间越短，故称为反时限特性（或称为反比延时特性），如图 2.11 所示的曲线 2，该曲线实际上由反时限和定时限两部分组成，因此又称为有限的反时限特性，具有这种特性的保护称为有限反时限过电流保护。

　　时限特性亦可以用动作时间与短路点距保护安装处距离的关系曲线来表示。图 2.12（a）为定时限特性曲线，图 2.12（b）为反时限特性曲线。短路点离保护安装处越远，流过保护的短路电流就越小。对定时限过电流保护来说，只要流过保护的电流大于其动作电流，保护便动作，其动作时间是不变的。故图 2.12（a）是一条平行于横轴的直线，当短路点离保护安装处的距离为 L_p 时，该点短路的短路电流等于保护的动作电流，距离 L_p 就是保护的保护范围，超过距离 L_p 保护便不动作。对于反时限过电流保护，短路点离保护安装处越远，流过保护的短路电流就越小，保护动作时间也就越长，如图 2.12（b）所示。

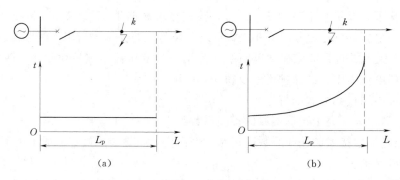

图 2.12　过电流保护的动作时间与短路点距离的关系曲线
（a）定时限特性曲线；（b）反时限特性曲线

2.3.3　过电流保护时限的阶梯原则

　　对于多段供电网络，为满足过电流保护装置的选择性，可以使各段保护装置带有不同动作时限，并得到适当配合来保证，图 2.13 为单侧电源辐射形三段供电网络的过电流保护配置图。具有定时限特性的过电流保护 1、2、3 分别装于各段线路的首端（电源端），每套保护装置主要保护本段线路和由该段线路直接供电的变电所母线。当在线路的 k_1 点发生短路时，短路电流将由电源侧经各段线路流到短路点 k_1。如果短路电流大于 1、2、3 三套保护的动作电流，则三套保护同时启动。但根据保护动作的选择性要求，只应切除断路器 QF1，如选择保护 1 动作时限 t_1 小于保护 2 和 3 的动作时限 t_2 和 t_3，由距离故障点最近的保护 1 首先以较短的时限 t_1 动作，使断路器 QF1 跳闸。当 QF1 跳闸后，短路电流消失，保护 2 和 3 返回，断路器 QF2 和 QF3 不会跳闸。同理，当 k_2 点短路时，为了使断路器 QF2 先跳闸，选择保护 2 的动作时限 t_2 应小于保护 3 的动作时限 t_3。因此，为了保证保护动作的选择性，应满足以下条件：$t_1 < t_2 < t_3$，即 $t_2 = t_1 + \Delta t$，$t_3 = t_2 + \Delta t = t_1 + 2\Delta t$，一般 $\Delta t = 0.5 \sim 0.7 \mathrm{s}$。这种选择保护动作时间配合的方法称为选择时限的阶梯原则。图 2.13 中对应的动作特性称为阶梯时限特性。过电流保护的动作时限按"阶梯原则"整定计算。

2.3.4　过电流保护元件的构成

　　过电流保护主要由启动元件和时间元件组成，启动元件为电流继电器，用来判断保护

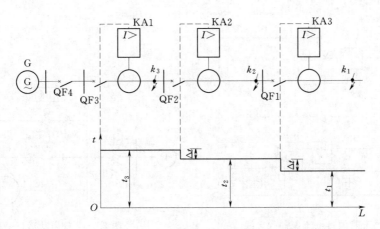

图 2.13　单侧电源定时限过电流保护的配置及其延时特性

范围内是否发生故障，当被保护元件发生故障，短路电流达到保护的动作值时，它就动作；时间元件为时间继电器，用来获得适当的延时，以保证保护动作的选择性。

　　定时限过电流保护的接线如图 2.14 所示，在正常运行时，电流继电器 KA 的动合触点断开，当被保护线路发生故障时，电流继电器线圈中的电流在达到动作值后立即动作，其触点将时间继电器 KT 的线圈回路接通，时间继电器启动并经一定延时之后才闭合其触点，使信号继电器 KS 以及保护出口中间继电器 KM 启动，从而使断路器跳闸。这种保护的动作时限取决于时间继电器的动作时间，而与电流大小无关，故称为定时限过电流保护。在保护动作跳闸的同时，信号继电器 KS 动作，利用其触点去接通信号回路，发出灯光和音响信号，以引起值班人员的注意，以便及时发现、分析和处理事故。

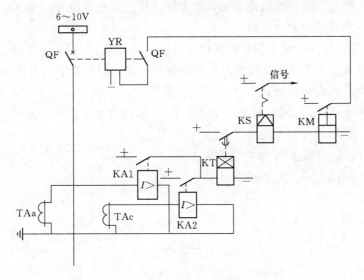

图 2.14　定时限过电流保护的接线

　　反时限过电流保护的接线如图 2.15 所示，由于保护采用了感应型电流继电器，这种继电器动作时，本身就具有延时特性，同时该继电器本身带有掉牌信号装置，因此，保护只用一组感应型电流继电器，而不需要时间继电器、信号继电器和中间继电器。

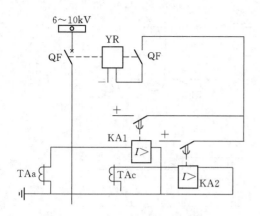

图 2.15　反时限过电流保护的接线

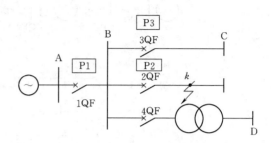

图 2.16　自启动运行分析

2.3.5　过电流保护的动作电流整定

（1）自启动运行分析。如图 2.16 所示，当故障发生在保护 1 的相邻线路 k 点时，保护 P1 和 P2 同时启动，保护动作切除故障后，变电所 B 母线电压恢复时，接于 B 母线上的处于制动状态的电动机要自启动。此时，流过保护 P1 的电流不是最大负荷电流而是自启动电流，自启动电流大于负荷电流，用 $K_{Ms}I_{Lmax}$ 表示。

（2）过电流保护的动作电流整定值应满足以下三个条件：

1）为了使保护在线路输送最大负荷电流时不动作，其动作电流应大于最大负荷电流，即

$$I_{op}^{\text{III}} = K_{rel}^{\text{III}} I_{Lmax} \tag{2.8}$$

式中　I_{Lmax}——线路上的最大负荷电流，考虑线路的实际运行情况，取 $(1.5 \sim 3) I_{ca}$，I_{ca} 为线路上的计算电流。

2）在外部短路切除后电压恢复的过程中（引起电动机自启动），保护能可靠地返回。也就是保证过电流保护在外部故障切除后可靠返回，其返回电流应大于外部短路故障切除后流过保护的最大自启动电流。

最大自启动电流 I_{srmax} 可用最大工作电流 I_{wmax} 和自启动系数 K_{sr} 表示，即

$$I_{srmax} = K_{sr} I_{wmax} \tag{2.9}$$

I_{srmax} 换算到继电器线圈中的电流，应为

$$K_{sr} I_{wmax} \frac{K_w}{K_i} \tag{2.10}$$

根据返回条件，则

$$I_{re} > \frac{K_w K_{sr}}{K_i} I_{wmax} \tag{2.11}$$

而

$$I_{re} = K_{re} I_{opka}^{\text{III}} \tag{2.12}$$

则

$$K_{re} I_{opka}^{\text{III}} > \frac{K_w K_{sr}}{K_i} I_{wmax} \tag{2.13}$$

式中　I_{re}——继电器的返回电流；

　　　　K_w——接线系数；

K_i——电流互感器的变化。

根据式（2.11）和式（2.12），可得过电流保护整定计算公式为

$$I_{opka}^{\text{Ⅲ}} = \frac{K_{rel} K_{sr} K_w}{K_{re} K_i} I_{wmax} \tag{2.14}$$

式中　K_{rel}——可靠系数，考虑继电器整定和负荷电流计算误差而引入的系数，取 1.25；

I_{opka}——继电器的动作电流；

K_{re}——继电器的返回系数，取 0.85～0.9。

整定电流Ⅲ段保护动作电流时取条件 1)、2) 计算结果较大的值。

3) 保护之间灵敏性配合，对于一段以上的保护网络，还要考虑上下级保护灵敏度的配合。以图 2.17 为例，在 k_1 点短路时，流过保护 P2 的短路电流 I_k 可能接近于它的动作电流 I_{op2}。而流过保护 P1 的电流，为 I_k 与变电所Ⅱ的负荷电流 I_1 之和，比保护 P2 中流过的电流大，保护 P1 可能越级动作。因此，保护 P1 的动作电流 I_{op1} 应按下式整定：

$$I_{op1} = K_{co} I_{op2} \tag{2.15}$$

式中　K_{co}——配合系数，一般取 1.1～1.15；当有必要考虑分支负荷时，取 1.2～1.5。

式（2.15）保证了保护 P1 的保护范围比保护 P2 的保护范围小。

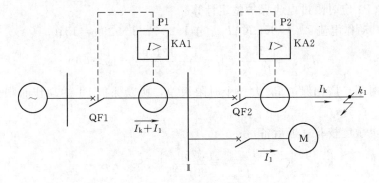

图 2.17　确定过电流保护动作电流的示意

2.3.6　灵敏性校验

为保证过电流保护能可靠地起到后备保护作用，必须分别在本线路及相邻线路末端按式（1.1）计算出其灵敏系数，即

$$K_{sen} = \frac{I_{kmin}^{(2)}}{I_{op}^{\text{Ⅲ}}} \tag{2.16}$$

式中　$I_{kmin}^{(2)}$——系统最小运行方式下，被保护线路末端的两相短路电流。

过电流保护（Ⅲ段保护）作本线路后备保护时（近后备保护），要求灵敏系数 $K_{sen} >$ 1.5，灵敏度校验点电流取自本线路末端；在作相邻线路后备保护时（远后备保护），要求灵敏系数 $K_{sen} > 1.25$，灵敏度校验点电流取自相邻线路末端。

【例 2.2】图 2.18 为单侧电源电网，试对保护 P1 与保护 P2 定时限过电流保护进行整定计算。保护全部选择两相两继电器式，电网与保护的参数如下：

(1) 保护 P3 的过电流保护动作电流 $I_{op3}^{\text{Ⅲ}} = 577A$，动作时限 $\Delta t = 0.5s$。

(2) 线路 L1（Ⅰ—Ⅱ）与线路 L2（Ⅱ—Ⅲ）的最大工作电流分别为 390A 和 295A，负荷自启动系数 K_{sr} 皆为 2.8。

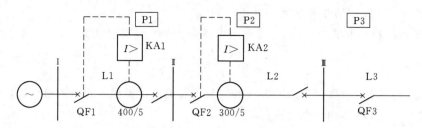

图 2.18　单侧电源网络

（3） $I_{k\text{II}\min}^{(2)} = 6.5\text{kA}$，$I_{k\text{III}\min}^{(2)} = 5.75\text{kA}$。

解：（1）保护 P2 定时限过电流保护整定计算。

动作电流：据式（2.8）及式（2.9）一次动作电流为

$$I_{\text{op2}}^{\text{III}} = K_{\text{rel}} K_{\text{sr}} I_{\text{wmax}} = 1.2 \times 2.8 \times 295 = 991.2(\text{A})$$

继电器动作电流

$$I_{\text{opka2}}^{\text{III}} = \frac{K_{\text{w}}}{K_{\text{re}} K_{\text{i}}} I_{\text{op2}}^{\text{III}} = \frac{1 \times 991.2}{0.85 \times 60} = 19.4(\text{A})$$

保护 P2 动作时限：取 $\Delta t = 0.5\text{s}$，因而保护 P2 的动作时限为 $t_2^{\text{III}} = 0.5 + 0.5 = 1(\text{s})$。

（2）保护 P1 定时限过电流保护整定计算。

动作电流 $I_{\text{op1}}^{\text{III}} = K_{\text{rel}} K_{\text{sr}} I_{\text{wmax}} = 1.2 \times 2.8 \times 390 = 1310.4(\text{A})$

$$I_{\text{opka1}}^{\text{III}} = \frac{K_{\text{w}}}{K_{\text{re}} K_{\text{i}}} I_{\text{op1}}^{\text{III}} = \frac{1 \times 1310.4}{0.85 \times 80} = 19.3(\text{A})$$

保护 P1 动作时限：应比保护 P2 大一个时限级差，所以保护 P1 的动作时限为 $t_1^{\text{III}} = t_2^{\text{III}} + 0.5 = 1 + 0.5 = 1.5(\text{s})$。

保护 P2 灵敏度校验（近后备）：

$$K_{\text{s2}} = \frac{I_{k\text{III}\min}^{(2)}}{I_{\text{op2}}^{\text{III}}} = \frac{5750}{991.2} = 5.80 > 1.5$$

保护 P1 灵敏度校验（近后备）：

$$K_{\text{s1}} = \frac{I_{k\text{II}\min}^{(2)}}{I_{\text{op1}}^{\text{III}}} = \frac{6500}{1310.4} = 4.96 > 1.5$$

当保护 P1 作为远后备保护时

$$K_{\text{s1}} = \frac{I_{k\text{III}\min}^{(2)}}{I_{\text{op1}}^{\text{III}}} = \frac{5750}{1310.4} = 4.38 > 1.2$$

计算结果：$I_{\text{op1}}^{\text{III}} > I_{\text{op2}}^{\text{III}} > I_{\text{op3}}^{\text{III}}$，而且满足式（2.15）的要求，可以保证保护之间灵敏性的配合。

当过电流保护灵敏度达不到要求时，可采用带低电压闭锁的过电流保护，此时电流继电器动作电流按线路的计算电流整定，以提高灵敏度。

2.4　三段式电流保护

由于无时限电流速断保护只能保护线路全长的一部分，带时限电流速断保护虽然能保护线路的全长，但不能作为下一段线路的后备保护，故还必须有过电流保护作为本线路和下一段线路的后备保护。为了保证迅速、可靠、有选择地切除故障线路，一般在灵敏性能满足要求的 35kV 及以下的配电线路上，可装设无时限电流速断、带时限电流速断和过电流三种保护相配合的一整套保护装置，作为相间短路保护。这一整套保护装置称为三段式电流保护，其时限特性如图 2.19 所示。在线路 L1，第Ⅰ段为无时限电流速断保护，它的保护范围为本线路的一部分，动作时限为 t_1^{I}，它由继电器的固有动作时间决定；第Ⅱ段为带时限电流速断保护，它的保护范围为线路 L1 的全部并延伸至线路 L2 的一部分，其动作时限为 $t_1^{\mathrm{II}} = t_2^{\mathrm{I}} + \Delta t$。

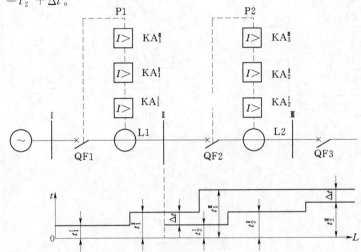

图 2.19 三段式电流保护各段的保护范围及时限配合

无时限电流速断保护和带时限电流速断保护是线路 L1 的主保护。第Ⅲ段为过电流保护，它的保护范围包括 L1 和 L2 全长，其动作时限为 t_1^{III}，可由阶梯原则求得，即 $t_1^{\mathrm{III}} = t_2^{\mathrm{III}} + \Delta t$，$t_2^{\mathrm{III}}$ 为线路 L2 过电流保护的动作时限。

三段式电流保护由电流Ⅰ段、电流Ⅱ段、电流Ⅲ段组成，三段保护构成"或"逻辑出口跳闸。电流Ⅰ段、电流Ⅱ段为线路的主保护，本线路故障时切除时间为数十毫秒（电流Ⅰ段固有动作时间）至 0.5s。电流Ⅲ段保护为后备保护，为本线路提供近后备作用，同时也为相邻线路提供远后备作用。在某些情况下，为了简化保护，也可以用两段式电流保护，即用第Ⅰ段加上第Ⅱ段或第Ⅱ段加上第Ⅲ段。电流保护一般采用不完全星形接线。三段式电流保护逻辑框图如图 2.20 所示。

【例 2.3】 35kV 单侧电源线路 L1 的继电保护方案拟定为三段式电流保护（图 2.21），保护采用两相不完全星形接线。已知线路 L1 的正常最大工作电流为 174A，自启动系数为 1.3，电流互感器的变比为 300/5。在最大运行方式及最小运行方式下，有关各点短路电流见表 2.2。线路 L2 过电流保护动作时限为 2.5s，试计算保护 P1 各段保护的动作电流及动作时限，并校验保护的灵敏性。

表 2.2　　　　　　　　　　各点短路电流数值

短　路　点	k_{I}	k_{II}	k_{III}
最大运行方式下三相短路电流 $I_{\mathrm{kmax}}/\mathrm{A}$	3400	1310	520
最小运行方式下三相短路电流 $I_{\mathrm{kmin}}/\mathrm{A}$	2280	1100	490

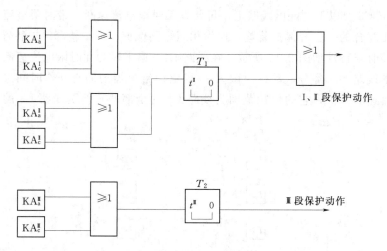

图 2.20　三段式电流保护逻辑框图

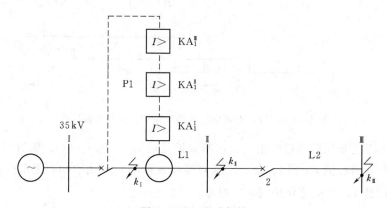

图 2.21　三段式保护

解：（1）线路 L1 无时限电流速断保护整定计算。动作电流

$$I_{\text{op1}}^{\text{I}} = K_{\text{rel}} I_{\text{k}\text{II}\,\text{max}} = 1.3 \times 1310 = 1703(\text{A})$$

式中　$I_{\text{k}\text{II}\,\text{max}}$ ——最大运行方式下被保护线路 L1 末端 k_{II} 点短路时，流经保护装置的最大三相短路电流。

$$I_{\text{opkal}}^{\text{I}} = \frac{K_{\text{w}}}{K_{\text{i}}} I_{\text{op1}} = \frac{1}{300/5} \times 1703 = 28.4(\text{A})$$

线路 L2 无时限电流速断保护的动作电流 $I_{\text{op2}}^{\text{I}}$，即

$$I_{\text{op2}}^{\text{I}} = K_{\text{rel}} I_{\text{k}\text{III}\,\text{max}} = 1.3 \times 520 = 676(\text{A})$$

式中　$I_{\text{k}\text{III}\,\text{max}}$ ——最大运行方式下线路 L2 末端 k_{III} 点短路时三相短路电流。

（2）线路 L1 带时限电流速断保护整定计算。动作电流

$$I_{\text{op1}}^{\text{II}} = K_{\text{rel}} I_{\text{op2}}^{\text{I}} = 1.1 \times 676 = 744(\text{A})$$

$$I_{\text{opkal}}^{\text{II}} = \frac{K_{\text{w}}}{K_{\text{i}}} I_{\text{op1}}^{\text{II}} = \frac{1}{300/5} \times 744 = 12.4(\text{A})$$

动作时限：应与线路 L2 无时限电流速断保护配合，即 $t_1^{\text{II}} = t_2^{\text{I}} + \Delta t$，取 $t_1^{\text{II}} = 0.5\text{s}$。

灵敏度校验：以最小运行方式下线路 L1 末端两相短路电流，校验其灵敏性，即

$$I_{k\mathbb{II}\,min}^{(2)} = (\sqrt{3}/2)I_{k\mathbb{II}\,min}^{(3)} = (\sqrt{3}/2)\times1100 = 953(\text{A})$$

$$K_{sen} = \frac{I_{k\mathbb{II}\,min}^{(2)}}{I_{op1}^{\mathbb{II}}} = \frac{953}{744} = 1.28 > 1.25$$

灵敏度满足要求。

（3）线路 L1 过电流保护整定计算。动作电流

$$I_{op1}^{\mathbb{III}} = \frac{K_{rel}K_{sr}}{K_{re}}I_{1max} = \frac{1.2\times1.3}{0.85}\times174 = 319(\text{A})$$

$$I_{opkal}^{\mathbb{III}} = \frac{K_w}{K_i}I_{op1}^{\mathbb{III}} = \frac{1}{300/5}\times320 = 5.3(\text{A})$$

动作时限：线路 L1 过电流保护的动作时限应与线路 L2 过电流保护时限配合，即
$$t_1^{\mathbb{III}} = t_2^{\mathbb{II}} + \Delta t = 2.5 + 0.5 = 3.0(\text{s})$$

灵敏度校验：近后备：以最小运行方式下线路 L1 末端两相短路电流（近后备保护），校验其灵敏性，即

$$K_{sen} = \frac{I_{k\mathbb{II}\,min}^{(2)}}{I_{op1}^{\mathbb{III}}} = \frac{953}{319} = 2.99 > 1.5$$

灵敏度满足要求。

远后备：以最小运行方式下线路 L2 末端两相短路电流（作相邻线路的后备保护，远后备），校验其灵敏性，即

$$K_{sen} = \frac{I_{k\mathbb{III}\,min}^{(2)}}{I_{op1}^{\mathbb{III}}} = \frac{(\sqrt{3}/2)I_{k\mathbb{III}\,min}^{(3)}}{I_{op1}^{\mathbb{III}}} = \frac{(\sqrt{3}/2)\times490}{319} = 1.33 > 1.25$$

灵敏度满足要求。

2.5 方向过电流保护

2.5.1 双侧电源线路采用电流保护存在的问题

随着电力系统的发展和用户对供电可靠性要求的提高，为提高供电可靠性可采用双侧电源或单电源环形电网供电，但这对电流保护带来新问题。

2.5.1.1 Ⅰ段、Ⅱ段灵敏度可能下降

如图 2.22 所示保护 P3 的Ⅰ段为例，整定电流应躲过本线路末端短路时的最大短路电流，除了躲过 P 母线处短路时 A 侧电源提供的短路电流，还必须躲过 N 母线背侧短路时 B 侧电源提供的短路电流。当两侧电源相差较大且 B 侧电源强于 A 侧电源时，可能使整定电流增大，缩短Ⅰ段保护的保护区，严重时可以导致Ⅰ段保护丧失保护区。

对Ⅱ段电流保护的整定也有类似的问题，如图 2.22 所示，P3 的Ⅰ段保护除了与保护 P5 的Ⅰ段配合，还必须与保护 P2 的Ⅰ段配合，可能导致灵敏度下降。

2.5.1.2 无法保证Ⅲ段动作选择性

在如图 2.23 所示的双侧电源网络中，每条线路的两侧均需装设断路器和保护装置，设在线路 L1 和 L2 两侧都装有过电流保护，当 k_1 点发生短路时应由保护 1、2 动作，使断路器 1、2 跳闸，因此要求保护 2 比保护 3 先动作，即保护 2 的动作时限应比保护 3 的动作时限短（$t_2 < t_3$）；但当 k_2 点发生短路时，则应由保护 3、4 动作，使断路器 3、4 跳

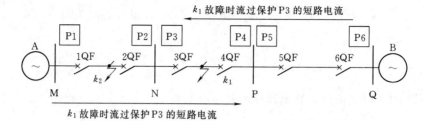

图 2.22　双侧电源供电网络

闸，此时要求 $t_3 < t_2$，显然上述要求相互矛盾。

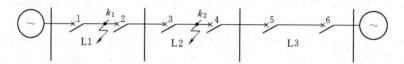

图 2.23　双侧电源网络及保护动作分析

　　造成电流保护在双电源线路上应用困难的原因是需要考虑"反向故障"。以图 2.24 中保护 P3 为例，MN 段线路 k 点发生故障时，B 侧电源提供的短路电流流过保护 P3，而如果仅存在电源 A，MN 段线路发生故障时则没有短路电流流过保护 P3，不需要考虑保护 P3 的动作。从保护安装处看，在"母线指向线路"方向上发生的故障称为正向故障，反之则称为反向故障。

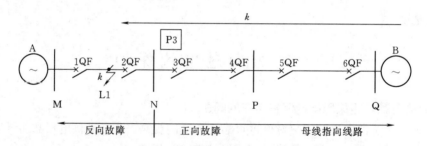

图 2.24　正向故障与反向故障

2.5.2　方向过电流保护的工作原理

　　为了解决双侧电源供电保护动作时间选择性矛盾，现对图 2.25 进行分析，结果发现不同地点短路时作用于保护装置的功率方向有差别。

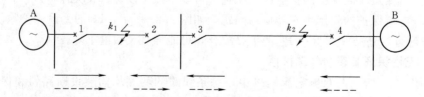

图 2.25　不同地点短路时短路功率方向分析

　　当 k_1 点短路时，B 电源流经保护 2 短路功率的方向是由母线指向线路，而流经保护 3

短路功率的方向是由线路指向母线，图中用实线表示，当 k_2 点短路时，A 电源流经保护 3 短路功率的方向是由母线指向线路，而流经保护 2 短路功率的方向是由线路指向母线，图中用虚线表示。很明显保护装置在前后两个不同地点短路时，流经保护装置短路功率的方向不同。

方向元件的作用是判别故障方向，如图 2.26 所示，由母线电压、线路电流判别故障方向。图中母线电压参考方向为"母线指向大地"，电流参考方向为"母线指向线路"，依据电压与电流相位关系可以判别故障方向。图 2.26（a）中，A 电源供电 k 点短路时，流过保护装置 P 的为正功率；图 2.26（b）中，B 电源供电 k 点短路时，流过保护装置 P 的为负功率。即用功率的正负来判断故障的方向，依此原理构成的方向元件也称为功率方向继电器。

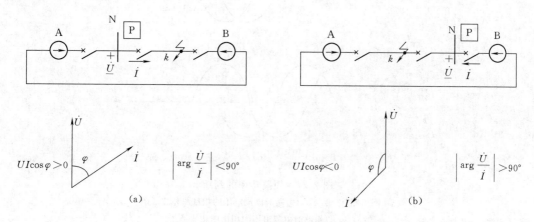

图 2.26　故障时电压、电流相位关系
（a）正向故障；（b）反向故障

方向过电流保护的动作原则是：凡是流过保护装置的短路功率是由母线指向线路，保护装置就启动；反之，短路功率由线路指向母线时，保护装置就不启动。如图 2.23 所示，当 k_1 点短路时只有 1、2、4、6 启动，根据阶梯时限原则，$t_2 < t_4 < t_6$，只有保护 1、2 动作，断路器 1、2 跳闸，保护 4、6 返回，从而保证了有选择地切除故障线路 L1，当 k_2 点短路时，保护 1、3、4、6 启动，按阶梯时限原则，$t_1 > t_3$，$t_6 > t_4$，保护 3、4 动作，断路器 3、4 跳闸，切除故障线路 L2，保护 1、6 返回。各保护动作时限的配合只需注意同一方向的有关保护（如 1、3、5 是一个方向，2、4、6 是另一个方向）。在图 2.23 中，只要求 $t_1 > t_3 > t_5$ 及 $t_6 > t_4 > t_2$，而不要求不同方向之间的配合。

功率方向问题实质上是保护安装处电压和电流之间相位关系的问题。方向过电流保护中的一个重要元件，称为功率方向元件，由它判别保护安装处电压和电流之间相位的关系。以图 2.27 为例，分析保护安装处电压和电流之间相位关系，当 k_2 点短路时，流过保护装置的电流 I_{k2} 是指向线路，电流 I_{k2} 滞后母线电压 U 一个相位角 $\varphi_2 = \varphi_{k2}$（φ_{k2} 为由母线至短路点 k_2 间的线路阻抗角），$0° < \varphi_2 < 90°$；当 k_1 点短路时，流过保护装置的电流 I_{k1} 则从线路指向母线，电流 I_{k1} 滞后母线电压 U 一个相位角 φ_1，$\varphi_1 = 180° + \varphi_{k1}$（$\varphi_{k1}$ 为母线至短路点 k_1 间的线路阻抗角），$180° < \varphi_1 < 270°$，上述两种情况下的相量图和波形图如图 2.27（b）、（c）所示。

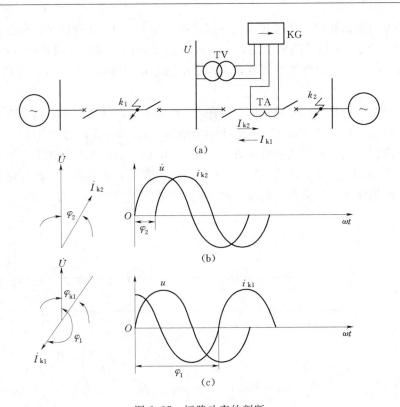

图 2.27 短路功率的判断

(a) 网络图；(b) k_2 点短路时电流电压的相量图和波形图；

(c) k_1 点短路时电流电压的相量图和波形图

2.5.3 方向过电流保护的原理图

正常运行时的功率方向可能是从母线指向线路，有可能造成方向元件误动作，所以，还必须有电流继电器和它配合。根据以上分析，方向过电流保护装置一般由三组元件组成，即电流测量元件、功率方向元件和时间元件，图 2.28 为其原理图。

电流测量元件的作用是判断是否发生故障，方向元件的作用是判断短路功率是否从母线指向线路，以保证动作方向的选择性，时间元件以一定的延时获得在同一动作方向上的选择性。可见，方向过电流保护就是在一般过电流保护的基础上增加一组功率方向元件。方向元件一般选用功率方向继电器，对功率方向继电器的要求是：正确地判断方向、动作快和灵敏度高。

2.5.4 方向过电流保护的整定

方向过电流保护的整定包含两方面内容：一是电流部分的整定，即动作电流、动作时间与灵敏度的校验；二是方向元件是否需要装设（投入）。

2.5.4.1 电流部分的整定

对于其中电流部分的整定，其原则与前述的三段式电流保护整定原则基本相同。不同的是与相邻保护的定值配合时，只需要与相邻的同方向保护的定值进行配合。

在两端供电或单电源环形网络中，Ⅰ段、Ⅱ段电流部分的整定计算可按照一般的不带方向的电流Ⅰ段、Ⅱ段整定计算原则进行，而Ⅲ段整定原则如下：

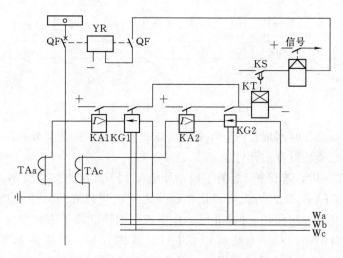

图 2.28 方向过电流保护原理

（1）Ⅲ段保护动作电流。Ⅲ段动作电流需躲过被保护线路的最大负荷电流，即

$$I_{\text{opkal}}^{\text{Ⅲ}} = \frac{K_{\text{rel}}}{K_{\text{re}}} I_{\text{Lmax}} \tag{2.17}$$

式中 I_{Lmax}——考虑故障切除后电动机自启动的最大负荷电流。

Ⅲ段动作电流还需要躲过非故障相的电流 I_{unf}，即

$$I_{\text{opkal}}^{\text{Ⅲ}} = K_{\text{rel}} I_{\text{unf}} \tag{2.18}$$

在小接地电流电网中，非故障相电流为负荷电流，只需按照式（2.18）进行整定。

对于大电流接地系统，非故障相电流除了负荷电流 I_{L} 外，还包括零序电流 I_0，则按照下式整定动作电流，即

$$I_{\text{opkal}}^{\text{Ⅲ}} = K_{\text{rel}}(I_{\text{L}} + K \times 3I_0) \tag{2.19}$$

式中 K——非故障相中零序电流与故障相电流的比例系数。

显然，对于单相接地故障 $K = 1/3$。

（2）Ⅲ段保护动作时间。方向过电流保护Ⅲ段动作时间按照同方向阶梯原则整定，即前一段线路保护的保护动作时间比同方向后一段线路保护的动作时间长。

（3）保护的灵敏度配合。方向过电流保护的灵敏度，主要由电流元件决定，其电流元件的灵敏度校验方法与不带方向性的电流保护相同。对于方向元件，一般因为方向元件的灵敏度较高，故不需要校验灵敏度。

以图 2.29 所示电网为例来说明方向过电流保护的整定。在图中标明了各个保护的动作方向，其中 1、3、5、7 为动作方向相同的一组保护，即同方向保护，2、4、6、8 为同方向保护，于是它们的动作电流、动作时间的配合关系应为

$$I_{\text{opkal}}^{\text{Ⅲ}} > I_{\text{opka3}}^{\text{Ⅲ}} > I_{\text{opka5}}^{\text{Ⅲ}} > I_{\text{opka7}}^{\text{Ⅲ}}, \quad t_1^{\text{Ⅲ}} > t_3^{\text{Ⅲ}} > t_5^{\text{Ⅲ}} > t_7^{\text{Ⅲ}}$$

$$t_8^{\text{Ⅲ}} > t_6^{\text{Ⅲ}} > t_4^{\text{Ⅲ}} > t_2^{\text{Ⅲ}}, \quad I_{\text{opka8}}^{\text{Ⅲ}} > I_{\text{opka6}}^{\text{Ⅲ}} > I_{\text{opka4}}^{\text{Ⅲ}} > I_{\text{opka2}}^{\text{Ⅲ}}$$

2.5.4.2 方向元件的装设

Ⅰ段动作电流大于其反方向母线短路时的电流，不需要装设方向元件；Ⅱ段动作电流大于其同一母线反方向保护的Ⅱ段动作电流时，不需要装设方向元件；对装设在同一母线

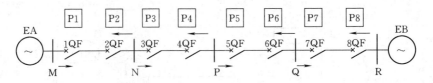

图 2.29 方向过电流保护整定

两侧的Ⅲ段来说，动作时间最长的，不需要装设方向元件；除此以外，反向故障时有故障电流流过的保护必须装设方向元件。

例如在图 2.29 中，若保护 P3 的Ⅰ段动作电流大于其反方向母线 N 处短路时流过保护 P3 电流，则该Ⅰ段不需经方向元件闭锁，反之则应当经方向元件闭锁；保护 P3 的Ⅱ段动作电流大于其反方向保护 P2 的Ⅱ段动作电流，则该Ⅱ段不需经方向元件闭锁，反之则应当经方向元件闭锁。对于母线 N 处保护 P3 与 P2，如，当线路 MN 上发生故障时，保护 P2 先于 P3 动作，将故障线路切除，即动作时间的配合已能保证保护 P3 不会非选择性动作，故保护 P3 的Ⅲ段可以不装设方向元件。

2.5.5 方向过电流保护的接线图

图 2.30 所示双端电源供电网络中，在每条线路两侧均需装设断路器和保护装置。首先按单电源线路时限阶梯原则分别确定保护 1、3、5 和 2、4、6 的过电流保护动作时限。$k3$ 点短路时，考虑选择性应跳断路器 3、4，其他不跳。但从时限曲线看 $t_2 < t_3$、$t_5 < t_4$，则保护 2、5 会抢在保护 3、4 之前动作，因而无法保证选择性。为解决这个问题，必须采用方向过电流保护装置。

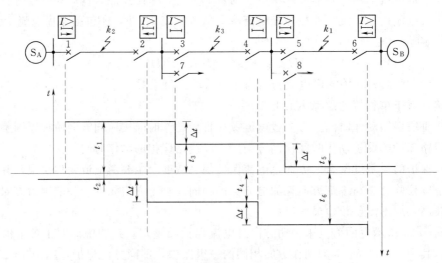

图 2.30 双端电源供电网络时限分析

对上述问题，解决方法是加装方向闭锁元件。定义：短路功率由母线流向线路时为正方向，反之由线路流向母线时为负方向。图 2.30 中，k_3 点短路时，对保护 1、3、4、6 是正方向，保护应动作；对保护 2、5 是负方向，保护不应动作。因此，方向过电流保护是在单电源线路时限阶梯原则的基础上加装功率方向元件来实现的。

方向过电流保护接线原理图如图 2.31 所示。保护装置由电流元件 KA1、KA2，功率方向元件 KP1、KP2，延时元件 KT、信号元件 KS 及保护出口元件 KM 等主要元件组成。

由图 2.31 可以看出，只有在同一相的电流元件和功率方向元件同时动作时，保护才动作。

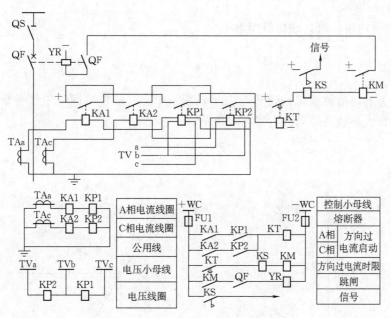

图 2.31 方向过电流保护接线原理展示图

2.5.6 功率方向继电器

2.5.6.1 功率方向继电器的工作原理

方向过电流保护要解决的核心问题是判别短路电流或短路功率的方向，当它们的方向为规定的"正方向"时，才允许保护动作。

如图 2.32 所示的功率方向元件接线。当 k 点短路时，对保护 1，接入继电器 1 的电流 I_{k1} 滞后于电压 $\dot{U}_k$ 相角 φ_{k1} 为短路回路阻抗角 φ_k，且 $0° < \varphi_k < 90°$。对保护 2，接入继电器的电流 $\dot{I}_{k2}$ 滞后于电压 $\dot{U}_k$ 相角 φ_{k2} 为 $\varphi_k + 180°$，则有

继电器 1 $\qquad P_1 = U_k I_{k1} \cos\varphi_{k1} = U_k I_{k1} \cos\varphi_k > 0$

继电器 2 $\qquad P_2 = U_k I_{k2} \cos\varphi_{k2} = -P_1 = U_k I_{k2} (\cos\varphi_k + 180°) < 0$

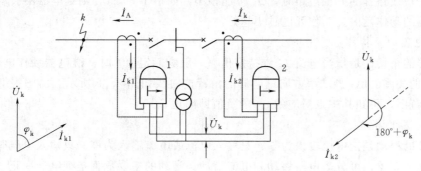

图 2.32 功率方向元件电流与电压的相位关系

因此继电器的动作范围为

$$-90° \leqslant \arg \frac{\dot{U}_k}{\dot{I}_k} \leqslant 90°$$

当继电器有内角 α 时，动作范围为

$$-90° - \alpha \leqslant \arg \frac{\dot{U}_k}{\dot{I}_k} \leqslant 90° - \alpha$$

图 2.33 为上述两种情况的动作范围示意图。图中，动作范围的中线为最大灵敏线，对应的 φ_k 为最大灵敏角。当继电器有内角 α 时，有

$$\varphi_k = -\alpha$$

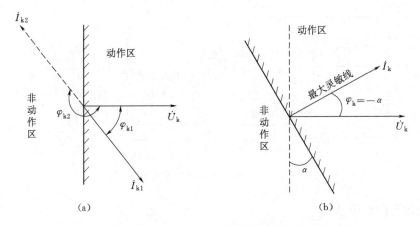

图 2.33　功率方向元件动作范围示意

功率方向继电器的种类较多，有相位比较式的感应型功率方向继电器、幅值比较式的整流型功率方向继电器及微机型功率方向继电器等。

2.5.6.2　功率方向继电器的特性

1. 继电器的伏安特性

继电器的伏安特性是指 φ_k 为常数（一般指最大灵敏角）时，继电器的动作电压 $U_{op \cdot k}$ 与电流 I_k 之间的关系。LG 型功率方向继电器的伏安特性曲线如图 2.34 所示，图中 $U_{op \cdot k}$ 为最小动作电压。当 $U_k < U_{op \cdot k}$ 时，无论电流 I_k 如何增大，继电器都不动作。

死区：在线路首端三相短路时，U_k 可能很小，如小于 $U_{op \cdot k}$，则继电器不会动作，故称为继电器的动作死区。动作死区越小越好。

2. 继电器的角特性

继电器的角特性是指当电流 I_k 维持定值（一般为额定值）时，继电器动作电压 $U_{op \cdot k}$ 与 φ_k 之间的关系。LG 型功率方向继电器的角特性曲线如图 2.35 所示。由图中继电器动作的 φ_k 的范围，可知其中点对应的 φ_k 的负值即内角 α。

3. 继电器的潜动

继电器的潜动是指电压输入为零、只输入电流或电流输入为零、只输入电压时，继电器会误动作的现象，可分为电压潜动和电流潜动。潜动的主要危害是继电器在正、负方向故障时，会出现误动、拒动或灵敏度降低的情况。

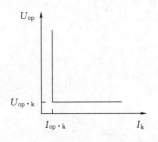

图 2.34　继电器的伏安特性曲线

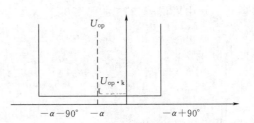

图 2.35　继电器的角特性曲线

2.5.7　90°接线分析

2.5.7.1　方向保护对继电器接线的要求

（1）正方向发生任何形式的短路故障时继电器都能动作。

（2）正方向短路时，加入继电器的 U_k 和 I_k 尽可能大，并使 φ_k 尽可能接近最大灵敏角，以使继电器灵敏动作，减小动作死区。

2.5.7.2　90°接线的定义

90°接线是指在三相对称的情况下，当 $\cos\varphi = 1$ 时，加入继电器的电流 $\dot{I}_k$ 与电压 $\dot{U}_k$ 之间的相位是 90°。功率方向继电器的 90°接线如图 2.36 所示，图中各继电器所加电流 $\dot{I}_k$ 与电压 $\dot{U}_k$ 列于表 2.3 中。图 2.37 为 90°接线的相量图。

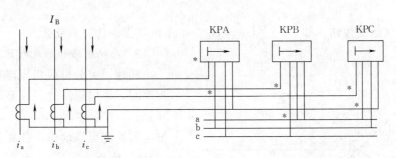

图 2.36　功率方向继电器的 90°接线

表 2.3　功率方向继电器的电流与电压

继电器类别	电流 $\dot{I}_k$	电压 $\dot{U}_k$
KPA	$\dot{I}_A$	$\dot{U}_{BC}$
KPB	$\dot{I}_B$	$\dot{U}_{CA}$
KPC	$\dot{I}_C$	$\dot{U}_{AB}$

2.5.7.3　90°接线的分析

功率方向继电器动作区的角度范围为 $-90°-\alpha \leqslant \varphi_k \leqslant 90°-\alpha$，以下分析 90°接线方式下，线路上发生各种故障时，能保证继电器正确动作的 φ_k 和 α 的可能变化范围。为方便分析，假设 $K_{TA}=1$，$K_{TV}=1$。

1. 三相短路（对称短路，以 A 相为例）

（1）正向远处短路。电路图如图 2.38 所示，母线残余电压为 $\dot{U}_A$、$\dot{U}_B$、$\dot{U}_C$，三相短路电流为 $\dot{I}_A$、$\dot{I}_B$、$\dot{I}_C$ 各自落后于相应的相电压 φ_k 角度，φ_k 是短路点到保护安装处之间的线路阻抗角。其变化范围为 $0° < \varphi_k < 90°$。加入功率方向继电器的电流、电压的相量图

如图 2.39 所示。此时 $\varphi_{k.A}=-(90°-\varphi_k)$，电流超前于电压。将 $0°<\varphi_k<90°$ 代入 $\varphi_{k.A}=-(90°-\varphi_k)$ 中可得 $-90°\leqslant\varphi_{k.A}\leqslant0°$。

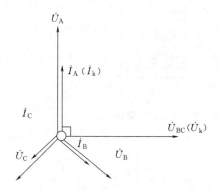

图 2.37　90°接线的电流、电压向量图

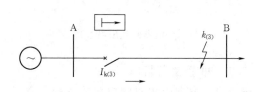

图 2.38　正向远处短路

由 $-90°-\alpha\leqslant\varphi_{k.A}\leqslant90°-\alpha$ 得 $-(90°+\varphi_k)\leqslant\alpha\leqslant90°-\varphi_{k.A}$。则有

$$0°\leqslant\alpha\leqslant90° \qquad (2.20)$$

即无论内角 α 怎样变化，当电流 $\dot I_{k.A}$ 在第一象限时继电器均能动作。当 $\varphi_{k.A}=-\alpha$，即 $\varphi_k=90°-\alpha$ 时动作最灵敏。

（2）反向短路。反向短路时电流 $\dot I_{k.A}$ 在第三象限，无论内角 α 怎样变化，继电器都不会动作。

（3）正向近处短路。如 $\dot U_{k.A}=U_{BC}<U_{op.k}$，继电器不动作，有死区。

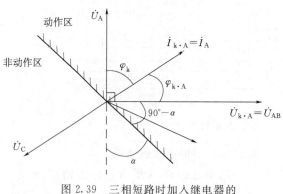

图 2.39　三相短路时加入继电器的
电流、电压相量图

2. 两相短路和单相接地短路

同理，可分析两相短路和单相接地短路时，正向短路时，只要

$$30°\leqslant\alpha\leqslant60° \qquad (2.21)$$

继电器均能可靠动作，且没有死区。

3. 结论

对所有短路形式，采用 90°接线，只要 $30°\leqslant\alpha\leqslant60°$，都能保证正向动作，反向不动作，只有三相短路时近处有死区。

一般功率方向继电器制造厂提供内角 30°和 45°两种。

【例 2.4】　有一 90°接线的 LG-11 型功率方向继电器，其电抗变换器的移相角 $\gamma=60°$，问：

（1）此继电器内角为多大？最大灵敏角为多大？

（2）此继电器用于短路回路阻抗角为多大的线路上最灵敏（三相短路为例）？

解：（1）因为 $\gamma=60°$，所以 $\alpha=90°-\gamma=90°-60°=30°$，于是有

$$\varphi_k=-\alpha=-30°$$

（2）三相短路时，有 $\varphi_{k \cdot A} = -(90° - \varphi_k)$。当 $\varphi_{k \cdot A} = -\alpha$ 时，有

$$\varphi_k = 90° - \alpha = 90° - 30° = 60°$$

2.5.7.4 方向过电流保护的接线方式——按相启动原则

按相启动原则即只有同一相的电流元件和功率方向元件同时启动时，保护才动作。接线图如图 2.40 所示，不能接成图 2.41 所示线路图。

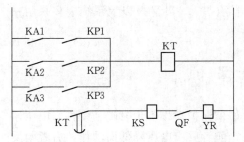
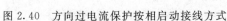

图 2.40 方向过电流保护按相启动接线方式

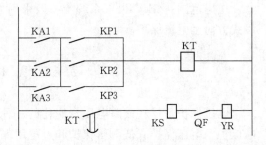

图 2.41 方向过电流保护不按相启动接线方式

2.5.8 方向过电流保护的整定计算

方向过电流保护的整定计算原则为：

（1）动作电流的整定和灵敏度校验同"单方向定时限过电流保护"。

（2）动作时间整定——同方向时限阶梯原则。

（3）加装方向元件。母线两侧开关时限长的可不装设，时限短的一定要装设，如果母线两侧开关时限相等则两者均要装设。

【例 2.5】 图 2.42 所示双电源供电网络系统，已知断路器 7、8、9 上的过电流保护的动作时限分别 2s、1.5s、0.5s。试问：

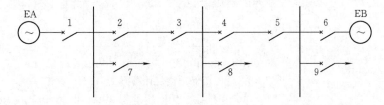

图 2.42 ［例 2.5］系统图

（1）断路器 1、2、3、4、5、6 上过电流保护的动作时限各为多少？

（2）哪些断路器上的过电流保护要装方向元件？

解：（1）对单电源 EA

$$T_4 = T_9 + \Delta t = 0.5 + 0.5 = 1(s)$$
$$T_2 = \max\{T_4, T_8\} + \Delta t = 1.5 + 0.5 = 2(s)$$
$$T_1 = \max\{T_2, T_7\} + \Delta t = 2 + 0.5 = 2.5(s)$$

对单电源 EB

$$T_3 = T_7 + \Delta t = 2 + 0.5 = 2.5(s)$$
$$T_5 = \max\{T_3, T_8\} + \Delta t = 2.5 + 0.5 = 3(s)$$
$$T_6 = \max\{T_5, T_9\} + \Delta t = 3 + 0.5 = 3.5(s)$$

（2）对母线两侧的保护 1 和 2，2 要装设方向元件；对母线两侧的保护 3 和 4，4 要装设方向元件；对母线两侧的保护 5 和 6，5 要装设方向元件。

2.5.9　对方向过电流保护的评价及应用范围

优点：在双电源供电和环网供电的系统中，采用方向过电流保护可保证动作选择性。

缺点：①元件增加，接线复杂，投资增多；②存在死区和潜动现象。

应用范围：35kV 以下系统中一般采用方向过电流保护；35kV 及以上系统中多采用三段式方向过电流保护。

2.6　低电压保护

电压保护是反映线路电压量变化的一种保护。如果保护动作不带时限，则称为电压速断保护。电压保护有低电压保护和过电压保护两种，前者反应电压降低而动作，后者则反应电压升高而动作。

2.6.1　低电压保护

电压速断保护是一种低电压保护。由母线电压构成判据，整定方法如图 2.43 所示。

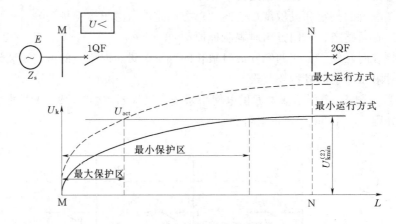

图 2.43　低电压保护整定计算方法

当发生短路时，保护安装处电压（称为残余电压 U_{rem}）的变化量通常要比短路电流的变化量大。因此，当电流速断保护的灵敏度不能满足要求时，可以考虑采用电压速断保护。由于在最小运行方式下线路发生短路时，保护安装处的残余电压最低，电压保护的保护范围延伸最长，因此，保护应按最小运行方式下躲过被保护线路末端短路时保护安装处的残余电压来整定，如图 2.44 所示，线路 L 电压速断保护的动作电压为

$$U_{op} = \frac{U_{remmin}}{K_{rel}} \tag{2.22}$$

式中　U_{remmin} ——最小运行方式下母线 B 引出线出口处 k_2 点短路时，母线 A 上的残电压；

　　　　K_{rel} ——可靠系数，取 $1.2 \sim 1.3$。

图 2.44 中曲线 1 和曲线 2 分别表示在最大运行方式和最小运行方式下线路各点短路

时母线 A 上的残余电压，直线 3 为保护动作电压的整定值，由直线 3 与曲线 1、2 的交点可求得该保护在最大运行方式和最小运行方式下的保护范围 L_{pmin} 和 L_{pmax}。由此可见，电压速断的保护范围仍受运行方式变化的影响，但电压速断保护在最小运行方式下保护范围最大，而在最大运行方式下保护范围最小，它虽不能保护线路的全长，但其保护范围不会减小到零。低电压保护特点：

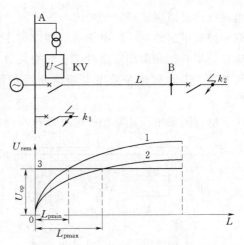

图 2.44 电压速断保护的整定计算

（1）故障点距离电源越近母线电压越低；母线电压水平越低，保护区越长。

（2）最大运行方式下短路电流较大，母线电压水平高，电压保护的保护区缩短。

（3）仅由母线电压不能判别是母线上哪一条线路故障，电压保护无法单独用于线路保护。

2.6.2 电流闭锁低电压保护的联锁速断保护

低电压保护与电流保护一起构成电流电压联锁速断保护，电流继电器与低电压继电器触点串联出口。保护图如图 2.45 所示，电流电压联锁速断保护则是按系统最常见的运行方式整定，当系统运行方式不是最常见运行方式时，其保护区缩短，不会丧失选择性。

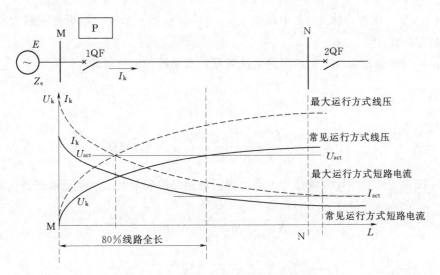

图 2.45 电流电压联锁速断保护

当同一母线上的任一引出线短路时（如图 2.44 所示中 k_1 点），或电压互感器二次侧熔断器的熔件熔断时，接在这段母线上所有引出线的电压速断保护中的低电压继电器都要启动。如果各保护装置的启动元件都只用一组低电压继电器，保护将会误动作。因此，必须在一组低电压继电器之外另加闭锁元件。采用电流闭锁的电压速断保护，其接线如图 2.46 所示，图中低电压继电器为启动元件，电流继电器为闭锁元件，电流继电器的动作电流按躲过被保护线路的最大负荷电流整定。既防止上述的误动作，又能在被保护线路末端短路时可靠地动作。电压继电器应装在线电压上，而且须采用三相式接线以保证在同一地点发生三相和两相短路时，它们的灵敏系数相等。与电流速断保护相比，这种保护的接线复杂，因此只有在采用电流速断保护而灵敏性达不到要求的情况下，考虑采用此种保护。

电流闭锁电压速断保护的联锁速断保护原理框图如图 2.47 所示。

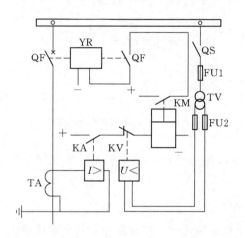

图 2.46　电流闭锁电压速断
保护的单相原理

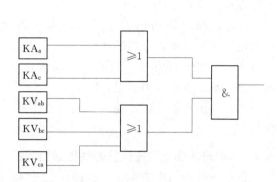

图 2.47　电流电压联锁速断
保护原理框图

【例 2.6】　试将 [例 2.1] 中线路 L2（Ⅱ—Ⅲ线路）的无时限电流速断保护，改为电压速断保护。

解：（1）根据在母线 Ⅰ 上的短路电流数据，求系统的电抗，即

$$X_{\max} = \frac{E''_{\Sigma}}{\sqrt{3}\,I''^{(3)}_{k\max}} = \frac{115000}{\sqrt{3}\times 12000} = 5.53(\Omega)$$

$$X_{\min} = \frac{E''_{\Sigma}}{\sqrt{3}\,I''^{(3)}_{k\min}} = \frac{115000}{\sqrt{3}\times 10000} = 6.64(\Omega)$$

（2）按如下两公式计算线路 Ⅱ—Ⅲ 上不同短路点的残余电压，并记录在表 2.4 中。

$$U^{(3)}_{\mathrm{remmax}} = \frac{E''_{\Sigma}}{X_{\max} + X_{\mathrm{I-II}} + X_{\mathrm{L}}LL_*}X_{\mathrm{L}}LL_*$$

$$U^{(3)}_{\mathrm{remmin}} = \frac{E''_{\Sigma}}{X_{\min} + X_{\mathrm{I-II}} + X_{\mathrm{L}}LL_*}X_{\mathrm{L}}LL_*$$

式中　X_{L}——每千米线路的电抗，$0.4\Omega/\mathrm{km}$；

　　L——Ⅱ—Ⅲ线路全长，km；

　　L_*——母线 Ⅱ 到短路点之间的距离与 L 之比。

（3）将表 2.4 所列数据绘成曲线，如图 2.48 所示。

（4）按式（2.22）求动作电压，即

$$U_{\mathrm{op}} = U_{\mathrm{remmin}}/K_{\mathrm{rel}} = 34.6/1.25 = 27.7(\mathrm{kV})$$

从图 2.48 中求得：$L_{pmin} = 69\%$，$L_{pmax} = 75\%$。

表 2.4　　　　各短路点残余电压值

线路	L_*	$U_{rem\ max}^{(3)}/kV$	$U_{rem\ min}^{(3)}/kV$
Ⅱ—Ⅲ	0	0	0
	0.25	11.8	11.1
	0.5	21.4	20.3
	0.75	29.4	28
	1	36.1	34.6

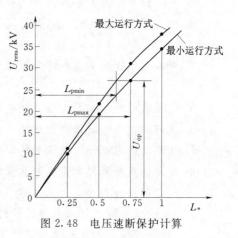

图 2.48　电压速断保护计算

本　章　小　结

本章介绍了线路的三段式电流保护、方向过电流保护的有关知识，重点讲述线路的三段式电流保护的整定计算方法、功率方向继电器工作、方向保护接线方式。

（1）常用保护继电器的结构和工作原理。主要介绍电磁式电流、电压、中间继电器以及感应式电流继电器等。

（2）电流保护的电流互感器的接线方式及相应的接线系数。继电保护主要是电流保护，电流保护的接线方式有三相完全星形接线（三相三继电器式）、两相不完全星形接线（两相两继电器式、两相三继电器式）和两相电流差接线（两相一继电器式）。

（3）线路的电流保护主要有三段式电流保护，Ⅰ段电流速断保护按线路末端最大三相短路电流整定，按首端最小两相短路电流校验灵敏度，选择性要求由动作电流满足，但在线路末端保护有死区，不能保护整条线路；Ⅱ段限时电流速断保护按下级线路Ⅰ段保护动作电流整定，按本级线路末端最小两相短路电流校验灵敏度，动作时限与下级Ⅰ段保护配合，由动作电流和动作时限共同满足选择性要求；Ⅲ段定时限过电流保护按最大负荷电流整定，按本级和下级线路末端最小两相短路电流校验灵敏度，动作时限按时限阶梯原则整定，由动作时间满足选择性要求。三段式电流保护广泛用于 35kV 及以下电网，保护的灵敏性、快速性一般都满足要求。

（4）在多电源系统中，为满足选择性要求，根据需要设置方向过电流保护。一般采用90°接线，按相启动原则。方向过电流保护动作时限采用单方向时限阶梯原则，对装设在同一母线两侧的保护，动作时限长者可不装方向元件，动作时限短者必须装方向元件；如两保护时限相等，则两保护上都必须装设方向元件。方向过电流保护主要用于 35kV 及以下双侧电源辐射形网络和单电源环形网络中。

复　习　思　考　题

1. 电流互感器的 10% 误差曲线有何用途？怎样进行 10% 误差校验？

2. 电流保护电流互感器的常用接线方式有哪几种？各有什么特点？

3. 什么是 DL 型电流继电器的动作电流、返回电流和返回系数？为什么返回系数恒小于 1？

4. 电磁型电流继电器和感应型电流继电器工作原理有何不同？如何调节各自的动作电流？

5. 电磁式时间继电器、信号继电器和中间继电器的作用是什么？

6. 线路的电流速断保护的动作电流如何整定？灵敏度怎样校验？

7. 线路的限时电流速断保护的动作电流、动作时间如何整定？灵敏度怎样校验？

8. 线路的定时限过电流保护装置的动作电流、动作时间如何整定？灵敏度怎样校验？

9. 线路的反时限过电流保护的动作时限如何整定？

10. 试述线路的三段式电流保护的配合原理。

11. 过电流保护和电流速断保护在什么情况下需要装设方向元件？试举例说明。

12. 什么是方向保护的 90°接线？反应各种短路形式的能力如何？

13. 在方向过电流保护中为什么采用按相启动原则？

14. 什么是接线系数？说明电流保护中常用的星形接线、不完全星形接线及两相差接线方式的接线系数各为多少？

15. 什么是定时限过电流保护？什么是反时限过电流保护？分别画出它们的时限特性。

16. 画出定时限过电流保护的原理接线图，试述其动作过程。

17. 定时限过电流保护的选择性靠什么来保证？

18. 无时限电流速断的动作电流为什么要按躲过被保护线路末端的最大短路电流来整定？这样整定后又出现什么问题？如何弥补？

19. 何谓三段式电流保护？保护中哪一段灵敏度最高？为什么？

20. 泵站 10kV 配电系统，在发生单相接地时，如何实现其接地保护？

21. 无时限电流速断与带时限电流速断保护在整定原则、保护范围和接线图上有什么区别？

22. 某 10kV 网络如图 2.49 所示。已知 AB 的最大工作电流 $I_{\rm Wmax}=100{\rm A}$，取 $K_{\rm sr}=2.8$，TA 的变比为 200/5，各母线短路电流见表 2.5，试计算线路 AB 过电流保护的动作电流（一次、二次）、动作时间及灵敏度校验。

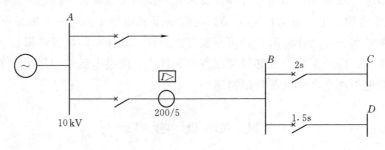

图 2.49

表 2.5	各 短 路 电 流 值		
短路点	B	C	D
I_{kmax}/kA	3.6	1.2	1.4
I_{kmin}/kA	3.2	1.17	1.36

23. 计算图 2.50 所示的 35kV 线路 AB 上无时限电流速断保护的一次及二次起动电流,并校验灵敏系数。已知系统阻抗在最大运行方式时为 6.3Ω,在最小运行方式时为 7Ω。

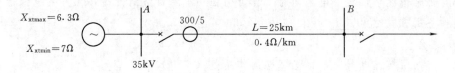

图 2.50

24. 图 2.51 所示系统为无限大容量系统供电的 35kV 放射式线路,已知线路 L1 的最大负荷电流为 220A,电流互感器变比为 300/5,采用不完全星形接线。k_1 点三相短路电流为 $I_{k1.max}=4000A$, $I_{k1.min}=3500A$;k_2 点三相短路电流为 $I_{k2.max}=2000A$, $I_{k2.min}=1250A$;k_3 点三相短路电流为 $I_{k3.max}=540A$,

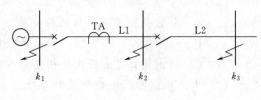

图 2.51

$I_{k3.min}=500A$。线路 L2 采用定时限过电流保护,动作时限为 1.2s。拟在线路 L1 上设置定时限过电流保护。请整定保护的动作电流和动作时限,并检验灵敏度。

25. 图 2.51 所示系统为无限大容量系统供电的 35kV 放射式线路,已知线路 L1 的负荷电流为 230A,取最大过负荷倍数为 1.5,线路 L1 上的电流互感器变比选为 400/5,线路 L2 上定时限过电流保护的动作时限为 2s。在最大和最小运行方式下,k_1、k_2、k_3 各点的三相短路电流如下所示:

短路点	k_1	k_2	k_3
最大运行方式下三相短路电流/A	7500	2510	850
最小运行方式下三相短路电流/A	5800	2150	740

拟在线路 L1 上装设两相不完全星形接线的三段式电流保护,试计算各段保护的动作电流、动作时限,选出主要继电器并做灵敏度校验。

26. 图 2.51 所示系统中,已知线路 L1 的最大负荷电流为 300A,电流互感器的变比为 400/5,采用两相电流差接线。k_2 点三相短路电流为 $I_{k2.max}=3000A$, $I_{k2.min}=2200A$;k_3 点三相短路电流为 $I_{k3.max}=200A$, $I_{k3.min}=1200A$。线路 L2 采用反时限过电流保护,其首端短路时动作时限为 1.2s。试整定线路 L1 采用 GL-11 型继电器构成反时限过电流保护的动作电流和 10 倍动作电流时限,并校验灵敏度。

27. 某 LG 型功率方向继电器的电抗变换器移相角 γ 为 60°,保护装置采用 90°接线,试回答:

(1) 继电器的内角是多少?最大灵敏角是多少?维电器阻抗角的动作范围是多少?

（2）当线路发生三相短路时，故障线路的阻抗角为多少时继电器最灵敏？

（3）请画出继电器的动作范围图（以三相短路 A 相为例）。

28. 填空

（1）对负序电压继电器，用单相法模拟三种两相短路时，其刻度值为试验电压的_____倍。

（2）在电流相位比较式母线差动保护装置中，一般利用_____继电器作为启动元件，_____继电器作为选择元件。

（3）正常情况下，两个电源同时工作，当任一电源母线断开时，由另一电源带全部负荷，这种备用方式称为_____。

29. 选择

（1）方向阻抗继电器中，记忆回路的作用是（　　）。

　　A、提高灵敏度　　　　　　　　B、消除正向出口三相短路的死区

　　C、防止反向出口短路动作

（2）阻抗继电器接入第三相电压，是为了（　　）。

　　A、防止保护安装正向两相金属性短路时方向阻抗继电器不动作

　　B、防止保护安装反向两相金属性短路时方向阻抗继电器误动作

　　C、防止保护安装正向三相金属性短路时方向阻抗继电器不动作

（3）电力系统出现两相短路时，短路点距母线的远近与母线上负序电压值的关系是（　　）。

　　A、距故障点越远负序电压越高

　　B、距故障点越近负序电压越高

　　C、与故障点位置无关

（4）对于单侧电源的双绕组变压器，采用带制动线圈的差动继电器构成差动保护，其制动线圈应装在（　　）。

　　A、负荷侧　　　　　　　B、电源侧　　　　　　　C、两侧均可

（5）继电保护整定计算时，两个相邻保护装置动作时差 Δt，对采用电磁型时间继电器，一般采用（　　）。

　　A、0.3s　　　　　B、0.4s　　　　　C、0.5s　　　　　D、0.6s

30. 判断

（1）方向阻抗继电器中，电抗变压器的转移阻抗角决定着继电器的最大灵敏角。（　　）

（2）距离保护受系统振荡影响与保护的安装位置有关，当振荡中心在保护范围外时，距离保护就不会误动作。（　　）

（3）相间距离保护能反应两相短路及三相短路故障，同时也能反应两相接地故障。（　　）

（4）上下级保护间只要动作时间配合好，就可以保证选择性。（　　）

（5）断路器失灵保护的延时应与其他保护的时限相配合。（　　）

第3章 线路接地故障零序电流保护

电力系统中性点运行方式有中性点直接接地、中性点经消弧线圈接地和中性点不接地三种。中性点直接接地系统 $X_0/X_1 \leqslant 4$，当发生接地故障时，通过变压器接地点构成短路通路，故障相流过很大的短路电流，称其为大接地电流系统。110kV 及以上的电压等级电网采用中性点直接接地运行方式（大接地电流系统）；66kV 及以下的电压等级电网采用中性点不接地或经消弧线圈接地运行方式（小接地电流系统）。中性点运行接地方式的选择，需要综合考虑电网的绝缘水平、电压等级、通信干扰、单相接地短路电流、继电保护配置、电网过电压水平、系统接线、供电可靠性和稳定性等因素。

电网发生接地短路时其主要特征是出现零序电流和零序电压。对于中性点直接接地系统，通常采用零序电流保护。因当中性点直接接地系统（大接地电流系统）中发生单相接地故障时，接地短路电流很大，要求保护装置快速有选择地切除故障，尽管采用完全星形接线方式的过电流保护能够把故障部分切除，起到保护作用，但采用零序保护可以提高灵敏度和缩短动作时间。

在中性点不接地系统中发生单相接地时，由于故障点的电流很小，而且三相之间的线电压仍然保持对称，对用户的供电没有影响，因此，在一般情况下允许继续运行 $1 \sim 2h$，而不必立即跳闸，但为了防止故障的扩大，应有选择地发出信号，以便运行人员采取措施予以消除。

3.1 对 称 分 量 法

电力系统继电保护整定计算经常要用到短路电流计算的数据。电力系统中除了发生对称短路之外，经常发生不对称短路，因此还必须掌握不对称短路的分析和计算方法。不对称短路时，虽然发电机的电势仍然保持三相对称关系，但是三相电路的对称关系遭到破坏，因此除了发电机电势以外，电路其他各处的三相电压和电流的绝对值并不相等，相位关系也不对称。电力系统不对称问题的分析和计算，广泛采用对称分量法。

3.1.1 对称分量法的应用

对称分量法认为，任何一组不对称三相系统的相量电压、电流或磁通等见图 3.1 用 $\dot{F}_a$、$\dot{F}_b$ 和 $\dot{F}_c$ 表示，都可以分解成三组对称三相系统的相量，仅是三组相量的相序不同而已。

正序系统 $\dot{F}_{a1}$、$\dot{F}_{b1}$、$\dot{F}_{c1}$，三相关系顺时针方向，相位相差 $120°$。

负序系统 $\dot{F}_{a2}$、$\dot{F}_{b2}$、$\dot{F}_{c2}$，三相关系逆时针方向，相位相差 $120°$。

零序系统 $\dot{F}_{a0}$、$\dot{F}_{b0}$、$\dot{F}_{c0}$，三相关系相位相同。

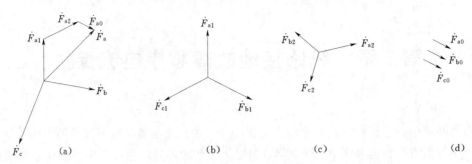

图 3.1　不对称三相系统相量的分解

(a) 不对称的三相系统；(b) 正序系统；(c) 负序系统；(d) 零序系统

三组对称三相系统的相量称为该不对称三相系统相量的对称分量。用数学表达式表示不对称相量和三组对称分量的关系：

$$\left.\begin{aligned}\dot{F}_a &= \dot{F}_{a1} + \dot{F}_{a2} + \dot{F}_{a0} \\ \dot{F}_b &= \dot{F}_{b1} + \dot{F}_{b2} + \dot{F}_{b0} \\ \dot{F}_c &= \dot{F}_{c1} + \dot{F}_{c2} + \dot{F}_{c0}\end{aligned}\right\} \tag{3.1}$$

由于三组对称分量内部有如下关系（$\alpha = e^{j120°}$）：

$$\left.\begin{aligned}\dot{F}_{b1} &= \alpha^2 \dot{F}_{a1} \\ \dot{F}_{c1} &= \alpha \dot{F}_{a1} \\ \dot{F}_{b2} &= \alpha \dot{F}_{a2} \\ \dot{F}_{c2} &= \alpha^2 \dot{F}_{a2} \\ \dot{F}_{a0} &= \dot{F}_{b0} = \dot{F}_{c0}\end{aligned}\right\} \tag{3.2}$$

因此，式 (3.1) 可改写成：

$$\left.\begin{aligned}\dot{F}_a &= \dot{F}_{a1} + \dot{F}_{a2} + \dot{F}_{a0} \\ \dot{F}_b &= \alpha^2 \dot{F}_{a1} + \alpha \dot{F}_{a2} + \dot{F}_{a0} \\ \dot{F}_c &= \alpha \dot{F}_{a1} + \alpha^2 \dot{F}_{a2} + \dot{F}_{a0}\end{aligned}\right\} \tag{3.3}$$

当已知三相不对称相量 $\dot{F}_a$、$\dot{F}_b$、$\dot{F}_c$ 时，将式 (3.3) 加以演算后，可求得三组对称分量中 a 相分量的计算式：

$$\left.\begin{aligned}\dot{F}_{a1} &= (1/3)(\dot{F}_a + \alpha \dot{F}_b + \alpha^2 \dot{F}_c) \\ \dot{F}_{a2} &= (1/3)(\dot{F}_a + \alpha^2 \dot{F}_b + \alpha \dot{F}_c) \\ \dot{F}_{a0} &= (1/3)(\dot{F}_a + \dot{F}_b + \dot{F}_c)\end{aligned}\right\} \tag{3.4}$$

值得注意的是：在上述对称分量法中，三相不对称相量与所分解成的三组对称分量，

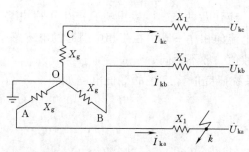

图 3.2 简单的配电电路

X_g—发电机电抗；X_1—线路电抗

必须是以同一速度旋转的相量。因此，对称分量法只能计算不对称故障时的基波分量，不能计算非周期分量和其他谐波分量。和对称短路的分析方法相同，在进行不对称短路分析时，各元件的电阻通常也略去不计。

下面阐述电力系统不对称故障的分析方法。图 3.2 为简单的电路，它由发电机和线路组成。如果在 k 点发生单相接地短路时，k 点 A 相电压为零，B、C 两相电压不等于零，A 相流过短路电流，而 B、C 两相电流为零。显然，k 点的三相电压和流经 k 点的三相电流是不对称的。

根据对称相量法，可以把不对称的 k 点三相电压和不对称的三相电流均看作由三相对称分量系统叠加而成，如图 3.3（a）所示。这样作用在三相电路中三组相量对称，各组中各元件三相对称，只需分析其中一相。如图 3.3（b）所示的是 A 相网络图，各序电

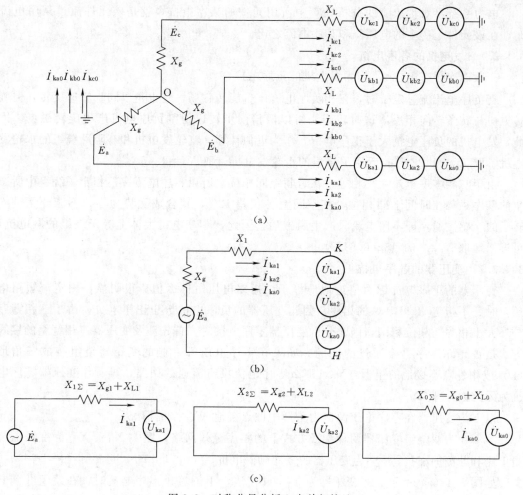

图 3.3 对称分量分析 k 点单相接地

压和各序电流产生的电压降都应满足平衡关系。应注意两点：①发电机只产生正序电势，因此在负序和零序网络中不存在电势；②三相电流的相序不同，在三相中引起的电磁感应也就不同，因此同一元件在各序网络中电抗的数值一般不相同。

将 A 相电路如图 3.3（b）所示分成三序系统研究时，三序的等值电路如图 3.3（c）所示，其电压平衡方程为

$$
\left.
\begin{aligned}
\dot{U}_{ka1} &= \dot{E}_a - \dot{I}_{ka1}\,j(X_{g1}+X_{L1}) = \dot{E}_a - \dot{I}_{ka1}X_{1\Sigma} \\
\dot{U}_{ka2} &= 0 - \dot{I}_{ka2}\,j(X_{g2}+X_{L2}) = -\dot{I}_{ka2}X_{2\Sigma} \\
\dot{U}_{ka0} &= 0 - \dot{I}_{ka0}\,j(X_{g0}+X_{L0}) = -\dot{I}_{ka0}X_{0\Sigma}
\end{aligned}
\right\}
\tag{3.5}
$$

仅靠这三个方程式不能求得三序的电压和电流分量，因为在这三个方程式中有六个未知数（$\dot{U}_{ka1}$、$\dot{U}_{ka2}$、$\dot{U}_{ka0}$、$\dot{I}_{ka1}$、$\dot{I}_{ka2}$ 和 $\dot{I}_{ka0}$）。如果计及 k 点的不对称情况（即边界条件），可得到三序分量的另外三个关系式，这样就能解出三序的电压和电流分量了。

3.1.2　电力系统中元件的各序电抗

电力系统不对称故障的分析计算中所用元件的某序电抗，就是该元件流过某序电流时，在该元件上产生的电压降和某序电流之比。

3.1.2.1　发电机的各序电抗

一般以次暂态电抗 X''_k 作为发电机的正序电抗。

当负序电流流过定子时，三相负序电流产生旋转磁场，它也是以同步转速旋转，但旋转方向与转子转向相反，这时转子绕组以两倍同步转速切割负序电流产生旋转磁场。因此，发电机的负序电抗大于正序电抗。作为近似计算，汽轮发电机和有阻尼绕组的水轮发电机，取 $X_2=1.22X''_k$；无阻尼绕组的水轮发电机，取 $X_2=1.45X''_k$。

由于三相零序电流大小相等，在时间上同相位，所以零序电流在三相定子绕组中所产生的零序磁势在时间上同相位，在空间上各相差 120°，其合成磁势为零，不能产生进入转子的互感磁通，即零序电流只产生漏磁通，因此，零序电抗大体上等于绕组的漏电抗，可近似地取 $X_0=（0.15\sim0.6）X''_k$。

3.1.2.2　变压器的各序电抗

变压器的正序电抗标么值近似地等于"短路电压"标么值。很明显，测定"短路电压"时并不指定 A、B、C 的相序，因此变压器的负序电抗等于正序电抗。由于三相零序分量大小相等、相位相同，因此分析变压器零序电抗时，首先涉及变压器三相绕组的接线方式是否允许零序电流通过的问题。如果在零序电压源一侧的变压器绕组接成三角形（D）或中性点不接地的星形（Y），那么零序电流没有流通的回路，可看作变压器零序电抗为无穷大，即 $X_0=\infty$。

以下为变压器在零序电压源侧为星形中性点接地（Y_N）的情况。

图 3.4 为双绕组变压器两种接线方式下的零序等效网络，图中 X_{I}、X_{II} 为变压器绕组 Ⅰ 侧和 Ⅱ 侧的漏抗，X_{m0} 为变压器的零序励磁电抗。

如图 3.4（a）所示，当变压器为 Y_N, d 接法，Ⅰ 侧流过零序电流时，在绕组 Ⅱ 侧必定有感应电流。很明显，在 Ⅱ 侧的绕组中只能形成环流，零序电流无法流到 Ⅱ 侧线路上。

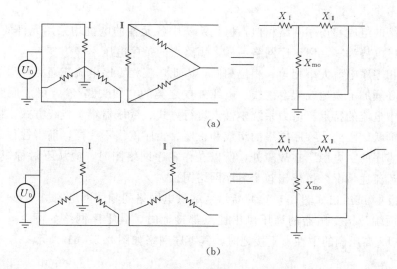

图 3.4 双绕组变压器零序等效网络

相当于变压器绕组 II 侧被短接,由于励磁电抗 X_{m0} 远大于漏抗 X_{II},所以 $X_0 = X_I + X_{II}$。

图 3.4(b)为 Y_n,Y 接法,由于变压器等值电路的右侧无法形成零序电流回路,因此,相当于变压器绕组 II 侧处于开路状态。$X_0 = X_I + X_{m0}$,X_{m0} 可由实验方法求得,对于三相三柱式变压器三相零序磁通不能以铁芯为回路,而被迫经过绝缘介质和变压器铁壳形成回路,由于磁导小,因此 X_{m0} 较小。

3.1.2.3 线路的各序电抗

线路的负序电抗等于正序电抗。

线路零序电抗是相应正序电抗的 3 倍多。这是因为零序电流必须经过中性点流入地中,以大地为回路,磁链由 3 倍电流产生,大地的面积相当大,因而磁通也相应增大。

架空地线(避雷线)对输配电线路零序电抗的影响甚大。杆塔上的架空地线,相当于零序回路的一个短接回路,零序磁通将在这回路里产生感应电流,确切地说,三相零序电流是以地和架空地线两者为回路。所以有架空地线时,输配电线路的等值零序电抗减小了。

下面列出工程实用计算中,线路的电抗值:

架空输配电线路每回路正序电抗平均值 $X_1 \approx 0.4\Omega/\text{km}$

无架空地线的单回线路　　　　　　　$X_0 \approx 3.5X_1$

无架空地线的双回线路(每回路)　　$X_0 = 5.5X_1$

有钢质架空地线的单回线路　　　　　$X_0 = 3X_1$

有良导体架空地线的单回线路　　　　$X_0 = 2X_1$

3.1.3 不对称短路的三序网络图

对称分量法建立在"叠加原理"基础上,分别对各序电压、电流分量绘制出各序分量的等值电路图,称为序网络图。有了序网络图进行不对称短路分析计算就方便多了。

正序网络就是通常用以计算三相短路的网络,系统中所有元件的电抗均为正序电抗,并且该网络中含有发电机电势。必须指出:进行不对称短路的分析计算时,短路点的正序电压不等于零。

负序网络的组成和正序网络相似,但是系统中各元件的电抗均采用元件的负序电抗,发电机的负序电势为零。和正序网络一样,短路点的负序电压不等于零。

由于三相零序电流大小相等、相位相同,因此,三相零序电流流通路径除了三相输配电线路外,必须加上大地或架空地线、电缆外皮之类的"回头路径",形成回路,即零序电流具有地中电流的特点。电力系统中性点运行方式、变压器绕组接线方式,极大地影响零序网络的形状。因此,零序网络的组成和正序、负序网络不一样,前者往往是后者的一部分。因为零序的"电源"在故障处,所以在作零序网络图时,应从不对称短路点开始,根据零序电流流通情况,扩展出整个零序网络图。

【例 3.1】 试绘出如图 3.5(a)所示两端供电网络的零序网络图。

解: 当两端升压变压器的高压侧中性点都接地时,其零序网络如图 3.5(b)所示,如果变压器 T2 高压侧的中性点不接地时,其零序网络如图 3.5(c)所示。

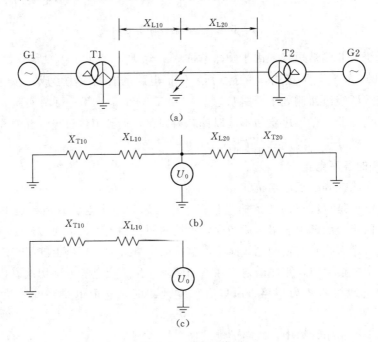

图 3.5　零序网络图

3.2　不对称短路电流分析

假设短路发生在电力系统中的某点 k,如图 3.6(a)所示,为了清晰起见,故障点可用如图 3.6(b)所示的图形表示,图上还标出了短路点电流和电压。为形象地表示四种短路形式,图 3.6(c)列出了表示四种短路的符号。

假定电力系统对于故障点 k 的组合电势 $E_{a\Sigma}$(等值电势)以及三序组合电抗 $X_{1\Sigma}$、$X_{2\Sigma}$、$X_{0\Sigma}$ 均为已知,则通过三序网络图分析其边界条件,便可求得故障点的电压和电流。

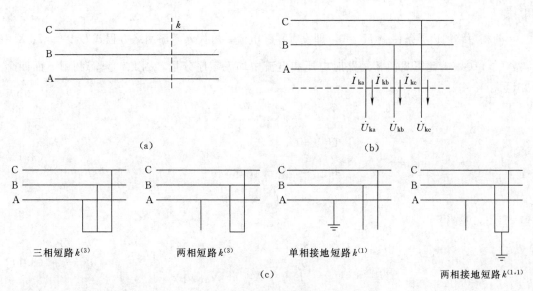

图 3.6　故障点表示法

3.2.1　两相短路

如图 3.7 所示，当发生 B、C 两相短路时，可写出下列关系式（即边界条件）

$$
\left.\begin{aligned}
\dot{I}_{\mathrm{ka}} &= 0 \\
\dot{I}_{\mathrm{kb}} &= -\dot{I}_{\mathrm{kc}} \\
\dot{U}_{\mathrm{kb}} &= \dot{U}_{\mathrm{kc}}
\end{aligned}\right\} \tag{3.6}
$$

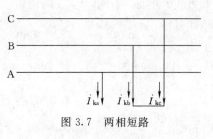

图 3.7　两相短路

将式（3.6）边界条件代入式（3.4）可求得

$$
\left.\begin{aligned}
\dot{I}_{\mathrm{k0}} &= \frac{1}{3}(\dot{I}_{\mathrm{ka}} + \dot{I}_{\mathrm{kb}} + \dot{I}_{\mathrm{kc}}) = 0 \\
\dot{I}_{\mathrm{ka1}} &= \frac{1}{3}(\dot{I}_{\mathrm{ka}} + \alpha\dot{I}_{\mathrm{kb}} + \alpha^2\dot{I}_{\mathrm{kc}}) = \frac{1}{3}(\alpha - \alpha^2)\dot{I}_{\mathrm{kb}} \\
\dot{I}_{\mathrm{ka2}} &= \frac{1}{3}(\dot{I}_{\mathrm{ka}} + \alpha^2\dot{I}_{\mathrm{kb}} + \alpha\dot{I}_{\mathrm{kc}}) = \frac{1}{3}(\alpha^2 - \alpha)\dot{I}_{\mathrm{kb}} \\
\dot{U}_{\mathrm{ka1}} &= \frac{1}{3}(\dot{U}_{\mathrm{ka}} + \alpha\dot{U}_{\mathrm{kb}} + \alpha^2\dot{U}_{\mathrm{kc}}) = \frac{1}{3}(\alpha + \alpha^2)\dot{U}_{\mathrm{kb}} \\
\dot{U}_{\mathrm{ka2}} &= \frac{1}{3}(\dot{U}_{\mathrm{ka}} + \alpha^2\dot{U}_{\mathrm{kb}} + \alpha\dot{U}_{\mathrm{kc}}) = \frac{1}{3}(\alpha^2 + \alpha)\dot{U}_{\mathrm{kb}}
\end{aligned}\right\} \tag{3.7}
$$

比较式（3.7）中的第二式、第三式得

$$
\dot{I}_{\mathrm{ka1}} = -\dot{I}_{\mathrm{ka2}} \tag{3.8}
$$

比较式（3.7）中的第四式、第五式得

$$
\dot{U}_{\mathrm{ka1}} = \dot{U}_{\mathrm{ka2}} \tag{3.9}
$$

式（3.7）中的第一式、式（3.8）和式（3.9）为故障处三序电流和电压分量的边界条件，加上三序网络的电压平衡方程式，共六个方程式，即可解出故障处三序电流和电压。

两相短路的边界条件中 $\dot{I}_{k0}=0$，即没有零序电流，再代入零序网络方程式 $\dot{U}_{k0}=-\dot{I}_{k0}X_{0\Sigma}$ 得：$\dot{U}_{k0}=0$，由此可见两相短路时电压和电流中均无零序分量。因此，只需利用下面四个方程式

$$\left.\begin{array}{l}\dot{I}_{ka1}=-\dot{I}_{ka2}\\[4pt]\dot{U}_{ka1}=\dot{U}_{ka2}\\[4pt]\dot{U}_{ka1}=\dot{E}_{a\Sigma}-j\dot{I}_{ka1}X_{1\Sigma}\\[4pt]\dot{U}_{ka2}=-j\dot{I}_{ka2}X_{2\Sigma}\end{array}\right\}\qquad(3.10)$$

解式（3.10）得

$$\left.\begin{array}{l}\dot{I}_{ka1}=\dot{E}_{a\Sigma}/j(X_{1\Sigma}+X_{2\Sigma})=-\dot{I}_{ka2}\\[4pt]\dot{U}_{ka1}=\dot{U}_{ka2}=[\dot{E}_{a\Sigma}/j(X_{1\Sigma}+X_{2\Sigma})]X_{2\Sigma}\end{array}\right\}\qquad(3.11)$$

求得故障处各序电流和电压之后，就可作出合成的三相相量图，得到三相故障处电流和电压，图 3.8 示出 B、C 两相短路时故障处各序电流、电压以及合成后的三相电流、电压相量图。

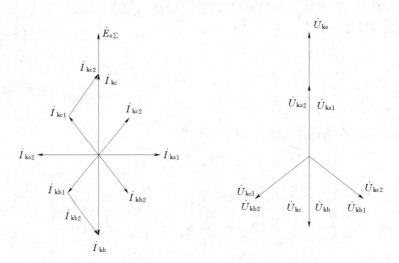

图 3.8　B、C 两相短路时相量图

由图 3.8 可见

$$\left.\begin{array}{l}\dot{I}_{ka}^{(2)}=0\\[6pt]\dot{I}_{kb}^{(2)}=-j\sqrt{3}\,\dot{I}_{ka1}\\[6pt]\dot{I}_{kc}^{(2)}=j\sqrt{3}\,\dot{I}_{ka1}\\[6pt]\dot{U}_{ka}^{(2)}=2\dot{U}_{ka1}\\[6pt]\dot{U}_{kb}^{(2)}=\dot{U}_{kc}^{(2)}=-\dot{U}_{ka1}\end{array}\right\}\qquad(3.12)$$

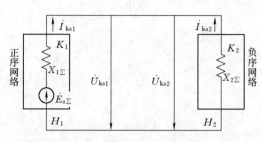

图 3.9 B、C 两相短路时的复合序网络图

有一种简便的方法，可根据故障处各序分量的边界条件，将各序网络图连接起来构成一个复合序网络图。图 3.9 示出了两相短路时的复合序网络图。很明显，这个复合序网络图就能满足边界条件 $\dot{I}_{ka1} = -\dot{I}_{ka2}$ 和 $\dot{U}_{ka1} = \dot{U}_{ka2}$，由复合序网络图就可直接求得式（3.11）。

【例 3.2】 试求发电机出口处发生两相短路时的最小次暂态短路电流，发电机的参数为：$S_N = 15MVA$、$U_N = 6.3kV$，$X''_k \approx X_2 = 0.115$。

解： 发电机空载运行时电势 E''_a 等于端电压，这时求出的短路电流最小。所以取空载运行状态，作为本题的计算条件。

以标么值进行计算，取发电机的额定参数为基准值（标么值脚注"*"号省略），则 $U_g = 1$。

根据题意

$$E_\Sigma = E''_a = U_g, \quad X_{1\Sigma} = X_{2\Sigma} = X''_k$$

取 $\dot{E}_\Sigma = jE_\Sigma$（即以 $\dot{E}_\Sigma$ 为参考坐标，固定在 j 轴上），则

$$\dot{E}_\Sigma = jU_g = j$$

根据式（3.11）得

$$\dot{I}_{ka1} = \frac{\dot{E}_\Sigma}{j(X_{1\Sigma}+X_{2\Sigma})}I_n = \frac{j}{j(X''_k+X_2)}\frac{S_N}{\sqrt{3}U_N} = \frac{1}{2\times0.115}\times\frac{15}{\sqrt{3}\times6.3} = 6(kA)$$

根据式（3.12）得（只求绝对值）

$$I''^{(2)}_{kc} = I''^{(2)}_{kb} = \sqrt{3}\,I''^{(2)}_{ka1} = \sqrt{3}\times6 = 10.7(kA)$$

3.2.2 单相接地短路

当 A 相接地短路时（图 3.10），其边界条件是

$$\left.\begin{array}{l} \dot{I}_{kb} = 0 \\ \dot{I}_{kc} = 0 \\ \dot{U}_{ka} = 0 \end{array}\right\} \tag{3.13}$$

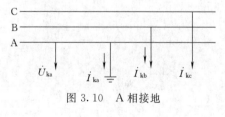

图 3.10 A 相接地

用类似方法，可求得三序电流、电压分量的边界条件

$$\left.\begin{array}{l} \dot{I}_{ka0} = \dot{I}_{ka1} = \dot{I}_{ka2} = \dfrac{1}{3}\dot{I}_{ka} \\ \\ \dot{U}_{ka1} + \dot{U}_{ka2} + \dot{U}_{ka0} = 0 \end{array}\right\} \tag{3.14}$$

根据式（3.14）的边界条件将三个序网络图在故障点串联起来，成为如图 3.11 所示的复合序网络图。

由复合序网络图，可得故障相接地短路电流及故障相电压各序分量值

$$
\left.
\begin{aligned}
\dot{I}_{ka1} &= \frac{\dot{E}_{a\Sigma}}{j(X_{1\Sigma} + X_{2\Sigma} + X_{0\Sigma})} = \dot{I}_{ka2} = \dot{I}_{ka0} \\
\dot{U}_{ka0} &= -j\dot{I}_{ka1}X_{0\Sigma} \\
\dot{U}_{ka2} &= -j\dot{I}_{ka1}X_{2\Sigma} \\
\dot{U}_{ka1} &= j\dot{I}_{ka1}(X_{0\Sigma} + X_{2\Sigma})
\end{aligned}
\right\}
\tag{3.15}
$$

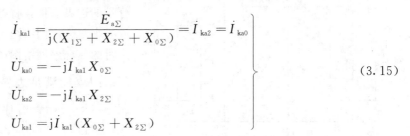

图 3.11　A 相接地复合序网络图

如图 3.12 所示为单相短路故障处各序电流、电压分量和三相电流、电压的相量图。其故障相中电流为 $\dot{I}_{ka} = 3\dot{I}_{ka1}$，故障相电压下降至零，非故障相电压和正常情况下相电压的差别不大，这是因为正序分量电压比负序、零序分量电压大的缘故。

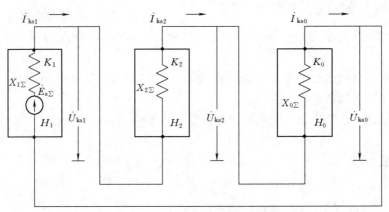

图 3.12　A 相接地故障相量图

【例 3.3】　如图 3.13 所示的电力系统，两台发电机和两台变压器都是并联运行，经过长 80km 的 110kV 单回线路，将电能送入一无限大容量电力系统。已知发电机容量为 $S_N = 31.25\text{MVA}$，次暂态电抗 $X''_k = 11.8\%$，负序电流 $X_2 = 14.4\%$；变压器容量 $S_N = 20\text{MVA}$，短路电压 $U_k = 10.5\%$，线路为有钢质架空地线的单回线路，总长为 80km。如果在线路总长的 $\frac{1}{2}$ 处发生 A 相单相接地故障，试求单相短路电流和非故障相电压。

解：（1）求元件的各序电抗。以标幺值进行计算，取 $S_b = 100\text{MVA}$，$U_b = 115\text{kV}$

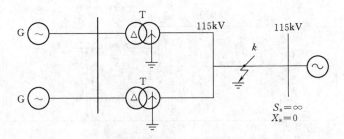

图 3.13 单相接地故障系统图

（标幺值脚注"$*$"号省略）。

发电机正序电抗 $X_{g1} = X''_k(\%)\dfrac{1}{100} \times \dfrac{S_b}{S_n} = \dfrac{11.8}{100} = \dfrac{100}{31.25} = 0.377$

$$X_{g2} = X_2(\%)\dfrac{1}{100} \times \dfrac{S_b}{S_n} = \dfrac{14.4}{100} \times \dfrac{100}{31.25} = 0.46$$

发电机负序电抗因为变压器是 D，y_n 接法，可以近似取

$$X_{T1} = X_{T2} = X_{T0} = U_k(\%)\dfrac{1}{100} \times \dfrac{S_b}{S_n} = \dfrac{10.5}{100} \times \dfrac{100}{20} = 0.525$$

线路（长度为 40km 处）序电抗

正序电抗 $\qquad X_{L1} = Lx\dfrac{S_b}{U_b^2} = 40 \times 0.4 \times \dfrac{100}{115^2} = 0.121$

负序电抗 $\qquad\qquad X_{L2} = X_{L1} = 0.121$

因为是具有钢质架空地线的架空线路，故可近似取

零序电抗 $\qquad\qquad X_{L0} = 3X_{L1} = 3 \times 0.121 = 0.363$

（2）作出各序网络图，如图 3.14～图 3.16 所示，并求出各序网络（对短路点 k）的等值总电抗，单相接地故障向量图如图 3.17 所示。

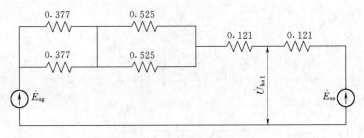

图 3.14 正序网络图

由于在发电机回路上无法形成零序电流回路，所以图 3.16 仅为图 3.14 的一部分。系统等效各序总电抗

$$X_{1\Sigma} = \dfrac{X_{L1}[(X_{g1}/2) + (X_{T1}/2) + X_{L1}]}{X_{L1} + (X_{g1}/2) + (X_{T1}/2) + X_{L1}}$$

$$= \dfrac{0.121 \times [(0.377/2) + (0.525/2) + 0.121]}{0.121 + (0.377/2) + (0.525/2) + 0.121} = 0.1$$

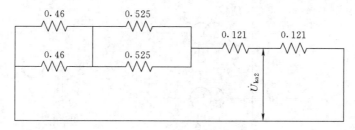

图 3.15　负序网络图

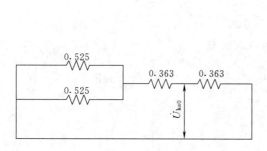

图 3.16　零序网络图

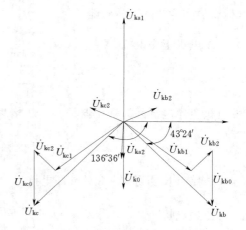

图 3.17　单相接地故障向量图

$$X_{2\Sigma} = \frac{X_{L2}\left[(X_{g2}/2) + (X_{T2}/2) + X_{L2}\right]}{X_{L2} + (X_{g2}/2) + (X_{T2}/2) + X_{L2}}$$

$$= \frac{0.121 \times \left[(0.46/2) + (0.525/2) + 0.121\right]}{0.121 + (0.46/2) + (0.525/2) + 0.121}$$

$$= 0.101$$

$$X_{0\Sigma} = \frac{X_{L0}(X_{T0}/2) + X_{L0}}{X_{L0} + (X_{T0}/2) + X_{L0}}$$

$$= \frac{0.363 \times \left[(0.525/2) + 0.363\right]}{0.363 + (0.525/2) + 0.363} = 0.23$$

（3）计算单相接地电流

$$\dot{I}_{ka}^{(1)} = 3\dot{I}_{ka1}^{(1)} = \frac{3j \times 1}{j(X_{1\Sigma} + X_{2\Sigma} + X_{0\Sigma})} \times \frac{S_b}{\sqrt{3}U_b}$$

$$= \frac{3 \times 1}{0.1 + 0.101 + 0.23} \times \frac{100}{\sqrt{3} \times 115} = 3.5(\text{kA})$$

（4）计算非故障相电压

$$\dot{U}_{ka0}^{(1)} = -j\dot{I}_{ka1}^{(1)} X_{0\Sigma} \frac{U_b^2}{S_b}$$

$$= -j\frac{3.5}{3} \times 0.23 \times \frac{115^2}{100} = -j35.5(\text{kV})$$

$$\dot{U}_{ka2}^{(1)} = -j\dot{I}_{ka1}^{(1)} X_{2\Sigma} \frac{U_b^2}{S_b}$$

$$= -j\frac{3.5}{3} \times 0.101 \times \frac{115^2}{100} = -j15.5(kV)$$

$$\dot{U}_{ka1}^{(1)} = -j\dot{I}_{ka1}^{(1)}(X_{0\Sigma} + X_{2\Sigma}) \frac{U_b^2}{S_b}$$

$$= -j\frac{3.5}{3} \times (0.23 + 0.101) \times \frac{115^2}{100} = -j51(kV)$$

$$\dot{U}_{kb}^{(1)} = \alpha^2 \dot{U}_{ka1}^{(1)} + \alpha \dot{U}_{ka2}^{(1)} + \dot{U}_{k0}^{(1)}$$

$$= [-j(\sqrt{3}/2) - (1/2)] \times j51 - [j(\sqrt{3}/2) - (1/2)] \times j15.5 - j35.5$$

$$= 78 \underline{/-43°24'} (kV)$$

$$\dot{U}_{kc}^{(1)} = 78 \underline{/-136°36'} (kV)$$

3.2.3 两相接地短路

电网运行经验表明，两相接地短路常常是先发生单相接地故障，然后进一步发展到两相接地，再导致相间短路，B、C两相接地短路（图3.18）的边界条件是

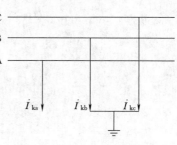

图 3.18 两相接地短路

$$\left.\begin{array}{l} \dot{I}_{ka} = 0 \\ \dot{U}_{kb} = 0 \\ \dot{U}_{kc} = 0 \end{array}\right\} \tag{3.16}$$

用上述同样方法可求得三序电流、电压分量的边界条件

$$\left.\begin{array}{l} \dot{U}_{ka1} = \dot{U}_{ka2} = \dot{U}_{ka0} = \dfrac{1}{3}\dot{U}_{ka} \\ \dot{I}_{ka1} + \dot{I}_{ka2} + \dot{I}_{ka0} = 0 \end{array}\right\} \tag{3.17}$$

根据式（3.17）边界条件画出两相接地短路的复合序网络图（图3.19）。由复合序网络图可得

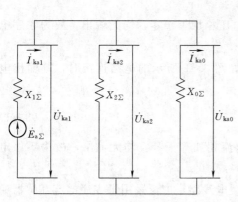

图 3.19 两相接地短路复合序网络图

$$\dot{I}_{ka1} = \frac{\dot{E}_{a\Sigma}}{j\left(X_{1\Sigma} + \dfrac{X_{2\Sigma} X_{0\Sigma}}{X_{2\Sigma} + X_{0\Sigma}}\right)} \tag{3.18}$$

可以把图3.19视为负序网络与零序网络并联之后再与正序网络串联，则

$$\left.\begin{array}{l} \dot{I}_{ka2} = -\dot{I}_{ka1} \dfrac{X_{k0\Sigma}}{X_{k2\Sigma} + X_{k0\Sigma}} \\ \dot{I}_{ka0} = -\dot{I}_{ka1} \dfrac{X_{k2\Sigma}}{X_{k2\Sigma} + X_{k0\Sigma}} \end{array}\right\} \tag{3.19}$$

$$\dot{U}_{ka1} = \cfrac{\dot{E}_{a\Sigma}}{j\left(X_{1\Sigma} + \cfrac{X_{2\Sigma}X_{0\Sigma}}{X_{2\Sigma} + X_{0\Sigma}}\right)} \cdot \cfrac{X_{2\Sigma}X_{0\Sigma}}{X_{2\Sigma} + X_{0\Sigma}}$$

$$= \cfrac{E_{a\Sigma}X_{2\Sigma}X_{0\Sigma}}{j\left[X_{0\Sigma}(X_{1\Sigma} + X_{2\Sigma}) + X_{1\Sigma}X_{2\Sigma}\right]} \tag{3.20}$$

根据式 (3.17) ~式 (3.20) 进一步作出如图 3.20 所示的三相相量图。

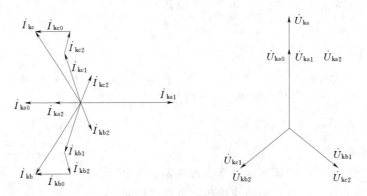

图 3.20　两相接地短路向量图

3.3　对称分量滤过器

在电力系统发生不对称短路时，总会有负序或零序分量电流（电压）出现，在继电保护技术中大量地采用一种简单又灵敏的保护装置，称为负序保护或零序保护，它们分别反应于负序分量或零序分量电流（电压）。因此，就需要有一种能够由三相不对称时电流或电压中取得其负序或零序分量的装置，称为对称分量滤过器。

3.3.1　零序分量滤过器

（1）零序电压滤过器。由图 3.21 可以看出，将电压互感器的二次侧接成开口三角形，其输出电压即为零序电压。即

$$3\dot{U}_0 = \dot{U}_a + \dot{U}_b + \dot{U}_c$$

当 $\dot{U}_a$、$\dot{U}_b$、$\dot{U}_c$ 为正序或负序电压时，因为三相电压相加等于零，均无输出，故为零序电压滤过器。

（2）零序电流滤过器。当三相电流互感器按如图 3.22 所示的电路连接时，其输出电流即为零序电流：

$$3\dot{I}_0 = \dot{I}_a + \dot{I}_b + \dot{I}_c \tag{3.21}$$

当 $\dot{I}_a$、$\dot{I}_b$、$\dot{I}_c$ 为正序或负序电流时，因为三相电流相加等于零，均无输出，故为零序电流滤过器。

（3）零序电流互感器。对于采用电缆引出的馈电线路，广泛采用了零序电流互感器的接线，以获得 $3I_0$。如图 3.23 所示，此电流互感器就套在电缆的外面，从其铁芯中穿过

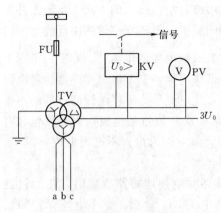

图 3.21 零序电压滤过器

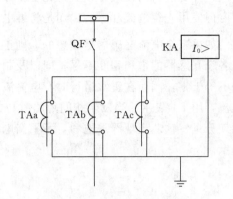

图 3.22 零序电流滤过器

的电缆就是电流互感器的一次绕组。因为这种互感器的一次电流就是 $\dot{I}_a + \dot{I}_b + \dot{I}_c$，只有当一次侧出现零序电流时，在互感器的二次侧才有相应的 $3I_0$ 输出，故称为零序电流互感器。

3.3.2 负序分量滤过器

负序分量滤过器分为负序电压滤过器和负序电流滤过器两种。电阻-电容式负序电压滤过器如图 3.24 所示，它由电阻 R_1、R_2 和电容 C_1、C_2 组成。滤过器的输入端一般接在系统线电压上。由于系统的线电压中不存在零序分量，滤过器本身不需要考虑消除零序分量的措施，只需考虑不使正序分量通过即可。滤过器的输出端一般接一只过电压继电器。

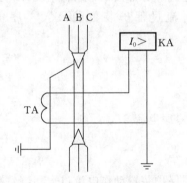

图 3.23 零序电流互感器原理

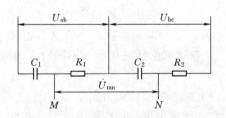

图 3.24 负序电压滤过器

3.4 线路接地故障的零序电流保护

3.4.1 大接地电流系统中接地短路的零序保护

为了取得零序电流，通常将三只电流互感器按如图 3.22 所示的方式连接，这时流入继电器回路中的电流为

$$\dot{I}_{ka} = \dot{I}_a + \dot{I}_b + \dot{I}_c = (1/K_i)(\dot{I}_A + \dot{I}_B + \dot{I}_C)$$

$$= (1/K_i)3\dot{I}_0$$

(3.22)

这种滤过器的接线方式就是完全星形接线方式中流过中性线上的电流。实际上并不需要专门使用一组电流互感器，而是将继电器接入相间保护用电流互感器的中性线上即可。

如果三个电流互感器是理想的，则正常运行时流入继电器的电流 $\dot{I}_{ka}$ 为零。实际上由于各个互感器的饱和程度不尽相同以及制造上存在某些差异，三个电流互感器励磁电流之和不等于零，因而在正常运行时有电流流过继电器，此电流称为零序电流滤过器的不平衡电流，用 I_{nb} 表示。当发生相间短路时，电流互感器一次侧流过的电流很大而且包含有非周期分量，铁芯出现严重饱和，不平衡电流达到最大值，称为最大不平衡电流，以 I_{nbmax} 表示。

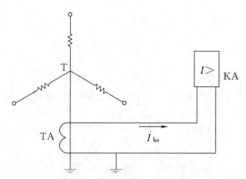

图 3.25　由变压器中性点的电流
互感器取得零序电流的接线

当线路发生接地短路故障时，在滤过器的输出端有电流 $3I_0$ 输出，零序电流保护即反应于此电流而动作，此时相对于 $3I_0$ 数值，I_{nb} 很小，可以忽略不计。

另一种方法是利用接在变压器中性点上的电流互感器，取得零序电流，其接线如图 3.25 所示。

零序电流保护采用三段式保护。

(1) 零序电流速断保护。在线路发生单相或两相接地短路故障时，也可求出零序电流 $3I_0$ 随线路长度 L 变化的关系曲线，然后按类似于线路相间短路电流速断保护的原则计算保护动作电流，通常按如下两种情况计算。

1) 躲过相邻线路出口处单相接地短路故障时流过保护装置的最大零序电流 $3I_{0max}$，则

$$I_{op} = K_{rel} 3I_{0max} \tag{3.23}$$

式中　　I_{op}——保护装置动作电流；

K_{rel}——可靠系数，一般取 1.2～1.3。

2) 躲过断路器三相触头不同时合闸时出现的最大零序电流 $3I_{0ns}$，则

$$I_{op} = K_{rel} 3I_{0ns} \tag{3.24}$$

以上两者中取较大者。

在有些情况下，如按式 (3.24) 整定，可能会出现保护装置动作电流过大，以致在系统最小运行方式下，不能保护线路全长的 15%。此时，零序电流速断可以带有一个时限 (约 0.1s)，以躲过断路器三相不同时合闸的时间，仅用式 (3.23) 计算动作电流即可。

(2) 零序电流带时限速断保护。其工作原理与线路相间短路的带时限电流速断保护相似。整定计算时，首先考虑该保护和相邻线路的零序电流速断保护配合，并使其动作时限大一个 Δt，以保证其选择性。

保护装置的灵敏性，按本线路末端接地短路时的最小零序电流来校验，并满足 $K_{sen} > 1.5$ 的要求，如果灵敏性不能满足要求时，也可以与相邻线路的零序电流带时限速断保护在灵敏性和时限上相配合。

(3) 零序过电流保护。其作用与相间短路的过电流保护相似，在一般情况下作为后备保护，但在大接地电流电力网中的终端线路上，可以作为主保护。

零序过电流保护的动作电流，一般应躲过下一条线路出口处相间短路时所出现的最大不平衡电流 I_{nbmax}，即

$$I_{\mathrm{op}} = K_{\mathrm{rel}} \times 3I_{\mathrm{nbmax}} \tag{3.25}$$

当保护所在的电力网中，在一线路上可能出现长期非全相运行时，启动电流还应躲过在这种情况下所出现的零序电流。

当作为相邻元件的后备保护时，保护装置的灵敏性，应按相邻元件末端短路时流过本保护的最小零序电流来校验。

根据上述原则整定的零序过电流保护，其启动电流一般都很小（二次侧为 2～3A），因此，在本电压级的网络中发生接地短路时，它都可能启动，为了保证其选择性，各保护的动作时限，也应按阶梯原则选择，其时限特性如图 3.26 所示。

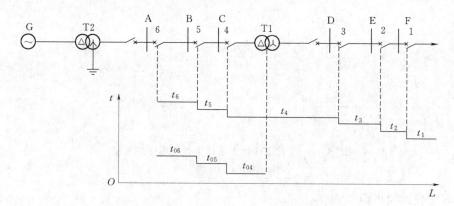

图 3.26　零序过电流保护的时限特性

安装在受端变压器 T1 上的零序过电流保护 4 可以是瞬时动作。因为在 $\triangle$，y_{n}11 接法变压器低压侧发生任何故障都不会在高压侧引起零序电流，因此，就无须考虑与保护 1、2、3 配合的问题，按选择性原则，只需 $t_{06} > t_{05} > t_{04}$ 即可。

为了便于比较，图中绘出了相间短路过电流保护的动作时限特性，它是从保护 1 逐级配合。由图 3.26 可以看出，同一线路上的零序过电流保护与相间过电流保护相比，具有较小的时限，这也是它的一个突出优点。

由于零序过电流保护的灵敏性高，受系统运行方式影响较小，保护范围比较稳定，不受过负荷及系统振荡的影响，而且结构简单，正确动作率高，所以在大接地电流电力系统中得到了广泛应用，通常采用由零序电流速断、零序电流带时限速断和零序过电流保护组成的三段式零序电流保护。

3.4.2　小接地电流系统的单相接地保护

3.4.2.1　中性点不接地系统的正常运行

中性点不接地系统如图 3.27 所示。在正常工作状态下，三相电源电压 $\dot{U}_{\mathrm{a}}$、$\dot{U}_{\mathrm{b}}$、$\dot{U}_{\mathrm{c}}$ 对称，电源中性点对地电压为零。当电源经线路与负荷相连后，在各导线间和相对地之间沿导线全长都有分布电容，在电压作用下通过这些电容将流过附加的电容电流。在作近似分析计算时，对地分布电容可用集中等值电容代替，而相间电容可不予以考虑。各相导线的对地电容可以认为相等，即 $C_{\mathrm{a}} = C_{\mathrm{b}} = C_{\mathrm{c}} = C$。因而在对称三相电压作用下各相所流过的

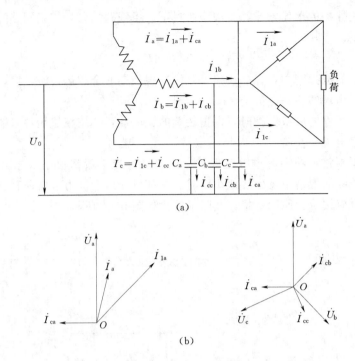

图 3.27 正常工作状态下的中性点不接地系统

(a) 接线图；(b) 相量图

对地电容电流的大小为

$$I_{ca} = I_{cb} = I_{cc} = \omega C U_{\varphi} \tag{3.26}$$

式中 U_{φ}——装置的相电压，V；

ω——角频率，rad/s；

C——相对地电容，F。

相位相差 120°，所以各相对地电容电流的相量和为零，没有电容电流流过大地。电源中性点与"电容中性点"同电位，系统中无零序电压和零序电流。

3.4.2.2 中性点不接地系统的单相接地分析

当中性点不接地系统由于绝缘损坏而发生单相接地故障时，情况将发生明显变化。

图 3.28 表示在线路 Ⅱ 的 C 相在 k 点发生金属性接地时的情况。接地后故障相 C 相的对地电压变为零，即 $U'_c = 0$。这时，按故障相条件，可写出下列电压方程式

$$\dot{U}_0 + \dot{U}_c = \dot{U}'_c = 0 \tag{3.27}$$

故有

$$\dot{U}_0 = -\dot{U}_c \tag{3.28}$$

式中 $\dot{U}_c$——C 相电源电压；

$\dot{U}_0$——电源中性点对地电压。

式（3.28）表明，当 C 相发生金属性接地故障时，中性点的对地电压不再是零，而变成了 $-\dot{U}_c$。于是 A、B、C 三相对地电压分别为

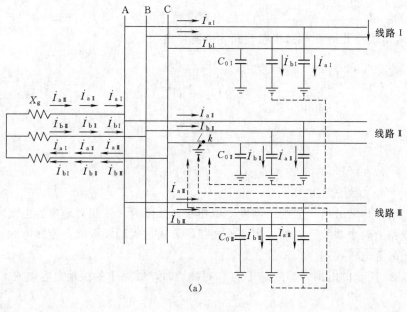

(a)

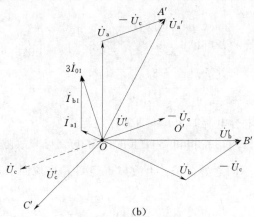

(b)

图 3.28 单相接地时，用三相系统表示的电容电流图

$$\left.\begin{aligned}\dot{U}'_a&=\dot{U}_0+\dot{U}_a=-\dot{U}_c+\dot{U}_a=\sqrt{3}\dot{U}_c\mathrm{e}^{-\mathrm{j}150°}\\\dot{U}'_b&=\dot{U}_0+\dot{U}_b=-\dot{U}_c+\dot{U}_b=\sqrt{3}\dot{U}_c\mathrm{e}^{+\mathrm{j}150°}\\\dot{U}'_c&=0\end{aligned}\right\}\qquad(3.29)$$

其相量关系如图 3.28（b）所示，可以看出，非故障相对地电压 $\dot{U}'_a$、$\dot{U}'_b$ 升高至 $\sqrt{3}$ 倍，$\dot{U}'_a$ 与 $\dot{U}'_b$ 之间夹角变为 $60°$。这时 A、C 相和 B、C 相的相间电压分别等于 $\dot{U}'_a$ 和 $\dot{U}'_b$，而 A、B 相的相间电压则等于 $\dot{U}_{ab}$，即三个线电压仍保持对称关系并且大小不变。

从图 3.28（b）还可以看出：非故障线路 I 非故障相（A 相和 B 相）的对地电容电流也相应地升高至 $\sqrt{3}$ 倍，它们可用下式求得

$$\left.\begin{aligned}\dot{I}_{aI}&=\mathrm{j}\dot{U}'_a\omega C_I\\\dot{I}_{bI}&=\mathrm{j}\dot{U}'_b\omega C_I\end{aligned}\right\}\qquad(3.30)$$

由于 C 相接地，$\dot{U}'_c = 0$，所以 C 相的对地电容电流也为零，即 $\dot{I}_{cI} = j\dot{U}'_c \omega C_I = 0$，根据式 (3.21) 可求出线路 II 的 C 相接地时线路 I 的零序电流

$$
\begin{aligned}
3\dot{I}_{0I} &= \dot{I}_{aI} + \dot{I}_{bI} + \dot{I}_{cI} \\
&= j\dot{U}'_a \omega C_I + j\dot{U}'_b \omega C_I + 0 \\
&= j(\dot{U}'_a + \dot{U}'_b)\omega C_I \\
&= j3\omega C_I (-\dot{U}'_c)
\end{aligned} \tag{3.31}
$$

所以
$$ 3I_{0I} = 3\omega C_I U_\varphi \tag{3.32} $$

式中　U_φ——电力网的相电压。

从接地电流角度分析，当电力网发生单相接地故障时，三相对地电容电流之相量和不再为零，线路上两个非故障相的电容电流之相量和通过大地经故障点流回电源，该电流称为线路接地电容电流，用 I_{ear} 表示。

如图 3.28 所示的电网，当线路 I 的 C 相接地时，线路 I 的接地电容电流

$$
\begin{aligned}
\dot{I}_{earI} &= \dot{I}_{aI} + \dot{I}_{bI} = j\dot{U}'_a \omega C_I + j\dot{U}'_b \omega C_I \\
&= j3\omega C_I (-\dot{U}_c)
\end{aligned} \tag{3.33}
$$

比较式 (3.31) ~式 (3.33) 可得

$$
\left.
\begin{aligned}
\dot{I}_{earI} &= 3\dot{I}_{0I} \\
\dot{I}_{earI} &= 3\omega C_I U_\varphi
\end{aligned}
\right\} \tag{3.34}
$$

或

可见，非故障线路 I 的接地电容电流即为其本身零序电流 $3I_{0I}$。

对发生故障的线路 II，显然，A 相和 B 相上的电容电流与非故障线路一样，流过它本身的电容电流 $\dot{I}_{aII}$ 和 $\dot{I}_{bII}$。不同之处在于：由故障点经 C 相需流回全系统 A 相和 B 相对地电容电流之和，其值为

$$ \dot{I}_{cII} = -[(\dot{I}_{aI} + \dot{I}_{bI}) + (\dot{I}_{aII} + \dot{I}_{bII}) + (\dot{I}_{aIII} + \dot{I}_{bIII})] $$

或
$$ I_{cII} = 3U_\varphi \omega (C_{0I} + C_{0II} + C_{0III}) = 3U_\varphi \omega C_{0\Sigma} \tag{3.35} $$

式中　$C_{0\Sigma}$——全系统每相对地电容的总和。

此时线路 II 始端所反应的零序电流为

$$ 3\dot{I}_{0II} = \dot{I}_{aII} + \dot{I}_{bII} + \dot{I}_{cII} = -(\dot{I}_{aI} + \dot{I}_{bI} + \dot{I}_{aIII} + \dot{I}_{bIII}) $$

或
$$ 3I_{0II} = 3U_\varphi \omega (C_{0\Sigma} - C_{0II}) \tag{3.36} $$

可见，在故障线路上的零序电流，其数值等于全电力网非故障线路对地电容电流之和（不包括故障线路本身），其方向是由线路指向母线，恰好与非故障线路相反。

单相接地时的零序等值网络如图 3.29 所示，在接地点有一个零序电压 U_{k0}，零序电流回路通过各线路的对地电容而构成，由于送电线路的零序阻抗远小于相对地的容抗，故可忽略不计，电力网中的零序电流就是各线路的接地电容电流。

综上所述，可得出如下结论：

(1) 中性点不接地系统中发生单相接地时，故障相对地电压为零，非故障相对地电压升高到系统的线电压；系统的线电压仍保持对称关系；中性点对地电压为相电压；系统中

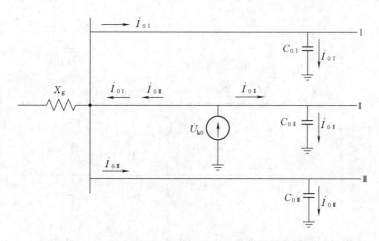

图 3.29 对应图 3.28 中单相接地的零序等值网络图

产生零序电流和零序电压，零序电压的大小等于系统正常工作时的相电压。

（2）非故障线路的零序电流超前零序电压 $90°$；故障线路的零序电流滞后零序电压 $90°$，两者相位差 $180°$。

（3）非故障线路有零序电流流过，其大小等于本线路电容电流的相量和，其方向由母线指向线路；故障线路有零序电流流过，其大小等于全系统非故障线路电容电流的相量和，其方向为线路指向母线。

（4）接地故障处的电流，其大小等于所有线路（包括故障线路和非故障线路）的接地电容电流的总和，它超前零序电压 $90°$。

3.4.2.3 中性点经消弧线圈接地系统中单相接地保护

中性点经消弧线圈接地系统中单相接地故障的特点：中性点经消弧线圈接地系统出现单相接地时，其电流分布将发生重大变化。在如图 3.28 所示的系统中，如果在电源中性点接入消弧线圈，则成为中性点经消弧线圈接地系统。当线路Ⅱ的 C 相发生接地时，其电容电流的大小、分布和不接消弧线圈时一样，不同之处在于：在接地点增加了一个电感分量的电流，其零序等值网络如图 3.30 所示。I_L 和 $I_{ear\Sigma}$（电网接地电容电流的总和）在相位上相差 $180°$，因此接地点的电流 I_k 大为减少。消弧线圈起到补偿作用，I_k 称为残余电流。在电网运行中通常使 $I_L > I_{ear\Sigma}$，称为过补偿方式。

采用过补偿方式，由于发生单相接地时流过故障线路的零序电流为其本身的电容电流与补偿后残余电流之和，而方向通常为母线指向线路，因而无法采用零序电流方向来区分故障线路与非故障线路。其次，由于补偿后残余电流不大，采用零序电流保护一般也难以满足灵敏度要求。

针对上述特点，目前在经消弧线圈接地的系统中，单相接地的保护方式有下列几种：

（1）采用绝缘监视装置。在单相接地时发出信号，由运行人员依次短时断开线路寻找接地点。

（2）当补偿后的残余电流较大，能满足灵敏度要求时，仍可采用零序电流保护。

（3）采用反映高次谐波分量的接地保护。谐波电流中数值最大的是五次谐波分量，它是由电源电动势中存在高次谐波分量以及负荷的非线性所产生的，并随着运行方式的变化

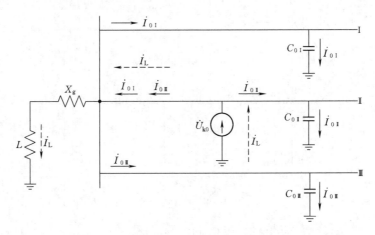

图 3.30　经消弧线圈接地系统发生单相接地时零序等值网络图

而变化。在经消弧线圈接地系统中，由于消弧线圈对五次谐波分量呈现较大的感抗，因此它不能补偿五次谐波的电容电流，五次谐波电流在电力网中分布的规律和基波电流在中性点不接地系统中的分布规律几乎一样。利用五次谐波零序电流的大小和方向的差别，便可区分出故障线路和非故障线路，实现有选择的接地保护。

（4）采用检测暂态零序电流和零序电压相位的接地保护。当电力网中发生接地故障时，理论分析和实测都表明：故障线路和非故障线路上的暂态电流首半波相位相差 180°，以母线零序电压为标准，便可构成有选择的接地保护。

3.4.2.4　中性点不接地系统中单相接地的保护

由于中性点不接地系统中发生单相接地零序电流很小。依靠零序电流构成保护，其灵敏度往往达不到要求，根据电力网的具体情况，一般采取如下措施：

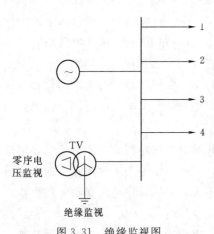

图 3.31　绝缘监视图

（1）绝缘监视装置。把一过电压继电器接入 $Y_0/Y_0/\llcorner$ 形接法电压互感器二次绕组的开口三角形上，如图 3.31 所示只要本电网中发生单相接地，则在母线上（指同一电压级）都将出现零序电压。于是，过电压继电器动作，带延时发出信号，这种信号是无选择性的。要确认发生故障的线路，还需由运行人员依次短时断开每条线路，当断开某条线路时，零序电压消失，即表明故障就在该线路上。

这种信号装置广泛安装在母线上，用以监视本网络是否发生了单相接地故障，在线路数目不多，且允许短时停电的电网中，应用甚为普遍。

（2）零序电流保护。这种保护是利用故障线路零序电流大于非故障线路零序电流的特点，来实现有选择的保护，保护动作于信号或跳闸。它一般应用于有条件安装零序电流互感器的线路上（如电缆线路或电缆引出的架空线路），为了保证其选择性，零序电流保护装置的动作电流应大于被保护线路本身的电容电流，即

$$I_{op} = K_{rel} 3 U_\varphi \omega C_0 \tag{3.37}$$

式中　　C_0——被保护线路每相对地电容。

由于流过故障线路的零序电流为非故障元件电容电流总和，故其灵敏系数为

$$K_{sen} = \frac{3U_\varphi\omega(C_\Sigma - C_0)}{3K_{rel}U_\varphi\omega C_0} = \frac{C_\Sigma - C_0}{K_{rel}C_0} \qquad (3.38)$$

式中　　C_Σ——同一电压等级电力网中每相对地电容之总和。

校验时应采用系统中电容电流为最小的运行方式。电力网电容电流越大，被保护线路越短，则灵敏度要求越容易满足。对于电缆线路要求 $K_{sen} > 1.25$，对架空线要求 $K_{sen} > 1.5$。

（3）零序功率方向保护。它是利用故障线路和非故障线路零序电流方向不同的特点来实现有选择的保护。这种保护方式适用于：零序电流保护不能满足灵敏度要求的复杂电力网中。

本 章 小 结

本章介绍了对称分量法、电力系统中元件的各序阻抗、不对称短路分析，以及线路接地故障的零序电流保护。

（1）在 110kV 及以上大电流接地系统中，一般采用专门的零序电流来作为接地短路保护，与三段式相间电流保护相比，有灵敏度高、延时时间短、受运行方式变化影响小、结构与工作原理简单等优点。

（2）对 6～66kV 小电流接地系统，绝缘监察装置是针对单相接地的一种简单、经济的无选择性的信号装置；当出线比较多时可采用零序电流保护实现鉴别接地线路；当出线比较少时可采用方向零序电流保护来鉴别接地线路。

复 习 思 考 题

1. 为什么反应接地短路保护采用零序分量而不是其他序分量？

2. 什么是中性点非直接接地系统？当此种网络发生单相接地故障时，出现的零序电压和零序电流有什么特点？

3. 中性点非直接接地系统中单相接地保护如何实现？绝缘监察装置如何发现接地故障线路？如何查出接地故障线路？

4. 对称分量法定义是什么？对称分量法在电力系统分析中有何作用？

5. 什么是不对称短路的三序网络图？有何作用？

6. 什么是对称分量滤过器？零序分量滤过器和负序分量滤过器各有何特点？

7. 为什么说零序电流速断保护的保护范围比反应相间短路的电流速断的保护范围长而且稳定？什么是零序电流的三段式保护？

8. 零序过电流保护与反应相间短路的过电流保护相比有哪些优点？

9. 试述小接地电流系统单相接地保护的方法及特点。

10. 什么叫接地电容电流？

11. 填空

(1) 电力系统发生接地短路时，主要特征是出现_____和_____，对于中性点直接接地系统，通常采用_____保护。

(2) 在中性点不接地系统由于绝缘损坏而发生单相接地时，非故障线路的接地电容电流与其零序电流_____。

(3) 中性点不接地系统中发生单相接地时，故障相对地电压为_____，非故障相对地电压升高到系统的_____电压，中性点对地电压为_____电压，系统中产生的零序电压的大小与系统正常工作时的相电压_____。

(4) 对系统二次电压回路通电时，必须_____至 TV 二次侧的回路，防止_____。

(5) 零序功率方向保护是利用故障线路和非故障线路零序电流方向不同的特点来实现有选择的保护。这种保护方式适用于零序电流保护不能满足_____的复杂电力网中。

12. 选择

(1) 在中性点直接接地系统中，发生单相接地故障时，非故障相对地电压（　　　）。

A、不会升高　　　　　B、升高不明显　　　　C、升高 1.73　　　　D、降低

(2) 中性点经装设消弧线圈后，若接地故障的电容电流小于电感电流，此时的补偿方式为（　　　）。

A、全补偿　　　　　B、过补偿　　　　　C、欠补偿

(3) 发生（　　）故障时，零序电流过滤器和零序电压互感器有零序电流输出。

A、三相断线　　　B、三相短路　　　C、三相短路并接地　　　D、单相接地

(4) 在中性点非直接接地系统中发生单相金属性接地时，接地相的电压（　　　）。

A、等于零　　　　　B、升高　　　　　C、降低

(5) 判断电网中性点运行方式是否属于大接地电流系统，是以（　　　）为标准的。

A、中性点接地电流的大小　　　B、中性点电阻的大小　　　C、中性点接地方式

13. 判断

(1) 所有的 TV 二次绕组出口均应装设熔断器或自动开关。（　　　）

(2) 继电保护装置试验用仪表的精确度应为 0.2 级。（　　　）

(3) 电流继电器的整定值，在弹簧力矩不变的情况下，两线圈并联时比串联时大 1 倍，这是因为并联时流入线圈中的电流比串联时大 1 倍。（　　　）

(4) 中性点经消弧线圈接地系统，发生金属性单相接地，非故障相对地电压不变。（　　　）

第4章 线路短路的阻抗保护

4.1 阻抗保护的基本原理

4.1.1 基本概念

阻抗保护是反映故障点至保护安装点之间的阻抗（或距离），并根据阻抗的大小（或距离远近）而确定动作时间的一种保护装置。

如图 4.1（a）所示，正常运行时，在母线 A 处测量阻抗是线路阻抗与负载阻抗之和，即 $Z_A = Z_{AC} + Z_L$。当 k 点发生短路时，A 点测得阻抗是 $Z_{AB} + Z_k$，比正常运行时小得多，该阻抗与短路点至 A 点（保护装置安装点）阻抗有关，即距离越长，阻抗越大。当测量阻抗小于整定阻抗时，保护装置动作。

4.1.2 阻抗保护的时限特性

阻抗保护的动作时间与保护安装地点至短路点之间的阻抗关系称为阻抗保护的时限特性。与电流保护相对应，阻抗保护也具有三段式阶梯特性，如图 4.1（b）所示。

阻抗保护 I 段对应于瞬时电流速断保护，瞬时动作。为保证动作的选择性，阻抗 I 段不可能保护线路全长。

阻抗保护 II 段用以弥补第 I 段不足，尽快切除本线路末端 15％～20％范围间的故障，其保护范围必然延至下一段线路，故动作时间应比下一条线路阻抗 I 段高出一个时限 Δt。

阻抗保护 III 段是作为本线路主保护 I 段、II 段保护的近后备保护及相邻线路的远后备保护，其动作时限比其他各保护最大动作时限高出一个 Δt，以保证选择性。

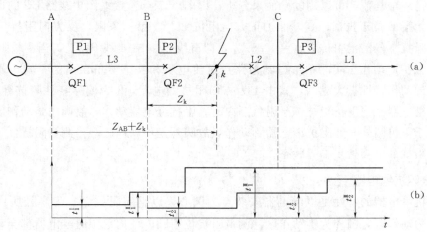

图 4.1　阻抗保护的工作原理

（a）接线图；（b）时限特性

4.1.3　阻抗保护的主要组成元件

三段式阻抗保护组成原理框图如图 4.2 所示。

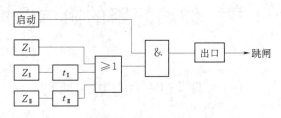

图 4.2　三段式阻抗保护组成原理框图

（1）启动元件。启动元件的主要作用是在发生故障的瞬间启动整套保护，并和阻抗元件组成与门，启动出口回路动作于跳闸，可以由过电流继电器或反映负序和零序电流的继电器构成。

（2）阻抗元件。阻抗元件的主要作用是测量短路点到保护安装地点之间的阻抗（即距离），一般采用阻抗继电器。

（3）时间元件。时间元件的主要作用是用来整定动作时间，常用时间继电器来实现。

4.2　阻　抗　继　电　器

4.2.1　基本原理

阻抗继电器是阻抗保护装置的核心元件，其主要作用是测量短路点至保护安装点之间的阻抗，并与整定阻抗比较，以确定保护是否应动作。

在阻抗保护中，测量阻抗通常用 Z_r 表示，它定义为保护安装处测量电压 $\dot{U}_r$ 与测量电流 $\dot{I}_r$ 的比值，即

$$Z_r = \dot{U}_r / \dot{I}_r \tag{4.1}$$

阻抗是一个复数，可以用复平面来分析，以图 4.3（a）接线图中线路 BC 的保护 2 为例。线路始端 B 位于坐标原点，保护正方向阻抗 Z_{BC} 在第一象限，反方向阻抗 Z_{AB} 在第三象限，阻抗 I 段整定阻抗 $Z_{set2} = 0.85Z_{BC}$，即直线 BZ。在直线 BD 上，当测量阻抗 $Z_r <$ Z_{set2} 时，保护应动作。实际中考虑到短路点过渡电阻和互感器角误差的影响，通常把阻抗继电器的动作特性扩大成圆，其中 1 为方向阻抗继电器，2 为偏移特性阻抗继电器，3 为全阻抗继电器。当测量阻抗位于阻抗圆内时，阻抗继电器动作，故圆内是动作区；当测量阻抗位于阻抗圆外时，阻抗继电器不动作，故圆外是不动作区；当测量阻抗位于阻抗圆周上时，阻抗继电器处于临界状态。

4.2.2　全阻抗继电器

全阻抗继电器的特性是以继电器安装点为圆心，以整定阻抗 Z_{set} 为半径所作的一个圆，圆内为动作区，圆外为不动作区。测量阻抗位于圆内任何象限时继电器都会动作，没有方向性，称为全阻抗继电器。

全阻抗继电器的动作特性如图 4.4（a）所示，将使阻抗元件处于临界状态对应的阻

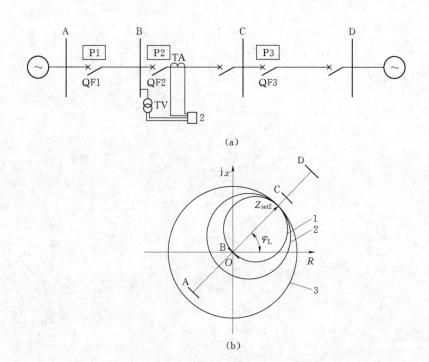

图 4.3 在阻抗复平面上分析阻抗继电器特性

（a）网络接线；（b）被保护线路的测量阻抗及动作特性

1—方向阻抗继电器的动作特性；2—偏移特性阻抗继电器的动作特性；3—全阻抗继电器的动作特性

抗称为动作阻抗，记作 Z_{op}，动作阻抗在数值上等于整定阻抗 $|Z_{op}|=|Z_{set}|$。

这种继电器可以采用两个电压幅值比较或两个电压相位比较的方式构成，如图 4.4 所示。

4.2.2.1 幅值比较

$$|Z_{set}|\geqslant|Z_r|\qquad(4.2)$$

式（4.2）两边乘以 $\dot{I}_r$，因为 $\dot{I}_r Z_r=\dot{U}_r$，所以有

$$|Z_{set}\dot{I}_r|\geqslant|\dot{U}_r|\qquad(4.3)$$

4.2.2.2 相位比较

当测量阻抗 Z_r 位于圆周上时，相量 $(Z_{set}-Z_r)$ 超前 $(Z_{set}+Z_r)$ 的角度 $\theta=90°$，而当 Z_r 位于圆内时，$\theta<90°$，Z_r 位于圆外时，$\theta>90°$。因此，可以得到继电器的启动条件

$$-90°\leqslant\arg\frac{Z_{set}-Z_r}{Z_{set}+Z_r}\leqslant90°\qquad(4.4)$$

同样，可以得到电压方程为

$$-90°\leqslant\arg\frac{\dot{I}_r Z_{set}-\dot{U}_r}{\dot{I}_r Z_{set}+\dot{U}_r}\leqslant90°\qquad(4.5)$$

4.2.3 方向阻抗继电器

方向阻抗继电器的特性是以整定阻抗 Z_{set} 为直径且通过坐标原点的一个圆，如图 4.5

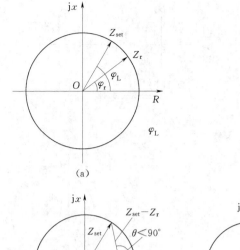

(a)

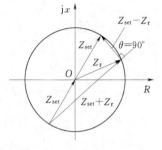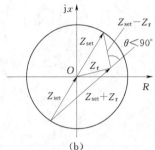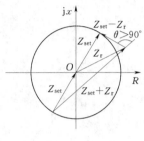

(b)

图 4.4　全阻抗继电器的动作特性

（a）幅值比较式；（b）相位比较式

（a）所示。圆内为动作区，圆外为不动作区。

反向短路时，测量阻抗位于第三象限，继电器不能动作，具有方向性，称为方向阻抗继电器。

当 φ_r 等于整定阻抗角 φ_L 时，启动阻抗最大，等于圆的直径，此时阻抗继电器的保护范围最大，工作最灵敏，故这个角度称为最大灵敏角，用 φ_m 表示。其阻抗动作方程为

$$Z_r \leqslant Z_{set}\cos(\varphi_L - \varphi_r) \tag{4.6}$$

4.2.3.1　幅值比较

$$\left|\frac{1}{2}Z_{set}\right| \geqslant \left|Z_r - \frac{1}{2}Z_{set}\right| \tag{4.7}$$

式（4.7）两边乘以 $\dot{I}_r$，因为 $\dot{I}_r Z_r = \dot{U}_r$，所以有

$$\left|\frac{1}{2}Z_{set}\dot{I}_r\right| \geqslant \left|\dot{U}_r - \frac{1}{2}\dot{I}_r Z_{set}\right| \tag{4.8}$$

4.2.3.2　相位比较

类似于全阻抗继电器的分析，同样可以证明动作电压方程为

$$-90° \leqslant \arg\frac{Z_{set} - Z_r}{Z_r} \leqslant 90° \tag{4.9}$$

同样可以得到电压方程为

$$-90° \leqslant \arg\frac{Z_{set1}\dot{I}_r - \dot{U}_r}{Z_{set2}\dot{I}_r + \dot{U}_r} \leqslant 90° \tag{4.10}$$

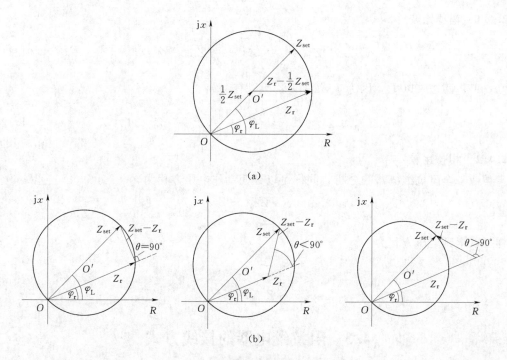

(a)

(b)

图 4.5　方向阻抗继电器的动作特性

（a）幅值比较式；（b）相位比较式

4.2.4　偏移特性阻抗继电器

偏移特性阻抗继电器的特性是当正方向的整定阻抗为 Z_{set1} 时，同时向反方向偏移一个 $Z_{set2}=\alpha Z_{set1}$，继电器的动作特性如图 4.6 所示，圆内为动作区，圆外为不动作区。

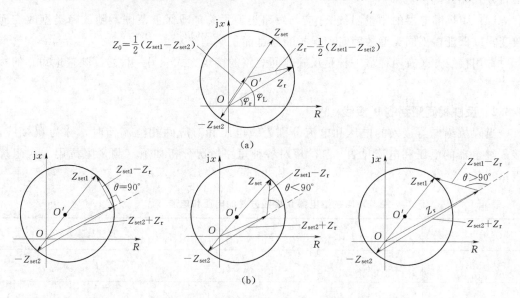

(a)

(b)

图 4.6　偏移特性阻抗继电器的动作特性

（a）幅值比较式；（b）相位比较式

4.2.4.1　幅值比较

$$\left| \frac{1}{2}(Z_{\text{set1}} + Z_{\text{set2}}) \right| \geqslant \left| Z_{\text{r}} - \frac{1}{2}(Z_{\text{set1}} - Z_{\text{set2}}) \right| \tag{4.11}$$

式（4.11）两边乘以 I_{r}，因为 $I_{\text{r}} Z_{\text{r}} = U_{\text{r}}$，所以有

$$\left| \frac{1}{2}(Z_{\text{set1}} + Z_{\text{set2}}) \dot{I}_{\text{r}} \right| \geqslant \left| U_{\text{r}} - \frac{1}{2}(Z_{\text{set1}} - Z_{\text{set2}}) \dot{I}_{\text{r}} \right| \tag{4.12}$$

4.2.4.2　相位比较

类似于全阻抗继电器的分析，同样可以证明动作电压方程为

$$-90° \leqslant \arg \frac{Z_{\text{set1}} - Z_{\text{r}}}{Z_{\text{set2}} + Z_{\text{r}}} \leqslant 90° \tag{4.13}$$

同样可以得到电压方程为

$$-90° \leqslant \arg \frac{Z_{\text{set1}} \dot{I}_{\text{r}} - \dot{U}_{\text{r}}}{Z_{\text{set2}} \dot{I}_{\text{r}} + \dot{U}_{\text{r}}} \leqslant 90° \tag{4.14}$$

4.3　阻抗继电器的接线方式

阻抗继电器的接线方式是指接入阻抗继电器的电压和电流的组合。不同的接线方式将影响阻抗继电器的测量阻抗。

4.3.1　基本要求

（1）阻抗继电器的测量阻抗 Z_{r} 应与保护安装地点到短路点的距离成正比，与电网的运行方式无关。

（2）阻抗继电器的测量阻抗 Z_{r} 应与短路类型无关，即保护范围不随故障类型改变而改变，以保证在不同类型故障时，保护装置都能正确动作。

常用接线方式有两种：一种是反映相间短路的接线方式，另一种是反映接地短路的接线方式。

4.3.2　反映相间短路的 0°接线

当阻抗继电器接入的电压和电流分别为线电压和对应两相电流差时，称为 0°接线，接入继电器的电压和电流见表 4.1。现对各种短路情况分析如下（测量阻抗用一次阻抗表示）。

表 4.1　　　　　　　　　阻抗继电器 0°接线方式的电压和电流

阻抗继电器相别	接入电压 $\dot{U}_{\text{r}}$	接入电流 $\dot{I}_{\text{r}}$	反映故障类型
AB	$\dot{U}_{\text{AB}}$	$\dot{I}_{\text{A}} - \dot{I}_{\text{B}}$	$K^{(3)}$、$K_{\text{AB}}^{(2)}$、$K_{\text{AB}}^{(1.1)}$
BC	$\dot{U}_{\text{BC}}$	$\dot{I}_{\text{B}} - \dot{I}_{\text{C}}$	$K^{(3)}$、$K_{\text{BC}}^{(2)}$、$K_{\text{BC}}^{(1.1)}$
CA	$\dot{U}_{\text{CA}}$	$\dot{I}_{\text{C}} - \dot{I}_{\text{A}}$	$K^{(3)}$、$K_{\text{CA}}^{(2)}$、$K_{\text{CA}}^{(1.1)}$

4.3.2.1 三相短路

三相短路是对称短路，三个阻抗继电器工作情况相同，以 AB 相阻抗继电器为例分析。设短路点至保护安装处之间的距离为 $l\,\mathrm{km}$，线路单位长度正序阻抗为 $Z_1\Omega/\mathrm{km}$，则接入阻抗继电器的电压和电流分别为

$$\dot{U}_\mathrm{r}^{(3)}=\dot{U}_\mathrm{AB}=\dot{U}_\mathrm{A}-\dot{U}_\mathrm{B}=\dot{I}_\mathrm{A}Z_1l-\dot{I}_\mathrm{B}Z_1l=(\dot{I}_\mathrm{A}-\dot{I}_\mathrm{B})Z_1l \tag{4.15}$$

$$\dot{I}_\mathrm{r}^{(3)}=\dot{I}_\mathrm{A}-\dot{I}_\mathrm{B} \tag{4.16}$$

三相短路时，阻抗继电器的测量阻抗为

$$Z_\mathrm{r}^{(3)}=\frac{\dot{U}_\mathrm{r}^{(3)}}{\dot{I}_\mathrm{r}^{(3)}}=\frac{\dot{U}_\mathrm{AB}}{\dot{I}_\mathrm{A}-\dot{I}_\mathrm{B}}=Z_1l \tag{4.17}$$

测量阻抗正比于短路点至保护安装地点之间的距离。

4.3.2.2 两相短路

设以 AB 相间短路为例，输入到 AB 阻抗继电器的电压为

$$\dot{U}_\mathrm{r}^{(2)}=\dot{U}_\mathrm{AB}=\dot{U}_\mathrm{A}-\dot{U}_\mathrm{B}=\dot{I}_\mathrm{A}Z_1l-\dot{I}_\mathrm{B}Z_1l=(\dot{I}_\mathrm{A}-\dot{I}_\mathrm{B})Z_1l \tag{4.18}$$

阻抗继电器测量阻抗为

$$Z_\mathrm{r}^{(2)}=\frac{\dot{U}_\mathrm{r}^{(2)}}{I_\mathrm{r}^{(2)}}=\frac{\dot{U}_\mathrm{AB}}{\dot{I}_\mathrm{A}-\dot{I}_\mathrm{B}}=Z_1l \tag{4.19}$$

AB 两相短路时，AB 相阻抗继电器的测量阻抗与三相短路的相同，能够正确动作。但 BC 相和 CA 相阻抗继电器，由于所加电压为非故障相与故障相间的电压，数值较高，电流为故障相的电流，短路电流差值数值较小，故测量阻抗很大，不能正确测量短路点的距离。所以必须接入三个阻抗继电器。

4.3.2.3 中性点直接接地电网中的两相接地短路

以 AB 两相故障为例，此时可以把 A 相和 B 相看成两个"导线-大地"的输电线路，设自感阻抗为 $Z_\mathrm{L}\Omega/\mathrm{km}$，互感阻抗为 $Z_\mathrm{M}\Omega/\mathrm{km}$，则故障相电压为

$$\dot{U}_\mathrm{A}=\dot{I}_\mathrm{A}Z_\mathrm{L}l+\dot{I}_\mathrm{B}Z_\mathrm{M}l$$

$$\dot{U}_\mathrm{B}=\dot{I}_\mathrm{B}Z_\mathrm{L}l+\dot{I}_\mathrm{A}Z_\mathrm{M}l \tag{4.20}$$

则 AB 相阻抗继电器的测量阻抗为

$$Z_\mathrm{r}^{(1.1)}=\frac{\dot{U}_\mathrm{A}-\dot{U}_\mathrm{B}}{\dot{I}_\mathrm{A}-\dot{I}_\mathrm{B}}=\frac{(\dot{I}_\mathrm{A}-\dot{I}_\mathrm{B})(Z_\mathrm{L}-Z_\mathrm{M})l}{\dot{I}_\mathrm{A}-\dot{I}_\mathrm{B}}=(Z_\mathrm{L}-Z_\mathrm{M})l=Z_1l \tag{4.21}$$

可见测量阻抗与三相短路时相同，保护能够正确动作。

4.3.3 反映接地短路故障的接线

在中性点直接接地电网中，当采用零序电流保护不能满足要求时，一般考虑采用接地阻抗保护，它的主要任务是正确反映这个电网中的接地短路。

当线路发生单相接地短路时，以 A 相为例，短路点 k 的 U_kA 和 I_A 分别为

$$\dot{I}_\mathrm{A}=\dot{I}_1+\dot{I}_2+\dot{I}_0$$

$$\dot{U}_\mathrm{kA}=\dot{U}_\mathrm{k1}+\dot{U}_\mathrm{k2}+\dot{U}_\mathrm{k0} \tag{4.22}$$

保护安装地点电压为

$$\dot{U}_{A} = \dot{U}_{1} + \dot{U}_{2} + \dot{U}_{0}$$

$$\dot{U}_{1} = \dot{U}_{k1} + \dot{I}_{1} Z_{1} l$$

$$\dot{U}_{2} = \dot{U}_{k2} + \dot{I}_{2} Z_{2} l$$

$$\dot{U}_{0} = \dot{U}_{k0} + \dot{I}_{0} Z_{0} l \qquad (4.23)$$

则有

$$\dot{U}_{A} = \dot{U}_{k1} + \dot{U}_{k2} + \dot{U}_{k0} + \dot{I}_{1} Z_{1} l + \dot{I}_{2} Z_{2} l + \dot{I}_{0} Z_{0} l$$

$$= Z_{1} l \left(\dot{I}_{1} + \dot{I}_{2} + \dot{I}_{0} \frac{Z_{0}}{Z_{1}} \right) = Z_{1} l \left(\dot{I}_{A} + \dot{I}_{0} \frac{Z_{0} - Z_{1}}{Z_{1}} \right) \qquad (4.24)$$

为了使继电器的测量阻抗在单相接地时不受电流大小的影响，根据以上分析结果，就应该给阻抗继电器加入如下电压和电流

$$\dot{U}_{r} = \dot{U}_{A}$$

$$\dot{I}_{r} = \dot{I}_{A} + \dot{I}_{A0} \frac{Z_{0} - Z_{1}}{Z_{1}} = \dot{I}_{A} + 3K\dot{I}_{0} \qquad (4.25)$$

其中

$$K = \frac{Z_{0} - Z_{1}}{3Z_{1}}$$

一般可近似认为零序阻抗角和正序阻抗角相等，因而 K 是一个实数。这样，继电器的测量阻抗是

$$Z_{r} = \frac{\dot{U}_{r}}{\dot{I}_{r}} = \frac{Z_{1} l (\dot{I}_{A} + 3K\dot{I}_{0})}{\dot{I}_{A} + 3K\dot{I}_{0}} = Z_{1} l \qquad (4.26)$$

这种接线方式能够正确地测量从短路点到保护安装地点之间的阻抗，并与相间短路的阻抗继电器所测量的阻抗为同 数值，因此，这种接线得到了广泛应用。

为了反映任一相的单相接地短路，接地距离保护也必须采用三个阻抗继电器，其接入的电压、电流分别为 $\dot{U}_{A}$、$\dot{I}_{A} + 3K\dot{I}_{0}$，$\dot{U}_{B}$、$\dot{I}_{B} + 3K\dot{I}_{0}$，$\dot{U}_{C}$、$\dot{I}_{C} + 3K\dot{I}_{0}$。这种接线方式同样能够反映两相接地短路和三相短路，此时接于故障相的阻抗继电器的测量阻抗亦为 $Z_{1} l$。

两种接线方式在不同类型短路时的动作情况见表 4.2。

表 4.2　　　　　接地阻抗保护和相间阻抗保护在不同类型短路时的动作情况

故障类型 接线方式		接地阻抗保护接线方式			相间阻抗保护接线方式		
		A 相	B 相	C 相	AB 相	BC 相	CA 相
		$\dot{U}_{mA} = \dot{U}_{A}$ $\dot{I}_{mA} = \dot{I}_{A} + K$ $\times 3\dot{I}_{0}$	$\dot{U}_{mB} = \dot{U}_{B}$ $\dot{I}_{mB} = \dot{I}_{B} + K$ $\times 3\dot{I}_{0}$	$\dot{U}_{mC} = \dot{U}_{C}$ $\dot{I}_{mC} = \dot{I}_{C} + K$ $\times 3\dot{I}_{0}$	$\dot{U}_{mAB} = \dot{U}_{A} - \dot{U}_{B}$ $\dot{I}_{mAB} = \dot{I}_{A} - \dot{I}_{B}$	$\dot{U}_{mBC} = \dot{U}_{B} - \dot{U}_{C}$ $\dot{I}_{mBC} = \dot{I}_{B} - \dot{I}_{C}$	$\dot{U}_{mCA} = \dot{U}_{C} - \dot{U}_{A}$ $\dot{I}_{mCA} = \dot{I}_{C} - \dot{I}_{A}$
单相 接地 短路	A	+	-	-	-	+	-
	B	-	+	-	-	-	-
	C	-	-	+	-	-	-

续表

故障类型接线方式		接地阻抗保护接线方式			相间阻抗保护接线方式		
		A 相	B 相	C 相	AB 相	BC 相	CA 相
		$\dot{U}_{mA}=\dot{U}_A$ $\dot{I}_{mA}=\dot{I}_A+K$ $\times 3\dot{I}_0$	$\dot{U}_{mB}=\dot{U}_B$ $\dot{I}_{mB}=\dot{I}_B+K$ $\times 3\dot{I}_0$	$\dot{U}_{mC}=\dot{U}_C$ $\dot{I}_{mC}=\dot{I}_C+K$ $\times 3\dot{I}_0$	$\dot{U}_{mAB}=\dot{U}_A-\dot{U}_B$ $\dot{I}_{mAB}=\dot{I}_A-\dot{I}_B$	$\dot{U}_{mBC}=\dot{U}_B-\dot{U}_C$ $\dot{I}_{mBC}=\dot{I}_B-\dot{I}_C$	$\dot{U}_{mCA}=\dot{U}_C-\dot{U}_A$ $\dot{I}_{mCA}=\dot{I}_C-\dot{I}_A$
两相接地短路	AB	+	+	−	+	−	−
	BC	−	+	+	−	+	−
	CA	+	−	+	−	−	+
两相不接地短路	AB	−	−	−	+	−	−
	BC	−	−	−	−	+	−
	CA	−	−	−	−	−	+
三相短路	ABC	+	+	+	+	+	+

注 "+"表示能正确反映故障距离,"−"表示不能正确反映故障距离。

4.4 阻抗保护的整定计算

相间短路阻抗保护多采用三段式时限特性的阻抗保护装置。在进行整定计算时,要计算各段的启动阻抗、动作时限和灵敏度检验。

4.4.1 阻抗 I 段

按躲开下级线路出口处短路来整定,如图 4.7 所示保护 1。

$$Z_{op1}^{I} = K_{rel}^{I} Z_{AB} = K_{rel}^{I} Z_1 l_{AB} \tag{4.27}$$

式中　K_{rel}^{I}——距离保护 I 段可靠系数,取 0.8～0.85;

　　　Z_1——被保护线路单位长度的阻抗;

　　　l_{AB}——被保护线路的长度,km。

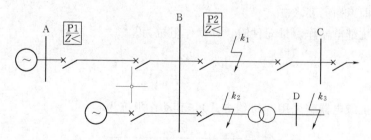

图 4.7　选择整定阻抗的网络接线

4.4.2 阻抗 II 段

阻抗 II 段按以下条件整定:

(1) 与相邻线路阻抗保护 I 段配合,并考虑分支系数的影响,可采用式(4.27)计算

$$Z_{op1}^{II} = K_{rel}^{II} Z_{AB} + K_{rel}'^{II} K_{b \cdot min} Z_{op2}^{I} \tag{4.28}$$

式中　K_{rel}^{II}——可靠系数，取 0.8～0.85；

　　　$K_{rel}'^{II}$——可靠系数，一般取 $K_{rel}'^{II} \leqslant 0.8$；

　　　Z_{op2}^{I}——相邻线路距离保护第 I 段动作阻抗；

　　　$K_{b \cdot min}$——分支系数最小值，为相邻线路第 I 段保护范围末端短路时流过故障线路电流与被保护线路电流之比的最小值。

（2）与相邻线路变压器纵差保护配合，躲开线路末端变压器低压侧出口处短路，有

$$Z_{op1}^{II} = K_{rel}^{II} Z_{AB} + K_{rel}'^{II} K_{b \cdot min} Z_{T} \tag{4.29}$$

式中　K_{rel}^{II}、$K_{rel}'^{II}$——可靠系数，取 $K_{rel}^{II} = 0.8 \sim 0.85$、$K_{rel}'^{II} \leqslant 0.7$；

　　　　　　Z_{T}——变压器阻抗；

　　　　$K_{b \cdot min}$——分支系数最小值，为相邻变压器低压侧母线短路时流过变压器的短路电流与被保护线路电流之比的最小值。

计算后，应取以上两式中数值较小的一个，此时距离 II 段的动作时限应与相邻线路的 I 段配合，一般取为 0.5s。

（3）灵敏度校验。

$$K_{S \cdot min}^{II} = \frac{Z_{op1}^{II}}{Z_{AB}} \geqslant 1.3 \sim 1.5 \tag{4.30}$$

若灵敏系数不满足要求，可按与相邻线路阻抗保护第 II 段相配合整定，时限整定为 1～1.2s。

4.4.3　阻抗Ⅲ段

阻抗Ⅲ段按躲过被保护线路的最小负荷阻抗原则来整定。

当第Ⅲ段采用阻抗继电器时，其启动阻抗一般按躲开最小负荷阻抗来整定，它表示当线路上流过最大负荷电流且母线上电压最低时在线路始端所测量到的阻抗，其值为

$$Z_{L \cdot min} = \frac{\dot{U}_{L \cdot min}}{\dot{I}_{L \cdot max}} = \frac{(0.9 \sim 0.95) U_N / \sqrt{3}}{\dot{I}_{L \cdot max}} \tag{4.31}$$

参照过电流保护的整定原则，考虑到外部故障切除后，在电动机自启动的条件下，保护Ⅲ段必须立即返回的要求。

采用全阻抗继电器作测量元件时，其动作阻抗为

$$Z_{op}^{III} = \frac{Z_{L \cdot min}}{K_{rel}^{III} K_{re} K_{ss}} \tag{4.32}$$

当采用方向阻抗继电器（采用 0°接线方式），其动作阻抗为

$$Z_{op}^{III} = \frac{Z_{L \cdot min}}{K_{rel}^{III} K_{re} K_{ss} \cos(\varphi_m - \varphi_L)} \tag{4.33}$$

式中　K_{rel}^{III}——可靠系数，取 1.2～1.25；

　　　K_{re}——返回系数，取 1.15～1.25；

　　　K_{ss}——自启动系数，取 $K_{ss} > 1$；

　　　φ_m——阻抗元件（线路）的最大灵敏角，取 $60° \sim 85°$；

φ_L——线路负荷阻抗角。

动作时限与相邻线路的Ⅲ段保护动作时限配合，即 $t_1^{\text{Ⅲ}} = t_2^{\text{Ⅲ}} + \Delta t$。

阻抗Ⅲ段作为远后备保护时，其灵敏度按相邻元件末端短路的条件来检验，即

$$K_{\text{s·min}}^{\text{Ⅲ}} = \frac{Z_{\text{op1}}^{\text{Ⅲ}}}{Z_{\text{AB}} + K_{\text{b·max}} Z_{\text{BC}}} \geqslant 1.2 \tag{4.34}$$

作为近后备保护时，按本线路末端的条件校验，即

$$K_{\text{s·min}}^{\text{Ⅲ}} = \frac{Z_{\text{op1}}^{\text{Ⅲ}}}{Z_{\text{AB}}} \geqslant 1.3 \sim 1.5 \tag{4.35}$$

三段式距离保护的范围如图 4.8 所示。

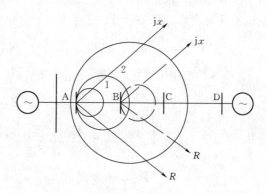

图 4.8 三段式距离保护的各段动作范围示意图

【例 4.1】 网络及参数如图 4.9 所示。

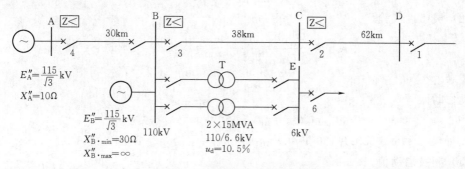

图 4.9 ［例 4.1］的网络接线图

已知：

（1）线路的正序阻抗 $Z_1 = 0.4\Omega/\text{km}$，阻抗角 $\varphi_1 = 65°$。

（2）线路 AB、BC、CD 装设三段式阻抗保护。其第Ⅰ、Ⅱ段阻抗测量及启动（兼第Ⅲ段测量）元件采用方向阻抗继电器，并采用 0°接线。

（3）线路 AB：$I_{\text{Lmax}} = 500\text{A}$，$K_{\text{TA}} = 600/5$；线路 BC：$I_{\text{Lmax}} = 400\text{A}$，$K_{\text{TA}} = 500/5$；$K_{\text{TV}} = 110/0.1$。

（4）线路上负荷的自启动系数 $K_{\text{ss}} = 2$，功率因数 $\cos\varphi = 0.9$（$\varphi = 26°$）。

（5）线路采用远后备配置方式，第Ⅲ段时限为 $t_1''' = 2\text{s}$，$t_6''' = 2\text{s}$，$\Delta t = 0.5\text{s}$。

（6）变压器 T 装设有能保护整个变压器的无时限纵联差动保护。

试求 4 号保护相间距离Ⅰ、Ⅱ、Ⅲ段的启动阻抗，校验其第Ⅱ、Ⅲ段的灵敏度，整定其第Ⅱ、Ⅲ段时限。

解： 各段一次启动阻抗整定、灵敏度校验及动作时限确定。

1. Ⅰ段启动阻抗计算

$$Z_{\text{op4}}^{\text{Ⅰ}} = K_{\text{rel}}^{\text{Ⅰ}} Z_1 l_{\text{AB}} = 0.85 \times 0.4 \times 30 = 10.2(\Omega)$$

2. Ⅱ段启动阻抗计算

（1）启动阻抗计算。

1）与保护 3 距离Ⅰ段配合，有

$$Z_{op3}^{I} = K_{rel}^{I} Z_1 l_{BC} = 0.85 \times 0.4 \times 38 = 12.92(\Omega)$$

对于 4 号保护，依据其背侧 A 系统的运行方式及对端 B 系统的运行方式，可确定出当 B 系统断开时出现：$K_{b \cdot min} = 1$。于是有

$$Z_{op4}^{II} = K_{rel}^{II}(Z_{AB} + K_{b \cdot min} Z_{op3}^{I}) = 0.8 \times (12 + 1 \times 12.92) = 19.94(\Omega)$$

2）与对端变压器速动保护配合，有

$$Z_{op4}^{II} = K_{rel}^{II}(Z_{AB} + K_{b \cdot min} Z_T)$$

其中

$$Z_T = \frac{1}{2} \times \frac{U_K \% U_N^2}{100 \times S_N} = \frac{10.5 \times 115^2}{2 \times 100 \times 15} = 46.29(\Omega)$$

$$Z_{op4}^{II} = 0.7 \times (0.4 \times 30 + 1 \times 46.29) = 40.80(\Omega)$$

为保证选择性，应取上述两项中较小的计算值作为 II 段的整定值，所以有

$$Z_{op4}^{II} = 19.94\Omega$$

（2）灵敏度校验。

$$K_{S4}^{II} = \frac{Z_{op4}^{II}}{Z_1 l_{AB}} = \frac{19.94}{0.4 \times 30} = 1.66 > 1.25$$

满足要求。

动作时限

$$t_{op4}^{II} = t_{op3}^{I} + \Delta t = 0.5(s)$$

3. III 段（方向阻抗元件，0°接线）

（1）阻抗启动值。

$$\begin{aligned} Z_{op4}^{III} &= \frac{0.9 U_N}{\sqrt{3} K_{rel} K_{re} K_{ss} I_{L \cdot max} \cos(\varphi_m - \varphi_L)} \\ &= \frac{0.9 \times 110000}{1.732 \times 1.2 \times 1.15 \times 2 \times 500 \times \cos(65° - 26°)} \\ &= 53.30(\Omega) \end{aligned}$$

（2）动作时限。

$$t_{op4}^{III} = t_{op1}^{III} + 3\Delta t = 2 + 1.5 = 3.5(s)$$

（3）校验灵敏度。

1）作为近后备保护

$$K_s^{III} = \frac{Z_{op4}^{III}}{Z_{AB}} = \frac{53.30}{12} = 4.4 > 1.5$$

合格。

2）作为下级线路远后备

$$K_s^{III} = \frac{Z_{op4}^{III}}{Z_{AB} + K_{b \cdot max} Z_{BC}}$$

其中，$K_{b \cdot max}$ 的计算等值电路如图 4.10 所示。

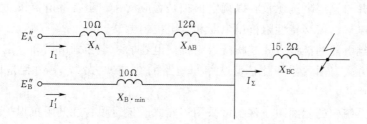

图 4.10 $K_{\text{b·max}}$ 计算等值电路

$$K_{\text{b·max}} = \frac{I_{\Sigma}}{I_1} = \frac{I_1 + I_1'}{I_1} = 1 + \frac{X_{\text{A}} + X_{\text{AB}}}{X_{\text{B·min}}} = 1 + \frac{10 + 12}{30} = 1.733$$

$$K_{\text{smin}}^{\text{III}} = \frac{53.30}{12 + 1.733 \times 15.2} = 1.39 > 1.2$$

满足要求。

4.4.4　阻抗保护的特点

4.4.4.1　优点

（1）阻抗保护可以在任何接线方式下的多电源复杂网络中保证动作的选择性。

（2）阻抗继电器可同时反映电压降低和电流增大，灵敏度较高。

（3）阻抗保护受系统运行方式影响小，保护范围稳定。

4.4.4.2　缺点

（1）距离Ⅰ段瞬时动作，保护范围只占线路全长的 $80\% \sim 85\%$；对于两端供电的线路，线路全长的 $30\% \sim 40\%$ 内的故障不能瞬时切除，因此对于重要线路不能作为主保护。

（2）装置采用了复杂的阻抗继电器和大量的辅助继电器，再加上各种闭锁装置，接线复杂，工作可靠性低。

4.4.4.3　应用范围

通常 35kV 电网中，阻抗保护作为复杂网络相间阻抗短路的主保护；在 $110 \sim 220kV$ 的高压电网和 $330 \sim 500kV$ 的超高压电网中，相间短路阻抗保护和接地短路阻抗保护主要作为全线速动主保护的相间短路和接地短路的后备保护，对于不要求全线速动的高压线路，阻抗保护可作为线路的主保护。

本　章　小　结

本章介绍了线路阻抗保护的有关知识，重点讲述阻抗保护的原理与构成、三种阻抗继电器的工作原理、阻抗保护的接线方式、阻抗保护的整定计算方法、影响阻抗保护正确工作的因素以及对阻抗保护的评价等内容。

（1）阻抗保护是反映故障点至保护安装点之间的距离（或阻抗），并根据距离的远近而确定动作时间的一种保护装置。阻抗保护同时反映短路时电流的增大和电压的降低，与电流保护相比具有较高的灵敏度。

（2）阻抗继电器是阻抗保护装置的核心元件，其主要作用是测量短路点至保护安装点之间的阻抗，并与整定阻抗比较，以确定保护是否应动作。阻抗继电器按动作特性分可分为方向阻抗继电器、偏移特性阻抗继电器和全阻抗继电器。

（3）阻抗继电器的接线方式是指接入阻抗继电器的一定相别电压和一定相别电流的组合。常用接线方式有两种：一种是反映相间短路的 0°接线方式，另一种是反映接地短路的接线方式。

（4）电力系统中的相间阻抗保护多采用三段式阶梯时限特性的阻抗保护装置，在进行整定计算时，要计算各段的启动阻抗、动作时限和灵敏度校验。

（5）影响阻抗保护正确工作的因素有：短路点过渡电阻的影响、分支电流的影响、电力系统振荡的影响以及电压回路断线的影响等。

（6）阻抗保护作为 35kV 电网复杂网络相间短路的主保护，或在 110～220kV 的高压电网和 330～500kV 的超高压电网中主要作为全线速动的相间短路和接地短路的主保护的后备保护；对于不要求全线速动的高压线路，阻抗保护可作为线路的主保护。

复 习 思 考 题

1. 什么是阻抗保护？阻抗保护所反映的实质是什么？它与电流保护的主要区别是什么？

2. 什么是测量阻抗、动作阻抗、整定阻抗、返回阻抗、短路阻抗、负荷阻抗？它们之间有什么不同？

3. 方向阻抗继电器为什么会有死区？如何消除？

4. 何谓 0°接线？相间短路用阻抗继电器为什么常常采用 0°接线？为什么不用相电压和本相电流的接线方式？

5. 试求图 4.11 所示 110kV 线路不同点发生金属性两相短路时，保护 1 的阻抗继电器的测量阻抗 Z_r（写成复数形式）。已知线路的阻抗，$R_0 = 0.32\Omega/\text{km}$，$x_0 = 0.41\Omega/\text{km}$，短路点到保护安装处的距离 l 为：（1）$l = 3\text{km}$；（2）$l = 10\text{km}$。

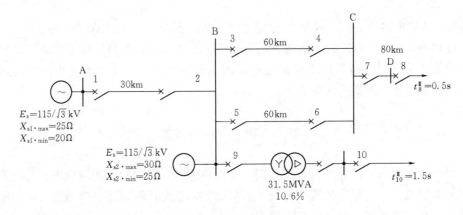

图 4.11

6. 图 4.12 所示网络中，设各线路均装有距离保护，试对点 1 处的阻抗保护Ⅰ、Ⅱ、Ⅲ段进行整定计算，即求各段动作阻抗、动作时限并校验灵敏度。已知线路的正序阻抗 $Z_1 = 0.4\Omega/\text{km}$，阻抗角 $\varphi_m = 62°$，线路 AB、BC 的最大负荷电流 $I_{L.\max} = 400\text{A}$，$\cos\varphi =$

0.92，线路上负荷的自启动系数 $K_{ss}=2.2$。

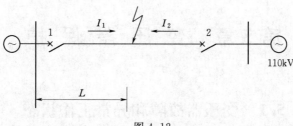

图 4.12

第5章 变压器保护

5.1 变压器故障和异常工作状态

变压器是电力系统中的重要设备，其工作可靠性对电力系统安全运行影响极大。为此，必须根据变压器的容量和重要程度装设各种专用保护。变压器的故障可分为油箱内部故障和油箱外部故障两种。油箱内部故障主要有：绕组的相间短路，匝间短路以及在中性点直接接地侧的单相接地短路。发生油箱内部故障是很危险的，因为短路电流产生的电弧不仅会破坏绕组的绝缘，烧坏铁芯，还可能由于绝缘材料和变压器油受热分解而产生大量气体，引起变压器油箱爆炸。变压器最常见的油箱外部故障是引出线上绝缘套管的故障，这种故障可能导致引出线的相间短路和接地短路。

变压器异常工作状态主要是：外部短路或过负荷引起的过电流；过负荷以及漏油等引起的温度升高和油面降低；大容量变压器在过电压或低频率等异常运行方式的过励磁故障。

根据 GB/T 50062—2008 规定，电力变压器一般装设保护配置。

（1）瓦斯保护：用于反映变压器油箱内的各种短路故障以及油面的降低。根据故障时油箱内部所产生的气体或油流而使保护装置动作。轻瓦斯保护动作于信号，重瓦斯保护动作于跳开变压器各电源侧的断路器。

（2）纵差动保护：反映变压器绕组、套管及引出线上的故障。

（3）电流速断保护：容量在 10000kVA 及以上的单台运行的变压器和容量在 6300kVA 及以上的并联运行的变压器，常应装设纵联差动保护。容量在 10000kVA 以下单台运行的变压器和容量在 6300kVA 以下并联运行的变压器，一般装设电流速断保护来代替纵联差动保护。对容量在 2000kVA 以上的变压器，在灵敏度不满足要求时，应装设纵差保护。

上述各保护动作后，均应跳开变压器各电源侧的断路器。

（4）过电流保护：反映外部相间短路时引起的过电流，作为变压器纵联差动或电流速断保护的后备保护：

1）过电流保护。

2）复合电压启动的过电流保护，用于过电流保护灵敏度不满足要求的降压变压器。

3）负序电流及单相式低电压启动的过电流保护。

4）阻抗保护。

（5）外部接地短路保护：

1）对中性点直接接地电力网内，由外部接地短路引起过电流时，如变压器中性点接地运行，应装设零序电流保护。

2）对自耦变压器和高、中压侧中性点都直接接地的三绕组变压器，当有选择性要求时，增设零序方向元件。

3）当电力网中部分变压器中性点接地运行，为防止发生接地短路时，中性点接地的变压器跳开后，中性点不接地的变压器（低压侧有电源）仍带接地故障继续运行，应根据具体情况，装设专用的保护装置，如零序过电压保护，中性点装放电间隙加零序电流保护等。

（6）过负荷保护：用来防止变压器的对称过负荷，保护装置只接在某一相的电路中，一般延时动作于信号，也可以延时跳闸，或延时自动减负荷（无人值守变电所）。

（7）其他保护，对变压器温度及油箱内压力升高和冷却系统故障，应按现行变压器保护标准的要求，装设作用于信号或动作于跳闸的保护装置，如温度保护、压力保护等。

5.2 变压器瓦斯保护

当油浸式变压器油箱内部出现故障时，油箱的油和其他绝缘材料因受热而分解出气体，由于气体的密度小，必然要从油箱流向油枕的上部。故障越严重，产生并冲到油枕上部的气流和油流就越大。反映此种气体而动作的继电器称为瓦斯继电器，以它为主要元件所构成的保护称为瓦斯保护。

瓦斯继电器装设在油箱和油枕之间的连通管道上，如图5.1所示。为了使油箱内部所产生的气体能够顺畅地通过瓦斯继电器排到油枕，变压器在安装时应有$1\%\sim1.5\%$的倾斜度；此外，变压器在制造时，连通管与油箱顶盖间已有$2\%\sim4\%$的倾斜度。

图5.2为复合式瓦斯继电器的结构示意，它由上下两只开口杯、两只平衡锤和两对干簧式磁力触点等组成。

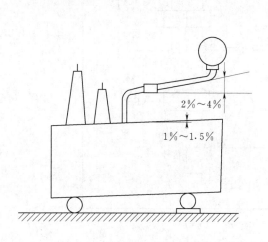

图5.1 瓦斯继电器安装示意

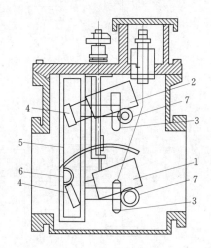

图5.2 复合式瓦斯继电器结构示意

1—下开口杯；2—上开口杯；3—干簧式磁力触点；
4—平衡锤；5—支架；6—挡板；7—永久磁铁

变压器在正常运行时上下开口杯都浸在油内，由于开口杯及附件在油内所产生的重力矩比平衡锤产生的重力矩小，因此，开口杯都处于上升位置，上下两对干簧触点都断开。当变压器内部发生轻微故障时，所产生的少量气体缓慢上升，进入并聚集在瓦斯继电器的上部，使该部位气体压力上升，在气体压力的作用下迫使油面下降，上开口杯露出油面，这时开口杯及杯内的油在空气中所产生的重力矩大于平衡锤所产生的重力矩，因此，上开口杯带动永久磁铁沿顺时针方向落下，使连接信号回路的上干簧触点接通，发出"轻瓦斯"信号，称为"轻瓦斯"动作。当变压器内部出现严重故障时，大量气体带动油流迅猛地冲击挡板，挡板带动下开口杯和下永久磁铁沿顺时针方向落下，接通下干簧触点，使断路器跳闸，称为"重瓦斯"动作。当严重漏油而使油面显著下降时，上开口杯先降落，发出预告信号，接着下开口杯也降落导致断路器跳闸。

　　瓦斯保护原理接线如图 5.3 所示，当变压器内部发生轻微故障时，瓦斯继电器 KG 的上干簧触点闭合，接通预告信号回路（图中未作表示）发出预告信号。当变压器内部发生严重故障时，KG 的下干簧触点闭合，经过中间继电器 KM 接通断路器的跳闸回路，使断路器跳闸，同时通过信号继电器 KS 发出跳闸信号。由于"重瓦斯"是反映气、油混合物的流速，而该流速在故障过程中往往很不稳定，触点可能时通时断，为了保证可靠跳闸，动作后启动带有两个线圈的中间继电器，利用其串联线圈使它保持动作状态，直至断路器跳闸。当变压器换油或做试验时，为了防止"重瓦斯"误动作，可利用切换片 XB 暂时作用于信号，而不作用于跳闸。瓦斯保护能反映油箱内各种故障，且动作迅速、灵敏性高、接线简单，但不能反映油箱外的引出线和套管上的故障。故不能作为变压器唯一的主保护，须与差动保护配合共同作为变压器的主保护。

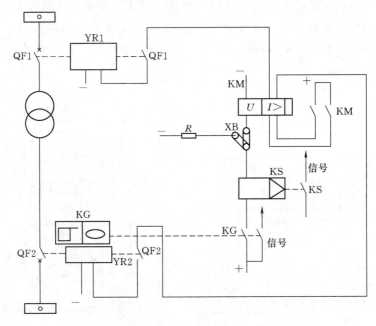

图 5.3　瓦斯保护原理接线

5.3　变压器电流速断保护

　　由于瓦斯保护不能反映变压器油箱外部的故障，因此，必须与其他保护配合使用。对于容量不太大的变压器，可在变压器的电源侧装设电流速断保护。这种保护接线如图 5.4

所示，在构成和动作原理方面，和电力线路的电流速断保护类似。

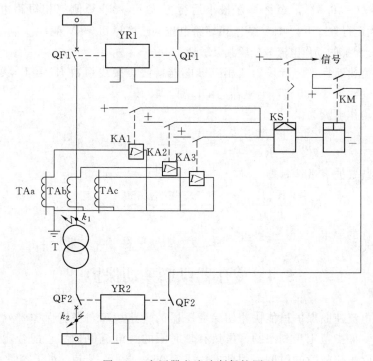

图 5.4　变压器电流速断保护原理

电流速断保护的动作电流，应躲过变压器低压侧母线上（k_2 点）发生短路时，流经保护装置的三相最大短路电流次暂态值来整定。

电流继电器的动作电流为

$$I_{\text{opka}} = \frac{K_{\text{rel}} K_{\text{w}}}{K_{\text{i}}} I''^{(3)}_{\text{kmax}} \tag{5.1}$$

式中　K_{rel} ——可靠系数，DL 型继电器取 $1.2\sim1.3$，GL 型继电器取 $1.4\sim1.5$；

　　　$I''^{(3)}_{\text{kmax}}$ ——最大运行方式下，变压器低压侧母线三相短路时，流过变压器高压侧的最大穿越电流。

电流速断保护通常按最小运行方式下保护安装处（k_1 点）两相短路电流 $I^{(2)}_{\text{kmin}}$ 校验其灵敏性为

$$K_{\text{sen}} = \frac{K_{\text{w}} I^{(2)}_{\text{kmin}}}{K_{\text{i}} I_{\text{opka}}} \tag{5.2}$$

要求 $K_{\text{sen}} \geqslant 2$。

电流速断保护动作后，瞬时断开变压器各侧的断路器。由于变压器电流速断保护的动作电流应躲过变压器低压侧母线的最大短路电流，所以它只能保护变压器高压绕组以上的部分，对于变压器低压绕组则难以给予全部保护，这与线路的电流速断保护一样，也有保护"死区"，这是电流速断保护的缺点。但是电流速断保护的接线简单、动作快。因此对于中小容量变压器，在带时限过电流保护及瓦斯保护的配合下，它能够有效地起到保护作用。在供配电系统中变压器的阻抗一般较大，灵敏度通常是足够的。若灵敏度不能满足要求时，应装设差动保护。

【例 5.1】　某变电所内安装有一台三相变压器，其参数如下：35kV/11kV、1000kVA，Y，d11 连接，$U_k = 6.5\%$。经计算在最小运行方式下，35kV 侧三相短路电流 $I^{(3)}_{kmin(35)} = 1650A$；在最大运行方式下，11kV 侧三相短路电流（已换算到 35kV 侧）$I^{(3)}_{kmax(11)} = 386A$。试计算变压器速断保护的动作电流并校验其灵敏性。

解：设电流速断保护装置采用三相三继电器接法，接线系数 $K_w = 1$，变压器高压侧电流互感器的变比 $K_i = 30/5$，继电器为 DL 型，取 $K_{rel} = 1.3$。

继电器的动作电流为

$$I_{opka} = \frac{K_{rel} K_w}{K_i} I_{kmax} = \frac{1.3 \times 1}{6} \times 386 = 83.6 \text{(A)}$$

校验保护装置的灵敏性，即

$$K_{sen} = \frac{K_w I^{(2)}_{kmin}}{K_i I_{opka}} = \frac{1 \times 0.866 \times 1650}{6 \times 83.6} = 2.85 > 2$$

满足保护灵敏性的要求。

5.4　变压器纵联差动保护

变压器的电流速断保护虽能快速切除变压器的短路故障，但有保护"死区"，不能保护变压器全部，保护范围受到限制；虽然有带时限的过电流保护和它配合能弥补其不足，但是延长了切除短路故障的时间。因此 GB/T 50062—2008 规定，对于容量在 10000kVA 及以上的单台运行变压器，容量在 6300kVA 及以上并列运行的变压器，以及采用电流速断保护灵敏性达不到要求而容量为 2000～10000kVA 的变压器，均应设置纵联差动保护（以下简称"纵差保护"）。

5.4.1　变压器纵差保护的基本原理

变压器的纵差保护是在规定的接线方式下反映变压器两侧电流差值而动作的保护装置，保护范围为变压器两侧电流互感器之间的区域，纵差保护用来保护变压器内部以及两侧绝缘套管和引出线上的相间短路。

图 5.5 为变压器纵差保护的单相原理图。在变压器两侧装有电流互感器，将其二次绕组的始端和末端对应相连构成环路（也称纵差保护的两臂），电流继电器 KA 并联在环路上。流入继电器的电流就等于变压器两侧的电流互感器二次侧电流之差，即 $\dot{I}_{ka} = \dot{I}^{I}_2 - \dot{I}^{II}_2$。

适当选择变压器两侧电流互感器的变比和接线方式，就能起到如下保护作用：在正常运行和纵差保护区范围以外（如 k_1 点）短路时，流经电流互感器二次侧的电流 $\dot{I}^{I}_2$ 和 $\dot{I}^{II}_2$ 大小相等、相位相同。于是流入继电器的电流 $\dot{I}_{ka} = \dot{I}^{I}_2 - \dot{I}^{II}_2 = 0$，继电器不会动作；当保护区范围内（如 k_2 点）发生短路时，对于单侧电源供电的变压器，则 $\dot{I}^{II}_2 = 0$，流入继电器的电流 $\dot{I}_{ka} = \dot{I}^{I}_2$，对于双侧电源供电的变压器（例如两台并列运行的变压器），由于 $\dot{I}^{II}_2$ 改变了方向，流入继电器中的电流为 $\dot{I}_{ka} = \dot{I}^{I}_2 + \dot{I}^{II}_2$。当 $\dot{I}_{ka}$ 大于继电器的动作电流时，它就瞬时动作，通过中间继电器使变压器各侧的断路器跳闸。

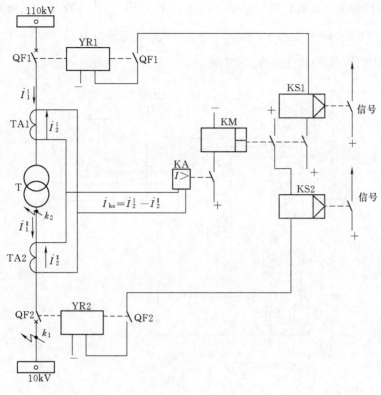

图 5.5 变压器纵差保护的单相原理

由于纵差保护在其保护区外发生短路时不会动作，因此，整定值和动作时限都不需要与相邻元件的保护配合，可以构成无时限的保护。由于它不能反映相邻元件的短路故障，所以不能起到后备保护的作用。

5.4.2 变压器纵差保护中的不平衡电流 I_{dsq} 及减小其数值和影响的措施

如上所述，从原理上分析适当地选择变压器两侧电流互感器变比和接线方式，可以做到在正常运行及外部短路时，流入继电器的电流 $\dot{I}_{ka}$ 为零。实际情况并非如此，由于一些原因，即使在正常运行时，也会有电流流入继电器线圈，该电流称为不平衡电流，以 I_{dsq} 表示。尤其是在外部短路时，I_{dsq} 会很大，可能会引起保护装置误动作。因此，必须了解和分析纵差保护装置中产生不平衡电流的主要原因以及减小其数值和影响的措施。

5.4.2.1 由于变压器两侧绕组接线方式不同而产生的不平衡电流

在供配电系统中 35～110kV/6～10kV 常采用 Y，d11 接线变压器，35～10kV/0.4kV 配电变压器常采用 D，yn11 接线，这就使得变压器两侧的线电流出现 30°相位差。如果两侧的电流互感器都采用通常的 Y 形接线方式，反映到互感器二次侧的差动臂上，该 30°的相位差必然保留着，因此即使能做到互感器二次侧电流的大小相等，而在差动回路中仍会有相当大的不平衡电流流过继电器。为了消除此相位差，通常将变压器 Y 侧的三个电流互感器接成△形，而将变压器△侧的三个电流互感器接成 Y 形，并使它们的连接组别与主变压器的连接组别相对应，如图 5.6 所示。$\dot{I}_{a1}^{Y}$、$\dot{I}_{b1}^{Y}$、$\dot{I}_{c1}^{Y}$ 和 $\dot{I}_{a1}^{\triangle}$、$\dot{I}_{b1}^{\triangle}$、$\dot{I}_{c1}^{\triangle}$ 分别表示变压器

Y 侧和△侧的线电流，后者比前者超前 $30°$。$\dot{I}_{a2}^{Y}$、$\dot{I}_{b2}^{Y}$、$\dot{I}_{c2}^{Y}$ 为变压器 Y 侧电流互感器的二次电流，由于电流互感器是接成△形，则流入差动回路的电流分别为 $\dot{I}_{a2}^{Y}-\dot{I}_{b2}^{Y}$、$\dot{I}_{b2}^{Y}-\dot{I}_{c2}^{Y}$、$\dot{I}_{c2}^{Y}-\dot{I}_{a2}^{Y}$。 它们与变压器△侧电流互感器二次电流 $\dot{I}_{a2}^{\triangle}$、$\dot{I}_{b2}^{\triangle}$、$\dot{I}_{c2}^{\triangle}$ 的相位一致。

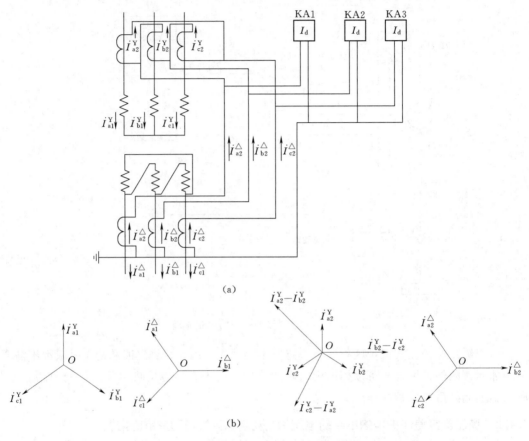

图 5.6　Y，d11 接法变压器纵差保护的原理

(a) 两侧电流互感器接法；(b) 电流相量分析

　　采取上述措施之后相位虽然得到校正。但是，由于两侧电流互感器采用了上述的连接方式，导致采用△形接法互感器在差动臂上的二次电流增大到 $\sqrt{3}$ 倍。为了保证在正常运行和外部故障情况下，基本没有电流流入继电器，就必须将△形接法的电流互感器的变比也增大到 $\sqrt{3}$ 倍以降低其二次电流，使之与另一保护臂的二次电流相等。为此，应按以下条件选择电流互感器的变比。

　　纵差保护装置中，在变压器 Y 侧的电流互感器的变比为

$$K_{i}^{Y}=\frac{\sqrt{3}\,I_{NT}^{Y}}{5} \tag{5.3}$$

　　纵差保护装置中，在变压器△侧的电流互感器的变比为

$$K_{i}^{\triangle}=\frac{I_{NT}^{\triangle}}{5} \tag{5.4}$$

式中 I_{NT}^{Y} ——变压器 Y 侧的额定电流；

$\quad\quad I_{NT}^{\triangle}$ ——变压器△侧的额定电流。

5.4.2.2 由于变压器两侧电流互感器的实际变比与计算变比不等而产生的不平衡电流

按式（5.3）和式（5.4）计算得到的电流互感器变比称为计算变比。但实际的电流互感器变比是按标准设计的，两者很难做到一致，必然会在差动回路中出现不平衡电流。例如，某主变压器容量为 8000kVA，电压为 35kV/6.3kV、Y，d11 接线，其两侧的额定电流分别为

$$I_{NT}^{Y}=\frac{S_N}{\sqrt{3}U_{NT}^{Y}}=\frac{8000}{\sqrt{3}\times 35}=132(A)$$

$$I_{NT}^{\triangle}=\frac{S_N}{\sqrt{3}U_{NT}^{\triangle}}=\frac{8000}{\sqrt{3}\times 6.3}=733(A)$$

电流互感器变比的选择：在变压器 Y 侧△接法电流互感器的计算变比按式（5.3）求得

$$K_i^{Y}=\sqrt{3}\times 132/5=228.6/5$$

电流互感器实际变比选择300/5。

在变压器△侧 Y 接法电流互感器的计算变比按式（5.4）求得，$K_i^{\triangle}=733/5$，实际变比选择 800/5。

此时，纵差保护两臂中的电流各为

$$I_2^{Y}=\frac{\sqrt{3}\times 132}{300/5}=3.81(A)$$

$$I_2^{\triangle}=\frac{733}{800/5}=4.58(A)$$

从计算结果看出，由于二次回路中的电流不相等，在正常运行时有不平衡电流流入继电器，其大小为 $I_{dsr}=I_2^{\triangle}-I_2^{Y}=4.58-3.81=0.77(A)$。该不平衡电流在变压器外部短路时会更大。为了消除该不平衡电流，可利用差动继电器内的平衡线圈予以抵消，其工作原理以下章节详细介绍。

5.4.2.3 由于变压器两侧电流互感器的形式不同而产生的不平衡电流

变压器两侧电流互感器的形式不同，其铁芯的饱和特性也就不同，即使形式相同，其饱和特性也不会完全相同，因此，在纵差保护区范围以外短路时，由于两侧电流互感器铁芯的饱和程度不同，将会产生较大的不平衡电流。但是，只要在选择电流互感器时，其允许电流误差不超过 10%，则此不平衡电流（换算到一次侧）也不会超过外部短路电流的 10%。

两侧的电流互感器形式相同时，产生的不平衡电流较小；形式不同时，产生的不平衡电流较大。为了加以区别，在进行动作电流整定计算时，引入同型系数 K_{typ}，形式相同时 K_{typ} 取 0.5，形式不同时 K_{typ} 取 1。

5.4.2.4 由于变压器励磁涌流所产生的不平衡电流

变压器在正常运行时，其励磁电流仅流经变压器的电源侧，因此，经过电流互感器反映到差动回路中便产生了不平衡电流。但在正常情况下，变压器的励磁电流很小，一般不超过额定电流的 2%～10%。在外部短路时，由于电压下降，励磁电流也下降，它的影响

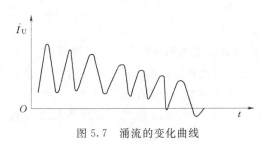

图 5.7　涌流的变化曲线

就更小。

但是当变压器空载投入或外部短路切除后电压恢复的过程中，将会出现很大的励磁电流，此电流称为励磁涌流，见图 5.7。励磁涌流只通过变压器电源侧绕组，因此在差动回路中将会产生很大的不平衡电流流入继电器，导致保护装置误动作。但可在纵差保护装置中增添速饱和变流器，以减小励磁涌流对保护的影响。

5.4.2.5　由于变压器带负荷调节分接头产生的不平衡电流

变压器的分接头是为了调节变压器输出电压而设置的，改变分接头位置就相当于改变变压器的变比，因此变压器两侧电流的比值也随之改变，然而电流互感器的变比并未改变，从而破坏了差动回路中电流原有的平衡状态，产生出新的不平衡电流。

从以上分析可知，变压器纵差保护中出现不平衡电流原因很多，不可能完全消除，只能使它的数值和影响程度降低。通常采用专门的差动继电器来达到这个目的。

5.4.3　BCH - 2 型差动继电器的工作原理

图 5.8 是 BCH - 2 型差动继电器的原理图，由一个 DL - 11/0.2 型电流继电器和一个带短路线圈的速饱和变流器等元件组成。在速饱和变流器铁芯的中间柱 B 上绕有一个差动线圈（工作线圈）N_{dr} 和两个平衡线圈 N_{eq1}、N_{eq2}，右侧铁芯柱 C 上绕有一个二次绕组 N_2，电流继电器与 N_2 相连接，短路线圈的两部分 N'_k 和 N''_k 分别绕在中间铁芯柱 B 和左侧铁芯柱 A 上。

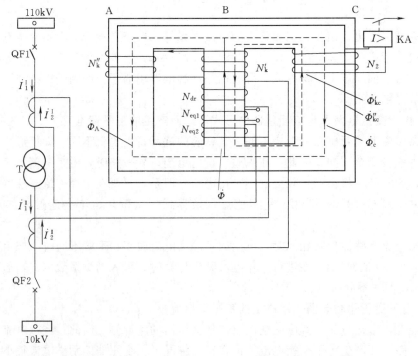

图 5.8　采用 BCH - 2 型差动继电器的变压器纵差保护原理

差动继电器中的短路线圈主要用来消除变压器励磁涌流的影响。

差动继电器中平衡线圈的作用是用来抵消变压器两侧电流互感器变比不能完全配合而产生的不平衡电流。其工作原理如图 5.9 所示，通常是将平衡线圈 N_{eq} 接入差动环路中电流较小的一侧，假设纵差保护两臂中的电流分别为 I_2^I 和 I_2^{II}，而且 $I_2^{II} > I_2^I$，则平衡线圈应接入 I_2^I 的回路中，I_2^I 流经平衡线圈 N_{eq} 所产生的磁势为 $I_2^I N_{eq}$，而流经差动线圈 N_{dr} 的不平衡电流为 $I_2^{II} - I_2^I$，而它所产生的磁势为 $(I_2^{II} - I_2^I)N_{dr}$。如能适当地选择 N_{dr} 和 N_{eq} 的匝数，使 $I_2^I N_{eq} = (I_2^{II} - I_2^I)N_{dr}$，而且做到两磁势的方向相反，因而相互抵消，就能消除电流互感器变比不完全配合所产生不平衡电流的影响。实际上平衡线圈 N_{eq} 和差动线圈 N_{dr} 的匝数不能连续调节，此不平衡电流的影响不可能被完全消除，还会有少量残余的不平衡电流存在，因此在整定计算时应予以考虑。

5.4.4　变压器纵差保护整定计算

图 5.9　BCH－2 型差动继电器平衡线圈的工作原理

下面结合实例介绍由 BCH－2 型继电器构成双绕组变压器纵差保护整定计算步骤。

【例 5.2】　某变电所内设有一台三相双绕组降压变压器，其参数如下：额定容量 8000kVA，35kV±2×2.5%/6.3kV，Y，d11 连接，$U_k = 7.5\%$。在系统最大运行方式下，低压侧 6.3kV 母线三相短路电流为 4220A，换算到 35kV 高压侧为 720A。在系统最小运行方式下，35kV 高压侧两相短路电流为 782A，6.3kV 低压侧两相短路电流换算至高压侧为 540A。低压侧最大负荷电流为 600A。试对该变压器进行纵差保护的整定计算。

解：(1) 计算变压器各侧额定电流、选择电流互感器变比和确定电流互感器二次侧不平衡电流，计算结果见表 5.1。

表 5.1　　　　　　　　　　变压器各侧额定电流及相关数值

数　值　名　称	各　侧　数　据	
	35kV	6.3kV
变压器额定电流/A	$\dfrac{8000}{\sqrt{3} \times 35} = 132$	$\dfrac{8000}{\sqrt{3} \times 6.3} = 733$
电流互感器接线方式	△	Y
电流互感器的计算变比	$\dfrac{\sqrt{3} \times 132}{5} = \dfrac{229}{5}$	$\dfrac{733}{5}$
电流互感器的实际变比	$\dfrac{300}{5} = 60$	$\dfrac{800}{5} = 160$
差动臂上的电流/A	$\dfrac{\sqrt{3} \times 132}{60} = 3.81$	$\dfrac{733}{160} = 4.58$
不平衡电流/A	4.58－3.81＝0.77	

(2) 计算保护装置基本侧的一次动作电流。变压器在额定负荷下，电流互感器二次电流大的那一侧称基本侧。根据工作原理，该侧可不经平衡线圈直接和差动线圈连接，非基

本侧则经平衡线圈接差动线圈。但为了更有效地抵消不平衡电流的影响，可将双绕组变压器两侧的电流互感器分别接到继电器的两个平衡线圈上，接入基本侧的一组平衡线圈实际上可以当作差动线圈的一部分。

从表中得知，本例应以 6.3kV 侧为基本侧进行计算。该侧的一次动作电流可按下述三个条件确定：

1）躲过励磁涌流，可用式（5.5）经验公式计算

$$I_{op} = K_{rel} I_{NT} \tag{5.5}$$

式中　　K_{rel}——可靠系数，取 1.3；

　　　　I_{NT}——变压器基本侧的额定电流。

由此　　　　　　　　　　$I_{op} = 1.3 \times 733 = 953(A)$

2）躲过电流互感器二次回路断线时出现的不平衡电流，可用式（5.6）经验公式计算

$$I_{op} = K_{rel} I_{Lmax} \tag{5.6}$$

式中　　K_{rel}——可靠系数，取 1.3；

　　　　I_{Lmax}——变压器正常运行时的最大负荷电流。

由此　　　　　　　　　　$I_{op} = 1.3 \times 600 = 780(A)$

3）躲过变压器外部短路时穿越的最大不平衡电流

$$I_{op} = K_{rel}(K_{typ}\Delta f_i + \Delta U + \Delta f')I''_{kmax} \tag{5.7}$$

式中　　K_{rel}——可靠系数，取 1.3；

　　　　K_{typ}——电流互感器的同型系数，同型时取 0.5，不同时取 1；

　　　　Δf_i——电流互感器的最大允许相对误差，取 0.1；

　　　　ΔU——改变变压器电压分接头所引起的相对误差，可取调压范围的 1/2，本例取 $\Delta U = 0.05$；

　　　　$\Delta f'$——由于差动线圈、平衡线圈实用匝数与计算匝数不相等而产生的相对误差（最大允许值为 0.091）。初步计算时可暂取中间值 0.05。

于是可得

$$I_{op} = 1.3 \times (1 \times 0.1 + 0.05 + 0.05) \times 4220 = 1097(A)$$

选取以上三者中最大者作为基本侧的一次动作电流，故 $I_{op} = 1097A$。

（3）初步确定差动线圈与平衡线圈的匝数。

计算基本侧差动继电器的动作电流

$$I_{opka} = \frac{K_w I_{op}}{K_i} = \frac{1 \times 1097}{160} = 6.86(A)$$

基本侧的计算匝数 N_C 可按下式计算

$$N_C = \frac{AN_0}{I_{opka}} = \frac{60}{6.86} = 8.7(匝)$$

式中　　AN_0——继电器的动作安匝，应采用实测值，在计算时可取 60 安匝。

取实用匝数 $N_p = 9$ 匝。

差动线圈的整定匝数 N_{dr} 与基本侧平衡线圈 I 的整定匝数 N_{eq1} 之和等于基本侧的实用匝数 N_p，所以选择 $N_{dr} = 8$ 匝，$N_{eq1} = 1$ 匝。

（4）确定非基本侧（本题为 35kV 侧）平衡线圈的匝数。

根据磁势平衡原理，可得

$$(I_2^{\text{II}} - I_2^{\text{I}})N_{\text{dr}} + I_2^{\text{II}} N_{\text{eq1}} = I_2^{\text{I}} N_{\text{eq2C}}$$

而

$$N_{\text{dr}} + N_{\text{eq1}} = N_{\text{p}}$$

则上式可写成

$$N_{\text{eq2C}} = N_{\text{p}} \frac{I_2^{\text{II}}}{I_2^{\text{I}}} - N_{\text{dr}} \tag{5.8}$$

式中　　I_2^{I}、I_2^{II}——变压器非基本侧和基本侧电流互感器的二次电流；

　　　　N_{eq2C}——平衡线圈 II 的计算匝数。

由此

$$N_{\text{eq2C}} = 9 \times \frac{4.58}{3.81} - 8 = 2.87 \text{（匝）}$$

取平衡线圈 II 的整定匝数 $N_{\text{eq2}} = 3$ 匝。

（5）计算整定匝数与计算匝数不等而产生的相对误差 $\Delta f'$，即

$$\Delta f' = \frac{N_{\text{eq2C}} - N_{\text{eq2}}}{N_{\text{eq2C}} + N_{\text{dr}}} \tag{5.9}$$

则有

$$\Delta f' = \frac{2.87 - 3}{2.87 + 8} = -0.01$$

因为 $|\Delta f'| < 0.05$，故不必再重新计算动作电流。

（6）确定短路线圈的抽头。短路线圈有四组供调节用的抽头（分别命名为：1—1、2—2、3—3、4—4），其命名数字越大，线圈匝数越多。短路线圈的匝数选择越多，继电器躲过励磁涌流的性能越好，但是保护区内部短路故障时，继电器动作时间也越长。对于励磁涌流倍数大的中、小容量的变压器，由于内部故障时短路电流中非周期分量衰减较快，而且对保护装置速动性的要求又较低，因此，可选用抽头 3—3 或抽头 4—4。本例初步选用 3—3 抽头，所选短路线圈的匝数是否合适，应通过变压器空载投入试验来确定。

（7）灵敏性校验。按最小运行方式下，变压器低压侧发生两相短路校验其灵敏性，要求灵敏系数不小于 2。当 6.3kV 侧两相短路时，35kV 侧流入继电器的电流为

$$I_{\text{ka}} = \frac{K_{\text{w}}}{K_{\text{i}}} I_{\text{kmin}}^{(2)} = \frac{\sqrt{3}}{60} \times 540 = 15.6 \text{（A）}$$

继电器的动作电流

$$I_{\text{opka}} = \frac{A N_0}{A_{\text{dr}} + N_{\text{eq1}}} = \frac{60}{8 + 1} = 6.67 \text{（A）} \quad \text{或} \quad I_{\text{opka}} = \frac{I_{\text{op1}}}{K_{\text{i}}} = \frac{1097}{160} = 6.86 \text{（A）}$$

灵敏系数

$$K_{\text{sen}} = \frac{I_{\text{ka}}}{I_{\text{opka}}} = \frac{15.6}{6.86} = 2.27 > 2$$

灵敏度满足要求。

5.5　变压器过电流保护

变压器一般都装设过电流保护。保护应装在变压器的电源侧，既可用来保护外部故障引起变压器的过电流，又可作为变压器内部故障的后备保护。过电流保护带一定时限动作

于跳闸。如果采用带时限过电流保护灵敏性无法满足要求时，可以由带低电压启动或复合电压启动的过电流保护取而代之。

5.5.1　定时限过电流保护

在保护构成和工作原理上，变压器定时限过电流保护与线路定时限过电流保护基本相同，其接线如图 5.10 所示。

保护装置的动作电流，应躲过变压器可能出现的最大负荷电流。

$$I_{\text{opka}} = \frac{K_{\text{rel}} K_{\text{w}}}{K_{\text{re}} K_{\text{i}}} I_{\text{Lmax}} \tag{5.10}$$

式中　K_{rel} ——可靠系数，DL 型继电器取 1.2；

　　　K_{re} ——返回系数，取 0.85；

　　　I_{Lmax} ——变压器的最大负荷电流。

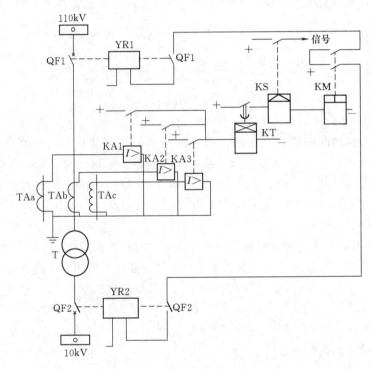

图 5.10　变压器定时限过电流保护原理

关于变压器的最大负荷电流，应考虑如下情况：

（1）对于并列运行的变压器，应考虑其中一台切除时所产生的过负荷，当各台变压器的容量相等时，可按下式计算

$$I_{\text{Lmax}} = \frac{m}{m-1} I_{\text{NT}} \tag{5.11}$$

式中　m ——并列运行变压器的台数；

　　　I_{NT} ——每台变压器的额定电流。

（2）应考虑最后一台电动机启动时出现的最大负荷。即

$$I_{\text{Lmax}} = \sum I_{\text{L}} + I_{\text{stmax}} \tag{5.12}$$

式中　　$\sum I_{\text{L}}$——除了启动电流最大的一台电动机外，其他用电设备总的负荷电流；

　　　　I_{stmax}——启动电流最大一台电动机的启动电流。

保护装置的动作灵敏性按下式校验

$$K_{\text{sen}} = \frac{K_{\text{w}} I_{\text{kmin}}^{(2)}}{K_{\text{i}} I_{\text{opka}}} \tag{5.13}$$

式中　　$I_{\text{kmin}}^{(2)}$——最小运行方式变压器低压侧母线或相邻元件末端两相短路时，流过变压
　　　　　　器高压侧的电流。

必须指出，对于 Y，d11 接线的变压器，在低压侧发生两相短路时，在高压侧三相中所反映短路电流的大小和方向并不相等，所以在计算 $I_{\text{kmin}}^{(2)}$ 时应予以注意。按规程要求，在变压器低压侧母线发生短路时，要求灵敏系数 $K_{\text{sen}} > 1.5$；作为相邻元件（如主电动机）后备保护时，要求灵敏系数 $K_{\text{sen}} > 1.2$。保护装置的动作时限，应比下一级过电流保护大一个时限级差 Δt。

5.5.2　带低电压启动的过电流保护

当变压器采用定时限过电流保护灵敏度满足不了要求的情况下，可改用带低电压启动的过电流保护，这种保护的动作电流仅按变压器的额定电流整定计算，从而提高了保护的灵敏性。这种过电流保护的接线如图 5.11 所示。实际上，它是在定时限过电流保护的基础上，加上低电压启动回路。后者由接在低压侧母线电压互感器上的三只低电压继电器组成。

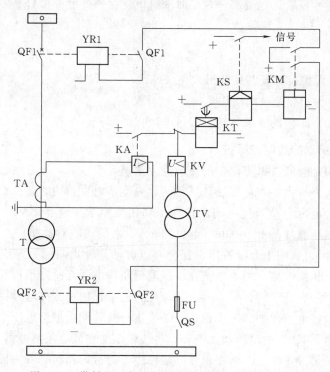

图 5.11　带低电压启动的变压器过电流保护单相原理

正常运行时，变压器母线电压正常，没有出现过负荷，所以低电压继电器和电流继电器的触点都处于断开状态，保护装置不会动作。当低压侧负荷，如电动机启动时，启动电流会超过电流继电器的整定值，它虽然动作，但母线电压不会显著下降（电动机启动时电压降低

一般不会超过 15%～20%），所以低电压继电器的触点不会闭合，保护装置也就不会动作。只有当保护范围内发生短路事故时，既出现过电流，又伴随着母线电压的显著下降，这时，电流继电器和低电压继电器同时动作，经一定延时后，发出跳闸脉冲，导致变压器电源侧或两侧的断路器跳闸。为了保证低电压启动元件能在发生各种相间短路时均能可靠动作，三只低电压继电器应接在电压互感器的线电压上，并且三只继电器的触点应该并联连接。

这种保护动作电流的整定计算公式如下

$$I_{opka} = \frac{K_{rel} K_w}{K_{re} K_i} I_{NT} \tag{5.14}$$

式中　I_{NT}——变压器电源侧额定电流。

保护装置的动作电压，应躲过正常运行时可能出现的最低工作电压，其计算公式为

$$U_{opKV} = \frac{U_{min}}{K_{rel} K_{re} K_u} \tag{5.15}$$

式中　U_{min}——运行中可能出现的最低工作电压，可取 $(0.8～0.9)U_{NT}$，U_{NT} 为母线额定电压；

　　　K_{rel}——可靠系数，取 1.2；

　　　K_{re}——低电压继电器的返回系数，取 1.25；

　　　K_u——电压互感器的变比。

保护装置灵敏性校验，电流部分与定时限过电流保护灵敏性校验的方法相同，电压部分应满足如下条件

$$K_{sen} = \frac{U_{op}}{U_{scmax}} \geqslant 1.5 \tag{5.16}$$

式中　U_{scmax}——保护装置安装处的最大剩余电压；

　　　U_{op}——保护装置一次动作电压，$U_{op} = K_u U_{opKV}$。

对保护装置动作时限的要求与定时限过电流保护相同。

5.5.3　复合电压启动的过电流保护

当变压器采用定时限过电流保护的灵敏性无法满足要求时，还可以由复合电压启动的过电流保护取而代之。由不对称短路分析得知，发生不对称短路时，在短路电压中含有负序电压分量。复合电压启动的过电流保护除了利用低电压继电器 KV2 反应对称短路外，还利用附有负序电压滤过器 PN 的电压继电器 KV1 来反应不对称短路。这种保护装置的接线如图 5.12 所示。从图中可以看出，复合电压启动元件由两部分组成：一是负序电压继电器；二是低电压继电器。两者都接在变压器低压侧电压互感器小母线的线电压上。只有当低电压继电器触点处于闭合状态时，才能配合已动作的电流继电器使保护装置启动。

复合电压启动过电流保护的工作原理：正常运行时，配电网络电压中没有负序电压分量，负序电压继电器 KV1 的动断触点闭合，将线电压加在低电压继电器 KV2 线圈上，使其触点断开，保护装置不动作。当变压器外部发生不对称短路时，一方面使接在故障相上的电流继电器动作；另一方面，由于出现了负序电压，KV1 动作，其动断触点断开，使低电压继电器失去电压而动作（即其动断触点闭合）。启动整套保护装置，经一定延时后使变压器两侧断路器跳闸。

在发生三相对称短路时，由于电压中不包含负序电压分量，负序电压继电器不会动

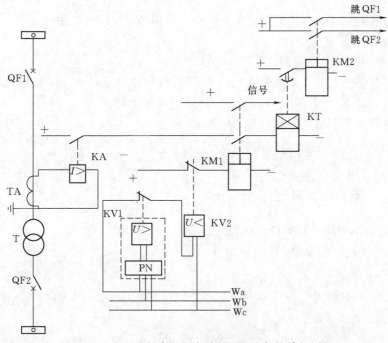

图 5.12 变压器复合电压启动的过电流保护单相原理

作。但这时变压器低压侧母线电压剧烈下降使低电压继电器动作，配合已动作的电流继电器，使整套保护装置启动，经延时后使变压器两侧断路器跳闸，实际上在三相短路的瞬间，也会出现短暂的负序电压，有可能使 KV1 动作（其动断触点断开），导致低电压继电器 KV2 线圈突然失电，加快其触点闭合速度，有利于提高三相短路时保护装置的速动性。

由此可见，无论发生对称还是不对称短路，这种过电流保护的电压启动元件都具有较高的灵敏性。其优点是，在变压器低压侧发生不对称短路时，电压启动元件的灵敏性与变压器绕组的接线方式无关，所以目前得到广泛的应用。

保护装置中的电流元件、低电压元件的整定原则与带低电压启动的过电流保护相同。负序电压继电器的动作电压 U_{opKV1}，按正常运行时负序滤过器上可能出现的最大不对称电压整定计算，根据运行经验可取

$$U_{\mathrm{opKV1}} = 0.06 U_{\mathrm{NTV}} \tag{5.17}$$

式中　U_{NTV}——电压互感器二次侧额定电压。

按式（5.18）校验负序电压元件的灵敏性

$$K_{\mathrm{sen}} = \frac{U_{\mathrm{kmin}}}{K_{\mathrm{u}} U_{\mathrm{opKV1}}} > 1.2 \tag{5.18}$$

式中　U_{kmin}——后备保护末端不对称短路时，保护安装处的最小负序电压。

【例 5.3】　某变电所安装三台容量相同的三相双绕组变压器并列运行，该变电所与电源电气距离相距较远。变压器参数为：7500kVA，35kV/6.6kV，$U_{\mathrm{k}}=7.5\%$，Y，d11 接法，变压器的最大负荷电流 $I_{\mathrm{Lmax}}=1.87I_{\mathrm{N}}$（包括自启动电流），35kV 母线的三相短路容量 $S_{\mathrm{k}}=100\mathrm{MVA}$。试选择该变压器防御外部短路过电流保护装置的类别、安装地点，电流互感器和继电器的接线方式，并校验其灵敏性。要求上述保护装置兼作 6.6kV 母线的

主保护。

解： 首先校验可否选择定时限过电流保护。保护的一次动作电流

$$I_{op}^{(3)} = \frac{K_{rel}}{K_{re}} I_{Lmax} = \frac{1.2}{0.85} \times 1.87 I_N = 2.64 I_N$$

为了计算保护装置的灵敏系数 K_{sen}，应先进行短路电流计算。以一台变压器的额定数据为基准值，即 $S_b = 7.5MVA$。系统计算简图如图 5.13 所示。

因为变电所与电源电气距离较远，可取

$$I''^{(3)} = I_\infty^{(3)} \quad 和 \quad I_k^{(2)} = (\sqrt{3}/2) I_k^{(3)}$$

系统电抗

$$X_{s*} = \frac{S_b}{S_k} = \frac{7.5}{100} = 0.075$$

当 6.6kV 母线短路时，流经三台变压器中每一台的电流为

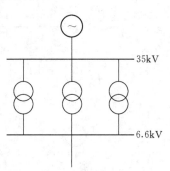

图 5.13　系统计算简图

$$I_k^{(3)} = \frac{1}{3\left[X_{s*} + \frac{U_k(\%)}{3 \times 100}\right]} I_{NT}$$

$$= \frac{I_{NT}}{3 \times \left(0.075 + \frac{7.5}{3 \times 100}\right)} = 3.33 I_{NT}$$

保护采用三相三继电器式接线。

当变压器△侧发生两相短路时，根据不对称短路电流分析在 Y 侧有一相中的电流等于 $(2/\sqrt{3}) I_\triangle^{(2)}$，但 $I_\triangle^{(2)} = (\sqrt{3}/2) I_\triangle^{(3)}$，所以 Y 侧三相中必有一相电流等于 $I_\triangle^{(3)}$。

根据所采用的接线方式，可得

$$K_{sen} = \frac{I_k^{(3)}}{I_{op}^{(3)}} = \frac{3.33 I_{NT}}{2.8 I_{NT}} = 1.19$$

因为 $K_{sen} < 1.5$，所以可改用带低电压启动过电流保护，此种保护的二次动作电流为

$$I_{op}^{(3)} = \frac{K_{rel}}{K_{re}} I_{NT} = \frac{1.2}{0.85} I_{NT} = 1.41 I_{NT}$$

$$K_{sen} = \frac{3.33 I_{NT}}{1.41 I_{NT}} = 2.36 > 1.5$$

可见带低电压启动的电流保护灵敏性满足要求。

保护的一次动作电压为

$$U_{op} = \frac{0.9 U_{NT}}{K_{re} K_{rel}} = \frac{0.9 U_{NT}}{1.25 \times 1.2} = 0.6 U_{NT}$$

取
$$U_{op} = 0.55 U_{NT}$$

将三只低电压继电器接至 6kV/0.1kV 电压互感器对应的三个线电压上。此时，电压保护的灵敏系数

$$K_{sen} = \frac{U_{op}}{U_{scmax}} = \frac{0.55 U_{NT}}{0} = \infty$$

电压部分的灵敏性也满足要求。

5.6 变压器过负荷保护

在绝大多数情况下，变压器过负荷电流保持着三相对称关系，因此，过负荷保护装置由一只接于相电流的电流继电器构成。通常情况，保护动作于信号。为了防止在短路事故或短时过负荷时发出不必要的信号，保护的动作时限应大于过电流保护装置的动作时限并且应躲过电动机的启动时间，一般取 10～15s。

过负荷保护安装在变压器的高压侧，通常与过电流保护合用一组电流互感器。

过负荷保护的动作电流，应躲过变压器的额定电流，计算公式为

$$I_{\mathrm{opka}} = \frac{K_{\mathrm{rel}} K_{\mathrm{w}}}{K_{\mathrm{re}} K_{\mathrm{i}}} I_{\mathrm{NT}} \tag{5.19}$$

式中　　K_{rel}——可靠系数，取 1.05；

　　　　I_{NT}——变压器电源侧的额定电流。

5.7 变压器单相接地保护

当 110kV 及以上变电所变压器高压绕组的中性点直接接地运行时，应装设单相接地保护，作为变压器接地故障及外部电网接地故障的后备保护。在大接地电流系统中发生单相接地故障时，网络中将出现零序电流和零序电压。零序电流从故障接地点经大地流向中性点接地变压器的中性点，再经变压器返回线路。判别网络中是否出现零序电流或零序电压而动作的保护称为单相接地保护，又称零序保护，目前广泛采用的单相接地保护有零序电流保护和零序电压保护。

5.7.1　零序电流保护

如图 5.14 所示在变压器中性点引出线上接一台专用电流互感器，以它为主要元件构成了变压器的零序电流保护。系统正常运行时，电流互感器中无零序电流通过；发生单相接地时，电流互感器流过零序电流，导致保护装置动作。由于变压器中性点的电压不高，通常选用比变压器高压侧额定电压低一些的电流互感器，例如 110kV 变压器选用 35kV 的零序电流互感器。也可以由三台电流互感器接成零序电流滤过器而构成变压器的零序电流保护，但是这种方案接线复杂、经济性差，还会因互感器特性上的差异带来不平衡电流问题，故很少被采用。

5.7.2　零序电压保护

如果变电所有两台或两台以上变压器时，各变压器中性点根据电力系统的统一调度，可能接地运行，也可能不接地运行。当母线或线路上发生单相接地短路时，若故障元件的保护拒绝动作，则中性点接地变压器的零序电流保护就会动作，将该变压器从故障电网上切除。于是这部分电网就可能变成中性点不接地系统，并带有接地故障点在运行，导致仍然接在电网上不接地运行变压器中性点的对地电压升高到相电压。对于全绝缘的变压器尚允许短时间运行，而对于分级绝缘的变压器其中性点的绝缘将遭到破坏。为此，对于中性点运行方式可能改变的这两类变压器，应装设不同接线方式的单相接地保护装置。每台变

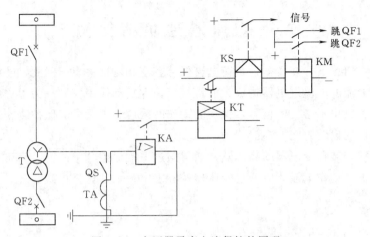

图 5.14　变压器零序电流保护的原理

压器由零序电流和零序电压两部分保护组成。在发生单相接地短路时，中性点接地运行的变压器由零序电流保护动作使其断路器跳闸，中性点不接地运行的变压器则由零序电压保护动作使其断路器跳闸。

　　分级绝缘变压器单相接地保护的方式有多种，最简单且常用的保护方式是采用具有直流小母线的零序保护，其接线如图 5.15 所示。

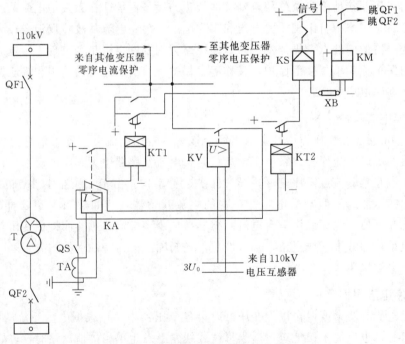

图 5.15　变压器零序电压保护的原理

　　以两台变压器为例说明其工作原理。假设根据系统的调度，两台变压器中只有一台变压器中性点接地，并且要求接地保护动作后，先断开不接地运行的变压器，然后断开接地运行的变压器，以免因过电压造成不接地变压器绝缘的损坏。在图 5.15 中，只画出一台变压器的保护接线，实际上两台变压器各有一套该图所示的保护接线。两台变压器各自的零序电流保护的时间继电器 KT1 瞬时动合触点及电压继电器 KV 动合触点的一端都接在同一小母线上。当发生单相接地短路时，电网出现零序电压，两台变压器的电压继电器 KV 都动作。此时，中性点不接地变压器的电流继电器 KA 中无零序电流流过，故不会动作，而中性点接地变压器的电流继电器 KA 中有零序电流流过，所以动作。KA 动作后，其动断触点断开，使接地运行变压器零序电压保护的动作"无效"。与此同时，KA 的动合触点闭合，启动时间继电器 KT1，KT1 的瞬时动合触点闭合，使小母线带上正电压，通过小母线直流电压经不接地变压器已闭合的电压继电器 KV 动合触点和电流继电器 KA 的动断触点，加在时间继电器 KT2 上，KT2 启动，经一定延时后切除中性点不接地运行的变压器。另外，中性点接地变压器的 KT1 经一定延时后也将其变压器切除。为了先断开不接地变压器，要求 KT1 比 KT2 的动作时间大一个时限级差 Δt。

对于全绝缘的变压器，当发生单相接地短路时，在中性点接地运行的变压器中流过较大的接地短路电流，因此要求保护动作后，必须先断开中性点接地运行的变压器，后断开中性点不接地运行的变压器。零序电流保护作为变压器中性点接地运行的零序保护，而零序电压保护则作为变压器中性点不接地运行时的零序保护。

5.8 低压配电变压器保护

5.8.1 基本概念
5.8.1.1 低压配电变压器

低压配电变压器是指将 3~10kV 变成 0.4kV 的降压三相变压器。配电变压器的接线组别主要有 D，yn11，Y，yn12 或 D，yn1。变压器低压侧的中性点直接接地。低压侧多为三相四线制。配电变压器的容量通常较小，有油浸式变压器和干式变压器。另外，配电变压器高压侧的保护设备通常为熔断器与接触器的组合。配电变压器高压侧为小电流系统，而低压侧为大电流接地系统。

5.8.1.2 变压器低压侧单相接地时高压侧的电流
设变压器低压侧 a 相发生单相接地短路。

边界条件 $\dot{I}_a=\dot{I}_k$，$\dot{I}_b=\dot{I}_c=0$，$\dot{U}_A=0$

电流的对称分量 $\dot{I}_{a0}=\dot{I}_{a1}=\dot{I}_{a2}$

(1) 变压器的接线组别为 Y，yn12 时。当变压器的接线组别为 Y，yn12 时，由于零序电流传递不到高压侧，故低压变压器低压侧 a 相的序量图和高压侧电流的向量图及序量图如图 5.16 所示。

由图 5.16 还可以看出，当变压器低压侧发生单相（A 相）接地故障时，高压侧的两非故障相电流（$\dot{I}_C$ 及 $\dot{I}_B$）大小相等、方向相同，而与故障相电流 $\dot{I}_A$ 方向相反，且非故障相的电流等于故障相电流的 1/2。

设变压器的变比为 1，则当低压侧 a 相接地故障时，高压侧 A 相电流 $I_A=\dfrac{2}{3}I_k$，而 B、C 两相的电流 $I_B=I_C=\dfrac{2}{3}I_k$。而当 b 相接地故障时，高压侧 A、C 两相电流仅为故障

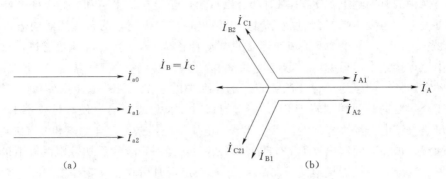

图 5.16　Y，yn12 变压器低压侧
(a) 低压侧 a 相的序量图和向量图；(b) 高压侧的序量图和向量图

相电流的 $\dfrac{1}{3}$。

（2）变压器的接线组别为 D，yn1 时。当变压器的接线组别为 D，yn1 时，低压侧 a 相接地，高压侧三相电流的向量图和序量图，如图 5.17 所示。

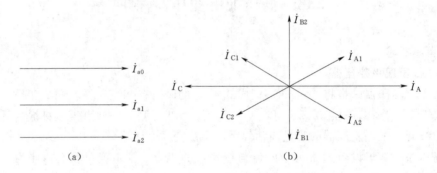

图 5.17　D，yn1 变压器低压侧 a 相接地高压侧电流的序量图和向量图
(a) 低压侧 a 相电流的序量图；(b) 高压侧电流的序量图和向量图

由图 5.17 可以看出，当变压器低压侧发生单相接地故障时，高压侧只有两相有电流，且该两相电流大小相等、方向相反。

设该变压器的变比为 1，当低压侧 a 相接地故障时，高压侧 A、C 两相的相电流值为 $I_\mathrm{A} = I_\mathrm{C} = \dfrac{\sqrt{3}}{3} I_\mathrm{k}$。

当变压器低压侧 c 相发生单相接地故障时，高压侧 A、C 两相的电流为 $\dfrac{\sqrt{3}}{3} I_\mathrm{k}$。

由以上分析可以得出结论：对 Y，yn 接线的变压器，当低压侧 b 相接地故障时，其高压侧 A、C 两相的电流只有短路电流的 $\dfrac{1}{3}$，此时流入高压侧过电流保护的电流小，其动作灵敏度往往不够。而当变压器接线组别为 D，yn 时，低压侧单相接地故障时，流入高压侧过电流保护的电流也只有故障电流的 $\dfrac{\sqrt{3}}{3}$，影响保护的动作灵敏度。

5.8.1.3 配电变压器保护的配置

由于配电变压器的容量较小（通常小于 2000kVA），故一般不配置纵差保护，通常配置过电流保护。保护的配置主要有：

(1) 相间短路的主保护：电流速断保护、重瓦斯保护（对于油浸式变压器）。

(2) 短路故障的后备保护：过电流保护、负序过电流保护、低压侧零序过电流保护。

(3) 异常运行保护：过负荷保护、轻瓦斯保护（对于油浸式变压器）、温度保护。

5.8.1.4 采用 FC 供电时高压侧熔断器容量及其熔件熔断特性的选择

配电变压器高压侧熔断器的额定遮断电流，应大于出口三相短路的最大电流，其额定电压，应等于或高于变压器最高的运行电压。

高压熔断器的额定电流，应保证在最大负荷电流下不熔断，可按下式计算

$$I_{\text{FuN}} = 1.5 I_{\text{FN}} \tag{5.20}$$

式中　I_{FuN}——熔断器的额定电流；

　　　I_{FN}——变压器高压侧的额定电流。

熔断器的熔断特性应按照以下原则进行选择：

(1) 在配电变压器高压侧母线上三相短路时，熔断器的最小熔断时间应大于低压馈线速断或延时速断保护的动作延时，即

$$t_{\text{Fu·min}} \geqslant t_{\text{op1}} + \Delta t \tag{5.21}$$

式中　$t_{\text{Fu·min}}$——熔断器的最短熔断时间（在变压器低压侧出口三相短路的电流下）；

　　　t_{op1}——配电变压器低压母线出线保护速断或延时速断的动作延时；

　　　Δt——时间级差，取 0.3～0.5s。

(2) 在开关 0.9 倍允许遮断电流的电流下，熔断器最长的熔断时间应小于高压侧延时电流速断保护的动作时间，通常

$$t_{\text{Fu·max}} = t_{\text{op}} - \Delta t = 0.01s \tag{5.22}$$

式中　$t_{\text{Fu·max}}$——在 0.9 倍接触器允许遮断电流下最长熔断的时间；

　　　t_{op}——高压侧延时电流速断保护的动作延时，$t_{\text{op}} = 0.4s$；

　　　Δt——时间级差，取 0.3s。

5.8.1.5 配电变压器高压侧中性点的接地方式

配电变压器高压侧的系统为小接地电流系统。变压器高压侧中性点的接地方式通常有：①不接地；②经消弧线圈接地；③经一个小电阻接地。

配电变压器高压侧的中性点通常不接地。

5.8.2 过电流保护

配电变压器的过电流保护，通常由电流速断和过电流保护两部分组成。其交流接入回路，取配电变压器高压侧 TA 的 A、C 两相电流。

5.8.2.1 电流速断保护

(1) 动作方程。电流速断保护的动作电流应大于或等于电流整定值，其动作时间也应大于动作整定时间。其动作方程为

$$I \geqslant I_{\text{op}}$$
$$t \geqslant t_{\text{op}} \tag{5.23}$$

式中　I_{op}——电流速断保护动作电流整定值；

　　　t_{op}——动作延时电流整定值。

应该指出，当变压器低压侧发生故障时，变压器高压侧的三相电流并不相等，而速断保护只取 A、C 两相电流，故为提高该保护的动作灵敏度，保护动作电流应取 A、C 两相电流的较大者。

（2）定值的整定。

1）动作电流。电流速断保护动作电流的定值，应按以下两个条件来确定。

a. 按躲过配电变压器低压侧三相短路电流。配电变压器低压侧三相短路时的电流为

$$I_k^{(3)} = \frac{1}{X_c + X_T} \frac{S_B}{\sqrt{3}} \frac{1}{U_B} \tag{5.24}$$

式中　$I_k^{(3)}$——三相短路电流（TA 二次值）；

　　　X_c——系统电抗标么值；

　　　X_T——变压器电抗标么值；

　　　S_B——基准容量；

　　　U_B——配电变压器高压侧基准电压。

电流速断保护的动作电流

$$I_{op} = K_{rel} I_k^{(3)} \tag{5.25}$$

式中　I_{op}——电流速断保护的动作电流整定值；

　　　$I_k^{(3)}$——配电变压器低压出口三相短路时变压器高压侧的短路电流；

　　　K_{rel}——可靠系数，取 1.2。

b. 按躲过配电变压器的励磁涌流计算，即

$$I_{op} = (8 \sim 12) I_N \tag{5.26}$$

式中　I_N——配电变压器高压侧的额定电流（TA 二次值）。

电流速断保护的动作电流应取式（5.25）和式（5.26）中的最大值。

2）动作延时。当电源输入回路采用真空断路器时，动作延时 $t_{op} = 0.05s$；当采用 FC 时 $t_{op} = 0.04s$。

应当说明的是，当配电变压器经 FC 供电时，不需要考虑励磁涌流问题。

3）动作灵敏度校验。设全系统的负序阻抗等于正序阻抗，则在配电变压器输入回路两相短路时

$$I_k^{(2)} = \frac{\sqrt{3} S_B}{X_C \sqrt{3}} = \frac{S_B}{2 X_C U_B} \tag{5.27}$$

式中　$I_k^{(2)}$——配电变压器输入回路两相短路时，高压侧的短路电流（二次值）；

　　　X_C——等值网络的正序电抗标么值；

　　　S_B——基准容量；

　　　U_B——配电变压器高压侧基准电压。

要求　　　　　　　　　$$K_{sen} = \frac{I_k^{(2)}}{I_{op}} \geqslant 1.3 \tag{5.28}$$

式中　K_{sen}——灵敏系数。

5.8.2.2 过电流保护

配电变压器的过电流保护通常设置两段，过电流保护的Ⅰ段采用定时限，Ⅱ段可以采用定时限，也可以采用反时限特性。其输入电流与电流速断保护相同，即均取自配电变压器高压侧 A、C 两相电流。

（1）动作电流的整定。

1）Ⅰ段的动作电流。配电变压器过电流保护的Ⅰ段，有时也称延时速断，其动作电流应与配电变压器低压侧出线快速保护的动作电流相配合整定，即

$$I_{\text{op.I}} = K_{\text{co}} I'_{\text{op}} \tag{5.29}$$

式中 $I_{\text{op.I}}$——配电变压器过电流保护Ⅰ段的动作电流整定值；

K_{co}——配合系数，取 1.15～1.2；

I'_{op}——配电变压器低压侧出线快速保护的动作电流整定值（折算至变压器的高压侧）。

2）Ⅱ段的动作电流。配电变压器过电流保护的Ⅱ段，采用定时限动作特性时，其动作电流应按以下两个条件来整定。

a. 按躲过配电变压器低压电动机群自启动来整定，即

$$I_{\text{op.II}} = K_{\text{rel}} K_{\text{st}} I_{\text{N}} \tag{5.30}$$

式中 K_{rel}——配合系数，取 1.2；

K_{st}——电动机群自启动系数，该系数与备用电源接入的快慢有关，当备用电源的切换采用快切时，$K_{\text{st}} = 2.5$；当备用电源的切换有延时时，K_{st} 取 3；

I_{N}——电动机群的额定电流，折算至变压器高压侧，TA 二次电流。

当配电变压器低压侧出线无保护时，过电流保护的整定值为

$$I_{\text{op}} = I_{\Sigma} + K I_{\text{max}}$$

式中 I_{Σ}——低压母线所有负载电流；

I_{max}——最大容量电动机额定电流；

K——启动电流倍数，$K = 6～8$。

b. 与配电变压器低压侧分支过电流保护的延时段相配合，即

$$I_{\text{op.II}} = K_{\text{co}} I''_{\text{op}} \tag{5.31}$$

式中 K_{co}——配合系数，取 1.15～1.2；

I''_{op}——配电变压器低压侧分支过电流保护延时段的动作电流。

3）反时限动作特性的动作电流。表征配电变压器反时限过电流保护的动作特性的动作方程类型很多，主要有以下三种：

a. 正常反时限的动作延时为

$$t_{\text{op}} = \frac{0.14 \tau_{\text{p}}}{\left(\dfrac{I}{I_{\text{op}}}\right)^{0.02} - 1} \tag{5.32}$$

b. 非常反时限的动作延时为

$$t_{\text{op}} = \frac{13.5 \tau_{\text{p}}}{\dfrac{I}{I_{\text{op}}} - 1} \tag{5.33}$$

c. 超常反时限的动作延时为

$$t_{op} = \frac{80\tau_p}{\left(\dfrac{I}{I_{op}}\right)^2 - 1}$$ （5.34）

式中　t_{op}——动作延时；

τ_p——时间常数；

I_{op}——反时限电流保护的动作电流整定值；

I——流过保护的电流，最大值即 $I = \max(I_A, I_C)$。

上述三式的动作电流 I_{op} 可按躲过正常工况下最大负荷来整定，即

$$I_{op} = K_{rel} I_N$$ （5.35）

式中　K_{rel}——可靠系数，取 $1.3 \sim 1.4$；

I_N——变压器高压侧额定电流（二次值）。

（2）动作时间的确定。

1）过电流 I 段的动作延时为

$$t_{op \cdot I} = t_1 + \Delta t$$ （5.36）

式中　$t_{op \cdot I}$——过电流保护 I 段的动作延时；

t_1——低压侧出线电流速断保护的动作延时，当采用真空断路器时 $t_1 = 0.05s$，采用 FC 供电时 $t_1 = 0.4s$；

Δt——时间级差，取 $0.3 \sim 0.5s$。

故 $t_{op \cdot I} = 0.4 \sim 0.9s$。

2）过电流保护 II 段。由于动作电流已按躲过电动机的自启动整定，故其动作时间没有必要再大于自启动时间，故

$$t_{op \cdot II} = t_{op \cdot I} + \Delta t$$ （5.37）

式中　$t_{op \cdot II}$——保护 II 段动作时间；

$t_{op \cdot I}$——过电流保护 I 段的动作时间；

Δt——时间级差，$0.3 \sim 0.5s$。

将 Δt 的值代入式（5.37）可得 $t_{op \cdot II} = 0.7 \sim 1.2s$。

3）反时限过电流保护中的时间常数 τ_p。式（5.30）计算出的电流（即电动机群自启动电流的 1.2 倍）及式（5.37）计算出的时间（0.7s 或 1.2s）代入式（5.32）～式（5.34）中之一，可求出时间常数 τ_p。

（3）动作灵敏度校验。按配电变压器出口两相短路来校验灵敏度，即

$$K_{sen} = \frac{I_k^{(2)}}{I_{op}} \geqslant 1.3 \sim 1.5$$ （5.38）

式中　K_{sen}——灵敏系数；

$I_k^{(2)}$——变压器低压侧两相短路变压器高压侧的短路电流（二次值）；

I_{op}——过电流保护 I、II 段的整定动作电流。

5.8.3　过负荷及负序过电流保护

配电变压器的过负荷保护及负序过电流保护的接入电流，取自变压器高压侧 TA 二次 A、C 两相的电流。

5.8.3.1　过负荷保护

（1）动作电流为

$$I_{op} = K_{rel} I_N / K_r \tag{5.39}$$

式中　I_{op}——过负荷保护的动作电流整定值；

K_{rel}——可靠系数，取 1.05；

K_r——返回系数，取 0.95；

I_N——配电变压器高压侧的额定电流（二次值）。

代入式（5.39）得

$$I_{op} = 1.1 I_N$$

（2）动作延时时 $t_{op} = 6 \sim 9s$，发信号。

5.8.3.2　负序过电流保护

配电变压器的过电流保护，其动作电流需按躲过电动机群自启动来鉴定。动作电流偏大，有时动作灵敏度不能满足要求。此时，可设置负序过电流保护。

在配电变压器保护装置中，由于接入电流只有 A、C 两相电流，其负序电流由两相式负序滤过器取得。

负序过电流保护的动作电流，不需要按躲过电动机的启动电流来鉴定。因此，其动作电流的鉴定值较小，动作灵敏度高。

配电变压器的负序电流保护，一般分为两段定时限，其Ⅱ段也可为反时限特性。

（1）负序过电流Ⅰ段定值的整定。

1）动作电流。该段动作电流可按厂变出口两相短路有灵敏度来整定，即

$$I_{2op \cdot I} = \frac{I_{2k}^{(2)}}{\sqrt{3} K_{sen}} \tag{5.40}$$

式中　$I_{2op \cdot I}$——负序过电流保护段的动作电流整定值；

$I_{2k}^{(2)}$——配电变压器低压侧两相短路高压侧的负序电流；

K_{sen}——灵敏系数，可取 1.3～1.5。

2）动作延时。动作延时与厂低压侧出线速动保护的动作时间相配合，一般 $t_{op \cdot I}$ $=0.8s$。

（2）负序电流Ⅱ段定值的鉴定。

1）动作电流。负序过电流保护Ⅱ段的动作电流可按下式鉴定为

$$I_{2op \cdot II} = 0.4 I_N \tag{5.41}$$

式中　I_N——配电变压器压侧额定电流（二次值）。

2）动作延时，一般情况下

$$t_{op \cdot II} = 1.9 \sim 2s$$

（3）反时限负序过电流保护定值的整定。

1）反时限负序过电流保护的动作方程。在配电变压器的保护装置中，反时限负序过电流保护的动作方程通常为

$$t_{op} = \min \left\{ 20s, \frac{T_2}{\frac{I_2}{I_{2op}} - 1} \right\} \quad \left(1 < \frac{I_2}{I_{2op}} \leqslant 2 \right) \tag{5.42}$$

式中 t_{op}——负序过电流保护的动作延时；

    T_2——最小动作延时；

    I_2——流过保护的负序电流；

    I_{2op}——保护动作电流整定值。

2）定值的整定为

动作电流 $I_{2op} = 0.4 I_N$

最小动作延时 $T_2 = 1.9s$

5.8.4　配电变压器的接地保护

通常，配电变压器的接地保护设置有两套，即高压侧的接地保护和低压侧的接地保护（一般称为零序过电流保护）。

按照规程规定，对于接线组别为 Y，yn 的变压器，在低压侧应设置零序过电流保护；对于 D，yn 接线的变压器，当高压侧过电流保护的灵敏度不够时，也应设置低压侧的零序过电流保护。

5.8.4.1　交流接入回路

（1）配电变压器高压侧接地保护。配电变压器高压侧接地保护的交流接入回路，随着变压器高压侧中性点接地方式的不同而不同。

当中性点不接地或经消弧线圈接地或变压器高压侧绕组为 d 连接时，保护的交流输入回路取自套在变压器高压侧三相输入电缆线路上的专用零序电流互感器的二次。当变压器高压侧的中性点经电阻接地时，保护的交流接入回路取自变压器高压侧中性点电流互感器（单相互感器）的二次。

（2）配电变压器低压侧零序过电流保护。配电变压器低压侧零序过电流保护的交流接入回路，通常取自变压器低压侧零线上 TA 二次电流。

5.8.4.2　定值的整定

（1）配电变压器高压侧的接地保护。

1）变压器一次中性点经电阻接地时。单相金属性接地时的最大零序电流为

$$I_{0 \cdot max} = \frac{U_N}{\sqrt{3}\, n_{TA} R} \tag{5.43}$$

式中 $I_{0 \cdot max}$—— 高压侧单相接地最大零序电流；

    U_N——变压器高压侧的额定电压（线电压）；

    n_{TA}——中性点电流互感器的变比；

    R——中性点接地电阻。

a. 动作电流的整定。考虑保护的动作灵敏度，动作电流的整定值为

$$I_{0op} = 0.5 I_{0 \cdot max} \tag{5.44}$$

式中 I_{0op}——接地保护的动作电流。

b. 动作延时。为防止保护误动，动作延时为

$$t_{op} = 0.4 \sim 0.5s$$

2）变压器一次中性点不接地。高压侧单相接地时流过接地点的零序电流为

$$3I_0 = \sqrt{3} U_N C_\Sigma \tag{5.45}$$

式中 $3I_0$——变压器高压侧单相接地时，流过接地点的电流；

      U_N——配电变压器高压侧的额定电压；

      C_Σ——配电变压器所接全系统（高压侧电压等级系统）每相对地的总电容。

    当变压器高压侧或输入线路上单相接地时流过零序电流互感器一次的零序电流，即

$$3I_0' = \sqrt{3}U_N(C_\Sigma - C_T) \tag{5.46}$$

式中 $3I_0'$——零序 TA 一次零序电流；

      U_N——变压器高压侧额定电压；

      C_T——配电变压器高压侧及输入电缆线路及变压器高压侧每相对地的总电容。

    a. 动作电流的整定。配电变压器高压侧接地保护的动作电流的整定值，应保证在其他回路接地故障时不误动。保护动作时零序 TA 一次零序电流应为

$$I_{0op} = \sqrt{3}K_{rel}U_N C_T \tag{5.47}$$

式中 K_{rel}——可靠系数，通常取 2～3。

    b. 动作延时为

$$t_{op} = 1s$$

    c. 灵敏度校验，动作灵敏系数为

$$K_{sen} = \frac{\sqrt{3}U_N(C_\Sigma - C_T)}{I_{0op}} \tag{5.48}$$

式中 K_{sen}——灵敏系数；

      I_{0op}——保护动作电流整定值（一次值）。

    （2）配电变压器低压侧零序过电流保护。

    1）动作电流。配电变压器低压侧零序过电流保护的动作电流，可按以下两个原则选取。

    a. 按躲过正常运行时低压侧零线上的最大电流来整定，即

$$(3I_0)_{op} = 0.3K_{rel}I_N \tag{5.59}$$

式中 $(3I_0)_{op}$——零序保护动作电流整定值；

      K_{rel}——可靠系数，取 1.2；

      I_N——变压器低压侧的额定电流。

    b. 与配电变压器低压侧零序保护定值配合为

$$3I_0 = K_{co}(3I_0)_{op}' \tag{5.50}$$

式中 K_{co}——配合系数，取 1.15～1.2；

  $(3I_0)_{op}'$——配电变压器低压侧出线零序过电流保护的整定值。

    2）动作延时。

$$t_{op} = 0.7～0.8s$$

    3）灵敏度校验。通常情况，配电变压器低压侧单相接地故障灵敏度较高，一般不用校验灵敏度。

5.9 变压器保护实例

    现以电压为 121kV/6.3kV，容量为 7.5MVA 两台并列运行的分级绝缘双绕组变压器为例，用展开图形式介绍它的保护回路接线图，如图 5.18 所示。

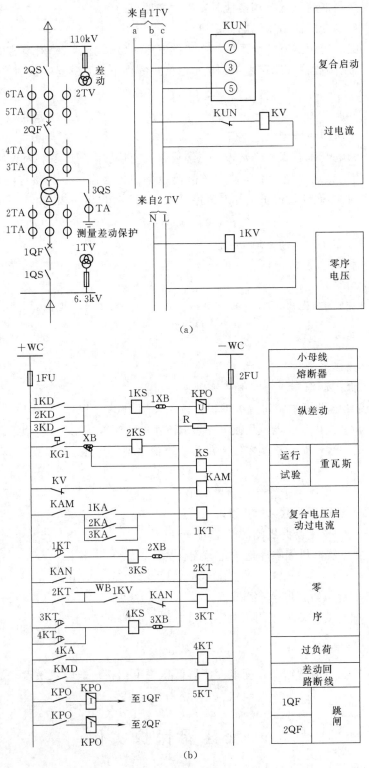

图 5.18（一） 双绕组变压器保护回路接线图

(a) 电压回路；(b) 保护回路

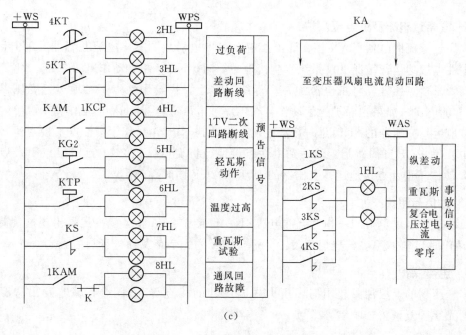

图 5.18（二） 双绕组变压器保护回路接线图
(c) 信号回路

此变压器装有瓦斯继电器和压力式温度计，并用风扇进行冷却，故设有轻、重瓦斯和温度保护，冷却风扇采用电流启动和温度启动两种启动方式。对图 5.18 中各种保护装置分述如下。

5.9.1　纵联差动保护

1KD～3KD 采用 DCD - 2 型差动继电器，两组平衡线圈分别串入高、低压侧差动臂中，高压侧接在由 5TA 和 6TA 二次侧串接后的 d 形接线上。低压侧接在 1TA 的 Y 形接线上，中性线回路上接有监视差动回路的电流继电器 KMD，1KD～3KD 动作时直接启动出口继电器 KPO，动作于两侧断路器 1QF 和 2QF 同时跳闸。发生差动回路断线时 KMD 动作，经 5KT 延时发生"差动回路断线"的光字牌及预告音响信号。

5.9.2　瓦斯保护

重瓦斯动作时 KG1 接点闭合直接启动 KPO，动作于 1QF 和 2QF 同时跳闸。进行重瓦斯试验时将切换片 XB 切到试验位置，当 KG1 闭合时信号继电器 KS 动作，瞬时发出"重瓦斯试验"的光字牌信号。轻瓦斯动作时 KG2 接点闭合，瞬时发出"轻瓦斯动作"的光字牌及预告音响信号。

5.9.3　复合电压启动过电流保护

电流回路与测量表计共用低压侧的电流互感器 2TA，电压回路接在低压侧的母线电压互感器 1TV 上。在过电流继电器 1KA～3KA 及低电压继电器 KV 都动作的情况下，1KT 动作，经延时后启动 KPO，动作于 1QF 和 2QF 同时跳闸。在 1TV 的二次回路断线时，由 KAM 的接点闭合经过合闸位置继电器 1KCP 已闭合的接点，发出"1TV 二次回路断线"的光字牌及预告音响信号。

5.9.4　零序过电流及过电压保护

零序过电流继电器 KAN 接在变压器中性点接地引线的零序电流互感器 TAN 上。只有在中性点接地运行情况下，系统发生接地短路时，KAN 才会动作启动 2KT。2KT 动作后，其瞬时接点闭合，将正电源加在小母线 WB 上，供给中性点不接地运行变压器，启动 3KT 的电源。如果主保护拒绝动作，在零序过电压继电器 1KV 已动作的情况下，中性点不接地运行变压器的 3KT 延时接点先闭合启动其 KPO，动作于中性点不接地运行变压器的 1QF 和 2QF 同时跳闸。然后到中性点接地运行变压器的 2KT 延时接点闭合启动其 KPO，动作于中性点接地运行变压器的 1QF 和 2QF 同时跳闸。

5.9.5　过负荷保护

反映于对称过负荷的一相电流继电器 4KA 也接在 2TA 上，当变压器出现过负荷情况 4KA 动作时启动 4KT。经延时后发出"过负荷"的光字牌及预告音响信号。

5.9.6　温度保护

当变压器的上层油温超限时，压力式温度计的接点 KTP 闭合，瞬时发出"温度过高"的光字牌及预告音响信号。

5.9.7　冷却风扇电流启动

为实现变压器负荷超过 2/3 额定负荷时自动开启冷却风扇，在 2TA 回路中串入一相电流继电器 KA，并将其接点接至变压器通风的电流启动回路。

5.9.8　变压器通风回路监视

为及时发现变压器通风回路中的故障，利用其温度启动的回路中间继电器 1KAM（启动回路未画出）的常开接点与风扇电动机接触器 K 的常闭接点串联来启动光字牌和预告音响信号。当温度超过 55℃，1KAM 的接点已闭合的情况下，如果因故障造成接触器 K 断开，瞬时发出"通风回路故障"的光字牌及预告音响信号。

本　章　小　结

本章介绍了电力变压器的保护，包括常见的故障类型、不正常工作状态及相应的保护配置、保护的接线和工作原理、保护的整定计算。

（1）变压器的故障可分为内部故障和外部故障两类。内部故障主要是变压器绕组的相间短路、匝间短路和中性点接地侧单相接地短路。外部故障是引出线绝缘套管的故障，有相间短路中性点接地侧单相接地短路。变压器的不正常工作情况有：由于外部短路或过负荷引起的过电流、油面的降低或电压升高等。变压器保护一般有瓦斯保护、纵联差动保护或电流速断保护组成的主保护，定时限过电流保护构成后备保护以及过负荷保护、低压侧单相接地保护等辅助保护。

（2）变压器的差动保护是反映变压器一次、二次电流差值的一种快速动作的保护装置，用来保护变压器内部以及引出线和绝缘套管的相间短路，其保护区在变压器一次、二次侧所装电流互感器之间。

（3）瓦斯保护能灵敏反映变压器油箱内部轻微故障，分为重瓦斯保护和轻瓦斯保护，重瓦斯保护动作于跳闸，轻瓦斯保护动作于信号。

（4）变压器的过电流保护，用来保护变压器外部短路时引起的过电流，同时又可作为变压器内部短路时的后备保护。因此，保护装置应装在电源侧。保护动作以后，断开变压器各侧的断路器。

复 习 思 考 题

1. 电力变压器的故障和异常工作状态有哪些？一般应装设哪些保护？

2. 为什么变压器的电流保护一般不采用两相电流差接线？

3. 变压器差动保护的工作原理是什么？差动保护中不平衡电流产生的原因是什么？如何减小不平衡电流？

4. 变压器的电流保护和线路的电流保护有何相同和不同之处？

5. 试述变压器瓦斯保护的工作原理，为什么瓦斯保护不能作为独立的主保护？

6. 试述 BCH-2 型差动继电器的构成及各部分的作用和工作原理。

7. 某变电所变压器额定容量为 20000kVA，变比为 35±2×2.5%/10.5，Y/△-11 型接线。已知 10.5kV 母线上三相短路电流 $I_{\text{k2.max}} = 1530\text{A}$，$I_{\text{k2.max}} = 1080\text{A}$（已归算到 35kV 侧），变压器最大负荷电流为其额定电流的 1.1 倍。拟采用 BCH-2 型差动继电器构成纵联差动保护，试进行整定计算。TA 变比有 400/5、500/5、600/5、800/5、1000/5、1200/5、1500/5、2000/5。

8. 电力变压器通常需要装设哪些继电保护装置？它们的保护范围是如何划分的？

9. 为什么瓦斯保护是反映变压器油箱内部故障的一种有效保护？试述其工作原理，在什么情况下"轻瓦斯"动作？在什么情况下"重瓦斯"动作？

10. 简述差动保护的基本原理及其动作电流整定的原则。

11. 变压器的纵差动保护有何特殊问题？应采取什么措施？

12. 变压器的过电流保护和电流速断保护的动作电流各如何整定？

13. 为什么复合电压起动的过电流保护的灵敏度要比一般过电流保护高？

14. 电力变压器的瓦斯保护与纵差动保护的作用有何不同？若变压器内部发生故障，两种保护是否都会动作？

15. 试述 BCH-2 型差动继电器的差动线圈、平衡线圈及短路线圈的作用。

16. 如何进行变压器的单相接地保护？

17. 变压器差动保护产生不平衡电流的原因有哪些？应采取哪些措施来消除它们的影响？

18. 变压器的过电流保护可采用哪几种方式？这几种过电流保护的动作电流是按什么来整定的？

19. 某变电站装有一台容量为 6300kVA，35kV/6.3kV，y,d11 接法的三相变压器，试述该变压器通常要装设哪些继电保护装置？各用来防御什么故障？

20. 已知一台变压器容量为 10000kVA，35kV±2×2.5%/10.5kV，y,d11 接线。经计算在最大运行方式下，35kV 侧三相短路电流 $I_{\text{k1max}}^{(3)} = 4.46\text{kA}$，10.5kV 侧三相短路电流 $I_{\text{k2max}}^{(3)} = 2.62\text{kA}$。在最小运行方式下，35kV 侧的三相短路电流为 $I_{\text{k1min}}^{(3)} = 3.0\text{kA}$，10.5kV

侧三相短路电流 $I_{\text{k2min}}^{(3)}=2.43\text{kA}$。试配置变压器的各种保护装置并计算整定值。（注：TA 的标准变比有 200/5，300/5，400/5，600/5，800/5，…，BCH-2 型差动继电器的差动线圈的匝数有 5 匝、6 匝、8 匝、10 匝、13 匝、20 匝，平衡线圈的匝数有 0、1、2、3、…、18、19 匝）。

21. 填空

（1）由变压器重瓦斯保护启动的中间继电器，应采用_____中间继电器，不要求快速动作，以防止_____接地时误动作。

（2）在主变差动保护中，由于 CT 的变比不能选的完全合适所产生的不平衡电流，一般用差动继电器中的_____线圈来解决。

（3）变压器励磁涌流中含有很大的_____分量，且波形之间出现_____。

22. 选择

（1）110kV 变压器中性点的放电棒间隙为（　　）mm。

　　A、50～60　　　　　　　　B、110～120　　　　　　　C、250～350

（2）变压器中性点接地属于（　　）。

　　A、工作接地　　B、保护接地　　C、保护接零　　D、故障接地

（3）变压器温度计是指变压器（　　）油温。

　　A、绕组温度　　B、下层温度　　C、中层温度　　D、上层温度

（4）变压器呼吸器作用（　　）。

　　A、用于清除吸入空气中的杂质和水分

　　B、用于清除变压器油中的杂质和水分

　　C、用于吸收和净化变压器匝间短路时产生的烟气

　　D、用于清除变压器各种故障时产生的油烟

（5）主变压器瓦斯动作是由于（　　）造成的。

　　A、主变压器两侧断路器跳闸　　　　　　　B、220kV 套管两相闪络

　　C、主变压器内部高压侧绕组严重匝间短路　　D、主变压器大盖着火

23. 判断

（1）反映变压器故障的保护一般有过电流、差动、瓦斯和中性点零序保护。（　　）

（2）为防止差动保护误动作，在对变压器进行冲击试验时，应退出差动保护，待带负荷侧极性正确后，再投入差动保护。（　　）

（3）变压器随着其接线方式的改变，其零序阻抗不会变。（　　）

（4）在发生接地故障时，变压器中性点处零序电压将会很高。（　　）

（5）由于调整变压器分接头，会在差动保护回路中引起不平衡电流增大，解决方法为提高差动保护的整定值。（　　）

（6）变压器差动保护对主变绕组匝间短路没有保护作用。（　　）

第6章　高压电动机及电容器保护

高压电动机在运行中难免会出现各种故障和异常工作状态，按 GB/T 50062—2008 规定应装设必要的继电保护装置，确保高压电动机处于良好的技术状态。

6.1　高压电动机故障及异常工作状态

高压电动机的主要故障是定子绕组及其引线的相间短路，定子绕组的单相接地和匝间短路。定子绕组的相间短路会引起电动机的严重损坏，并且造成母线电压显著下降，影响同一母线上其他电动机和用电设备的正常工作。因此，对电动机定子绕组的相间短路应装设相间短路保护，以便尽快地把故障电动机从电网中切除，保证其他完好的用电设备正常运行。容量在 2MW 以下的电动机装设电流速断保护（保护宜采用两相式）；容量在 2MW 以上或容量小于 2MW 但灵敏度不满足要求的电动机装设纵差保护，保护装置动作于跳闸，对同步电动机还应进行灭磁。单相接地故障对电动机的危害程度取决于接地电流的大小，6～10kV 供电网络通常采用中性点不接地的运行方式，单相接地后流过接地故障点的电流，仅仅是网络对地电容电流，其数值一般不大。规范规定：当接地故障的接地电流在 5A 以上时，应装设单相接地保护；单相接地电流在 10A 及以上时，保护动作于跳闸；接地电流为 5～10A 时，保护动作于跳闸或信号。一相绕组的匝间短路也能给电动机造成严重的损坏，但目前尚无简单而完善的匝间短路保护装置可供选用，故一般不装设专门的匝间短路保护。

电动机的异常运行状态有过负荷、相电流不平衡、低电压、堵转，同步电动机还有异步运行和失磁等。

高压电动机的异常工作状态主要是过负荷。电动机负载过大，供电网络的电压降低，时间过长的启动，以及同步电动机的失步等都会导致电动机过负荷。长期过负荷运行将使电动机的温升超过允许值，造成绝缘老化，甚至烧毁电动机。因此，对于容易过负荷的电动机，应装设过负荷保护，根据具体情况保护可带时限作用于信号或跳闸。为反应相电流的不平衡，对容量为 2MW 及以上的电动机，可装设负序过电流保护，动作于信号或跳闸。电网电压降低时，为保证同一母线上重要电动机的正常运行，在次要电动机上应装设低电压保护。对于不允许自启动电动机，应装设低电压保护，保护装置带一定时限动作于跳闸，低电压保护动作于跳闸；同步电动机由于供电网络电压的下降，转子励磁电流的大幅度减小或消失，以及电动机机械负荷的增大，都可能使其运行的稳定性遭到破坏，失去同步。当同步电动机失去同步并过渡到异步运行状态时，定子绕组电流增大，使电动机过热甚至烧毁。还可能会出现失步振荡，引起啸叫和剧烈振动，造成某些部件因弯曲疲劳而损坏。因此，同步电动机应装设防止异步运行的失步保护和失磁保护，保护带时限动作于跳闸。

6.2 高压电动机电流速断保护

容量在 2MW 以下的高压电动机广泛装设电流速断保护或延时电流速断保护作为相间短路保护。电动机的电流速断保护，是电动机及输入回路中相间短路的主保护。为了在电动机内部及电动机与断路器之间的连接电缆上发生故障时保护均能动作，电流互感器尽可能安装在断路器侧。在小接地电流系统中，通常对于不易过负荷的电动机，宜采用两相不完全星形接线，可采用 DL-11 型电流继电器。对于易产生过负荷的电动机，若灵敏度能够满足要求，也可采用两相电流差接线，可采用感应型电流继电器，其中速断部分用作相间短路保护，反时限部分用作过负荷保护。

6.2.1 交流接入回路

电动机电流速断保护的接线如图 6.1 所示。构成保护装置的电流继电器通常有电磁型和感应型两种。当采用感应型电流继电器时，其电磁元件动作于跳闸，作为电动机的相间短路保护；其感应元件作用于信号或跳闸，作为电动机的过负荷保护。

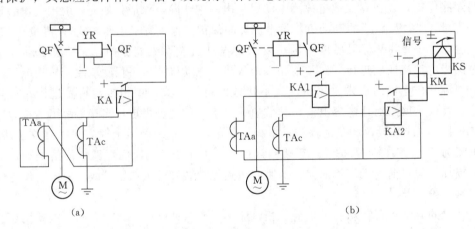

(a)   (b)

图 6.1 电动机电流速断保护接线图

（a）两相电流差接线（采用感应型电流继电器）；（b）不完全星形接线（采用电磁型电流继电器）

6.2.2 逻辑框图

在电动机的电流速断保护中，为了使保护能躲过电动机的启动电流及在内部故障时有较高的动作灵敏度，电流速断定值设置为二段整定值，即高定值和低定值。其中高定值在电动机启动时投入运行，而低定值在电动机正常运行时投入运行，其逻辑框图如图 6.2 所示。

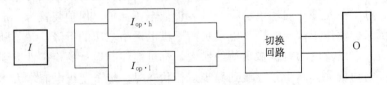

图 6.2 电动机电流速断保护的逻辑框图

I—电动机电流（TA 二次值）；$I_{op \cdot h}$—电流速断保护的高定值；

$I_{op \cdot l}$—电流速断保护的低定值

关于高低定值的切换，在国内生产的电动机微机型保护装置中，通常采用两种方式：①按照电动机的电流值进行切换；②按照电动机启动时间进行切换。

第一种切换方式的切换过程是：电动机启动时，电流速断保护投入高定值运行；当电动机的电流下降到 1.2 倍额定电流以下时，切换回路自动断开高定值回路而投入低定值回路。

第二种切换方式的切换过程是：电动机启动时，电流速断保护投入高定值运行，经 $20 \sim 25 \text{s}$ 后，切换回路将其切至低定值运行。

电动机在由启动到正常运行的全过程中，电流速断保护只能按其中一套定值运行，而无两套定值同时运行的情况。

6.2.3 定值的整定

6.2.3.1 高定值

电动机速断保护动作电流的整定，分为如下两种情况。

(1) 对于异步电动机应躲过电动机的启动电流，其整定计算公式为

$$I_{opka} = \frac{K_{rel} K_w}{K_i} I_{st} \tag{6.1}$$

式中　K_{rel}——可靠系数，计及电动机启动电流非周期分量的影响，对于电磁型继电器取 $1.4 \sim 1.6$，对于感应型继电器取 $1.8 \sim 2.0$；

　　K_w——接线系数，接于相电流时 $K_w = 1$，相电流差时 $K_w = \sqrt{3}$；

　　K_i——电流互感器变比；

　　I_{st}——电动机的启动电流，取 $I_{st} = (6 \sim 8) I_N$。

(2) 对于同步电动机，除了应躲过电动机启动电流外，还应躲过外部短路时电动机的输出电流，按式 (6.2) 整定计算。

电动机作发电机运行反馈电流

$$I_{opka} = \frac{K_{rel} K_w}{K_i} I''_m \tag{6.2}$$

其中　　　　　　　　$I''_m = (1.05/X''_{km} + 0.95 \sin \varphi_N) I_{Nm}$

式中　I''_m——同步电动机引线端三相短路时，电动机输出的次暂态短路电流；

　　X''_{km}——电动机次暂态电抗，标幺值；

　　φ_N——电动机的额定功率因数角；

　　I_{Nm}——电动机的额定电流。

两者中取较大者作为动作电流的整定值。

电动机电流速断保护的灵敏性校验应满足式 (6.3) 要求，即

$$K_{sen} = \frac{I''^{(2)}_{kmin}}{K_i I_{opka}} \geqslant 2 \tag{6.3}$$

式中　$I''^{(2)}_{kmin}$——在最小运行方式下，电动机引线端两相短路电流。

6.2.3.2 低定值

(1) 整定原则。电动机电流速断保护的低定值整定原则为：

1) 躲过电动机的自启动电流。

2) 躲过高压母线或其他支路出线端三相短路时电动机反送电流。

3）电动机内部相间短路有灵敏度。

所谓电动机的自启动，是指厂用电源切换或出线故障被切除后，厂用电压恢复过程中电动机由低速升速的过程。在此过程中电动机的电流较大，且随着电动机转速的升高电流逐渐减小。分析及测量表明，电动机的自启动电流，最大电流可达 4 倍的电动机额定电流。

高压母线出线出口三相短路时，电动机反送电流的暂态值通常为电动机额定电流的 5～6 倍。考虑到电流速断保护动作有一定的延时（一般为 50ms），由于该电流衰减很快，至保护动作时的反送电流不会大于 4～5 倍电动机的额定电流。对于延时电流速断保护，由于动作延时长，可不考虑本原则。

（2）整定计算。根据上述情况，电流速断保护的低定值，可以这样整定：

1）经真空断路器（该断路器能切除短路电流）供电的电动机，则

$$I_{op \cdot h} = 5 I_N$$

2）经熔断器-接触器（即 FC 回路）供电的电动机，则

$$I_{op \cdot l} = 4 I_N$$

在国内生产及应用的微机型保护装置中，有的采用 $I_{op \cdot l} = \dfrac{1}{2} I_{op \cdot h}$，也认为是合理的。

6.2.3.3　动作时间

经真空断路器供电的电动机，动作延时为装置的固有延时 50ms，建议整定为 0.1s。而经 FC 供电的电动机，由于开关灭弧能力差，故需在熔断器熔断后方可跳闸，所以动作延时按 0.3～0.4s 整定。

【例 6.1】　某同步电动机技术数据：$P_N = 1600kW$、$U_N = 6kV$、$I_N = 186A$、$K_{st} = 5.5$、$X''_k = 0.2$、$\cos\varphi_N = 0.9$、$K_i = 200/5$，最小运行方式下，电动机引线端两相短路电流 $I''^{(2)}_{k \, min} = 5kA$。试为该同步电动机选择速断保护的接线方式，并进行整定计算。

解： 选用电磁型电流继电器，先考虑采用两相电流差接线方式。

$$I_{opka} = \frac{K_{rel} K_w}{K_i} I_{st} = \frac{1.5 \times \sqrt{3}}{200/5} \times 5.5 \times 186 = 66.4 (A)$$

$$I_{opka} = \frac{K_{rel} K_w}{K_i} I''_m = \frac{1.5 \times \sqrt{3}}{200/5} \times 1052 = 67.4 (A)$$

其中

$$I''_m = (1.05 / X''_k + 0.95 \sin\varphi_N) I_N$$
$$= (1.05 / 0.2 + 0.95 \times 0.438) \times 186 = 1052 (A)$$

取

$$I_{opka} = 67.4A$$

灵敏性校验

$$K_{sen} = \frac{I''^{(2)}_{kmin}}{K_i I_{opka}} = \frac{5000}{200/5 \times 67.4} = 1.86 < 2$$

可见，采用两相电流差接线方式不能满足灵敏性的要求，应改用两相两继电器的接线方式。即

$$I_{opka} = \frac{K_{rel} K_w}{K_i} I''_m = \frac{1.5 \times 1}{200/5} \times 1052 = 39.5 (A)$$

保护的灵敏性校验

$$K_{\text{sen}} = \frac{I''_{\text{kmin}}}{K_i I_{\text{opka}}} = \frac{5000}{200/5 \times 39.5} = 3.16 > 2$$

采用两相两继电器的接线方式后，电流速断保护的灵敏性能够满足要求。

6.3　高压电动机纵差保护

6.3.1　纵差保护原理

根据 GB/T 50062—2008 规定：容量在 2000kW 及以上，或容量虽在 2000kW 以下采用电流速断保护灵敏性无法满足要求的电动机，都应装设反应于相间短路的纵差保护装置。在小接地电流系统中，电动机容量在 5000kW 以下时，纵差保护装置一般采用两相式接线，可由 2 只 DL‑11 型继电器组成。对于容量在 5000kW 以上的电动机，保护应采用三相式接线，以保证一点在保护区内，另一点在保护区外两点接地时的快速跳闸，保护装置中电流继电器，选用 BCH‑2 型差动继电器。

纵差保护的原理接线如图 6.3 所示，其基本动作原理与变压器的纵差保护一样。为了减少保护装置的不平衡电流，定子绕组两侧电流互感器的型号和变比应该相同。电动机纵差保护动作电流的计算，应考虑如下三种情况，取它们中计算值最大者。

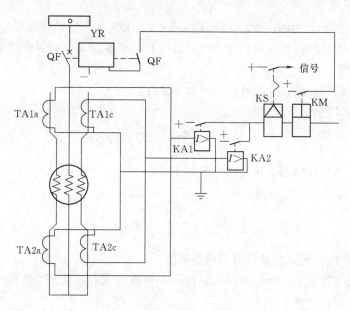

图 6.3　电动机纵差保护的原理接线

（1）躲过电动机启动电流所引起的不平衡电流为

一次侧电流
$$I_{\text{op}} = K_{\text{rel}} K_w \Delta f_i K_{\text{typ}} K_{\text{st}} I_{\text{Nm}}$$

或二次侧继电器中电流
$$I_{\text{opka}} = K_{\text{rel}} K_w \Delta f_i K_{\text{typ}} \frac{K_{\text{st}} I_{\text{Nm}}}{K_i}$$

$$\left.\begin{array}{l}\end{array}\right\} \tag{6.4}$$

式中　K_{rel}——可靠系数，BCH‑2 型继电器取 1.3，DL 型电流继电器取 1.5～2；

　　　Δf_i——电流互感器的允许误差，取 0.1；

　　　K_{typ}——电流互感器的同型系数，取 0.5；

K_{st} ——电动机的启动电流倍数。

（2）躲过电流互感器二次回路断线时出现的不平衡电流为

一次侧电流

$$I_{op} = K_{rel} K_w I_{Nm}$$

或电流继电器中电流

$$I_{opka} = K_{rel} K_w \frac{I_{Nm}}{K_i}$$ 　　　　　　　　　　　　　　(6.5)

（3）对于同步电动机还应躲过外部短路时，电动机输出的次暂态短路电流所引起的不平衡电流为

一次侧电流

$$I_{op} = K_{rel} K_w \Delta f_i K_{typ} I''_m$$

或电流继电器中电流

$$I_{opka} = K_{rel} K_w \Delta f_i K_{typ} \frac{I''_m}{K_i}$$ 　　　　　　　(6.6)

如果保护采用 BCH-2 型继电器，其差动线圈、平衡线圈和短路线圈的选择如下。

差动线圈计算匝数的计算

$$N_{drc} = AN_0 / I_{opka}$$ 　　　　　　　　　　　　　　　(6.7)

式中　AN_0 ——差动继电器的动作安匝，应采用实测值，无实测值时，可取 60 安匝，取接近而较小的匝数作为差动线圈的整定匝数。

由于电动机定子绕组两侧的电流互感器，其连接方式和变比皆相同，所以平衡线圈可以不用；短路线圈的匝数一般选取 3-3 或 2-2 抽头，对容量在 5000kW 及以上的大容量电动机可选取 2-2 或 1-1。

如果保护采用 DL 型继电器，由于该型继电器不具有速饱和变流器，在电动机启动时，启动电流中短时出现的非周期分量可能会引起继电器误动作，因此要求保护装置带有 0.1～0.2s 的时限。

电动机纵差保护的灵敏性校验应满足如下条件：

对于采用 BCH-2 型差动继电器

$$K_{sen} = \frac{N_{dr}}{AN_0} \frac{I''^{(2)}_{kmin}}{K_i} \geqslant 2$$ 　　　　　　　　　(6.8)

式中　N_{dr} ——差动线圈的实用匝数，即整定匝数。

对于采用 DL 型电流继电器

$$K_{sen} = \frac{I''^{(2)}_{kmin}}{K_i I_{opka}} \geqslant 2$$ 　　　　　　　　　　(6.9)

6.3.2　提高电动机纵差保护动作可靠性的措施

理论分析及运行实践表明，电动机纵差保护在电动机启动瞬间容易误动作，动作可靠性较差，其主要原因有两个。

6.3.2.1　两侧差动 TA 的二次负载相差很大

由于电动机一侧差动 TA 及差动保护装置设置在高压开关柜上，另一侧的差动 TA 装在电动机的中性点处（即电动机的现场安装处）。因此一组差动 TA 二次电缆的长度不大于 5m，而另一组差动 TA 二次电缆的长度可达几十米甚至数百米。这样差动元件两侧差动 TA 二次负载相差很大，致使两组 TA 暂态特性相差很大。在电动机启动瞬间，由于启动电流较大，两侧 TA 暂态特性相差很大，致使差动元件两侧的电流相位差不是 180°，从而产生大的差流，致使差动保护误动。录波测量表明，在电动机启动的瞬间，差动元件两侧电流的相位差可能为 160°～165°，而不是 180°。

6.3.2.2　电动机差动 TA 的质量欠佳，饱和倍数较小

运行实践表明，设计部门在对电动机差动 TA 选型时，不像对大型发电机差动 TA 选型时那么严格，通常选择饱和倍数不大的 TA。这样，由于电动机中性点差动 TA 二次负载大，在电动机启动瞬间又由于电动机启动电流很大，致使中性点差动 TA 瞬间出现饱和现象（轻微饱和），从而在差动元件的差动回路中出现很大的差流，差动保护误动。

为提高电动机差动保护动作可靠性，可以采用以下措施：给差动元件增加动作延时。录波表明，在电动机启动瞬间，差动两侧电流的相移时间一般很短，只有 2～3 个周波，若给差动元件增加 80～100ms 的动作小延时，则完全可以保证差动保护不误动。另外，在电动机启动时，中性点差动 TA 饱和的持续时间不会超过 60ms。因此，若给差动保护增加 80～100ms 的动作延时，则在电动机启动时，差动保护不会误动作。

为防止电动机启动瞬间差动保护误动，在保护装置中设置谐波制动。在设置谐波制动后，为防止在输入回路上发生故障因电流互感器饱和致使差动保护拒动，增设差动速断保护。

在电动机差动保护中，差动速断的整定值不宜过大，可按 2～3 倍的额定电流整定。

6.4　高压电动机过电流保护

6.4.1　过电流保护整定原则

电动机过电流保护是电动机短路故障的后备保护，它动作后经延时切除电动机。过电流保护动作电流的整定原则是躲过电动机正常运行时的最大负荷电流，即

$$I_{op} = K_{rel} I_{op \cdot B} \tag{6.10}$$

式中　I_{op}——动作电流；

　　　K_{rel}——可靠系数，取 1.3；

　　　$I_{op \cdot B}$——过负荷保护的动作电流。

代入式（6.10）得

$$I_{op \cdot B} = 1.3 \times \frac{1.1 I_N}{n_{TA}} = 1.43 \frac{I_N}{n_{TA}}$$

建议 $\frac{I_N}{n_{TA}}$ 取 1.4～1.5。

动作延时，应根据电动机的电气特性取值，通常取 20s，躲过电动机启动时间。

6.4.2　负序过电流保护

负序过电流保护是电动机定子绕组匝间短路、电动机缺相运行或相序接反的保护，也是电动机不对称短路的后备保护。保护动作后作用于跳闸。

电动机负序过电流保护的接入电流，与电动机的过负荷及过电流保护取自同一组 TA 二次。

目前，在国内生产及应用的微机型综合保护装置中，负序过电流的动作特性，有定时限的，也有反时限的，定时限负序过电流保护通常提供两段，也可提供三段的。

6.4.2.1　反时限负序过电流保护

（1）动作方程。不同厂家生产的保护装置所提供的反时限负序过电流保护动作方程各

异。多采用以下三种类型的动作方程中的一种

$$t_{op} = \frac{80 T_2}{\left(\dfrac{I_2}{I_{2op}}\right)^2 - 1} \tag{6.11}$$

$$t_{op} = \frac{T_2}{\dfrac{I_2}{I_{2op}}} \tag{6.12}$$

$$t_{op} = \begin{cases} \min\left(20\text{s},\ \dfrac{T_2}{\dfrac{I_2}{I_{2op}} - 1}\right) & \left(1 \leqslant \dfrac{I_2}{I_{2op}} \leqslant 2\right) \\[4mm] T_2 & \left(\dfrac{I_2}{I_{2op}} > 2\right) \end{cases} \tag{6.13}$$

式中　　t_{op}——反时限过电流保护动作延时；

$\quad\quad I_2$——通过保护装置的负序电流；

$\quad\quad I_{2op}$——负序过电流启动值；

$\quad\quad T_2$——负序电流的时间常数。

实际上，式（6.11）为真正的反时限特性，而式（6.12）只是反比例特性，即负序过电流保护的动作时间与流过保护的负序电流成反比，式（6.13）是限制性反时限特性。

（2）动作特性。按照式（6.11）及式（6.13）画出的动作特性分别如图 6.4 及图 6.5 所示。

（3）定值的整定计算。对于反时限负序过电流定值的整定，实际是要对负序电流启动值及负序电流时间常数进行整定计算。整定计算的步骤如下：

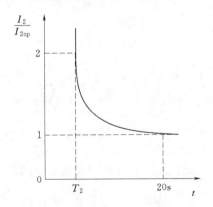

图 6.4　式（6.11）的特性曲线

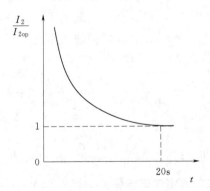

图 6.5　式（6.13）的特性曲线

1）负序最小动作电流 I_{2op} 的整定计算有以下方面：

a. 整定原则：在电动机缺相（即两相）运行时，负序过电流保护应可靠动作。另外，对于设置有过热保护的电动机，负序过电流保护的动作值又不宜过小。

b. 定值计算：对于具有两相电流式负序过滤器保护装置的电动机，当 A 相或 C 相断线时，保护装置计算出的负序电流为 $I/\sqrt{3}$（I 为电动机相电流）；而当 B 相断线时，计算出的负序电流为 $\dot{I} + \dot{I}_A e^{-j60}/\sqrt{3}$。

反时限负序过电流保护的最小动作电流，应在输入回路 A 相或 C 相一相断线时，可靠动作，并有 1.3 的灵敏系数。为此，I_{2op} 应按下式计算

$$I_{2op} = \frac{I_N}{\sqrt{3} \times 1.3 n_{TA}} \tag{6.14}$$

式中　I_N——电动机额定电流；

　　　n_{TA}——TA 变比。

建议 I_N/n_{TA} 取 0.4。

2）时间常数 T_2 的整定计算有以下方面：

a. 整定原则：T_2 的整定原则是在高压母线或其他支路上发生两相短路时，该电动机的负序反时限过电流保护应不误动。就是说，在 T_2 整定之后，保护的动作时间应大于高压厂用系统短路保护的最长动作时间。

b. 定值的整定计算为

$$t_{op} = t_{op \cdot max} + \Delta t \tag{6.15}$$

式中　$t_{op \cdot max}$——高压厂用系统短路保护最长动作延时，一般为 1.6s；

　　　Δt——时间级差，$\Delta t = 0.3 \sim 0.5s$。

代入式（6.15），得 $t_{op} = 1.9 \sim 2.1s$。

另外，当高压母线两相短路时，流过电动机的最大负序电流 3 倍的额定电流，将 t_{op} 及 $3I_N/n_{TA}$ 分别代入式（6.11）及式（6.12）可求出，分别等于 1.5s 和 15s。当负序过电流保护有区外故障负序电流闭锁时，式（6.15）中的 t_{op} 取 1s。

3）外部故障负序电流闭锁判据。分析表明：当高压母线上或其他支线上发生两相短路时，电动机的负序电流将大于正序电流。当电动机的负序电流大于或等于 1.2 倍的正序电流时，即

$$I_2 \geqslant 1.2 I_1 \tag{6.16}$$

表征外部故障。

在微电动机保护装置中通常采用式（6.16）作为外部故障负序电流闭锁的判据。此时，当满足式（6.16）时，将电动机负序电流保护闭锁。

需要指出的是，当采用外部故障负序电流闭锁判据时，若电动机输入回路的相序接反时，负序过电流保护将拒绝动作，这是其缺点。

6.4.2.2　定时限负序过电流保护

在微机型电动机保护装置中，定时限过电流保护通常设置两段，也有设置三段的：负序过电流保护的 I 段作为电动机相间短路故障的后备保护；负序过电流保护的 II 段应能保护电动机的缺相运行；负序过电流保护的 III 段通常用于发出告警信号。

（1）两相式负序过电流保护定值的整定计算。

1）动作电流。其中 I 段负序动作电流定值

$$I_{2op \cdot I} = I_N$$

式中　I_N——电动机额定电流，TA 二次值。

II 段负序动作电流定值

$$I_{2op \cdot II} = 0.4 I_N$$

2）动作延时的整定。当电动机负序过电流保护具有外部两相短路负序电流闭锁判据

且电动机的断路器为真空断路器时，负序电流Ⅰ段动作延时

$$t_{2op \cdot I} = 0.05s$$

负序电流Ⅱ段动作延时

$$t_{2op \cdot II} = 0.04s$$

当电动机负序过电流保护具有外部两相短路负序电流闭锁判据，而电动机经 FC 回路供电时，负序电流Ⅰ段动作延时

$$t_{2op \cdot I} = 0.4s$$

负序电流Ⅱ段动作延时

$$t_{2op \cdot II} = 0.8s$$

当电动机负序过电流保护没有设置外部两相短路负序电流闭锁判据时，在整定该保护的动作时间应考虑躲过外部故障，负序电流Ⅰ段动作延时

$$t_{2op \cdot I} = 1.9s$$

负序电流Ⅱ段动作延时

$$t_{2op \cdot II} = 2.2s$$

（2）三段式负序过电流保护定值计算。对于三段式负序过电流保护定值的整定，其Ⅰ段及Ⅱ段的动作电流及动作时间的整定与上述两段式完全相同。而Ⅲ段的定值计算如下

动作电流

$$I_{2op \cdot III} = (0.15 \sim 0.2)I_N$$

动作延时

$$t_{2op \cdot III} = 6 \sim 9s$$

通常，负序过电流保护的Ⅲ段只发信号。

6.5　高压电动机过负荷保护

电动机过负荷保护是电动机异常运行保护，其动作后经延时发信号或动作于跳闸。

6.5.1　交流接入电路

过负荷保护通常由三相中的一相电流互感器和相应继电器构成。继电器可以是一只感应型电流继电器，利用其感应元件的反时限特性作为电动机的过负荷保护，而其瞬时动作的电磁元件，则空着不用；也可以由电磁型电流继电器、时间继电器和信号继电器各一只构成。后者的接线如图 6.6 所示。

如果电动机相间短路保护是由感应型电流继电器构成的，则可利用其电磁元件的瞬动特性作为电动机速断电流保护，利用其感应元件的反时限特性作为电动机过负荷保护。

6.5.2　过负荷保护定值计算

电动机过负荷保护的动作电流，应躲过电动机的额定电流，即

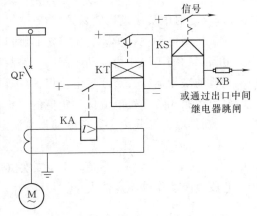

图 6.6　高压电动机过负荷保护原理图

$$I_{\text{opka}} = \frac{K_{\text{rel}} K_{\text{w}}}{K_{\text{re}} K_{\text{i}}} I_{\text{N}} \qquad (6.17)$$

式中　　K_{rel}——可靠系数，动作于信号取 1.05～1.1，动作于跳闸取 1.2～1.25；

　　　　K_{re}——返回系数，对于微机型保护取 0.95，对于电磁型保护取 0.85。

保护装置的动作时限应大于电动机带负荷启动的时间，电动机启动时间可由现场实测或经计算确定，在未取得实测数据时，一般取 6～9s。

由电磁型电流继电器构成的过负荷保护，其动作时限是通过整定（调节）时间继电器的动作时间来实现的。

对于由感应型电流继电器构成的过负荷保护，由于该型号继电器具有反时限特性，动作时限的整定复杂化。感应型电流继电器时限特性曲线如图 6.7 所示，其横坐标为整定电流（I_{opka}）的倍数；纵坐标为动作时间，整定计算按如下步骤进行：

（1）按式（6.18）计算出两倍整定电流（$2I_{\text{opka}}$）时的允许过负荷时间

$$t_{\text{OL2}} = \frac{150}{\left(\dfrac{2I_{\text{opka}} K_{\text{i}}}{K_{\text{w}} I_{\text{N}}}\right)^2 - 1} \quad (\text{s}) \qquad (6.18)$$

（2）根据 t_{OL2} 和 $2I_{\text{opka}}$ 在时限特性图上找到交点。

（3）该交点所在曲线即为所求曲线，并在其上找出 10 倍动作电流的动作时间 t_{OL10}。

在该继电器的面板上刻有 10 倍动作电流的动作时间标度尺及相应的整定时间螺钉，根据计算所得的 t_{OL10}，找到标度位置，并把动作时间整定好。

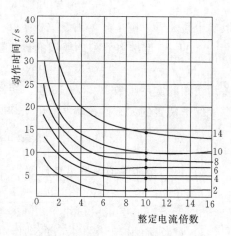

图 6.7　感应型电流继电器时限特性曲线

应当指出，保护装置动作时间初步整定好之后，还应在现场做启动实验和校正，直至既顺利启动又不会误动作。

【例 6.2】　已知某凸极同步电动机的参数：$P_{\text{N}} = 2500\text{kW}$，$n_{\text{N}} = 150\text{r/min}$，$I_{\text{N}} = 279\text{A}$，$K_{\text{st}} = 6.5$，$X'' = 0.154$，$\cos\varphi_{\text{N}} = 0.9$。在最小运行方式下，电动机接线端三相短路的次暂态电流 $I''_{\text{kmin}} = 7330\text{A}$，6kV 网络单相接地时全系统接地电容电流 $I_{\text{e}\Sigma} = 9.5\text{A}$，同步电动机的单相接地电容电流 $I_{\text{ear}} = 0.05\text{A}$。试为该同步电动机配置相间短路、单相接地及过负荷保护，并进行整定计算。电动机采用直接启动，不允许自启动。

解：（1）保护配置。

1）装设由两个 BCH-2 型继电器和 4 个变比为 400/5 的电流互感器组成的两相式接线的纵差保护。

2）装设由 LJ-2 型零序电流互感器和 DD-11/60 型接地继电器组成的单相接地保护，动作于信号。

3）装设由一个 GL-12 型继电器和一个变比为 400/5 的电流互感器组成的过负荷保护。

（2）整定计算。

1）纵差保护。外部三相短路时，同步电动机输出的次暂态电流［据式（6.2）中 I'' 表示式］为

$$I'' = (1.05/X'' + 0.95\sin\varphi_N)I_N = (1.05/0.154 + 0.95 \times 0.436) \times 279 = 2018(A)$$

以躲过外部短路时，同步电动机输出的次暂态电流为条件，则

$$I_{opka} = K_{rel}K_w\Delta f_i K_{typ}\frac{I''}{K_i} = 1.3 \times 1 \times 0.1 \times 0.5 \times \frac{2018}{80} = 1.64(A)$$

以躲过电动机启动电流为条件，则

$$I_{opka} = K_{rel}K_w\Delta f_i K_{typ}\frac{K_{st}I_N}{K_i} = 1.3 \times 1 \times 0.1 \times 0.5 \times \frac{6.5 \times 279}{80} = 1.47(A)$$

以躲过电流互感器二次回路断线为条件，则

$$I_{opka} = K_{rel}K_w\frac{I_N}{K_i} = 1.3 \times 1 \times \frac{279}{80} = 4.53(A)$$

取其中最大者，则 $I_{opka} = 4.53A$。

BCH - 2 型继电器差动线圈的计算匝数

$$N_{drc} = AN_0/I_{opka} = 60/4.53 = 13.2(匝)$$

差动线圈的实用匝数 N_{drc} 取 13 匝。短路线圈匝数选 2 - 2 抽头。

保护装置的灵敏性校验

$$K_{sen} = \frac{N_{dr}}{AN_0}\frac{I''^{(2)}_{kmin}}{K_i} = \frac{13}{60} \times \frac{0.866 \times 7330}{80} = 17.2 > 2$$

2）单相接地保护。按灵敏度要求计算保护装置的动作电流

$$I_{op} = \frac{I_{e\Sigma} - I_{ear}}{K_{sen}} = \frac{9.5 - 0.05}{1.25} = 7.56(A)$$

3）过负荷保护。保护装置的动作电流

$$I_{opka} = \frac{K_{rel}K_w}{K_{re}K_i}I_N = \frac{1.2 \times 1}{0.85 \times 80} \times 279 = 4.92(A)$$

取 5A。

保护装置的动作时限为

$$t_{OL2} = \frac{150}{\left(\dfrac{2I_{opka}K_i}{K_wI_N}\right)^2 - 1} = \frac{150}{\left(\dfrac{2 \times 5 \times 80}{1 \times 279}\right)^2 - 1} = 20.8(s)$$

根据 $2I_{opka}$ 及 t_{OL2} 在 GL 型继电器的时限特性曲线上（图 6.7）查得 $t_{OL10} = 9s$，取 $t_{OL10} = 10s$。

6.6　高压电动机低电压保护

6.6.1　高压电动机低电压保护原理

由于某些原因而引起供电网络的电压大幅度下降或短时消失时，网络中所有异步电动机的转速都要下降，同步电动机可能失步。而当电压恢复时，大量电动机将同时自启动，从电网中吸取比额定电流大几倍的启动电流，造成电网电压不易恢复。对于不允许自启动

的高压电动机，都应装设低电压保护装置。当端电压下降到低于其保护动作电压时，保护装置经延时后把电动机从电网中切除。

接在同一段母线上的电动机只装设一套公用的低电压保护装置，称为集中低电压保护。其功能应包括：当电压互感器一次侧一相或两相断线以及二次侧各种断线（包括熔丝熔断）时，保护装置不应误动作，只发出断线信号。常用的一种电动机低电压保护接线如图 6.8 所示。三只低电压继电器分别接在电压互感器二次侧的线电压上。当母线电压消失或三相对称下降到保护装置的动作电压时，电压继电器 KV1、KV2、KV3 均启动，它们的动断触点闭合，通过中间继电器 KM1 的动断触点启动了时间继电器 KT，经延时后，KT 的动合触点闭合，启动信号继电器 KS 和出口中间继电器 KM2，分别向各电动机发出跳闸脉冲。电动机台数较多时，可分两批跳闸。

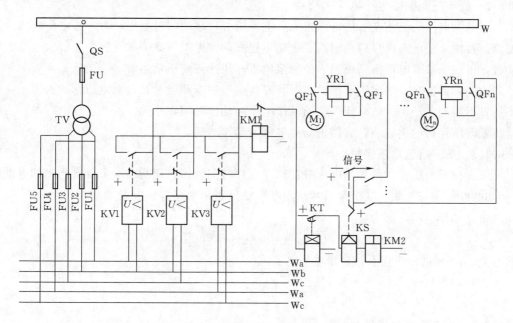

图 6.8 电动机低电压保护电路原理

中间继电器 KM1 在保护中起断线闭锁作用，防止电压互感器一次或二次侧断线时出现保护的误动作。假如熔断器 FU1 的熔丝熔断，则电压继电器 KV1 动作，其动断触点闭合，动合触点断开，这时 KV2 和 KV3 的动合触点仍闭合，故可启动 KM1，其动断触点断开，KT 无法启动，防止了误跳闸；又如三相熔断器 FU1、FU2、FU3 熔丝同时都熔断，这时尽管 KV1 和 KV2 都动作（属误动作），但由于 KV3 接在分路熔断器 FU4 和 FU5 上，并没有动作，KV3 动合触点仍闭合，使 KM1 仍然动作，即其闭锁作用继续有效，故仍不会误跳闸。

电动机低电压保护动作电压的整定计算与电动机最大转矩倍数有关。

对于异步电动机

$$U_{\mathrm{opKV}} = \frac{U_{\mathrm{N}}}{\sqrt{k_{\mathrm{T}}}\, K_{\mathrm{u}}} \leqslant (0.6 \sim 0.7)\, \frac{U_{\mathrm{NS}}}{K_{\mathrm{u}}} \tag{6.19}$$

对于同步电动机

$$U_{opKV} = \frac{U_N}{\sqrt{k_T} K_u} \leqslant (0.5 \sim 0.6) \frac{U_{NS}}{K_u} \qquad (6.20)$$

其中
$$k_T = 0.9 T_{max} / T_N$$

式中　U_{NS}——供电网络额定电压；

　　　K_u——电压互感器变比；

　　　k_T——电动机最大转矩倍数；

　　　T_{max}——电动机的最大转矩；

　　　T_N——电动机的额定转矩。

保护装置动作时限一般取 $0.5 \sim 1.5s$。

6.6.2　低电压保护整定计算

当电源电压降低或在备用电源投入后电动机群自启动的过程中，为防止电源电压大幅度降低致使重要电动机自启动困难或启动不起来，首先要切除一些对安全运行次重要的电动机，以确保重要电动机（例如锅炉的吸风机）快速恢复正常运行。

为此，需要在一些次重要或根本不需要自启动的电动机上设置低电压保护。

对不同的电动机，低电压保护的动作电压与动作时间亦不同。通常，发电厂中厂用电动机低电压保护的整定值，有两批动作电压及动作时间。

6.6.2.1　第一批低电压保护

第一批低电压保护的动作电压较高，而动作时间较短。通常在不需要自启动的电动机（例如磨轧机、碎轧机、灰渣泵、冲洗水泵、热网凝结水泵等）上设置。

（1）动作电压定值为

$$U_{op.I} = (0.65 \sim 9.7) U_N$$

式中　U_N——高压厂用系统额定电压，二次值。

（2）动作延时为

$$t_{op.I} = 0.5s$$

6.6.2.2　第二批低电压保护

第二批低电压保护的动作电压低，而动作时间长。通常在次重要的电动机（例如循环水泵、凝结水泵等）上设置。

动作电压为

$$U_{op.II} = (0.65 \sim 0.7) U_N$$

动作延时为

$$t_{op.II} = 9 \sim 10s$$

6.7　高压电动机单相接地保护

在小接地电流系统中，中性点非直接接地电网中的高压电动机，当电动机内部发生单相接地故障时，全系统的接地电容电流都要流过故障点，有可能烧毁电动机的铁芯，造成难以修复的损坏。因此，高压电动机发生单相接地故障时，当单相接地电流大于 5A 时，应装设单相接地保护，或称为零序电流保护。

6.7.1 单相接地保护原理

电动机常用的单相接地保护如图 6.9 所示，其主要元件是零序电流互感器。通常把它装设在该电动机供电电缆首端电缆头的附近，电缆头的接地线必须穿过零序电流互感器的铁芯，否则单相接地时出现的零序电流不穿过零序电流互感器的铁芯，从而导致保护装置拒绝动作。

当供电系统某处发生单相接地故障时，各电动机回路中都会出现不对称的接地电容电流。对于正常运行的电动机，其接地保护装置不应该动作，因此电动机单相接地保护的动作电流应躲过外部单相接地时流过电动机回路中的接地电容电流，其大小为电动机

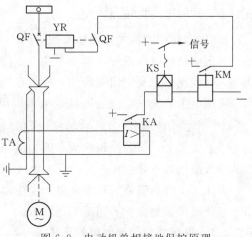

图 6.9 电动机单相接地保护原理

本身及其连接电缆接地电容电流之和。如电机高压供电电缆较短（长度一般不超过数十米），通常只考虑电动机的单相接地电容电流，对于电动机连接电缆的接地电容电流可略去不计。凸极同步电动机的单相接地电容电流由下式确定

$$I_{ear} = \frac{\omega K S_N^{3/4} U_N \times 10^{-6}}{\sqrt{3}(U_N + 3600) n_N^{1/3}} \quad (A) \tag{6.21}$$

式中　S_N——电动机的额定容量，kVA；

　　　U_N——电动机的额定电压，V；

　　　ω——电动机的角速度，当 $f = 50Hz$ 时，$\omega = 314rad/s$；

　　　n_N——电动机的额定转速，r/min；

　　　K——决定于绝缘等级的系数，对于 F 级绝缘，当温度为 25℃时，$K \approx 40$。

电动机单相接地保护的动作电流按下式计算

$$\left. \begin{aligned} I_{op} &= K_{rel} I_{ear} \\ I_{opka} &= \frac{K_{rel} I_{ear}}{K_i} \end{aligned} \right\} \tag{6.22}$$

或

式中　K_{rel}——可靠系数，保护装置不带时限时，取 4～5，以躲过电动机回路发生两相短路时出现的不平衡电流；

　　　I_{ear}——被保护电动机外部发生接地故障时，该电动机及供电电缆的最大接地电容电流。

单相接地保护灵敏性校验

$$K_{sen} = \frac{I_{emin}}{K_i I_{opka}} \geq 1.25 \tag{6.23}$$

其中

$$I_{emin} = I_{e\Sigma} - I_{ear}$$

式中　I_{emin}——被保护电动机发生单相接地故障时，流过零序电流互感器一次侧的最小接地电容电流；

　　　$I_{e\Sigma}$——流过接地点全系统的最小接地电容电流。

由于电动机电气接线简单、线路较短、单相接地电容电流一般较小，绝大多数在 5A 以下，所以装有零序电流保护者并不多见。一般小接地电流电网广泛地装设绝缘监视装置，由它监视电动机接地故障。

6.7.2　接地保护的构成及测量原理

高压电动机供电系统，属于中性点不接地的小电流系统。在该系统中，由于电缆线路众多，且线路较长及电缆截面大，故全系统的对地分布电容大。

在该电力系统中，当电动机或电缆线路上发生单相接地时，非接地相对地电压升高（最大升至 $\sqrt{3}$ 倍的相电压），容易造成相间短路。另外，流过接地点有电流（电容电流），虽然该电流不大，但其能量很大（因为电压高），且具有电弧性质，容易烧伤电动机定子铁芯或致使电缆爆炸。

因此，当电动机或其输入回路上发生单相接地时，应能及时发出信号或切除电动机回路。电动机的接地保护要完成上述任务。

6.7.2.1　保护测量接地判据的选择

发电厂或供、用电部门的厂用高压系统，是支路数多、结构复杂的小电流系统。在小电流电力系统中，可采用的接地判据的种类有零序电压、叠加电源或零序电流。

理论分析及实践表明，由于故障定位问题（保护动作选择性问题），在上述网路中不能采用零序电压式和叠加电源式接地保护装置，而只能采用由零序电流作为判断的保护方案。

6.7.2.2　零序电流的测量原理

在小电流电力系统中，由于中性点不接地，发生单相接地时流过接地点的电流很小（几安，最多几十安）。如此小的电流，给保护用零序电流测量接地故障造成了困难（零序电流难测）。为此，在高压电动机或厂用低压变压器高压侧的接地保护中，必须采用专用的零序电流互感器来测量单相接地时的零序电流（接地电流）。

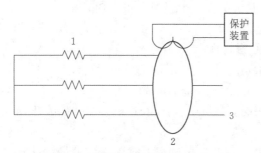

图 6.10　零序电流互感器安装位置
及保护接入回路

1—电动机定子绕组；2—零序电流
互感器；3—高压电缆

在电动机或厂用低压变压器接地保护中采用的零序电流互感器，多为一环形电流互感器，运用时套在三相电缆上。其二次绕组为均匀分布绕在环形铁芯上的两个线圈。该电流互感器的安装位置及保护的接入回路如图 6.10 所示。专用零序电流互感器安装在对电动机供电的电缆线路始端。

（1）零序电流互感器的工况。在正常工况或电动机及供电线路的内部或外部发生相间短路时，由于通过零序电流互感器的一次三相电流的相量和总是等于零，即 $\dot{I}_A + \dot{I}_B + \dot{I}_C = 0$，故零序电流互感器二次无输出电流。

当电动机回路或其他支路上发生单相接地时，在接地点出现零序电压，零序电压通过电容产生零序电流。此时，通过零序电流互感器的电流除正常三相负荷电流之外，还有三相零序电流。而三相负荷电流的相量和等于零，三相零序电流之相量和等于 $3I_0$。故三相

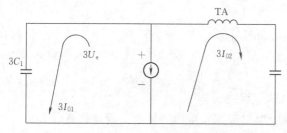

图 6.11 电动机回路单相接地时零序等值网路

零序电流在电流互感器二次产生电流。

（2）零序电流式接地保护的工作原理。设电动机所在高压厂用电系统的每相对地总电容为 C_Σ，而电动机定子绕组及供电电缆每相对地的总电容为 C_1。当电动机端或输入电缆上发生单相接地时，零序电流及其等值网路如图 6.11 所示。

由图 6.11 可以看出，当电动机回路单相接地时，流过零序电流互感器一次的电流为接地点 $3U_0$ 电压通过该系统电容（除电动机支路之外）的电容电流。而由 $3U_0$ 电压通过 C_1 的零序电流不流过零序电流互感器一次侧。

若该高压系统的额定电压为 U_N，则流过零序电流互感器一次的电流为

$$3I_{01} = \sqrt{3} U_N \omega (C_\Sigma - C_1)$$

该零序电流变换至电流互感器二次送至保护装置，使保护动作。

当该高压系统中其他支路上发生单相接地时，流过该零序电流互感器的电流，应为电动机及其电缆输入回路对地的电容电流，即 $3I_{02} = \sqrt{3} U_N \omega C_1$。

由于 $C_\Sigma \gg C_1$，故当电动机或其输入回路上发生单相接地时，流过电流互感器的一次零序电流大，使保护动作，而当其他支路上发生接地故障时，流过该零序电流互感器的零序电流小，保护不动作。

（3）对零序电流式接地保护的评价。该保护的优点是简单可靠，可分区内及区外的接地故障，选择性强。其缺点是零序电流互感器通常无变比，校验比较麻烦。不宜直接通电流给保护装置来校验其动作电流，而是要带着电流互感器且在电流互感器的一次侧加单相电流校验动作电流。

另外，零序电流互感器二次电流是反映三相一次电流分别产生磁通在二次侧感应电流的相量和，如果互感器的二次绕组在铁芯圆周上的分布不均匀，且由于三相电缆导体在互感器内位置的偏移，使在正常工况下或短路故障时，互感器二次会有较大的不平衡电流，影响保护动作的可靠性。

6.7.3 接地保护的整定计算

6.7.3.1 逻辑框图

零序电流式接地保护逻辑框图如图 6.12 所示。

6.7.3.2 定值计算

对零序电流式接地保护的定值计算整定，实际上是确定其动作电流及动作延时。

（1）动作电流。

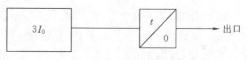

图 6.12 零序电流式接地保护逻辑框图

1）整定原则：被保护电动机及其供电线路上发生单相接地故障时，该保护应可靠动作，而在高压母线或其他支路上发生接地故障时，该保护应可靠不动作。

2）定值计算：当发电厂的厂用高压变压器及启动备用变压器低压侧的中性点不接地

时，零序电流式接地保护的动作电流定制为

$$3I_{0op} = K_{rel}\sqrt{3}U_N\omega C_1 \tag{6.24}$$

式中　K_{rel}——可靠系数，取 $2\sim3$；

　　　U_N——电动机额定电压；

　　　C_1——电动机及供电线路每相的对地电容之和。

　　3）动作灵敏度校验：设电动机定子绕组中间部位发生单向接地，则灵敏系数为

$$K_{sen} = \frac{\sqrt{3}U_N\omega(C_\Sigma - C_1)}{2K_{rel}\sqrt{3}U_N\omega C_1} = \frac{C_\Sigma - C_1}{2K_{rel}C_1} \tag{6.25}$$

式中　C_Σ——电动机所在系统每相对地电容；

　　　C_1——电动机及其供电线路每相对地电容。

按照规程规定，当电动机或供电线路上发生接地故障时，如果接地电流大于 10A 跳闸，小于 5A 时发信号。

当厂用高压变压器或启动备用变压器低压侧中性点经电阻 R 接地时，零序电流式接地保护的动作电流定值为

$$3I_{0op} = \frac{U_N}{3\sqrt{3}Rn_T}$$

式中　U_N——变压器低压侧额定电压；

　　　R——变压器中性点接地电阻；

　　　n_T——变压器中性点 TA 变比。

动作后，作用于跳闸。

（2）动作延时。当厂用高压变压器或启动备用变压器低压侧中性点不接地时，动作延时

$$t_{op} = 2 \sim 3s$$

当厂用高压变压器或启动备用变压器低压侧中性点经电阻接地时，动作延时

$$t_{op} = t_1 - \Delta t$$

式中　t_1——启动备用变压器或厂用高压变压器低压侧接地保护的动作延时；

　　　Δt——时间级差，$0.5s$。

6.7.4　提高接地保护动作可靠性的措施

运行实践表明，电动机接地保护误动的概率较高，其原因是动作电流小，或二次回路接线有误。

接地保护动作电流的整定值较小。其电流互感器的一次动作电流只有几安（例如 5A），反映到保护装置的动作电流只有几十毫安，如果正常时 TA 二次不平衡电流较大，很容易造成保护误动。

因此，为减小正常运行工况下的 TA 二次的不平衡电流，应将其二次的两个绕组串联或并联应用。这样，可以减小由于 TA 二次绕组在环形铁芯周围布置不均匀产生的不平衡电流。

另外，在电缆外层接地时，接线图应按图 6.13（a），不能按图 6.13（b）。就是说，电缆外层应穿过零序 TA 后再回穿过 TA 接地，不允许像图 6.13（b）那样，电缆外层穿

过 TA 后就直接接地。采用图 6.13（b）接地时，若在电动机输入回路上电缆外层其他部位再出现接地，保护将误动。

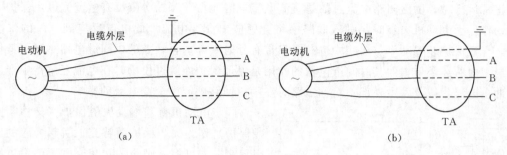

图 6.13 电缆外层接地
（a）正确接法；（b）错误接法

6.8 电动机的其他保护

6.8.1 高压同步电动机失步保护

高压同步电动机失步后如不需要自动再同步，应装设动作于跳闸的失步保护。同步电动机失步运行时，在其转子回路内将感应出交变电流，在定子绕组中也将引起较大的脉动电流，而且电压和电流间的相角也会发生变化，因此，可利用这些特征构成失步保护。常用的失步保护有以下两种。

（1）反应定子绕组中出现脉动电流而动作的保护。如图 6.14（a）所示，保护宜采用两相两继电器式接线，此保护装置可兼作过负荷保护。如果其电流继电器选用感应型，还可兼作相间短路保护。本方案适用于短路比在 0.8 及以上而且负荷平稳的电动机。

图 6.14（a）所示为由电磁型继电器构成的失步保护原理。同步电动机失步时，定子绕组中出现较大的脉动电流（也是一种过负荷），使电流继电器启动，经延时后，保护动作于跳闸。图中有一只带有延时断开动合触点的中间继电器 KM，其作用是：在脉动电流的谷点前后电流继电器可能暂时返回，中间继电器 KM 也将短时失电，由于 KM 具有延时断开功能，时间继电器 KT 就不会随着返回，以保证保护装置能按照要求的时限动作。电动机失步保护装置的动作电流和动作时限的整定与过负荷保护相同。

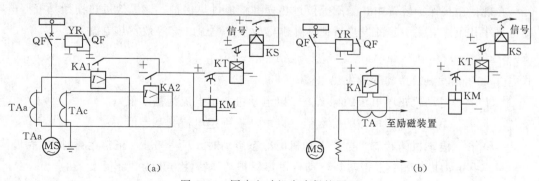

图 6.14 同步电动机失步保护原理
（a）检测定子回路脉动电流；（b）检测转子回路交变电流

（2）反应转子回路中交变电流而动作的保护。保护的接线如图 6.14（b）所示。电流互感器 TA 的一次绕组串联在转子励磁回路上，其二次绕组接电流继电器 KA。同步电动机正常运行时，励磁回路中流过的是直流电流，因此在 TA 二次侧没有电流流过，保护不会动作。当电动机失步时，励磁回路中将会感应出交变电流，此电流反应到 TA 的二次侧，导致保护装置动作。接线中也有一只带有延时断开动合触点的中间继电器 KM，其作用与上面所述类似，而其时间继电器的作用是保证保护能躲过投励时在电流互感器中产生的冲击电流，以及发生外部不对称短路时在励磁回路中产生交变电流的影响。

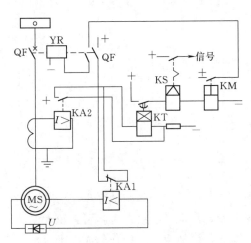

图 6.15　同步电动机失磁保护接线图

同步电动机普遍增设失磁保护（又称零励磁保护）作为失步保护的补充。引起失磁的原因很多，如可控硅励磁装置交流电源消失、励磁装置中某些元件损坏、转子绕组故障、励磁回路断线以及误操作等。失磁保护的接线如图 6.15 所示，图中零励磁电流继电器 KA1 串联在励磁回路中，当励磁电流正常时，其动断触点处于断开状态。由于某种原因使励磁电流消失或减小到低于动作电流时，零励磁电流继电器动作，其动断触点闭合，经时间继电器 KT 延时后，接通出口中间继电器 KM 发出跳闸脉冲，导致断路器跳闸并且灭磁。接入 KT 的目的是防止偶然因素引起的瞬时失磁而误动作。

在 KT 的线圈两端并联启动闭锁继电器 KA2 的动合触点，以保证同步电动机在启动过程励磁电流尚未投入之前失磁保护不会误动作。

6.8.2　电动机过热保护

6.8.2.1　过热保护构成原理及动作特性

当电动机电流过大，或出现负序电流，均会致使电动机过热甚至烧坏电动机。在电动机保护中均设置过热保护。最早的电动机过热保护采用的是热偶继电器。它是利用一种特殊金属的金属片构成。当流过电动机的电流过大而使电动机过热时，金属片热膨胀伸长，触点闭合，切除电动机。

在现代微机保护装置中，采用等效过热模型构成过热保护。该等效过热模型是根据电动机正序和负序电流引起的发热特征计算出等效发热电流。该等效发热电流为

$$I_{eq} = \sqrt{K_1 I_1^2 + 6 I_2^2} \tag{6.26}$$

式中　I_{eq}——发热模型的等效发热电流；

I_1——电动机正序电流的标么值（以电动机额定电流为基准值）；

I_2——电动机负序电流的标么值（以电动机额定电流为基准值）；

K_1——电动机的状态常数，电动机由冷态启动时，$K_1 = 0.5$，正常运行时 $K_1 = 1$。

考虑到电动机的发热及散热，电动机过热保护动作特性方程为

$$t = \frac{\tau}{I_{eq}^2 - I_\infty^2} \tag{6.27}$$

式中 τ——允许过热时间常数；

$\quad I_{eq}$——等效发热电流；

$\quad I_{\infty}$——电动机长期运行所允许的最大电流，与电动机散热状况有关；

$\quad t$——保护动作延时。

另外，过热保护尚可采用另一种动作特性方程

$$t = \tau \ln \frac{I_{eq}^2 - I_p^2}{I_{eq}^2 - I_{\infty}^2} \tag{6.28}$$

式中 t——保护动作延时；

$\quad I_{eq}$——等效发热电流；

$\quad I_{\infty}$——电动机长期运行所允许的最大电流；

$\quad I_p$——过负荷前的负荷电流；

$\quad \tau$——过热时间常数。

6.8.2.2 定值的整定

（1）过热时间常数应由电动机制造厂家提供，也可以根据制造厂家提供的过负荷能力曲线、允许堵转时间、电动机的温升等计算出来。对于式（6.27）所示的动作特性方程，当厂家没提供数据时可取

$$\tau = 500s$$

（2）长期运行允许最大负荷电流 I_{∞}。电动机长期运行允许的最大负荷电流等于电动机的过负荷保护的动作电流，即

$$I_{\infty} = K_{rel} I_N \tag{6.29}$$

式中 K_{rel}——可靠系数，取 1.05；

$\quad I_N$——电动机额定电流（二次值）。

将 K_{rel} 值代入式（6.29）得

$$I_{\infty} = 1.05 I_N$$

（3）过热保护的出口方式为过热信号跳闸及禁止再启动。

6.8.3 电动机堵转保护

电动机在启动或运行过程中发生了堵转，使启动电流不能减小或使电流急剧增大，时间过长将烧坏电动机，故应设置堵转保护。

6.8.3.1 电动机堵转的判据

电动机在启动或运行过程中发生了堵转，将使电动机的转速降低，电动机电流增大。电动机堵转保护只用于在运行中电动机堵转。

为使躲过电动机启动或自启动过程中堵转保护误动，堵转保护的判据应为：长时间电动机过电流及转速降低。

6.8.3.2 电动机堵转保护的逻辑框图

目前在微机型电动机综合保护装置中，堵转保护有两种构成方式。

（1）不反映电动机转速的堵转保护，其逻辑框图如图 6.16 所示。

（2）有转子转速接点闭锁时，堵转保护的逻辑框图如图 6.17 所示。在图 6.16 及图 6.17 中，$I >$ 为电动机过电流；t 为动作延时；S 为转速接点，当转速低时闭合。

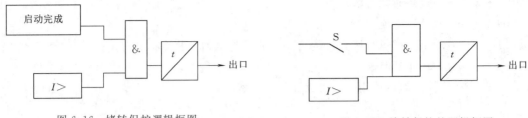

图 6.16　堵转保护逻辑框图　　　　　　　　图 6.17　堵转保护的逻辑框图

6.8.3.3　定值的整定

堵转保护的整定，要确定其启动电流和动作延时。

（1）动作电流

$$I_{op} = (1.5 \sim 2)I_N$$

（2）动作延时

无转速接点闭锁　　　$t_{op} = 1.2 \times (20 \sim 25)s = 24 \sim 30s$

有转速接点闭锁　　　$t_{op} = 0.8 \times (20 \sim 25)s = 16 \sim 20s$

6.9　高压同步电机保护实例

现以容量为 7000kW 的同步电机为例，根据同步电机继电保护配置图，用展开图形式介绍保护回路，如图 6.18 所示。

（1）纵联差动保护。它由 DCD-2 型差动继电器 1KD～3KD 构成，保护范围为 1TA～6TA，是同步电机相间短路故障的主保护。差动继电器动作后，直接启动出口中间继电器 1KPO 瞬时断开电动机断路器、灭磁并发出停机脉冲。电流继电器 KMD 用于监视差动回路断线。

（2）复合电压启动过电流保护。它由电流继电器 1KA～3KA 及接在发电机出口端电压互感器 TV 上的 BFY-12A 型负序电压继电器 KUN 和低电压继电器 KV 构成。是区外相间短路及电动机内部短路故障的后备保护。负序电压继电器反应于不对称短路，KV 反应于三相对称短路。保护启动后经时间继电器 1KT 延时后启动出口中间继电器 1KPO 动作于停机。在电动机断路器已合闸的情况下，若 TV 二次侧的熔断器熔断引起 KV 和 KAM 动作，将发出"电压互感器二次回路断线"的灯光信号及预告音响信号。

（3）过电压保护。由接在发电机出口端 TV 上的电压继电器 1KV 构成。保护启动后经时间继电器 2KT 延时后启动 2KPO，延时动作于解列灭磁。

（4）失磁保护。由灭磁开关常闭辅助接点 SM 经闭合的合闸位置继电器常开接点 1KCP（断路器处于合闸状态）和开机继电器的延时返回常闭接点 42KST（采用自同期方式时投入）连锁启动 2KPO，瞬时跳开发电机的断路器。

（5）过负荷保护。由接在 B 相电流互感器 5TA 上的电流继电器 4KA 构成。保护启动后经 3KT 延时发出"定子绕组过负荷"的灯光及预告音响信号。

（6）转子一点接地保护。由 BD-1A 型转子一点接地保护装置 WOE 构成，经切换开关 QK 投入运行。当转子绕组中绝缘电阻下降到低于其整定值时，将延时发出"转子一点接地"的灯光及预告音响信号。

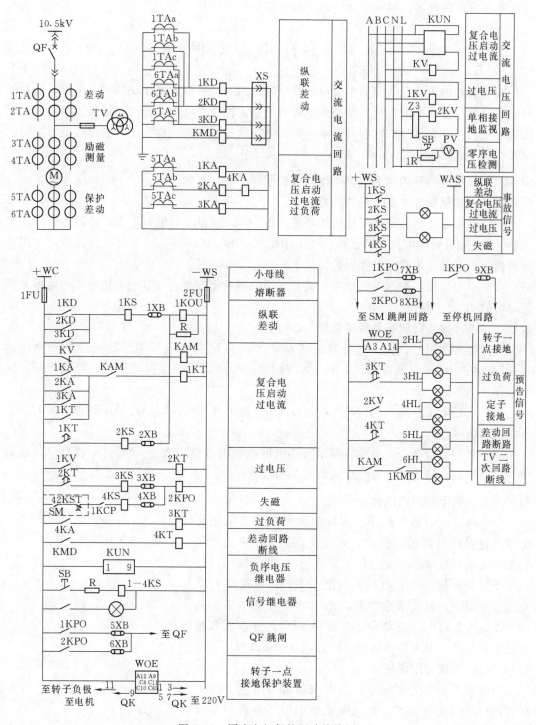

图 6.18 同步电机保护回路接线图

（7）定子绝缘监视和零序电压检测。由低值过电压继电器 2KV 和电压表 PV 等元件构成。按钮 SB 与电阻 1R 并联后和电压表串联以改变其量程，为滤掉三次谐波电压，电压继电器 2KV 经三次谐波滤过器 Z3 接入开口三角形线圈。当发生接地故障时出现零序电压，启动电压继电器，瞬时发出"定子绕组接地"的信号。

6.10　高压电容器保护

在变电站的中、低压侧通常装设并联电容器组，以补偿系统无功功率的不足，从而提高电压质量，降低电能损耗，提高系统运行的稳定性。并联电容器组可以接成星形，也可接成三角形。在大容量的电容器组中，为限制高次谐波的放大作用，可在每组电容器组中串接一只小电抗器。

6.10.1　高压电容器的常见故障类型与保护配置

6.10.1.1　常见故障类型及保护配置

（1）电容器与断路器之间连线的短路。对 400kvar 以上的电容器组，设置无时限或带 0.1~0.3s 短延时的电流速断保护，动作于跳闸；对 400kvar 及以下的电容器组，采用带熔断器的负荷开关进行控制和保护。

（2）单只电容器内部极间短路，设置专用的熔断器保护，熔体的额定电流为电容器额定电流的 1.5~2 倍。

6.10.1.2　异常运行状态及保护配置

（1）电容器组过负荷。电容器允许在 1.3 倍额定电流下长期运行，过电流允许达 1.43 倍额定电流。一般可不设保护，需要时装设反时限过电流保护作为过负荷保护，延时动作于信号。

（2）母线电压升高。当母线电压超过 110% 额定电压时，装设过电压保护，延时动作于信号或跳闸。

（3）单相接地保护。当电容器组所接电网接地电容电流大于 10A 时，装设单相接地保护，原理同小接地电流系统中线路的单相接地保护。

6.10.2　并联电容器组的通用保护

单台并联电容器最简单、有效的保护方式是采用熔断器。这种保护简单、价廉、灵敏度高、选择性强，能迅速隔离故障电容器，保证其他完好的电容器继续运行。但由于熔断器抗电容充电涌流的能力不佳，不适应自动化要求等原因，对于多台串并联的电容器组保护必须采用更加完善的继电保护方式。图 6.19 所示为并联电容器组的主接线图，电容器组通用保护方式有如下几种。

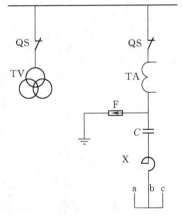

图 6.19　并联电容器组的主接线图

6.10.2.1　电抗器限流保护

与电容器串联的电抗器，具有限制短路电流、防止电容器合闸时充电涌流及放电电流过大损坏电容器等作用。除此之外，电抗器还能限制对高次谐波的放大作用，防止高次谐波对电容器的损坏。

6.10.2.2　避雷器的过电压保护

与电容器并联的避雷器用于吸收系统过电压的冲击波，防止系统过电压，损坏电容器。

6.10.2.3 电容器组的电压保护

电容器电压保护是利用母线电压互感器 TV 测量和保护电容器。电容器电压保护主要用于防止系统稳态过电压和欠电压。微机电容器电压保护的逻辑框图如图 6.20 所示。过电压和欠电压保护均通过延时鉴别稳态过电压和欠电压。低电压保护需经过电流闭锁，以防止 TV 断线造成低电压保护误动。

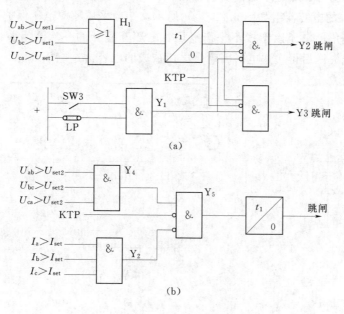

图 6.20 电压保护逻辑框图
(a) 过电压保护；(b) 低电压保护

在系统故障过电压或低电压电容器保护动作跳闸后，为了使保护能立即复位，要求保护在跳位时（KTP＝1）能自动退出运行，待母线电压恢复正常后断路器可重新投入运行。在图 6.20 中，KTP＝1 时去闭锁过电压保护的 Y2 和 Y3、低电压保护的 Y5，使电容器保护自动退出运行。

6.10.2.4 电容器组的过电流保护

电容器组的过电流保护用于保护电容器组内部短路及电容器组与断路器之间引起的相间短路。采用两段式，每段一个时限的保护方式，保护逻辑框图如图 6.21 所示。

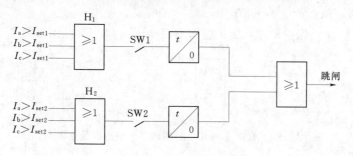

图 6.21 电容器过电流保护逻辑框图

6.10.3　电容器组内部故障的专用保护

电容器组由许多单台电容器串联组成，个别电容器故障由其他相应的熔断器切除，对整个电容器组无多大影响。但是当电容器组中多台电容器故障被熔断器切除后，就可能使继续运行的剩余电容器严重过载或过电压，因此必须考虑如下专用的保护措施。

6.10.3.1　单 Y 形接线的电容器组保护

单 Y 形接线的电容器组如图 6.22（a）所示，一般采用零序电压保护。保护采用电压互感器的开口三角形电压以形成不平衡电压。电压互感器的一次绕组兼作电容器放电线圈，可防止母线失压后再次送电时因剩余电荷造成的电容器过电压。

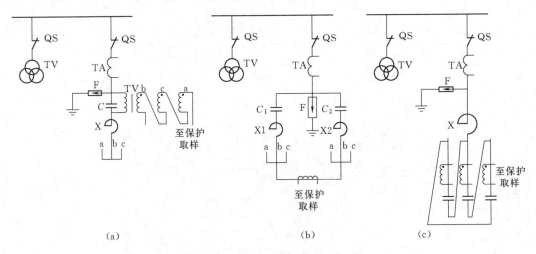

(a)　　　　　　　　　　　　(b)　　　　　　　　　　　　(c)

图 6.22　三种简单的电容器组保护方式

(a) 单 Y 形；(b) 双 Y 形；(c) 三角形

6.10.3.2　双 Y 形接线的电容器组保护

(1) 双 Y 形接线的电容器组保护可采用不平衡电流或电压保护方式。

(2) 双 Y 形接线的电容器组保护采用中性线不平衡电流，当同相的两电容器组 C_1 或 C_2 中发生多台电容器故障时，即 $X_{C1} \neq X_{C2}$，此时流过 C_1 和 C_2 的电流不相等，因此，在中性线中流过不平衡电流 I_{unb}。当 $I_{unb} > I_{set}$ 时保护动作。

(3) 双 Y 形接线的电容器采用不平衡电压保护时，可用 TV 改换 TA。即将 TV 一次绕组串在中性线中，当某电容器组发生多台电容器故障时，故障电容器组所在星形的中性点电位发生偏移，从而产生不平衡电压。

当 $U_{unb} > U_{set}$ 时，保护动作，保护逻辑框图如图 6.23 所示。

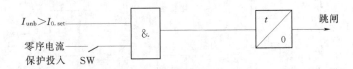

图 6.23　双 Y 形连接电容器的平衡电流保护逻辑图

6.10.3.3　三角形接线的电容器组保护

电容器组为三角形接线时，通常用于较小容量的电容器组，其保护采用零序电流保护，其逻辑框图与图 6.23 相似。

6.10.3.4 桥式差流的保护方式

电容器组为单 Y 形接线，而每相接成四个平衡桥的桥路时，可以采用桥差接线的保护方式，其一次接线如图 6.24（a）所示。正常运行时四个桥臂容抗平衡，$X_{C1} = X_{C2}$，$X_{C3} = X_{C4}$（或 $C_1/C_2 = C_3/C_4$），因此，桥差接线的 M 和 N 之间无电流流过。当四个桥臂中有一个电容器组存在多个电容器损坏时，桥臂之间因不平衡，在差接线 MN 中就流过不平衡差流。不平衡差流超过定值时保护动作。桥差保护方式的逻辑框图如图 6.24（b）所示。图中 SW 控制字"1"为投入，"0"为退出运行。

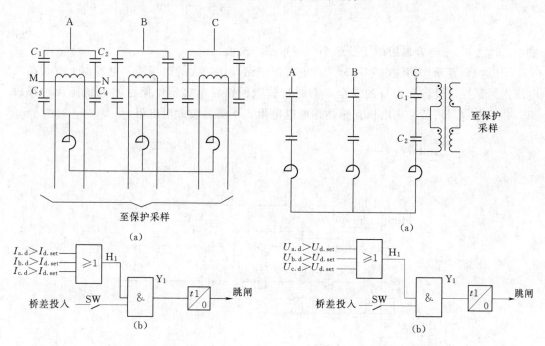

图 6.24 电容器组桥差保护方式
（a）桥差接线；（b）桥式差动电流保护逻辑图

图 6.25 电容器组压差保护方式
（a）压差接线；（b）电压差动电流保护逻辑图

6.10.3.5 电压差动保护方式

电容器组为单 Y 形接线，而每相为两组电容器组串联组成时，可用电压差动保护方式，其一次接线如图 6.25（a）所示，图中只画出一相 TV 接线，其他两相相似。TV 的一次绕组可以兼作电容器组的放电回路，TV 二次绕组接成压差式即反极性相串联。正常运行时 $C_1 = C_2$，压差为零；当电容器组 C_1 或 C_2 中有多台电容器损坏时，由于 C_1 和 C_2 容抗不等，因两只 TV 一次绕组的分压不等，压差接线的二次绕组中将出现差电压。当压差超过定值时保护动作。压差保护方式的逻辑框图如图 6.25（b）所示。图中 SW 为控制字，"1"为投入，"0"为退出。

6.10.4 高压电容器的电流速断保护

电容器组的电流速断保护的原理接线图如图 6.26 所示。高压电容器的电流速断保护的动作电流应躲过电容器投入时的冲击电流，继电器的动作电流为

$$I_{\text{op·KA}} = K_{\text{rel}} \frac{K_{\text{w}}}{K_{\text{TA}}} I_{\text{N·C}} \tag{6.30}$$

一次动作电流为

$$I_{\text{opl}} = \frac{K_{\text{TA}}}{K_{\text{w}}} I_{\text{op·KA}} \tag{6.31}$$

式中　　$I_{\text{N·C}}$——电容器的额定电流；

　　　　K_{rel}——可靠系数，取 $2\sim2.5$。

电容器电流速断保护的灵敏度可按式（6.32）校验：

$$K_{\text{S}} = \frac{I_{\text{k·min}}^{(2)}}{I_{\text{opl}}} \geqslant 2 \tag{6.32}$$

式中　　$I_{\text{k·min}}^{(2)}$——电容器组端子处最小两相短路电流值。

当保护装置动作切除电容器时，在电容器中储有比较大的电场能，电容器上有较高的电压。为了保证设备和人身的安全，需通过放电回路将电容器中储存的电场能及时释放掉。高压电容器一般采用电压互感器作放电电阻，不需另设放电电阻。

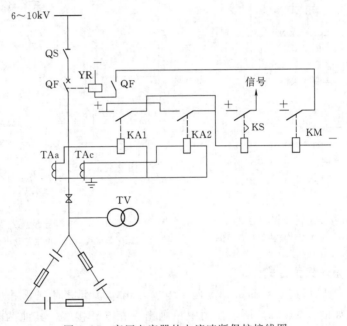

图 6.26　高压电容器的电流速断保护接线图

本　章　小　结

本章介绍高压电动机和高压电容器的保护，包括常见的故障和保护配置、保护的接线和工作原理、保护的整定计算。

（1）电动机的主要故障有定子绕组的相间短路、单相接地故障引起一相绕组的匝间短路，因此电动机的异常工作状态主要是过负荷。

（2）中小容量的电动机一般采用电流速断保护作为电动机相间短路的主保护，大容量的电动机一般采用差动保护作为电动机的主保护。

（3）当电动机的供电母线电压短时降低或短时中断又恢复时，为了保证重要电动机顺利自启动和保证不允许自启动电动机不再自启动，通常在次要电动机上设置短时间启动的低电压保护，在不允许自启动电动机上设置较长时间的低电压保护。

（4）高压电容器的常见故障类型有电容器与断路器之间连线的短路、单只电容器内部极间短路等；高压电容器的常见异常运行状态有电容器组过负荷、母线电压升高、单相接地保护等。

复 习 思 考 题

1. 电动机的主要故障有哪些？应装设哪些保护？

2. 电动机的电流速断保护动作电流的整定与线路或变压器的电流速断保护的动作电流整定有什么不同？为什么？

3. 电动机的过负荷保护有哪些特点？为什么电动机的过负荷保护宜采用反时限特性的电流继电器？

4. 电动机装设低电压保护的作用是什么？对电动机低电压保护有什么要求？

5. 电动机在什么情况下要装设单相接地保护？并简述其原因。电动机供电电缆头的接地线为什么必须穿过零序电流互感器的铁芯？

6. 何谓同步电动机"失步"，哪些原因会引起"失步"？泵站中常用的失步保护有哪些，它们分别是利用什么特征构成的？在什么条件下过负荷保护可兼作失步保护？

7. 高压电容器常见的故障类型、异常工作状态有哪些？应设置哪些相应的保护？

8. 电力电容器内部故障的专用保护如何设置？

9. 已知同步电动机额定电压 6kV，功率 630kW，$I_{Nm}=72A$，$\cos\varphi_N=0.9$，$n_0=375r/min$，$K_{st}=6$，$X''_K=0.1885$，$T_{max}/T_{Nm}=1.9$，电动机接线端 $I_{kmin}=3598A$，与电动机有直接联系的电缆长度总和为 2.1km。设短路比大于 0.8。试作同步电动机的继电保护设计（包括电动机保护的配置和保护的整定计算）。

10. 某高压电动机参数为：$U_{NM}=10kV$，$P_{NM}=2500kW$，$I_{NM}=230A$，$K_{st}=6$。电动机端子处两相短路电流为 6000A，自启动时间 $t_{st}=8s$，拟采用 GL 型电流继电器和不完全星形接线组成高压电动机瞬时电流速断保护及过负荷保护，电流互感器的变比为 400/5。试整定上述保护的动作电流、动作时限，并校验灵敏度。

11. 填空

（1）反应同步电动机相间故障的保护是_____保护或_____保护。反应同步电动机异步运行的保护是_____保护，泵站中通常利用动作于跳闸的_____保护兼作。

（2）泵站中同步电动机失步后不需要_____，故应装设_____的失步保护。泵站中常用的失步保护有以下两种：一是反应_____而动作的保护，二是反应_____而动作的保护。

12. 判断

（1）电动机定子绕组和变压器绕组的匝间短路，它们的纵差（传统）保护均不能反应。（　　）

（2）电动机负序反时限保护是电机转子负序保护的唯一主保护，所以该保护的电流动作值和时限与系统后备保护无关。（　　）

（3）电机转子一点接地保护动作后一般作用于跳闸。（　　）

（4）电机机端定子绕组接地，对发电机的危害比其他位置接地危害要大，这是因为机端定子绕组接地流过接地点的故障电流及非故障相对地电压的升高，比其他位置接地时均大。（　　）

第2篇 二 次 回 路

第7章 控 制 回 路

7.1 二次回路基本知识

电气二次设备是指对一次设备的工作进行监测、控制、调节、保护以及为运行、维护人员提供运行工况或生产指挥信号所需的低压电气设备。主要包括：仪表，控制和信号元件，继电保护装置，操作、信号电源回路，控制电缆及连接导线，发出音响的信号元件，接线端子排及熔断器等。根据测量、控制、保护和信号显示的要求，把有关二次设备连接起来的电路，称为二次回路或二次接线。表示二次接线内部关系的图称为二次接线图。

电气一次接线虽然是主体，但电力系统要实现安全、可靠和经济运行，二次接线同样是不可缺少的重要组成部分。随着机组容量和电力系统容量的增大以及自动化水平的不断提高，二次接线将起到越来越重要的作用。

按照电源性质的不同，二次回路分为交流回路（电压、电流）和直流回路，交流回路由电流互感器、电压互感器供电，直流回路由直流电源供电。

按照用途的不同，二次回路又分为操作电源回路、测量仪表回路、断路器控制和信号回路、中央信号回路、继电保护回路和自动装置回路等。

二次接线图分为归总式原理图（简称"归总图"）、展开式原理图（简称"展开图"）和安装接线图。

归总图是用来表示继电保护、测量仪表和自动装置等工作原理的接线图，它以元件整体形式表示二次设备间的电气联系。它通常是对各个一次设备分别画出，并且和一次接线的有关部分综合在一起。这种接线图的特点是使读者对整个装置的构成具有明确的整体概念。

图 7.1 为 6～10kV 电动机过电流保护的归总图，采用两相式不完全星形接线，电流互感器 TAa 和 TAc 的二次侧由控制电缆引至电流继电器 KA1 和 KA2，两只继电器的动合触点并联后，去控制时间继电器 KT 并经其延时闭合的动合触点去启动信号继电器 KS 和保护出口中间继电器 KM，实现断路器的跳闸和发出保护的动作信号。

从以上分析可见，归总图能概括地反映出保护装置或自动装置的总体工作概念，它能够明显地表明二次设备中各元件的形式、数量、电气联系和动作原理。但是，它对于一些细节并未表示清楚，例如未画出元件的内部接线和元件的端子标号，直流操作电源也只标明其极性。尤其当线路支路多，二次回路比较复杂时，回路中的缺陷便不易发现和寻找。因此，仅有归总图，还不能对二次回路进行检查、维修和安装配线。

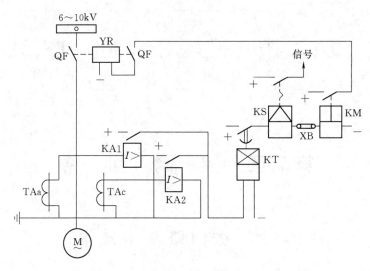

图 7.1　6～10kV 电动机过电流保护归总图

展开图是用来说明二次回路的动作原理，在现场使用极为普遍。展开图的特点是将每套装置的交流电流回路、交流电压回路和直流回路分开表示。为此，将同一仪表或继电器的电流线圈、电压线圈和触点分开画在不同的回路里，为了表明它们间的关系，将同一元件的线圈和触点用相同的文字符号标明。

在绘制展开图时，一般将电路分成几个部分，即交流电流回路、交流电压回路、直流操作回路和信号回路。对同一回路内的线圈和触点则按电流通过的路径自左至右排列。交

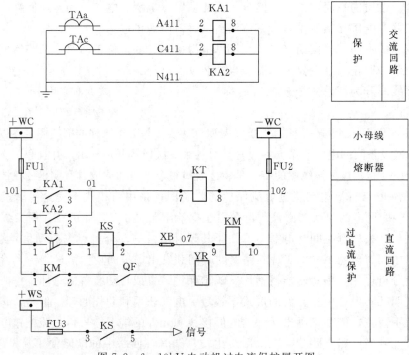

图 7.2　6～10kV 电动机过电流保护展开图

流回路按 a、b、c 的相序，直流回路按继电器的动作顺序自上至下排列。每一行中各元件的线圈和触点按实际连接顺序排列。在每一回路的右侧通常有文字说明，以便阅读。图7.2 绘出了与图 7.1 相对应的展开图。

在展开图的直流操作回路中，第一行、第二行为过电流保护的时间继电器启动回路，第三行为保护出口继电器的启动回路，第四行是接通跳闸回路。

比较图 7.1 和图 7.2 可以看出，展开图接线清晰，易于了解整套装置的动作程序和工作原理，在复杂的电路中其优点尤为突出。

安装接线图是制造厂在加工电气屏柜和现场电气设备安装时必不可少的图纸，也是试验、验收时的主要图纸。

在归总图和展开图中，用到了一些图形符号，它们代表继电器的线圈和触点等，也用到了一些文字符号表示这些元件的名称。

7.2 电压互感器二次回路

电力系统中一次设备运行状态的监控和故障的切除是靠测量仪表、继电保护及自动装置实现的。测量仪表、继电保护和自动装置通过互感器取得一次设备的运行参数，仪表测量的准确性、继电保护及自动装置动作的可靠性，在很大程度上与互感器的性能有关。

互感器包括电压互感器和电流互感器。电压互感器是一种小型的变压器，电流互感器是一种小型的变流器，电压互感器和电流互感器是将电力系统的一次电压和一次电流按比例缩小成符合要求的二次电压和二次电流，向测量仪表、继电保护及自动装置的电压线圈和电流线圈供电。互感器的作用主要有以下两点：

（1）将一次回路的高电压和大电流变换成二次回路的低电压和小电流，并规范为标准值。这样可使测量仪表、继电保护及自动装置标准化、小型化。

（2）将一次回路与二次回路进行电气隔离，这既保证了二次设备和人身安全，又保证了二次回路维修时不必中断一次设备运行。

7.2.1 对电压互感器二次回路的要求

电压互感器二次回路应满足以下要求：

（1）电压互感器的接线方式应满足测量仪表、远动装置、继电保护和自动装置检测回路的具体要求。

（2）应装设短路保护。

（3）应有一个可靠的接地点。

（4）应有防止从二次回路向一次回路反馈电压的措施。

（5）对于双母线上的电压互感器，应有可靠的二次切换回路。

7.2.2 电压互感器二次回路的短路保护

电压互感器正常运行时，近似于空载状态，若二次回路短路，会出现危险的过电流，将损坏二次设备和危及人身安全。所以，必须在电压互感器二次侧装设熔断器或低压断路器，作为二次侧的短路保护。

7.2.2.1 装设熔断器

在 35kV 及以下中性点不直接接地系统中，一般不装设距离保护，不用担心在电压互感器二次回路末端短路时，因熔断器熔断较慢而造成距离保护误动作。因此，对 35kV 及以下的电压互感器，可以在二次绕组各相引出端装设熔断器（如图 7.3 中所示的 FU1～FU3）作为短路保护。

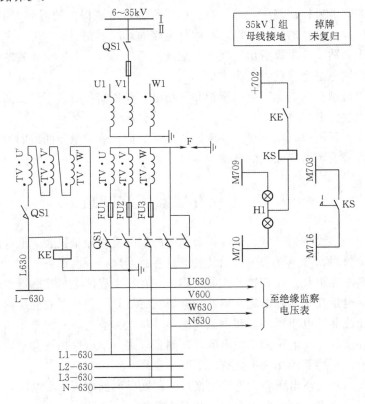

图 7.3 V 形接线电压互感器二次回路图

选择熔断器的原则有以下两点：

（1）在电压互感器二次回路内发生短路故障时，熔断器熔体的熔断时间应小于继电保护的动作时间。

（2）熔断器熔体的额定电流应整定为二次最大负载电流的 1.5 倍。对于双母线系统，应考虑一组母线停止运行时，所有电压回路的负载全部切换至另一组的电压互感器上。

7.2.2.2 装设低压断路器

在 110kV 及以上中性点直接接地系统中，通常装有距离保护，如果在远离电压互感器的二次回路上发生短路故障时，由于二次回路负载阻抗较大，短路电流较小，则熔断器不能快速熔断，但在短路点附近电压比较低或等于零，可能引起距离保护误动作。所以，对于 110kV 及以上的电压互感器，在二次绕组各相引出端装设快速低压断路器（如图 7.4 中的 QA1～QA3）作为短路保护。

选择低压断路器有以下三点原则：

（1）低压断路器脱扣器的动作电流应整定为二次最大负载电流的 1.5～2.0 倍。

（2）当电压互感器运行电压为 90% 额定电压时，在二次回路末端经过渡电阻发生两相短路，而加在继电器线圈上的电压低于 70% 额定电压时，低压断路器应能瞬时动作与跳闸。

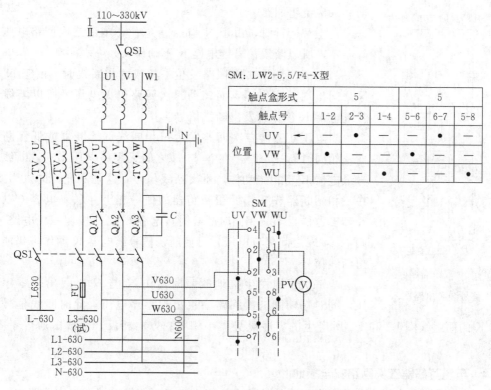

图 7.4 中性点 N 接地的电压互感器二次回路图

（3）低压断路器脱扣器的断开时间不应大于 0.02s。

对于 110kV 及以上或 35kV 及以下的电压互感器，在中性线和辅助二次绕组回路中，均不装设熔断器或低压断路器，因为正常运行时，在中性线和辅助二次绕组回路中，没有电压或只有很小的不平衡电压；同时，此回路也难以实现对熔断器和自动开关的监视。

由电压互感器二次回路引到继电保护屏去的分支回路上，为保证继电保护工作的可靠性，不装设熔断器；引到测量仪表回路去的分支回路上，应装设熔断路，此熔断器应与主回路的熔断器在动作时限上相配合，以便保证在测量回路中发生短路故障时，首先熔断分支回路熔断器。

7.2.3 电压互感器二次回路断线信号装置

由于电压互感器二次输出端装有短路保护，故当短路保护动作或二次回路断线时，与其相连的距离保护可能误动作。虽然距离保护装置本身的振荡闭锁回路可兼作电压回路断线闭锁之用，但是为了避免在电压回路断线的情况下，又发生外部故障造成距离保护无选择性动作，或者是其他继电保护和自动装置不正确动作，一般还需要装设电压回路断线信号装置，当熔断器或自动开关断开或二次回路断线时，发出断线信号，以便运行人员及时发现并处理。

电压回路断线信号装置的类型很多。目前多采用按零序电压原理构成的电压回路断线信号装置，其电路如图 7.5 所示。该装置由星形连接的三个等值电容器 C_1、C_2、C_3，断线信号继电器 K，电容 C' 及电阻 R' 组成。断线信号继电器 K 有两组线圈 L1，接于电容中性点 N' 和二次回路中性点 N 回路中，另一线圈 L2 经 C'、R' 接于电压互感器

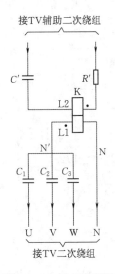

接TV辅助二次绕组

接TV二次绕组

图 7.5　电压回路断线
信号装置电路图

辅助二次绕组回路。

在正常运行时，由于 N′ 与 N 等电位，辅助二次回路电压也等于零，所以断线信号继电器 K 不动作。

当电压互感器二次回路发生一相或两相断线时，由于 N′ 与 N 之间出现零序电压，而辅助二次回路仍无电压，所以断线信号继电器 K 动作，发出断线信号。

当电压互感器二次回路发生三相断线（熔断器或低压断路器三相同时断开）时，在 N′ 与 N 之间无零序电压出现，断线信号继电器 K 将拒绝动作，不发断线信号，这是不允许的。为此，在三相熔断器或三相低压断路器的任一相上并联一电容 C（图 7.4）。这样，当三相同时断开时，电容 C 仍串接在一相电路中，则 N′ 与 N 之间仍有电压，可使断线信号继电器 K 动作，仍能发出断线信号。

当一次系统发生接地故障时，在 N′ 与 N 之间出现零序电压，同时在辅助二次回路中也出现零序电压，此时断线信号继电器 K 的两组线圈 L1 和 L2 所产生的零序磁势大小相等、方向相反，合成磁通等于零，K 不动作。

7.2.4　电压互感器二次回路安全接地

电压互感器一次绕组并接在高压系统的一次回路中，二次绕组并接在二次回路中。当电压互感器一、二次绕组之间绝缘损坏被击穿时，高电压将侵入二次回路，危及人身和二次设备的安全。为此，在电压互感器二次侧必须有一个可靠的接地点，通常称为安全接地或保护接地。目前国内电压互感器二次侧的接地方式有 V 相接地和中性点接地两种。

7.2.4.1　V 相接地的电压互感器二次电路

在 35kV 及以下中性点不直接接地系统中，一般不装设距离保护，V 相接地对保护影响较小，又由于一次系统发生单相接地故障时，相电压随其变化，而线电压三角形不变。因此，同步系统不能用相电压，而必须用线电压。为了简化其二次回路，对 35kV 及以下的电压互感器，二次绕组一般采用 V 相接地，如图 7.3 所示。

图 7.3 中，M709 和 M710 分别为Ⅰ和Ⅱ组预告信号小母线；+702 为母线设备辅助小母线。TV·U、TV·V、TV·W 为电压互感器主二次绕组，在二次绕组引出端附近，装设熔断器 FU1～FU3 作为二次回路的短路保护。二次绕组的安全接地点设在 V 相，并设在 FU2 之后，以保证在电压互感器二次侧中性线上发生接地故障时，FU2 对 V 相绕组起保护作用。但是接地点设在熔断器 FU2 之后也有缺点，当熔断器 FU2 熔断后，电压互感器二次绕组将失去安全接地点。为了防止在这种情况下有高电压侵入二次侧，在二次侧中性点与地之间装设一个击穿保险器 F。击穿保险器实际上是一个放电间隙，当二次侧中性点对地电压超过一定数值后，间隙被击穿，变为一个新的安全接地点。电压值恢复正常后，击穿保险器自动复归，处于开路状态。正常运行时中性点对地电压等于零（或很小），击穿保险器处于开路状态，对电压互感器二次回路的工作无任何影响。

为防止在电压互感器停用或检修时，由二次侧向一次侧反馈电压，造成人身和设备事故，可采取如下措施：除接地的 V 相以外，其他各相引出端都由电压互感器隔离开关

QS1 辅助常开触点控制。这样当电压互感器停电检修时，在断开其隔离开关 QS1 的同时，二次回路也自动断开。由于隔离开关的辅助触点有接触不良的可能，而中性线上的触点接触不良又难以发现，所以，采用了两对辅助触点 QS1 并联，以提高其可靠性。

在母线接地时，为了判别哪相接地，通常接有绝缘监察电压表。

7.2.4.2 中性点接地的电压互感器二次电路

110kV 及以上中性点直接接地系统，一般装设距离保护和零序方向保护，电压互感器二次绕组采用中性点接地对保护较有利。中性点接地的电压互感器二次电路如图 7.4 所示。

对于 110kV 及以上的电压互感器，在二次回路装有短路保护；并装有电压回路断线信号装置，为了保证在二次回路断线时，断线信号能可靠地发出，其中性点引出线不经过隔离开关的辅助触点（或继电器的触点）引出，并在三相中的任一相上并联一个电容器 C；为防止二次侧向一次侧反馈电压，其各相（除中性线）引出端都经电压互感器隔离开关 QS1 的辅助触点引出；图 7.4 中还设有相应的电压小母线。

由于一次系统中性点直接接地，则不需装设绝缘监察装置，而是通过转换开关 SM，选测 U_{UV}、U_{VW}、U_{WU} 三种线电压。

7.3 电流互感器二次回路

7.3.1 对电流互感器二次回路的要求

电流互感器二次回路应满足以下要求：

（1）电流互感器的接线方式应满足测量仪表、远动装置、继电保护和自动装置检测回路的具体要求。

（2）应有一个可靠的接地点，但不允许有多个接地点，否则会使继电保护拒绝动作或仪表测量不准确。

（3）当电流互感器二次回路需要切换时，应采取防止二次回路开路的措施。

（4）为保证电流互感器能在要求的准确级下运行，其二次负载阻抗不应大于允许负载阻抗。

（5）保证极性连接正确。

电流互感器同电压互感器一样，为防止电流互感器一、二次绕组之间绝缘损坏而被击穿时，高电压侵入二次回路危及人身和二次设备安全，在电流互感器二次侧必须有一个可靠的接地点。

电流互感器正常运行时，近似于短路状态。一旦二次回路出现开路故障，在二次绕组两端会出现危险的过电压，对二次设备和人身安全造成很大的威胁。因此，运行中的电流互感器严禁二次回路开路。防止开路的措施通常有以下几种：

（1）电流互感器二次回路不允许装设熔断器。

（2）电流互感器二次回路一般不进行切换。当必须切换时，应有可靠的防止开路措施。

（3）继电保护与测量仪表一般不合用电流互感器。当必须合用时，测量仪表要经过中间变流器接入。

（4）对于已安装而尚未使用的电流互感器，必须将其二次绕组的端子短接并接地。

（5）电流互感器二次回路的端子应使用试验端子。

（6）电流互感器二次回路的连接导线应保证有足够的机械强度。

7.3.2　电流互感器的二次负载

电流互感器的二次负载指的是二次绕组所承担的容量，即负载功率。其计算公式为

$$S_2 = U_2 I_2 = I_2^2 Z_2 \tag{7.1}$$

式中　S_2——电流互感器二次负载功率，$V \cdot A$；

　　　U_2——电流互感器二次工作电压，V；

　　　I_2——电流互感器二次工作电流，A；

　　　Z_2——电流互感器二次负载阻抗，Ω。

由于电流互感器二次工作电流 I_2 只随一次电流变化，而不随二次负载阻抗变化。因此，其容量 S_2 取决于 Z_2 的大小，通常把 Z_2 作为电流互感器的二次负载阻抗。Z_2 是二次绕组负担的总阻抗，包括测量仪表或继电保护（或远动或自动装置）电流线圈的阻抗 Z_{22}、连续导线阻抗 Z_{21} 和接触电阻 R 三部分。为了保证电流互感器能够在要求的准确级下运行，必须校验其实际二次负载阻抗是否小于允许值。校验的方法有两种：在设计阶段用计算法，在电流互感器投入运行前用实测法。

7.3.2.1　计算法

电流互感器二次负载阻抗可用下式计算

$$Z_2 = K_1 Z_{21} + K_2 Z_{22} + R \tag{7.2}$$

式中　Z_{21}——连接导线阻抗，Ω；

　　　Z_{22}——测量仪表或继电器线圈阻抗，Ω；

　　　R——接触电阻，一般为 $0.05 \sim 0.1\Omega$；

　　K_1、K_2——连接导线、继电器或测量仪表线圈阻抗换算系数，取决于电流互感器及负载的接线方式和一次回路的短路形式。

下面分析图 7.6 所示三相电流互感器星形接线方式下，在三相、两相和单相短路故障时，二次负载阻抗和阻抗换算系数。

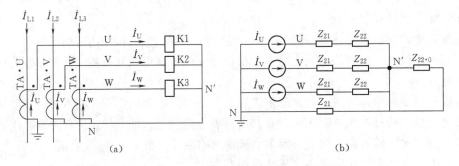

(a)　　　　　　　　　　　　　　　　(b)

图 7.6　三相电流互感器完全星形接线

(a) 电路图；(b) 等值图

（1）一次系统发生三相短路（或正常运行）。三相电流基本对称，中性线（N' 与 N 连线）上无电流。所以，电流互感器 U 相二次电压为

$$U_{\mathrm{U}} = I_{\mathrm{U}}(Z_{21} + Z_{22})$$

即
$$Z_2^{(3)} = \frac{U_{\mathrm{U}}}{I_{\mathrm{U}}} = Z_{21} + Z_{22} \qquad (7.3)$$

与式（7.2）比较可知：$K_1 = 1$，$K_2 = 1$。

（2）一次系统发生 L1、L2 两相短路。在忽略负载电流情况下，有

$$\dot{I}_{\mathrm{L1}} = -\dot{I}_{\mathrm{L2}}, \quad \dot{I}_{\mathrm{L3}} = 0$$

即 $\dot{I}_{\mathrm{U}} = -\dot{I}_{\mathrm{V}}$，$\dot{I}_{\mathrm{W}} = 0$，所以中性线电流为

$$\dot{I}_{\mathrm{N}} = \dot{I}_{\mathrm{U}} + \dot{I}_{\mathrm{V}} + \dot{I}_{\mathrm{W}} = 0$$

此时，L1、L2 两相电流互感器的二次绕组视为相互串联，因此

$$2\dot{U}_{\mathrm{U}} = \dot{I}_{\mathrm{U}}(Z_{21} + Z_{22} + Z_{21} + Z_{22}) = 2\dot{I}_{\mathrm{U}}(Z_{21} + Z_{22})$$

即
$$Z_2^{(2)} = \frac{\dot{U}_{\mathrm{U}}}{\dot{I}_{\mathrm{U}}} = Z_{21} + Z_{22} \qquad (7.4)$$

与式（7.2）比较可知：$K_1 = 1$，$K_2 = 1$。

（3）110kV 及以上中性点直接接地系统发生 L1 相单相接地短路。在忽略负载电流情况下，有

$$\dot{I}_{\mathrm{V}} = \dot{I}_{\mathrm{W}} = 0$$

则中性线电流 $\dot{I}_{\mathrm{N}}$ 等于 $\dot{I}_{\mathrm{U}}$，因此

$$\dot{U}_{\mathrm{U}} = \dot{I}_{\mathrm{U}}(Z_{21} + Z_{22}) + \dot{I}_{\mathrm{N}}(Z_{21} + Z_{22 \cdot 0})$$

$$= \dot{I}_{\mathrm{U}}(Z_{22} + Z_{22 \cdot 0} + 2Z_{21})$$

式中　$Z_{22 \cdot 0}$——接于中性线上的负载阻抗，Ω。

若 $Z_{22} \gg Z_{22 \cdot 0}$，有

$$Z_{22} + Z_{22 \cdot 0} \approx Z_{22}$$

则
$$\dot{U}_{\mathrm{U}} = \dot{I}_{\mathrm{U}}(Z_{22} + 2Z_{21})$$

即
$$Z_2^{(1)} = \frac{\dot{U}_{\mathrm{U}}}{\dot{I}_{\mathrm{U}}} = 2Z_{21} + Z_{22} \qquad (7.5)$$

与式（7.2）比较可得：$K_1 = 2$，$K_2 = 1$。

可见，这种接线方式，在一次回路发生单相接地短路时，二次负载阻抗最大。

7.3.2.2　实测法

实测法通常采用电流电压法实测二次负载阻抗，计算出每相电流互感器的二次最大负载阻抗 Z_2。

实测法与电流互感器接线方式有关。

（1）三相星形接线方式。将电流互感器二次绕组的引出端拆开，分别从 U‑N、V‑N、W‑N 向负载回路通入交流相电流 I_{P}（一般不超过额定值），并测取相应的外加电压 U_{UN}、U_{VN}、U_{WN}。如果通入电流大小相等且二次负载回路三相对称，则

$$U_{\mathrm{UN}} = U_{\mathrm{VN}} = U_{\mathrm{WN}} = U_{\mathrm{P}}$$

每相负载的实测阻抗为

$$Z_{\mathrm{P}} = \frac{U_{\mathrm{P}}}{I_{\mathrm{P}}} = 2Z_{21} + Z_{22} + Z_{22 \cdot 0} \tag{7.6}$$

三相星形接线方式下，在一次回路发生单相短路时，二次负载阻抗最大，即

$$Z_2^{(1)} = 2Z_{21} + Z_{22} + Z_{22 \cdot 0} \tag{7.7}$$

可见，对于三相星形接线的电流互感器，其二次负载阻抗最大值 $Z_2^{(1)}$ 等于实测阻抗 Z_{P}。

（2）三相三角形接线方式。分别在电流互感器一次侧 L1-L2、L2-L3、L3-L1 端通入试验（交流）电流（需将一次侧的另一端的两个端子短接），其试验电流不能超过额定值，分别测出二次侧电流 I 和相应的感应电压 U_{UV}、U_{VW}、U_{WU}。当二次侧三相负载不对称时，应根据每次测得的电压与电流值求得

$$Z_{\mathrm{UV}} = \frac{U_{\mathrm{UV}}}{I}, \ Z_{\mathrm{VW}} = \frac{U_{\mathrm{VW}}}{I}, \ Z_{\mathrm{WU}} = \frac{U_{\mathrm{WU}}}{I}$$

由于二次负载的阻抗角相差不大，可以假定 Z_{UV}、Z_{VW}、Z_{WU} 的阻抗角相等，再换算出各相阻抗为

$$\left. \begin{aligned} Z_{\mathrm{U}} &= \frac{1}{2}(Z_{\mathrm{UV}} + Z_{\mathrm{WU}} - Z_{\mathrm{VW}}) \\ Z_{\mathrm{V}} &= \frac{1}{2}(Z_{\mathrm{UV}} + Z_{\mathrm{VW}} - Z_{\mathrm{WU}}) \\ Z_{\mathrm{W}} &= \frac{1}{2}(Z_{\mathrm{VW}} + Z_{\mathrm{WU}} - Z_{\mathrm{UV}}) \end{aligned} \right\} \tag{7.8}$$

在每次计算出来的三相阻抗 Z_{U}、Z_{V}、Z_{W} 中，取其最大者作为每相负载的实测阻抗 Z_{P}。三角形接线方式下，在一次回路发生三相短路时，二次负载阻抗最大，则每个电流互感器负担的二次最大负载阻抗为

$$Z_2^{(3)} = 3Z_{\mathrm{U}} \tag{7.9}$$

可见，对于三相三角形接线的电流互感器，二次负载阻抗最大值 $Z_2^{(3)}$ 是实测阻抗 Z_{P} 的 3 倍。

7.3.2.3　校验计算

校验电流互感器二次负载阻抗（或电流互感器误差校验）时，应根据电流互感器的不同用途进行。

（1）测量仪表用的电流互感器二次负载阻抗。要求在正常运行时不应大于该准确级下的二次额定负载阻抗，即

$$Z_2 \leqslant Z_{2\mathrm{N}} \quad 或 \quad S_2 \leqslant S_{2\mathrm{N}} \tag{7.10}$$

式中　$Z_{2\mathrm{N}}$——电流互感器二次额定负载阻抗，Ω；

$S_{2\mathrm{N}}$——电流互感器二次额定容量，VA。

测量仪表用的电流互感器二次负载阻抗 Z_2 计算式与式（7.2）类似，即

$$Z_2 = K_1 Z_{21} + K_2 Z_{23} + R \tag{7.11}$$

式中　Z_{23}——测量仪表线圈阻抗，Ω；

K_1、K_2——阻抗换算系数。

按式（7.11）计算出的 Z_2；若满足式（7.10），则表明电流互感器能在要求的准确级下运行，即校验结果满足要求。

（2）继电保护用的电流互感器的二次负载阻抗。按电流互感器的 10% 误差曲线进行校验，即

$$Z_2 \leqslant Z_{2en} \tag{7.12}$$

二次允许负载阻抗 Z_{2en} 由电流互感器的 10% 误差曲线确定。为查 10% 误差曲线，首先要确定短路时一次电流倍数 m，即

$$m = \frac{KI_1}{I_{1N}} \tag{7.13}$$

式中 K——可靠系数；

I_1——流过电流互感器一次绕组的短路电流；

I_{1N}——电流互感器一次额定电流。

可靠系数 K 和短路电流 I 与保护方式有关，已在继电保护课程中讲述。

在所选用的电流互感器的 10% 误差曲线上找出与 m 相对应的二次允许负载阻抗 Z_{2en} 值。

继电保护用的电流互感器二次负载阻抗 Z_2 计算式与式（7.2）类似，即

$$Z_2 = K_1 Z_{21} + K_2 Z_{24} + R \tag{7.14}$$

$$Z_{24} = \frac{P}{I_2^2}$$

式中 Z_{24}——继电器阻抗，Ω；

P——继电器在最低整定值时消耗的总功率，可由手册或产品样本查得；

I_2——继电器在最低整定值时的动作电流；

K_1、K_2——阻抗换算系数。

按式（7.14）计算出的 Z_2 满足式（7.12）时，则校验结果满足要求；若不满足要求，可根据具体情况采取以下措施：

（1）增加连接导线的截面积。

（2）将同一电流互感器的两个二次绕组串联起来使用。

（3）将电流互感器的两相 V 形接线改为三相星形接线，差电流接线改为两相 V 形接线。

（4）选用二次允许负载阻抗较大的电流互感器。

（5）采用二次额定电流小的电流互感器或消耗功率小的继电器等。

【例 7.1】　6kV 馈线装设的仪表和继电器如图 7.7 所示，仪表和继电器的阻抗见表 7.1。电流互感器的变比为 400/5，具有 0.5 级、3 级的铁芯各一个。0.5 级接仪表，$Z_{2N}=2\Omega$；3 级接继电器，其 $m=3$，$Z_{2en}=1.5\Omega$。试校验二次回路电缆（铜芯电缆，芯线截面为 2.5mm^2）长度为 50m 时的二次负载阻抗 Z_2 是否满足要求？

解： 取二次回路接触电阻 $R=0.1\Omega$。

二次回路电缆阻抗为

$$Z_{21} = R_{21} = \rho \frac{S}{L} = \frac{1}{57} \times \frac{50}{2.5} = 0.351(\Omega)$$

式中 ρ——电阻系数，铜的电阻系数 $\rho = 1/57$，$\Omega \cdot \text{mm}^2/\text{m}$；

S——电缆芯线截面，mm^2；

L——电缆长度，m。

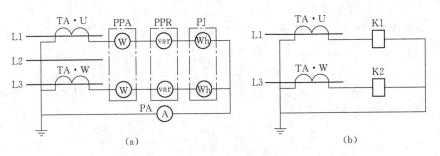

图 7.7　6kV 馈线电流互感器二次回路图

(a) 测量电路；(b) 保护电路

表 7.1 　　　　　　　　　　　仪 表 和 继 电 器 阻 抗

级别	二次负载名称	二次负载阻抗/Ω		
		U	W	照明线
TA（0.5 级）	电流表			0.12
	有功功率表	0.058	0.058	
	无功功率表	0.058	0.058	
	有功电能表	0.02	0.02	
TA（3 级）	电流继电器	0.04	0.04	

（1）测量仪表回路。按正常运行状态进行校验，即

$$Z_2 \leqslant Z_{2N}$$

正常运行状态，$Z_{22.0} \neq 0$ 时，$K_1 = K_2 = \sqrt{3}$，则 U 相二次负载阻抗为

$$Z_2 = \sqrt{3} Z_{21} + \sqrt{3} Z_{23} + R = \sqrt{3} \times 0.351 + \sqrt{3} \times 0.136 + 0.1$$
$$= 0.9435(\Omega) < 2\Omega$$

可见，二次负载 Z_2 阻抗不大于二次额定负载阻抗 Z_{2N}，所以校验结果满足要求。

（2）继电保护回路。按 10% 误差进行校验，即

$$Z_2 \leqslant Z_{2en}$$

当一次回路发生两相短路时，二次负载阻抗最大，$Z_{22.0} = 0$ 时，$K_1 = 2$，$K_2 = 1$，则 U 相二次负载阻抗为

$$Z_2 = 2Z_{21} + Z_{24} + R = 2 \times 0.351 + 1 \times 0.04 + 0.1$$
$$= 0.842(\Omega) < 1.5\Omega$$

可见，二次负载阻抗 Z_2 不大于二次允许负载阻抗 Z_{2en}，所以校验结果满足要求。

7.4　断 路 器 的 控 制 回 路

7.4.1　概述

7.4.1.1　断路器的控制类型

按控制方式，对断路器的控制可分为一对一控制和一对 N 的选线控制。一对一控制

是利用一个控制开关控制一台断路器，一般适用于重要且操作机会少的设备，如发电机、调相机、变压器等。一对 N 的选线控制是利用一个控制开关，通过选择，控制多台断路器，一般适用于馈线较多，接线和要求基本相同的高压和厂用馈线。对断路器的控制按其操作电源的不同，又可分为强电控制和弱电控制。强电控制电压一般为 110V 或 220V，弱电控制电压为 48V 及以下。

对于强电控制，按其控制地点，又可分为远方控制和就地控制。就地控制是控制设备安装在断路器附近，运行人员就地进行手动操作。这种控制方式一般适用于不重要的设备，如 6～10kV 馈线、厂用电动机等。远方控制是在离断路器几十米至几百米的主控制室的主控制屏（台）上，装设能发出跳、合闸命令的控制开关或按钮，对断路器进行操作，一般适用于发电和变电站内较重要的设备，如发电机、主变压器、35kV 及以上线路和相应的并联电抗器等。

7.4.1.2　断路器的操作机构

断路器的操作机构是断路器本身附带的合、跳闸传动装置，用来使断路器合闸或维持闭合状态，或使断路器跳闸。在操作机构中均设有合闸机构、维持机构和跳闸机构。由于动力来源不同，操作机构可分为电磁操作机构（CD）、弹簧操作机构（CT）、液压操作机构（CY）、电动机操作机构（CJ）等。其中目前应用较广的是弹簧操作机构、液压操作机构和气动操作机构。不同形式的断路器，根据传动方式和机械荷载的不同，可配用不同形式的操作机构。

（1）电磁操作机构是靠电磁力进行合闸的机构。这种机构结构简单、加工方便、运行可靠，是我国断路器应用较普通的一种操作机构。由于是利用电磁力直接合闸，合闸电流很大，可达几十安至数百安，所以合闸回路不能直接利用控制开关触点接通，必须采用中间接触器（即合闸接触器）。

电磁操作机构的电压一般为 110V 或 220V，由两个线圈组成，两线圈串联，适于 220V；并联则适于 110V。目前，这种操作机构由于合闸冲击电流很大而很少采用。

（2）弹簧操作机构是靠预先储存在弹簧内的位能来进行合闸的机构。这种机构不需配备附加设备，弹簧储能时耗用功率小（用 1.5kW 的电动机储能），因而合闸电流小，合闸回路可直接用控制开关触点接通。

（3）液压操作机构是靠压缩气体（氮气）作为能源，以液压油作为传递媒介来进行合闸的机构。此种机构所用的高压油预先储存在储油箱内，用功率较小（1.5kW）的电动机带动油泵运转，将油压入储压筒内，使预压缩的氮气进一步压缩，从而不仅合闸电流小，合闸回路可直接用控制开关触点接通，而且压力高，传动快，动作准确，出力均匀。目前我国 110kV 及以上的 SF_6 断路器广泛采用这种机构。

7.4.2　断路器控制回路基本要求及控制开关

7.4.2.1　断路器控制回路基本要求

断路器的控制回路应满足下列要求：

（1）断路器操作机构中的合、跳闸线圈按短时通电设计。故在合、跳闸完成后应自动解除命令脉冲，切断合、跳闸回路，以防合、跳闸线圈长时间通电。

（2）合、跳闸电流脉冲一般应直接作用于断路器的合、跳闸线圈，但对电磁操作机构，合闸电流很大（35～250A），须通过合闸接触器接通合闸线圈。

（3）无论断路器是否带有机械闭锁，都应具有防止多次合、跳闸的电气防跳功能。

（4）断路器既可利用控制开关进行手动跳闸与合闸，又可由继电保护和自动装置自动跳闸与合闸。

（5）应能监视控制电源及合、跳闸回路的完好性，应对二次回路短路或过负载进行保护。

（6）应有反映断路器状态的位置信号和显示自动合、跳闸的不同信号。

（7）对于采用气压、液压和弹簧操作机构的断路器，应有压力是否正常、弹簧是否拉紧到位的监视回路和闭锁回路。

（8）对于分相操作的断路器，应有监视三相位置是否一致的措施。

（9）接线应简单可靠，使用电缆芯数应尽量少。

7.4.2.2　控制开关

控制开关又称万能开关，是控制回路中的控制元件，由运行人员直接操作，发出命令脉冲，使断路器合、跳闸。下面介绍 LW2 型系列自动复位控制开关。

（1）LW2 型控制开关的结构。LW2 型控制开关的结构如图 7.8 所示。

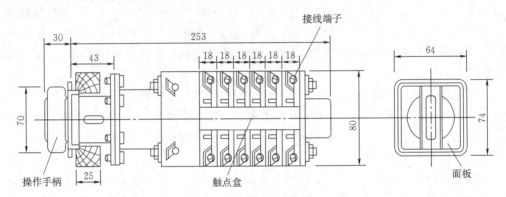

图 7.8　LW2 型控制开关结构（单位：mm）

图 7.8 中，控制开关正面为一个操作手柄和面板，安装在控制屏前。与手柄固定连接的转轴上有数节触点盒，安装在控制屏后。每个触点盒内有 4 个定触点和 1 个动触点。定触点分布在盒的四角，盒外有供接线用的四个引出线端子。动触点根据凸轮和簧片形状以及在转轴上安装的初始位置可组成 14 种触点盒形式，其代号为 1、1a、2、4、5、6、6a、7、8、10、20、30、40、50 等。

LW2 系列控制开关挡数一般为 5 挡，最多不应超过 6 挡。超过 6 挡的，其触点可能接触不可靠。当控制开关触点不够用时，可以借用中间继电器来增加触点。

（2）控制开关的触点图标。控制开关的操作手柄在不同位置时，触点盒内各触点通断情况的图表称为触点图表，见表 7.2。

表 7.2 是 LW2-Z-1a、4、6a、40、20、6a/F8 型控制开关的触点图表。

表 7.2 表明，此种控制开关有两个固定位置（垂直和水平）和两个操作位置（由垂直位置再顺时针转 45°和由水平位置再逆时针转 45°）。由于具有自由行程，所以控制开关的触点位置共有六种状态，即"预备合闸""合闸""合闸后""预备跳闸""跳闸""跳闸后"。操作方法为：当断路器为断开状态，操作手柄置于"跳闸后"的水平位置，需进行

合闸操作时，首先将手柄顺时针旋转 90° 至"预备合闸"位置，再旋转 45° 至"合闸"位置，此时 4 型触点盒中的触点 5-8 接通，发合闸脉冲。断路器合闸后，松开手柄，操作手柄在复位弹簧作用下，自动返回至"合闸后"的垂直位置。进行跳闸操作时，是将操作手柄从"合闸后"的垂直位置逆时针旋转 90° 至"预备跳闸"位置，再继续旋转 45° 至"跳闸"位置，此时 4 型触点盒中的触点 6-7 接通，发跳闸脉冲。断路器跳闸后，松开手柄使其自动复归至"跳闸后"的水平位置。这样，合、跳闸操作分两步进行，可以防止误操作。

表 7.2　　　　　　　　LW2-Z-1a、4、6a、40、20、6a/F8 控制开关触点图表

在"跳闸"后位置的手柄（正面）的样式和触点盒（背面）的接线图	合／跳	1 2 4 3	5 6 8 7	9 10 12 11	13 14 16 15	17 18 20 19	21 22 24 23
手柄和触点盒的型式	F8	1a	4	6a	40	20	6a

位置	触点号	—	1-3	2-4	5-8	6-7	9-10	9-12	10-11	13-14	14-15	13-16	17-19	17-18	18-20	21-22	21-24	21-23
	跳闸后			•					•	•		•						•
	预备合闸		•				•	•					•			•		
	合闸				•			•			•			•				
	合闸后		•				•		•		•		•					•
	预备跳闸		•	•		•						•			•			
	跳闸			•		•		•				•			•			

在断路器的控制信号电路中，表示触点通断情况的图形符号如图 7.9 所示。图中六条垂直虚线表示控制开关手柄的六个不同的操作位置，即 PC（预备合闸）、C（合闸）、CD（合闸后）、PT（预备跳闸）、T（跳闸）、TD（跳闸后），水平线即端子引线，水平线下方位于垂直虚线上的粗黑点表示该对触点在此位置是闭合的。

7.4.3　断路器控制信号回路

7.4.3.1　断路器控制信号回路构成

（1）基本跳、合闸电路。断路器最基本的跳、合闸电路如图 7.10 所示。手动合闸操作时，将控制开关 SA 置于"合闸"位置，其触点 5-8 接通，经断路器辅助常闭触点 QF 接通合闸接触器的线圈 KM，KM 动作，其常开触点闭合，接通合闸线圈 YC，断路器即合闸。合闸完成后，断路器辅助常闭触点 QF 断开，切断合闸回路。手动跳闸时，触点 6-7 闭合，经断路器辅助常开触点 QF 接通跳闸线圈 YT，断路器即跳闸。跳闸后，常开触点 QF 断开，切除跳闸回路。

自动合、跳闸操作，则通过自动装置触点 K1 和保护出口继电器触点 K2 短接控制开关 SA 触点实现。

断路器辅助触点 QF 除具有自动解除合、跳闸命令脉冲的作用外，还可切断电路中的

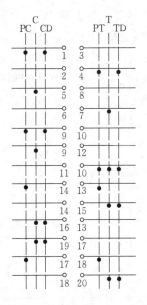

图 7.9　LW2‐Z‐1a、4、6a、40、6a/F8
型触点通断图形符号

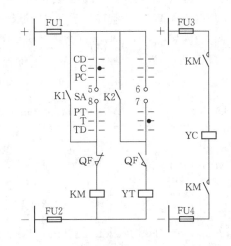

图 7.10　断路器的基本跳、合闸电路

电弧。由于合闸接触器和跳闸线圈都是电感性负载，若由控制开关 SA 的触点切断合、跳闸操作电源，则容易产生电弧，烧毁其触点。所以，在电路中串入断路器辅助常开触点和常闭触点，由它们切断电弧，以避免烧坏 SA 的触点。

（2）位置信号电路。断路器的位置信号一般用信号灯表示，其形式分单灯制和双灯制两种。单灯制用于音响监视的断路器控制信号电路中；双灯制用于灯光监视的断路器控制信号电路中。

采用双灯制的断路器位置信号电路如图 7.11（a）所示。图中，红灯 HL2 发平光，表示断路器处于合闸位置，控制开关置于"合闸"或"合闸后"位置。它是由控制开关 SA 的触点 16‐13 和断路器辅助常开触点 QF 接通电源发平光的。绿灯 HL1 发平光，则表示断路器处于跳闸状态，控制开关置于"跳闸"或"跳闸后"位置。它是由控制开关 SA 的触点 11‐10 和断路器辅助常闭触点 QF 接通电源而发平光的。

采用单灯制的断路器位置信号电路如图 7.11（b）所示。图中，断路器的位置信号由装于断路器控制开关手柄内的指示灯指示。KCT 和 KCC 分别为跳闸和合闸位置继电器触点。断路器处于跳闸状态，控制开关置于"跳闸后"位置，跳闸位置继电器 KCT 线圈带电，其常开触点闭合，则信号灯经控制开关触点 1‐3、15‐14 及跳闸位置继电器触点 KCT 接通电源发出平光；断路器处于合闸状态，控制开关置于"合闸后"位置，合闸位置继电器 KCC 线圈带电，其常开触点闭合，则信号灯经控制开关 SA 的触点 2‐4、20‐17 及合闸继电器触点 KCC 接通电源而发平光。

（3）自动合、跳闸的灯光显示。自动装置动作使断路器合闸或继电保护动作使断路器跳闸时，为了引起运行人员注意，普遍采用指示灯闪光的办法。其电路采用"不对应"原理设计，如图 7.11 所示。所谓不对应，是指控制开关 SA 的位置与断路器位置不一致。例如断路器原来是合闸位置，控制开关置于"合闸后"位置，两者是对应的，当发生事

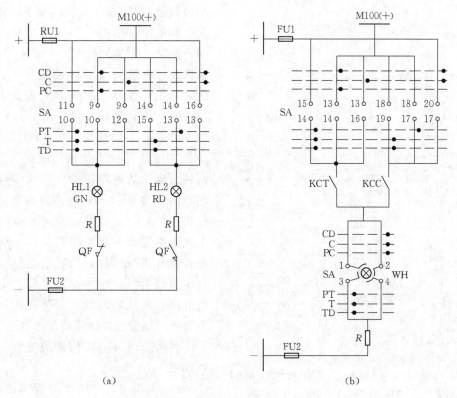

图 7.11 断路器的位置信号电路

(a) 双灯制位置信号电路；(b) 单灯制位置信号电路

故，断路器自动跳闸时，控制开关仍在"合闸后"位置，两者是不对应的，以图 7.11 (a) 为例，图中绿灯 HL1 经断路器辅助常闭触点 QF 和 SA 的触点 9－10 接至闪光小母线 M100（＋）上，绿灯闪光，提醒运行人员断路器已跳闸，当运行人员将控制开关置于"跳闸后"的对应位置时，绿灯发平光。同理，自动合闸时，红灯 HL2 闪光。

当然，控制开关 SA 在"预备合闸"或"预备跳闸"位置时，红灯或绿灯也要闪光，这种闪光可让运行人员进一步核对操作是否无误。操作完毕，闪光即可停止，表明操作过程结束。

（4）事故跳闸音响信号电路。断路器由继电保护动作而跳闸时，还要求发出事故跳闸音响信号。它的实现也是利用"不对应"原理设计的。其常见的启动电路如图 7.12 所示。

图中，M708 为事故音响小母线，只要将负电源与此小母线相连，即可发出音响信号；图 7.12（a）是利用断路器自动跳闸后，其辅助常闭触点 QF 闭合启动事故音响信号；图 7.12（b）是利用断路器自动跳闸后，跳闸位置继电器触点 KCT 闭合启动事故音响信号；图 7.12（c）是分相操作断路器的事故音响信号启动电路，任一相断路器自动跳闸均能发信号。在手动合闸操作过程中，当控制开关置于"预备合闸"和"合闸"位置瞬时，为防止断路器位置与控制开关位置不对应而引起误发事故信号，图 7.12 中均采用控制开关 SA 的触点 1－3 和 19－17、5－7 和 23－21 相串联的方法，来满足只有在"合闸后"位置才启动事故音响信号的要求。

（5）断路器的"防跳"闭锁电路。当断路器合闸后，在控制开关 SA 触点 5－8 或自

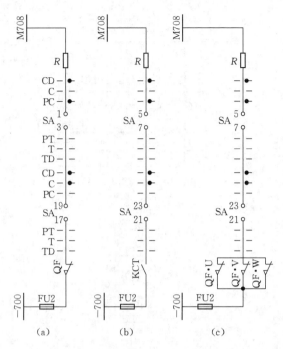

图 7.12　事故跳闸音响信号启动回路

（a）利用断路器辅助触点启动；（b）利用跳闸位置继电器
启动；（c）利用三相断路器辅助触点并联启动

动装置触点 K1 被卡死的情况下，如遇到永久性故障，继电保护动作使断路器跳闸，则会出现多次跳-合闸现象，这种现象称为"跳跃"。如果断路器发生多次跳跃，会使其毁坏，造成事故扩大。所谓"防跳"，就是采取措施，防止这种跳跃的发生。

"防跳"措施有机械防跳和电气防跳两种。机械防跳即指操作机构本身有防跳功能，如 6～10kV 断路器的电磁型操作机构（CD2）就具有机械防跳措施。电气防跳是指不管断路器操作机构本身是否带有机械闭锁，均在断路器控制回路中加设电气防跳电路。常见的电气防跳电路有利用防跳继电器防跳和利用跳闸线圈的辅助触点防跳两种类型。

利用防跳继电器构成的电气防跳电路如图 7.13 所示。

图 7.13 中，防跳继电器 KCF 有两个线圈：一个是电流启动线圈，串联于跳闸回路中；另一个是电压自保持线圈，经自身的常开触点并联于合闸接触器 KM 线圈回路上，其常闭触点则串入合闸接触器线圈回路中。当利用控制开关 SA 的触点 5-8 或自动装置触点 K1 进行合闸时，如合闸在短路故障上，继电保护动作，其触点 K2 闭合，使断路器跳闸。跳闸电流流过防跳继电器 KCF 的电流线圈，使其启动，并保持到跳闸过程结束，其常开触点 KCF 闭合；如果此时合闸脉冲未解除，即控制开关 SA 的触点 5-8 仍接通或自动装置触点 K1 被卡住，则防跳继电器 KCF 的电压线圈得电自保持，常闭触点 KCF 断开，切断合闸回路，使断路器不能再合闸。只有在合闸脉冲解除，防跳继电器 KCF 电压线圈失电后，整个电路才恢复正常。

利用跳闸线圈辅助触点构成的电气防跳电路如图 7.14（a）所示。图 7.14（b）为跳闸线圈的闭锁辅助触点示意图。当跳闸线圈不带电时，其辅助常开触点 3 断开，辅助常闭触点 4 闭合；跳闸线圈带电时，铁芯被吸起，两触点改变状态。

图 7.14（a）中，如果断路器刚一合闸就自动跳闸，在跳闸线圈带电的过程中，其常闭触点打开，切断合闸回路，其常开触点闭合，使原有的合闸脉冲通至跳闸回路。这样，即使控制开关触点或自动装置触点被卡住，断路器也不能再合闸。但这又使得跳闸线圈会长时间带电，这是这种接线的缺点。

图 7.14（a）中，考虑断路器的辅助常闭触点 QF 有时会过早断开，不能保证完成合闸所需的时间，因此常用一滑动触点 QF（在合闸过程中暂时闭合）与其并联，用以保证断路器可靠合闸。

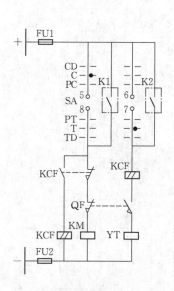

图 7.13 由防跳继电器构成的
电气防跳电路

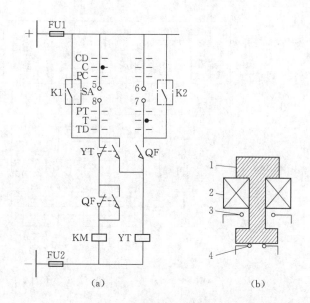

图 7.14 由跳闸线圈辅助触点构成的防跳电路
(a) 防跳电路；(b) 跳闸线圈辅助触点示意图
1—铁芯；2—线圈；3—YT 的辅助常开触点；
4—YT 的辅助常闭触点

7.4.3.2 灯光监视的断路器控制信号电路

(1) 电磁操作机构的断路器控制信号电路。电磁操作机构的断路器控制信号电路如图 7.15 所示。

图 7.15 中，＋、－为控制小母线和合闸小母线，M100（＋）为闪光小母线，M708 为事故音响小母线，－700 为信号小母线（负电源），SA 为 LW2-1a、4、6a、4a、20、20/F8 型控制开关，HL1、HL2 为绿、红色信号灯，FU1～FU4 为熔断器，R_1～R_4 为附加电阻器，KCF 为防跳继电器，KM 为合闸接触器，YC、YT 为合、跳闸线圈。控制信号电路动作过程如下：

1) 断路器的手动控制。手动合闸前，断路器处于跳闸位置，控制开关置于"跳闸后"位置。由正电源（＋）经 SA 的触点 11-10、绿灯 HL1、附加电阻 R_1、断路器辅助常闭触点 QF、合闸接触器 KM 线圈至负电源（－），形成通路，绿灯发平光。此时，合闸接触器 KM 线圈两端虽有一定的电压，但由于绿灯及附加电阻的分压作用，不足以使合闸接触器动作。在此，绿灯不但是断路器的位置信号，同时对合闸回路起了监视作用。如果回路故障，绿灯 HL1 将熄灭。

在合闸回路完好的情况下，将控制开关 SA 置于"预备合闸"位置，绿灯 HL1 经 SA 的触点 9-10 接至闪光小母线 M100（＋）上，HL1 闪光。此时可提醒运行人员核对操作对象是否有误。核对无误后，将 SA 置于"合闸"位置，其触点 5-8 接通，合闸接触器 KM 线圈通电启动，其常开触点闭合，接通合闸线圈回路，使合闸线圈 YC 带电，由操作机构使断路器合闸。SA 的触点 5-8 接通的同时，绿灯熄灭。

合闸完成后，断路器辅助常闭触点 QF 断开合闸回路，控制开关 SA 自动复归至"合闸后"位置，由正电源（＋）经 SA 的触点 16-13、红灯 HL2、附加电阻 R_2、断路器辅

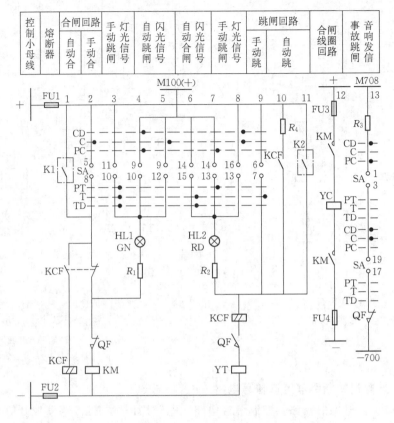

图 7.15　电磁操作机构的断路器控制信号电路

助常开触点 QF、跳闸线圈 YT 至负电源（－），形成通路，红灯立即发平光。同理，红灯发平光表明跳闸回路完好，而且由于红灯及附加电阻的分压作用，跳闸线圈不足以动作。

　　手动跳闸操作时，先将控制开关 SA 置于"预备跳闸"位置，红灯 HL2 经 SA 的触点 13-14 接至闪光小母线 M100（＋）上，HL2 闪光，表明操作对象无误，再将 SA 置于"跳闸"位置，SA 的触点 6-7 接通，跳闸线圈 YT 通电，经操作机构使断路器跳闸。跳闸后，断路器辅助常开触点切断跳闸回路，红灯熄灭，控制开关 SA 自动复归至"跳闸后"位置，绿灯发平光。

　　2）断路器的自动控制。当自动装置动作，触点 K1 闭合后，SA 的触点 5-8 被短接，合闸接触器 KM 动作，断路器合闸。此时，控制开关 SA 仍为"跳闸后"位置。由闪光电源 M100（＋）经 SA 的触点 14-15、红灯 HL2、附加电阻 R_2、断路器辅助常开触点 QF、跳闸线圈 YT 至负电源（－），形成通路，红灯闪光。所以，当控制开关手柄置于"跳闸后"的水平位置，若红灯闪光，则表明断路器已自动合闸。

　　当一次回路发生故障，继电保护动作，保护出口继电器触点 K2 闭合后，SA 的触点 6-7 被短接，跳闸线圈 YT 通电，使断路器跳闸。此时，控制开关为"合闸后"位置。由 M100（＋）经 SA 的触点 9-10、绿灯 HL1、附加电阻 R_1、断器辅助常闭触点 QF、合闸接触器线圈 KM 至负电源（－），形成通路，绿灯闪光。与此同时，SA 的触点 1-3、19-17 闭合，接通事故跳闸音响信号回路，发事故音响信号。所以，当控制开关置于"合闸后"的垂直位置，若绿灯闪光，并伴有事故音响信号，则表明断路器已自动跳闸。

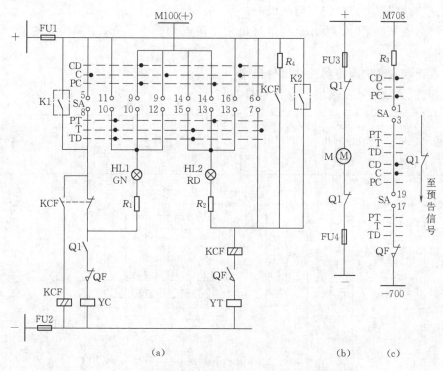

图 7.16 弹簧操作机构的断路器控制信号电路
(a) 控制电路；(b) 电动机启动电路；(c) 信号电路

3）断路器的"防跳"。电气防跳电路前已叙述，现讨论防跳继电器 KCF 的常开触点经电阻器 R_4 与保护出口继电器触点 K2 并联的作用。断路器由继电保护动作跳闸时，其触点 K2 可能较辅助常开触点 QF 先断开，从而烧毁触点 K2。常开触点 KCF 与之并联，在保护跳闸的同时防跳继电器 KCF 动作并通过另一对常开触点自保持。这样，即使保护出口继电器触点 K2 在辅助常开触点 QF 断开之前就复归，也不会由触点 K2 来切断跳闸回路电流，从而保护了 K2 触点。R_4 是一个阻值只有 1~4Ω 的电阻器，对跳闸回路无多大影响。当继电保护装置出口回路串有信号继电器线圈时，电阻器 R_4 的阻值应大于信号继电器的内阻，以保证信号继电器可靠动作。当继电保护装置出口回路无串接信号继电器时，此电阻可以取消。

（2）弹簧操作机构的断路器控制信号电路。弹簧操作机构的断路器控制信号电路如图7.16 所示。图中，M 为储能电动机，其他设备符号含义与图 7.15 相同。电路的工作原理与电磁操作机构的断路器相比，除有相同之处以外，还有以下特点：

1）当断路器无自动重合闸装置时，在其合闸回路中串有操作机构的辅助常开触点Q1。只有在弹簧拉紧、Q1 闭合后，才允许合闸。

2）当弹簧未拉紧时，操作机构的两对辅助常闭触点 Q1 闭合，启动储能电动机 M，使合闸弹簧拉紧。弹簧拉紧后，两对常闭触点 Q1 断开，合闸回路中的辅助常开触点 Q1闭合，电动机 M 停止转动。此时，进行手动合闸操作，合闸线圈 YC 带电，使断路器利用弹簧存储的能量进行合闸，合闸弹簧在释放能量后，又自动储能，为下次动作做准备。

3）当断路器装有自动重合闸装置时，由于合闸弹簧正常运行处于储能状态，所以能可靠地完成一次重合闸的动作。如果重合不成功又跳闸，将不能进行第二次重合，但为了保证可靠"防跳",电路中仍有防跳设施。

4) 当弹簧未拉紧时,操作机构的辅助常闭触点 Q1 闭合,发"弹簧未拉紧"的预告信号。

7.4.3.3 音响监视的断路器控制信号电路

音响监视的断路器控制信号电路如图 7.17 所示。

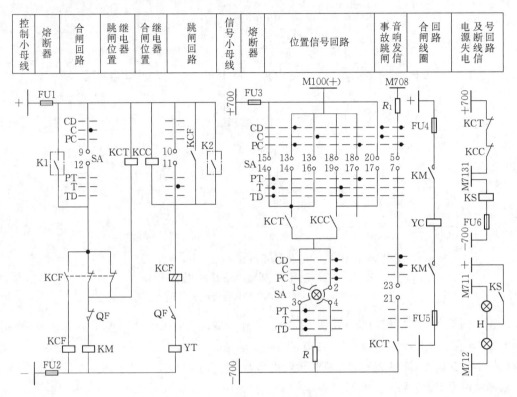

控制小母线	熔断器	合闸回路	跳闸继电器位置	合闸继电器位置	跳闸回路	信号小母线	熔断器	位置信号回路			事故跳闸音响发信	合闸回路线圈	电源失电	号回路及断线信

图 7.17 音响监视的断路器控制信号电路

图 7.17 中,M711、M712 为预告信号小母线;M7131 为控制回路断线预告小母线;SA 为 LW2-YZ-1a、4、6a、40、20、20/F1 型控制开关;KCT、KCC 为跳闸位置继电器和合闸位置继电器;KS 为信号继电器;H 为光字牌;其他设备与图 7.15 相同。电路动作过程如下:

(1) 断路器的手动控制。断路器手动合闸前,跳闸位置继电器 KCT 线圈带电,其常开触点 KCT 闭合,由 +700 经 SA 的触点 15-14、KCT 触点、SA 的触点 1-3 及 SA 内附信号灯、附加电阻器 R 至 -700,形成通路,信号灯发平光。

手动合闸操作时,将控制开关 SA 置于"预备合闸"位置,信号灯经 SA 的触点 13-14、2-4,KCT 的触点接至闪光小母线 M100(+)上,信号灯闪光。接着将 SA 置于"合闸"位置,其触点 9-12 接通,合闸接触器 KM 线圈带电启动,其常开触点闭合,合闸线圈 YC 带电,使断路器合闸。

断路器合闸后,控制开关 SA 自动复归至"合闸后"位置。此时,由于断路器合闸,合闸位置继电器 KCC 线圈带电,其常开触点闭合,由 +700 经 SA 的触点 20-17、KCC 的常开触点、SA 的触点 2-4 及内附信号灯、附加电阻器 R 至 -700,形成通路,信号灯发平光。

手动跳闸操作时，先将控制开关 SA 置于"预备跳闸"位置，信号灯经 SA 的触点 18-17、1-3，KCC 的常开触点接至闪光小母线 M100（＋）上，信号灯闪光。再将 SA 置于"跳闸"位置，其触点 10.11 接通，跳闸线圈 YT 带电，使断路器跳闸。断路器跳闸后，控制开关自动复归至"跳闸后"位置，信号灯发平光。

（2）断路器的自动控制。当自动装置动作，触点 K1 闭合后，SA 的触点 9-12 被短接，断路器合闸。由 M100（＋）经 SA 的触点 18-19、KCC 的常开触点、SA 的触点 1-3 及内附信号灯、附加电阻 R 至-700，形成通路，信号灯闪光；当继电保护动作，保护出口继电器触点 K2 闭合后，SA 的触点 10.11 被短接，跳闸线圈 YT 带电，使断路器跳闸。由 M100（＋）经 SA 的触点 13-14、KCT 的常开触点、SA 的触点 2-4 及内附信号灯、附加电阻 R 至-700，形成通路，信号灯闪光，同时 SA 的触点 5-7、23-21 和 KCT 常开触点均闭合，接通事故跳闸音响信号回路，发事故音响信号。

（3）控制电路及其电源的监视。当控制电路的电源消失（如熔断器 FU1、FU2 熔断或接触不良）时，跳闸和合闸位置继电器 KCT 及 KCC 同时失电，其 KCT、KCC 常开触点断开，信号灯熄灭；其 KCT、KCC 常闭触点闭合，启动信号继电器 KS，KS 的常开触点闭合，接通光字牌 H 并发出电源失电及断线音响信号。此时，通过指示灯熄灭即可找出故障的控制回路。值得注意的是，音响信号装置应带 0.2～0.3s 的延时。这是因为当发出合闸或跳闸脉冲瞬间，在断路器还未动作时，跳闸或合闸位置继电器会瞬间被短接而失压，此时音响信号也可能动作。

当断路器、控制开关均在合闸（或跳闸）位置，跳闸（或合闸）回路断线时，都会出现信号灯熄灭、光字牌点亮并延时发音响信号。

如果控制电源正常，信号电源消失，则不发音响信号，只是信号灯熄灭。

（4）音响监视方式与灯光监视方式相比，具有以下优点：

1）由于跳闸和合闸位置继电器的存在，使控制回路和信号回路分开，这样可以防止当回路或熔断器断开时，由于寄生回路而使保护装置误动作。

2）利用音响监视控制回路的完好性，便于及时发现断线故障。

3）信号灯减半，对大型发电厂和变电站不但可以避免控制屏太拥挤，而且可以防止误操作。

4）减少了电缆芯数（由四芯减少到三芯）。

但是，音响监视采用单灯制，增加了两个继电器（即 KCT 和 KCC）；位置指示灯采用单灯不如双灯直观。

本 章 小 结

本章介绍了二次回路概念及断路器的控制回路，重点讲述了使用直流操作电源的断路器控制回路。

（1）二次回路是电力系统安全生产、经济运行、可靠供电的重要保障，它是发电厂和变电站中不可缺少的重要组成部分。二次回路按电源的性质，分为交流回路和直流回路；按二次回路的用途，可以分为操作电源回路、测量表计（及计量表计）回路、断路器控制和信号回路、中央信号回路、继电保护和自动装置回路等。

（2）高压系统中断路器的控制回路和继电保护回路是整个二次回路的重要组成部分。断路器的控制回路包括灯光监视系统、音响监视系统和闪光装置等，断路器的操动机构有电磁操动机构、弹簧操动机构、液压和气体操动机构。

复习思考题

1. 电压互感器和电流互感器二次侧为什么要接地？电压互感器二次接地的方式有几种？说明其特点和应用。

2. 运行中的电压互感器二次绕组为什么不允许短路？电流互感器二次绕组为什么不允许开路？

3. 什么是电流互感器的二次负载阻抗？如何确定？

4. 试校验［例7.1］中的二次回路电缆芯线截面为 $2.5mm^2$（铜芯），长度为100m时的二次负载阻抗 Z_2 是否满足要求？

5. 对断路器控制电路有哪些基本要求？以灯光监视电路为例，分析电磁操作机构的断路器控制信号电路是如何满足这些要求的？

6. 二次回路包括哪些部分？各部分的功能是什么？

7. 断路器的控制开关有何作用？有哪六个位置？

8. 断路器的控制回路应满足哪些基本要求？

9. 简述断路器手动合、跳闸过程。

10. 试述断路器的控制回路中"防跳"工作原理。

11. 二次设备有哪些？什么叫二次接线图？

12. 断路器控制回路的基本要求是什么？

13. 什么是断路器的防"跳跃"闭锁装置？如何实现防跳？

14. 填空

在如图所示的灯光监视断路器控制回路中：

(1) 在虚线方框内填入有关的图形及文字符号。

(2) 绿灯亮，一方面表明_____；另一方面表明_____。

(3) 红灯亮，一方面表明_____；另一方面表明_____。

(4) 在运行中，绿灯突然发出闪光，表明_____，此时为了唤起值班人员的注意，还要求信号系统发出_____信号，唤起值班人员注意。

(5) 指示灯能发出闪光，是因为接线图按照不对应原则设计的，"不对应"就是_____与_____不一致。

(6) 指出图中下列文字符号所代表元件的名称：

　　　KO：　YR：　YO：

　（十）WF：KM3：WAS：

15. 选择

(1) 对于采用不对应接线的断路器控制回路，控制手柄在"跳闸后"位置而红灯闪光，这说明（　　）。

A、断路器在合闸位置

B、断路器在跳闸位置

C、断路器合闸回路辅助触点未接通

(2) 在电压回路中，TV 二次绕组至保护和自动装置的电压降不得超过其额定电压的（　　）。

A、5％　　　　　B、3％

C、10％

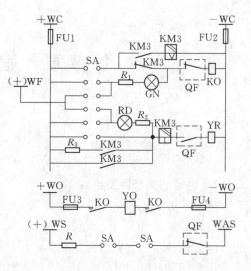

(3) 如果直流电源为 220V，而中间继电器的额定电压为 110V，回路的连接可以采用中间继电器串联电阻的方式，串联电阻的一端应接于（　　）。

A、正电源　　　B、负电源　　　C、继电器线圈的正极

(4) 直流母线电压不能过高或过低，允许范围一般是（　　）。

A、±3％　　　　　B、±5％　　　　　C、±10％

(5) 控制屏上的红绿灯正确的位置，从屏面上看是（　　）。

A、红灯在右，绿灯在左　　　　B、红灯在左，绿灯在右

16. 判断

(1) 断路器的"跳跃"现象一般是在跳闸、合闸回路同时接通时才发生，"防跳"回路设置是将断路器闭锁到跳闸位置。（　　）

(2) 开关位置不对应启动重合闸是指开关位置和开关控制把手位置不对应启动重合闸。（　　）

(3) 在断路器控制回路中，红灯监视跳闸回路，绿灯监视合闸回路。（　　）

(4) 电压互感器二次回路导线（铜线）截面不小于 2.5mm^2，电流互感器二次回路导线（铜线）截面不小于 4mm^2。（　　）

(5) 串联电容器与并联电容器一样，都可提高系统的功率因数和改善电压质量。（　　）

(6) 断路器的跳闸、合闸操作电源有直流和交流两种。（　　）

(7) 二次回路的任务是反映一次系统的工作状态，控制和调整二次设备，并在一次系统发生事故时，使事故部分退出工作。（　　）

(8) 断路器的控制回路主要由三部分组成：控制开关、操动机构、控制电缆。（　　）

第8章 信 号 回 路

8.1 概 述

8.1.1 信号回路作用及组成

电力系统中各种电气设备，难免会发生某些事故或故障。一旦发生事故或故障，则要求能及时告知值班人员，以便迅速、正确地判断其性质和发生地点，及时进行处理。因此，电力设备除了装有监视工况参数的测量仪表外，还应装设各种信号装置。信号装置的总体称为信号系统。

信号装置通常由灯光信号和音响信号两部分组成。前者表明事故或故障的性质和地点，后者用来唤起值班人员注意。灯光信号由保护或其他装置动作，并通过装设在各控制屏（台）上的各种信号灯或光字牌来实现；音响信号则由音响信号装置通过发声器具（蜂鸣器或警铃）来实现。音响信号装置设在控制室内，通常全站公用一套，称为中央音响信号装置。

按照信号的作用不同，信号回路有位置信号、事故信号和预告信号三种。

8.1.2 信号回路的类型

运行人员为了发现与分析故障，迅速消除和处理事故，必须借助灯光和音响信号装置来反映设备的运行状况。信号回路按所用电源分为强电信号回路和弱电信号回路，按用途分为事故信号、预告信号和位置信号。事故信号和预告信号通常统称为中央信号，中央信号回路按音响信号的复归办法可分为就地复归和中央复归；按其音响信号的动作性能可分为能重复动作和不能重复动作。

（1）故障状态时的事故信号。断路器故障引起事故跳闸，继电保护动作启动蜂鸣器发出较强的音响，引起运行人员注意，同时断路器位置指示灯发出闪光，指明事故对象及性质。

（2）异常工作状态时的预告信号。设备出现异常运行状况，继电保护动作启动警铃发出音响，同时点亮标有故障性质的光字牌。它可以帮助运行人员发现故障和隐患，以便及时处理。常见的预告信号有：发电机、变压器的过负荷；汽轮发电机转子回路一点接地；变压器轻瓦斯保护动作；变压器油温过高；强行励磁保护动作；电压互感器二次回路断线；交、直流回路绝缘损坏；控制回路断线及其他要求采取措施的异常情况，如液压操作机构压力异常等。

（3）开关设备的位置信号。包括断路器位置信号和隔离开关位置信号。前者用灯光表示其跳、合闸位置；后者用专门的位置指示器或灯光表示其接通、断开位置状态。

8.1.3 信号回路的基本要求

信号回路应满足以下基本要求：

（1）断路器事故跳闸时，能及时发出音响信号（蜂鸣器声），使相应的位置指示灯闪光，点亮"掉牌未复归"光字牌。

（2）设备出现不正常状态时，能及时发出区别于事故音响的另一种音响（警铃声），点亮显示故障性质的光字牌。

（3）中央信号应能保证断路器的位置指示正确。对音响监视的断路器控制信号电路，应能实现亮屏（运行时断路器位置指示灯亮）或暗屏（运行时断路器位置指示灯暗）运行。

（4）对事故信号、预告信号及其光字牌，应能进行是否完好的试验。

（5）音响信号应能重复动作，能手动及自动复归，显示故障性质的灯光仍保持。

（6）发生事故时，应能通过事故信号的分析迅速确定事故的性质。

8.2 位　置　信　号

位置信号是用来指示设备运行状态或位置的信号，包括开关电器通断的位置状态，进出水闸门的位置状态，调节装置是否处于极限位置以及机组所处的状态（准备启动状态、运行状态或调相状态）等信号。位置信号又称状态信号，它的功能是帮助操作者，明确被操作设备（通常是远距离的被操作设备）现在所处的位置状态。可见，实际上它是监视各设备工作状态的信号，它通常属于控制电路的一部分。

8.2.1 断路器的位置信号

断路器的位置信号是专门用来反映断路器所处的状态或位置（合闸还是跳闸），目前大多采用指示灯来实现，并以红色指示灯点亮表示处于合闸位置，以绿色指示灯点亮表示处于跳闸位置，如图 8.1 所示。

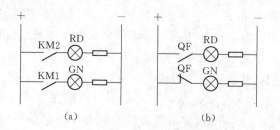
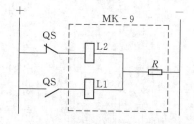

图 8.1　断路器位置信号接线　　　　　图 8.2　隔离开关位置指示器接线
（a）由位置继电器触点启动；（b）由断路器辅助触点启动

8.2.2 隔离开关的位置信号

隔离开关也可装设它的位置信号，用来显示隔离开关所处的位置（接通还是断开）。一般选用隔离开关位置指示器作为信号器具，分手动和自动两种。MK-9 型自动位置指示器由带有两个线圈的电磁铁、舌片、与舌片连在一起的指示标线以及弹簧组成，其工作原理如图 8.2 所示。当隔离开关在合闸位置时，电流经线圈 L1 使舌片转动，标线停留在垂直位置，当隔离开关在跳闸位置时，电流通过另一线圈 L2，舌片转向另一方向，标线停留在水平位置；如果直流电源消失或直流操作回路熔断器的熔件熔断，两线圈均无电流通过，则标线在弹簧作用下停留在与水平线成 45°的中间位置。隔离开关的位置指示器安装在控制屏或控制台的模拟电路中。

8.3　事　故　信　号　回　路

8.3.1　ZC‒23 型冲击继电器构成的中央事故信号电路

当设备发生事故（例如相间短路）时，继电保护装置动作使相应断路器跳闸，同时发出信号，此信号称为事故信号，它包括灯光和音响两种信号，为了区别于预告信号，事故音响用蜂鸣器（或电笛）作为发声器具；事故音响信号均要求中央复归（即信号由值班人员按动中央复归按钮或由继电器自动复归），而且要求能重复动作。

具有中央复归能重复动作的事故信号回路的主要元件是冲击继电器，它可接受各种事故脉冲，并转换成音响信号。冲击继电器有各种不同的型号，但其共同点是都具有接收信号的元件（如脉冲变流器或电阻器）以及相应的执行元件。图 8.3 所示为事故音响信号启动电路。

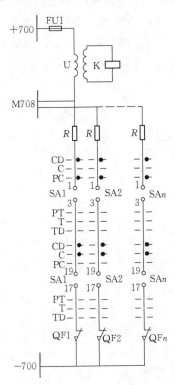

图 8.3　事故音响信号启动电路

图 8.3 中，＋700、－700 为信号小母线；U 为脉冲变流器；K 为执行元件的继电器。当发生事故跳闸时，接于事故音响小母线 M708 和－700 之间的任一不对应启动回路接通（如控制开关 SA1 的触点 1‒3、19‒17 与断路器辅助常闭触点 QF1 形成的通路），在变流器 U 的一次侧将流过一个持续的直流电流（阶跃脉冲）。但当一次电流从初始值达到稳定值的瞬变过程中，在 U 的二次侧感应电动势，产生的二次电流是一个尖峰脉冲电流，此电流使执行元件继电器 K 动作。K 动作后，再启动后续回路。当变流器 U 的一次电流达稳定值后，二次侧的感应电动势即消失，继电器 K 返回，音响信号靠自保持回路继续发送，直至中央事故信号回路发出音响解除命令。当前次发出的音响信号被解除，而相应启动回路尚未复归，第二台断路器 QF2 又自动跳闸，第二条不对应回路（SA2 的触点 1‒3、19‒17 和断路器辅助常闭触点 QF2 形成的通路）接通，在小母线 M708 与－700 之间又并联一支启动回路，从而使变流器 U 一次电流发生变化（每一并联支路中均串有电阻器 R），二次侧感应出脉冲电动势，使继电器 K 再次启动。变流器不仅接收了事故脉冲并将其变成执行元件动作的尖脉冲，而且把启动回路与音响信号回路分开，达到音响信号重复动作的目的。

冲击继电器有利用干簧继电器作执行元件的 ZC 系列冲击继电器，利用极化继电器作执行元件的 JC 系列冲击继电器及利用半导体器件构成的 BC 系列冲击继电器。本节主要介绍由 ZC‒23 型冲击继电器构成的中央事故信号电路。

由 ZC‒23 型冲击继电器等组成的中央复归能重复动作的事故信号装置如图 8.4 所

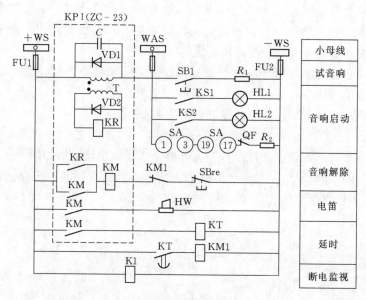

图 8.4 中央复归能重复动作的事故信号装置原理

示。图中虚线框内为 ZC-23 型冲击继电器的内部接线，它由脉冲变流器 T、干簧继电器 KR 和出口继电器 KM 等组成。其中 KR 是一个极化型单管干簧继电器，它的结构原理如图 8.5 所示。

当某设备事故跳闸时，如图 8.4 所示两个音响启动方案，其一是利用不对应原则，在事故跳闸瞬间，有脉冲电流流经如下途径：+WS→（KPⅠ）T 的一次线圈→WAS→SA 的 1-3、19-17 触点→QF 的辅助触点→电阻 R_2→—WS；其二是保护的信号继电器（假设是 KS1）动作，在动作的瞬间，有脉冲电流流经如下途径：+WS→（KPⅠ）

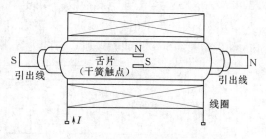

图 8.5 极化型单管干簧继电器结构示意

T 的一次线圈→WAS→KS1→HL1→—WS。无论哪一方案都会导致 T 的二次侧出现短暂感应电势（此电势的方向是预定的，当 KPⅠ动作时，其二极管 VD2 不导通），在干簧继电器 KR 的线圈便有感应电流通过，其舌片被磁化而相吸，即 KR 动作，中间继电器 KM 也随着动作，KM 的三对触点全部接通，它们的作用分别为：①实现"自保持"，当 T 的一次侧流过恒定直流电流时，T 的二次侧感应电流消失，KR 舌片（触点）因磁场消失而断开，中间继电器 KM 靠其动合触点维持动作，称为"自保持"；②接通电笛 HW 回路，发出音响；③启动时间继电器 KT。

音响自动解除的动作过程如下，经延时 KT 动合触点闭合，使中间继电器 KM1 动作，KM1 的动断触点切断 KM 的线圈回路，于是，音响和"自保持"同时解除。音响时间的长短，决定于 KT 时间的整定值。之后，通常 KS1 未复归或未把 SA 拨向"跳闸后"位置（不对应仍保持），另一设备也发生事故跳闸，导致 KS2 也动作，这时 T 的一次线圈又会出现新的脉冲电流，再一次发出音响，称为事故音响重复动作。

当某一事故处理完毕后，应将 KS1 复归（触点断开）或将 SA 拨向"跳闸后"位置，复归的瞬间 T 的一次侧将出现反向脉冲电流，此时 VD1、VD2 起作用，避免了 KR 误动。T 的一次侧还并联着电容 C，它起到抗干扰的作用。

接线中还设有试音响按钮 SB1 和手动复归按钮 SBre。按下 SB1，检查装置是否动作，及时发现接线故障，避免音响信号遗漏。事故音响发出之后，可按动 SBre，及时将音响解除，或者当自动音响解除回路出故障时，由它解除音响。

冲击继电器（KPⅠ）的冲击动作电流 I_p 通常在 0.2A 左右。在选择光字牌内灯泡时应保证每增加一个并联支路，流过脉冲变流器的一次线圈电流的增加值大于 I_p。

【例 8.1】　试为如图 8.4 所示电路中光字牌选择合适的灯泡。假设信号小母线额定电压为 110V，冲击继电器的 I_p＝0.2A。

解： 灯泡电阻

$$R_1 \leqslant \frac{U_n}{I_p} = \frac{110}{0.2} = 550(\Omega)$$

取 R_1＝500Ω，其相应的功率为

$$P_1 = \frac{U_n^2}{R_1} = \frac{110^2}{500} = 24.2(W)$$

所以，选择 25W 的灯泡。

8.3.2　ZC‐23 型冲击继电器构成的中央事故信号电路图及工作原理

ZC‐23 型冲击继电器构成的中央事故信号电路如图 8.6 所示。

图 8.6 中，SB1 为试验按钮；SB3 为音响解除按钮；K 为冲击继电器；KC1、KC2 为中间继电器；KT1 为时间继电器；KVS1 为熔断器监察继电器。其动作过程如下：

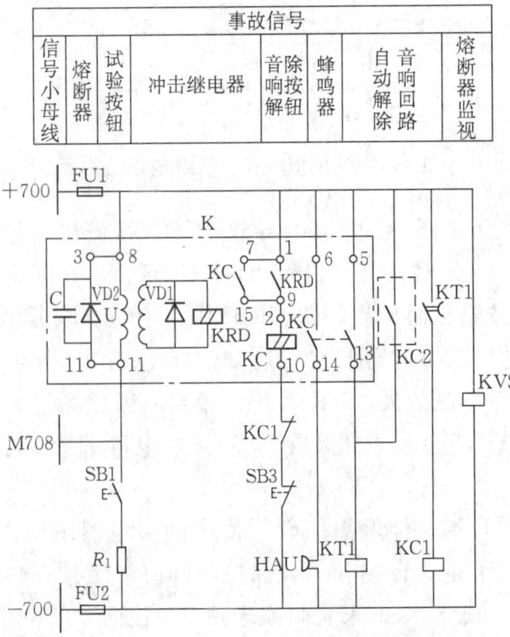

（1）事故信号启动。当断路器发生事故跳闸时，对应事故单元的控制开关与断路器的位置不对应，信号电源－700 接至事故音响信号小母线 M708 上（图 8.3），给出脉冲电流信号，经变流器 U 微分后，送入干簧继电器 KRD 的线圈中，其常开触点闭合，启动出口中间继电器 KC，使冲击继电器 K 的端子 6 和端子 14 接通，启动蜂鸣器 HAU，发出音响信号。当变流器二次侧感应电动势消失后，干簧继电器 KRD 线圈中的脉冲电流消失，KRD 触点返回，而中间继电器 KC 经其常开触点自保持。

（2）事故信号复归。由出口中间继

图 8.6　ZC‐23 型冲击继电器构成的
中央事故信号电路

电器 KC 启动时间继电器 KT1，其触点经延时后闭合，启动中间继电器 KC1，KC1 的常闭触点断开，使中间继电器 KC 线圈失电，其 3 对常开触点全部返回，音响信号停止，实现了音响信号的延时自动复归。此时，启动回路的电流虽没消失，但已到稳态，干簧继电器 KRD 不会再启动中间继电器 KC，这样冲击继电器所有元件都复归，准备下一次动作。此外，按下音响解除按钮 SB3，可实现音响信号的手动复归。当启动回路的脉冲电流信号中途突然消失时，由于变流器 U 的作用，在干簧继电器 KRD 的线圈上产生的反向脉冲被二极管 VD1 旁路掉，则 KRD 及 KC 都不会动作。

（3）事故信号重复动作。事故信号必须能重复动作，因为供配电系统中断路器数量较多，可能出现连续事故跳闸。当发生第二个事故信号时，则在第一个稳定电流信号的基础上再叠加一个矩形的脉冲电流。在变流器 U 一次电流突变的瞬间，二次侧又感应出电动势，产生尖峰电流，使干簧继电器 KRD 再次启动，动作过程与第一次动作的相同，即实现了音响信号的重复动作。

（4）事故信号音响试验。为了确保中央事故信号处于完好状态，在回路中装设音响试验按钮 SB1。按下 SB1，启动冲击继电器 K，蜂鸣器发出音响，再经延时解除音响，从而实现了手动模拟断路器事故跳闸的情况。

（5）事故信号回路监视。监察继电器 KVS1 用来监视熔断器 FU1 和 FU2。当 FU1 或 FU2 熔断或接触不良时，KVS1 线圈失电，其常闭触点（在预告信号回路）闭合，点亮"事故信号熔断器熔断"光字牌，并启动预告信号回路。

8.4 故 障 信 号

故障信号又称预告信号或警告信号。它是在电力设备发生故障或异常工作状态时发出的信号。它可以帮助值班人员及时地发现故障或隐患，以便采取适当的措施加以处理，防止故障的扩大，常见的故障信号有：电动机或变压器的过负荷、电动机转子回路一点接地、变压器轻瓦斯保护动作、变压器油温过高、变压器冷却风扇故障、电压互感器二次回路断线；交流回路绝缘损坏、直流回路绝缘损坏、控制回路断线（为音响监视的接线时）、事故音响信号回路熔断器的熔件熔断、直流电压过高或过低，以及其他要求采取措施的故障或异常工作状态（例如强迫油循环变压器冷却回路故障）。

故障信号一般由反映该回路参数变化的单独继电器发出，例如过负荷信号由过负荷继电器发出、绝缘损坏由绝缘监视继电器发出。

故障信号分瞬时故障信号和延时故障信号两种。某些一次设备出现短路事故时，可能伴随着发出故障信号（如过负荷、电压互感器二次回路断线、交流回路绝缘损坏等），所以某些故障信号应该延时发出，其延迟时间应大于外部短路的最大切除时间。这样，在外部短路切除后，这些由系统短路所引起的故障信号就会自动消失，控制使其不发出警报，以免分散值班人员的注意力。

中央预告信号系统和中央事故信号系统一样，都由冲击继电器构成，但启动回路、重复动作的构成元件及音响装置有所不同。具体区别有以下几点：

（1）事故信号是利用不对应原理将电源与事故音响小母线接通来启动；预告信号则是利用继电保护出口继电器触点 K 与预告信号小母线接通来启动。

（2）事故信号是由每一启动回路中串接一电阻启动的，重复动作则是通过突然并入一启动回路（相当于突然并入一电阻）引起电流突变而实现的。预告信号是在启动回路中用信号灯代替电阻启动，重复动作则是通过启动回路并入信号灯实现。

（3）事故信号用蜂鸣器作为发音装置，预告信号用警铃。

本节主要介绍由 ZC‑23 型冲击继电器构成的中央预告信号电路，由 ZC‑23 型冲击继电器等构成的中央复归能重复动作的瞬时故障信号装置如图 8.7 所示。

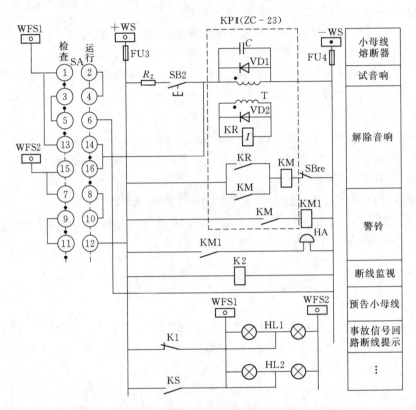

图 8.7　中央复归能重复动作的瞬时故障信号装置接线

图中 WFS1 和 WFS2 为瞬时故障信号小母线，一般将其布置在中央信号屏和各个控制屏的顶部，而光字牌 HL 则布置在屏的正面。当设备发生故障时，相应的保护装置动作，其触点 KS 将信号正电源＋WS 经光字牌 HL2 的灯泡引至预告信号小母线 WFS1 和 WFS2 上，如图 8.8 所示。转换开关 SA 平时是在"运行"位置，其触点 13‑14 和触点 15‑16 接通，其余触点都断开。此时冲击继电器的脉冲变流器 T 的一次绕组中有电流通过，KR 继电器启动，其后整个装置的动作程序与上述事故信号装置基本相同，只是用警铃 HA 代替电笛 HW 以示区别，此外，点亮光字牌内的灯泡，在其玻璃框内可以见到表示故障性质的文字，以便值班人员根据点亮的光字牌判断发生故障的设备及故障类别。音响信号可以手动解除（也可以设计成自动解除），音响解除之后，光字牌依旧点亮着，它要在故障消除，启动它的继电器返回之后才能熄灭。由于采用了冲击继电器，故障信号装置的音响部分也是可重复动作的。

为了在运行中能经常检查各光字牌内的灯泡是否完好，可改变切换开关 SA 的位置，

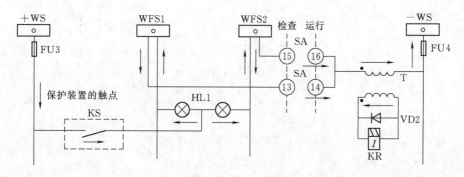

图 8.8 预告信号启动时的电流流通途径

当将其由"运行"位置切换至"检查"位置时,其触点 1-2、触点 3-4、触点 5-6、触点 7-8、触点 9-10 和触点 11-12 接通,触点 13-14 和触点 15-16 断开,分别将故障信号小母线 WFS2 和 WFS1 直接接到直流信号小母线＋WS 和－WS 上,使所有接在 WFS1 和 WFS2 小母线上的光字牌都点亮,如图 8.9 所示。应当指出:在故障信号动作时,同一光字牌内的两只灯泡是并联的,灯泡上所加的电压为其额定值,因而发光明亮,当其中一只灯泡损坏时仍能显示;在"检查"时,各光字牌两只灯泡是串联的,每只灯泡上所加电压为其额定值的 1/2,灯泡不够明亮,如果其中有一只灯泡损坏,则不发光,这样可及时地发现已损坏的灯泡并予以更换。由于接至故障信号小母线的光字牌数目较多,为了保证切换过程中 SA 的触点不至于烧毁,把三对 SA 触点串联以加强其灭弧能力。此外,对有可能误发信号或不需瞬时通知值班人员的信号(如电压回路短线等),应发延时故障信号。

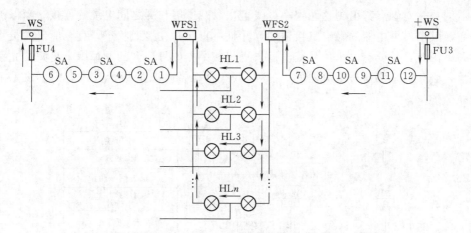

图 8.9 检查光字牌时的电流途径

故障信号装置要求对熔断器(图 8.7 中的 FU3、FU4)进行经常性的监视。为此装设了熔断器监视继电器 K2,正常时该继电器带电,其动合触点闭合,使装于中央信号屏上的白色信号灯 WH 点亮。当 FU3 或 FU4 的熔件熔断时,继电器 K2 失去电压,其动断触点复归,将信号灯 WH 切换至闪光电源小母线(＋)WF 上,WH 发出闪光信号。信号灯 WH 经熔断器 FU5 和 FU6 由控制回路电源小母线＋WC 和－WC 供电。熔断器 FU5 和 FU6 直接由信号灯 WH 予以监视,如图 8.10 所示。

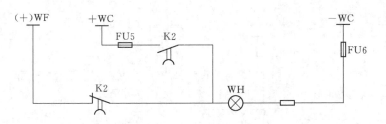

图 8.10 故障信号装置的熔断器监视灯

8.5 保护装置动作信号

8.5.1 继电保护装置动作信号

已动作的保护装置通过信号继电器的"掉牌"（或能自保持的指示灯）加以显示，以便于分析故障的类别，信号继电器的"掉牌"（或自保持亮着的指示灯）通常是在值班人员做好记录之后手动将其复归。为了避免值班人员没有注意到个别信号继电器已"掉牌"（或自保持亮着的指示灯）而未及时将其复归，在中央信号屏上往往装设"掉牌未复归"或"信号未复归"光字牌，用以提示值班人员及时将其复归，以免当再一次发生故障时，对继电保护的动作做出不正确的判断。

"掉牌未复归"或"信号未复归"信号的接线如图 8.11 所示。图中的光字牌安装在中央信号屏上，它与故障信号装置经同一组熔断器 FU3 和 FU4 供电。WS2 和 WS3 可称为"掉牌未复归"光字牌小母线，通常将其安装在保护屏的屏顶上，每个保护屏的所有信号继电器的另一对触点都引到这两根小母线上，以减少屏与屏之间电缆的连接。当保护装置动作后，其信号继电器的触点是接通的，并且一直保持在接通状态，直至值班人员将其手动复归。因此，只要有一个信号继电器未复归，中央信号屏上的"掉牌未复归"光字牌总会亮着，必须将全部信号继电器的"掉牌"（或自保持亮着的指示灯）复归，该光字牌的灯光才会熄灭。

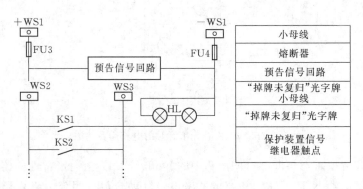

图 8.11 继电保护装置动作信号

继电保护装置动作信号电路如图 8.12 所示。图中，M703 为辅助信号小母线；M716 为公用的掉牌未复归小母线；信号继电器的触点 KS1、KS2 等接在小母线 M703 和 M716 之间。任一信号继电器动作，都使"掉牌未复归"光字牌点亮，通知运行人员及时处理。

8.5.2　自动重合闸装置动作信号

自动重合闸装置动作信号电路如图 8.13 所示。

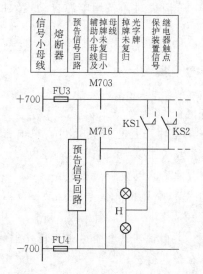

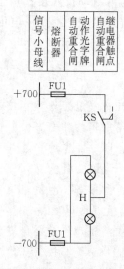

图 8.12　继电保护装置动作信号电路　　　图 8.13　自动重合闸装置动作信号电路

自动重合闸装置动作由装设在线路或变压器控制屏上的光字牌信号指示。当线路故障断路器自动跳闸后，如果自动重合闸装置动作将其自动重合成功，线路恢复正常运行，此时不希望发预告信号，因为线路事故跳闸时已有事故音响信号，足以引起运行人员注意，而只要求将已自动重合的线路的光字牌点亮即可。所以"自动重合闸动作"的光字牌回路一般直接接在信号小母线上。

8.6　中央信号系统

中央信号是全站公用的设备，与各安装单位都有关系。它包括事故信号和故障信号，有的还包括闪光装置和事故停电钟装置等。中央信号接线随着泵站的二次接线和继电保护方式以及设备布置特点等的不同而有所差别。如果把图 8.4 和图 8.7 拼在一起，便是一张中央信号系统展开图的主体部分。

本　章　小　结

本章介绍了信号回路类型、事故信号、预告信号及中央信号系统等信号回路及工作过程，重点讲述了使用直流操作电源的信号回路。

（1）中央信号系统分为事故音响信号和预告音响信号。断路器发生事故跳闸时发生事故信号，蜂鸣器发出音响，同时，断路器的位置指示灯发出绿灯闪光；系统中发生异常情况时发出预告信号，警铃发出音响，同时光字牌点亮并标明故障内容。中央信号系统从功能上分为不能重复动作和能重复动作，能重复动作的信号装置采用信号脉冲继电器构成。整个变电站只有一套中央信号系统，一般安装在主控室内的信号屏内。

（2）自动重合闸装置是在线路发生短路故障时，断路器跳闸后进行的重新合闸，能提高线路供电的可靠性，主要用于架空线路。变电站一般采用一次式重合闸装置。

（3）备用电源自动投入装置是当工作电源的电压消失时，备用电源自动投入的装置，以保证负荷的连续供电，提高供电可靠性。

复 习 思 考 题

1. 电力系统中一般装设哪些信号系统？各起什么作用？

2. 什么叫继电器的冲击自动复归特性？BC - 4 型冲击继电器是如何实现冲击自动复归的？如果要使 BC - 4 型冲击继电器定时自动复归或人工复归，应采取什么方法？

3. 预告信号电路为什么必须使冲击继电器具有冲击自动复归特性？

4. 以图 8.6 和图 8.7 为例，说明中央事故信号和中央预告信号的启动、复归、重复动作及信号电路监视的原理。

5. 继电保护装置动作后会伴随发生哪些信号？举例说明这些信号是如何发出的。

6. 什么叫信号系统？按信号作用不同，信号有哪几种？

7. 什么是中央信号？事故音响信号和预告音响信号有什么不同？

8. 预告音响信号接线图中光字牌的作用是什么？如何检查其灯泡好坏？

第9章 测量回路及绝缘监察回路

为满足电力系统和电气设备安全运行的需要，运行人员必须依靠测量仪表了解电力系统的运行状态，监视电气设备的运行参数。电气测量仪表的配置应符合《电力装置电气测量仪表装置设计规范》（GB/T 50063—2017）的规定。本章主要介绍功率表与电能表的测量回路、测量仪表的配置与选择、小电流接地系统绝缘监察装置等。

9.1 电 功 率 测 量

9.1.1 有功功率的测量

负载为星形连接的三相交流电路有功功率瞬时值 p 为

$$p = u_U i_U + u_V i_V + u_W i_W \tag{9.1}$$

式中　u_U、u_V、u_W——U、V、W 相电压瞬时值，V；

　　　i_U、i_V、i_W——U、V、W 相电流瞬时值，A。

三相电路有功功率有效值 P 为

$$P = U_U I_U \cos\varphi_U + U_V I_V \cos\varphi_V + U_W I_W \cos\varphi_W \tag{9.2}$$

当三相电压对称，星形连接的负载平衡时，有

$$\left.\begin{array}{l} U_U = U_V = U_W = U_P \\ U_{UV} = U_{VW} = U_{WU} = U \\ I_U = I_V = I_W = I_P = I \\ \cos\varphi_U = \cos\varphi_V = \cos\varphi_W = \cos\varphi \end{array}\right\} \tag{9.3}$$

则式（9.2）可写成

$$P = 3U_P I_P \cos\varphi = \sqrt{3} UI \cos\varphi \tag{9.4}$$

式中　U_U、U_V、U_W——U、V、W 相电压瞬时值，V；

　　　I_U、I_V、I_W——U、V、W 相电流瞬时值，A；

　　　U_P、I_P——相电压、相电流有效值；

　　　U、I——线电压、线电流有效值；

　　　$\cos\varphi$——功率因数。

为了保证功率表指针偏转正确，功率表的测量电路采用"电源端的接线原则"，即将电流线圈有"·"标志的端子接于电源侧，另一端子接负载侧；电压线圈有"·"标志的端子与电流线圈有"·"标志的端子接于电源的同一极上，另一端子接到负载的另一端，如图 9.1 所示。如果电流（或电压）线圈反接，即无"·"标志的端子接于电

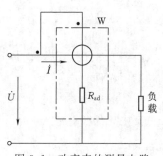

图 9.1　功率表的测量电路

源侧，则指针将反方向偏转。如果电流和电压线圈同时反接，此时指针虽不反偏，但是由于电压支路的附加电阻 R_{ad} 很大，外电压几乎全部加在 R_{ad} 上，可能使电压线圈与电流线圈之间的电压很高，引起绝缘击穿。

功率表的接法分直接接入和经过互感器接入两种，如图 9.2 所示。

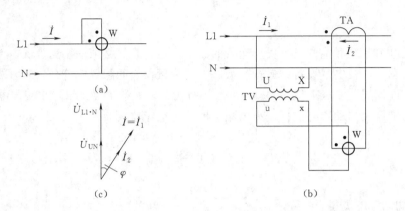

图 9.2　一只单相有功功率表的测量电路

(a) 直接接入；(b) 经互感器接入；(c) 相量图

在三相电路中，通常采用三相两元件式功率表测量三相有功功率。常见的是电磁式三相有功功率表，可直接反映三相有功功率，如 1D1 - W 型 2.5 级方形表、16D1 - W 型和 16D3 - W 型 1.5 级槽形表。它们都有两个独立元件，每个元件相当于一只单相有功功率表，有四个电流端子和三个电压端子，经互感器接入一次电路中，如图 9.3 所示。

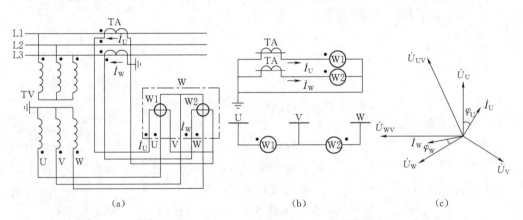

图 9.3　1D1 - W（或 16D1 - W）型三相有功功率表的测量电路

(a) 集中表示；(b) 分散表示；(c) 相量图

由图 9.3（c）可知，各元件所测功率，用有效值表示为

第一元件

$$P_1 = U_{UV} I_U \cos(30° + \varphi_U)$$

第二元件

$$P_2 = U_{WV} I_W \cos(30° - \varphi_W)$$

当三相电压完全对称、负载平衡时，由式（9.3）可得总功率为

$$P = P_1 + P_2 = UI\cos(30° + \varphi) + UI\cos(30° - \varphi)$$

$$= \left(\frac{\sqrt{3}}{2}UI\cos\varphi - \frac{1}{2}UI\sin\varphi\right) + \left(\frac{\sqrt{3}}{2}UI\cos\varphi + \frac{1}{2}UI\sin\varphi\right)$$

$$= \sqrt{3}UI\cos\varphi$$

三相有功功率表接入方式不是唯一的,还可以有如图 9.4 所示的两种接入方式。图 9.4 (a) 是把两个电流线圈分别串联接入 U 相和 V 相回路中,图 9.4 (b) 是把两个电流线圈分别串联接入 V 相和 W 相回路中,这时电压线圈所接入的电压也必须相应地改变。

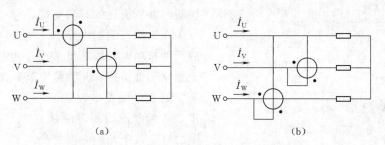

图 9.4 三相三线制有功功率表的测量电路

(a) 两个电流线圈分别串入 U、V 相;(b) 两个电流线圈分别串入 V、W 相

由图 9.3 和图 9.4 可得出这样一个规律:电流线圈不论是接在哪一相上,当电流从 "·" 端流入时,同一元件的电压线圈带 "·" 的一端也应接在该相上,而另一端接在没有接入功率表电流线圈的那一相上。

9.1.2 无功功率的测量

对于负载为星形连接的三相交流电路,其无功功率有效值为

$$Q = U_U I_U \sin\varphi_U + U_V I_V \sin\varphi_V + U_W I_W \sin\varphi_W \tag{9.5}$$

当三相电压对称、负载平衡时,式 (9.5) 改写为

$$Q = 3U_P I_P \sin\varphi = \sqrt{3}UI\sin\varphi \tag{9.6}$$

在三相电路中,通常选用电磁式三相两元件式无功功率表测量三相无功功率,如 1D1 - var 型 2.5 级方形表、16D1 - var 型和 16D3 - var 型 1.5 级槽形表。

9.2 电 能 的 测 量

三相交流电路的电能用电能表进行测量。电能表是将功率与一小段时间乘积累计起来的仪表。电能表分为有功电能表和无功电能表两种。

三相电路有功电能 A_{Wh},在三相电压对称负载平衡时,由式 (9.4) 可改写为

$$A_{Wh} = \sqrt{3}UIt\cos\varphi = Pt$$

三相电路无功电能 A_{varh},在三相电压对称负载平衡时,由式 (9.6) 可改写为

$$A_{varh} = \sqrt{3}UIt\sin\varphi = Qt$$

式中 t——电能表通电时间。

由于测量电能与测量功率的接线原理相同,只是所选用的表计不同而已。所以,为简化起见,在分析其接线原理时用有功功率有效值 P 表示。

9.2.1　三相电路有功电能的测量

9.2.1.1　三相四线制有功电能测量

在三相四线制电路中，可用一只三相三元件有功电能表测量三相有功电能。它由三个独立元件构成，其测量电路如图 9.5 所示。

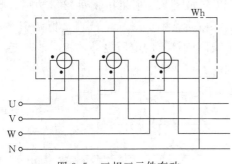

图 9.5　三相三元件有功
电能表的测量电路

在三相四线制电路中，用一只三相三元件有功电能表测量三相有功电能时，不论电压是否对称，负载是否平衡，都能直接反映三相四线制电路所消耗的有功电能。

在三相四线制电路中，也可以用一只三相两元件有功电能表测量三相有功电能。它由两个独立元件构成，其测量电路如图 9.6 所示。

图 9.6 测量电路的特点是：不接 V 相电压，V 相电流线圈分别绕在 U、W 相电流线圈的电磁铁上，但方向相反。

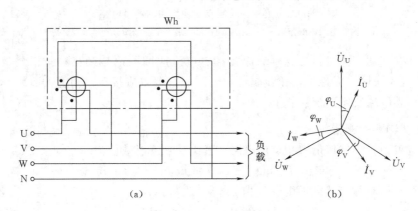

（a）　　　　　　　　　　　（b）

图 9.6　三相两元件有功电能表的测量电路

（a）测量电路；（b）相量图

由图 9.6（b）可知，各元件所测电能（用有功功率有效值表示）为

第一元件

$$P_1 = U_U I_U \cos\varphi_U - U_U I_V \cos(120° + \varphi_V)$$

$$= U_U I_U \cos\varphi_U + U_U I_V \frac{1}{2}\cos\varphi_V + U_U I_V \frac{\sqrt{3}}{2}\sin\varphi_V \tag{9.7}$$

第二元件

$$P_2 = U_W I_W \cos\varphi_W - U_W I_V \cos(120° - \varphi_V)$$

$$= U_W I_W \cos\varphi_W + U_W I_V \frac{1}{2}\cos\varphi_V - U_W I_V \frac{\sqrt{3}}{2}\sin\varphi_V \tag{9.8}$$

若三相电压对称，即 $U_U = U_V = U_W$，则得

$$P_1 + P_2 = U_U I_U \cos\varphi_U + U_V I_V \cos\varphi_V + U_W I_W \cos\varphi_W$$

$$= P_U + P_V + P_W \tag{9.9}$$

由式（9.9）可知，只要三相电压对称，不论负载是否平衡，用一只三相两元件有功电能表均能正确测量三相四线制电路总的有功电能。

9.2.1.2 三相三线制有功电能测量

在三相三线制电路中，常用一只三相两元件有功电能表测量电能，DS-8型三相两元件有功电能表测量电路如图9.7所示。

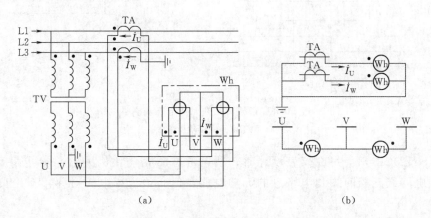

图9.7 DS-8型三相两元件有功电能表的测量电路
（a）集中表示；（b）分散表示

图9.7中第一元件电流线圈接入U相电流$\dot{I}_U$，电压线圈跨接在U、V相间；第二元件电流线圈接入W相电流$\dot{I}_W$，电压线圈跨接在W、V相间，其接入原则与图9.3相同。

9.2.2 三相电路无功电能测量

常见的三相无功电能表有带附加电流线圈的DX1型和电压线圈带60°相角差的DX2型两种。它们都是三相两元件无功电能表，其内部电路均采用跨相90°的接线方式。

9.2.2.1 带有附加电流线圈的三相无功电能表测量电路

图9.8所示为DX1型三相两元件无功电能表的测量电路，其特点是：每个元件有两个电流线圈，即附加了一个V相电流线圈（同图9.6）。由图9.8（b）可知，各元件所测电能（用有功功率有效值表示）为

第一元件

$$Q_1 = U_{VW}I_U\cos(90°-\varphi_U) - U_{VW}I_V\cos(30°+\varphi_V)$$
$$= U_{VW}I_U\sin\varphi_U - \frac{\sqrt{3}}{2}U_{VW}I_V\cos\varphi_V + \frac{1}{2}U_{VW}I_V\sin\varphi_V \tag{9.10}$$

第二元件

$$Q_2 = U_{UV}I_W\cos(90°-\varphi_W) - U_{UV}I_V\cos(150°+\varphi_V)$$
$$= U_{UV}I_W\sin\varphi_W + \frac{\sqrt{3}}{2}U_{UV}I_V\cos\varphi_V + \frac{1}{2}U_{UV}I_V\sin\varphi_V \tag{9.11}$$

在三相电压对称情况下，由式（9.3）可得两元件测得总功率为

$$Q_1 + Q_2 = UI_U\sin\varphi_U + UI_V\sin\varphi_V + UI_W\sin\varphi_W$$
$$= \sqrt{3}(U_UI_U\sin\varphi_U + U_VI_V\sin\varphi_V + U_WI_W\sin\varphi_W)$$
$$= \sqrt{3}Q \tag{9.12}$$

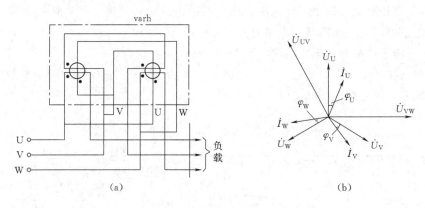

图 9.8　DX1 型三相两元件无功电能表测量电路

(a) 测量电路；(b) 相量图

　　式（9.12）中 $\sqrt{3}$，可在仪表设计时，预先考虑 $\sqrt{3}$ 倍的比例关系，便可直接读出三相三线制电路或三相四线制电路总的无功电能，但必须三相电压对称，不论负载是否平衡。

9.2.2.2　带 60°相角差的三相无功电能表测量电路

　　图 9.9 所示为 DX2 型三相两元件无功电能表的测量电路，其特点是：在电压线圈回路中串联接入电阻 R_1 和 R_2，使电压线圈流过的电流滞后于其电压 60°角，相当于把加入电压线圈的电压（$\dot{U}_{VW}$、$\dot{U}_{UW}$）超前旋转了 30°角。

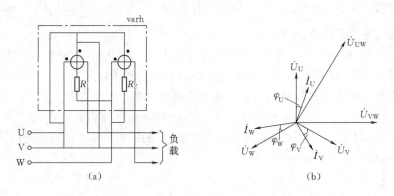

图 9.9　DX2 型三相两元件无功电能表测量电路

(a) 测量电路；(b) 相量图

　　由图 9.9（a）可知：第一个元件接入 U 相电流 $\dot{I}_U$，V 和 W 间电压 $\dot{U}_{VW}$；第二个元件接入 W 相电流 $\dot{I}_W$，U 和 W 间电压 $\dot{U}_{UW}$。每个元件所测电能（用有功功率有效值表示）为

　　第一个元件

$$Q_1 = U_{VW} I_U \cos(90° - \varphi_U - 30°) = U_{VW} I_U \cos(60° - \varphi_U)$$

$$= \frac{1}{2} U_{VW} I_U \cos\varphi_U + \frac{\sqrt{3}}{2} U_{VW} I_U \sin\varphi_U \tag{9.13}$$

第二个元件

$$Q_2 = U_{UW}I_w\cos(150° - \varphi_w - 30°) = U_{UW}I_w\cos(120° - \varphi_w)$$

$$= -\frac{1}{2}U_{UW}I_w\cos\varphi_w + \frac{\sqrt{3}}{2}U_{UW}I_w\sin\varphi_w \tag{9.14}$$

在三相电压对称且负载平衡时，由式（9.3）可得，两个元件测得总功率为

$$Q_1 + Q_2 = 2 \times \frac{\sqrt{3}}{2}UI\sin\varphi = \sqrt{3}UI\sin\varphi = Q \tag{9.15}$$

由式（9.15）可知，只要三相电压对称且负载平衡，带 60°相角差的 DX2 型三相无功电能表能正确测量三相三线制电路总的无功电能。

9.3　测量仪表选择

9.3.1　仪表准确度等级的选择

仪表准确度等级越高（即级的数值越小），测量结果也越准确。仪表准确度等级应根据被测对象的要求确定，并应与互感器准确度等级相配合。

电气测量仪表的数量及其测量电路必须满足电压互感器和电流互感器误差的要求，即仪表的电压线圈并入电压互感器二次侧后，电压互感器的负载总容量不能超过在相应准确度等级下的容量；仪表电流线圈串入电流互感器二次侧后，电流互感器的二次负载阻抗不能超过其允许阻抗值，否则测量误差增大。

仪表准确度等级和与其连接的互感器的准确度等级应符合下列要求：

（1）仪表准确度等级。用于发电机和调相机上的交流仪表，不应低于 1.5 级；用于其他设备和连线上的交流仪表，不应低于 2.5 级；直流仪表，不应低于 1.5 级。

（2）与仪表连接的互感器的准确度等级。仅用来测量电流或电压时，1.5 级和 2.5 级的仪表选用 1.0 级互感器；2.5 级的电流表选用 3.0 级电流互感器。

（3）与仪表连接的分流器、附加电阻的准确度等级，不应低于 0.5 级。

9.3.2　仪表测量范围的选择

仪表测量结果的准确程度不仅与仪表准确度等级有关，而且与其测量范围有关系。所以，适当选用仪表的测量范围，才能达到测量的准确度。如果仪表的测量范围比被测数值大得多，其测量误差将会很大。例如，为测量 220V 的直流电压而选用准确度为 1.5 级、测量范围为 400V 的电压表，其测量相对误差为 ±2.73%；若选用测量范围为 600V 的电压表，其测量相对误差为 ±4.1%。

仪器的测量范围应与互感器相配合，并满足下列要求：

（1）应尽量保证电气设备在正常运行时，仪表指示在量限的 2/3 以上，并考虑过负载运行时，能有适当的指示。

（2）对于启动电流大且时间长的电动机，或在运行过程中可能出现较大电流的电动机，一般应装有过负载标度的电流表。

（3）对于有可能出现两个方向电流的直流回路，或两个方向功率的交流回路，应装设双向标度的电流表或功率表。

（4）测量频率的仪表，一般采用测量范围为 45～55Hz 的频率表，其基本误差不应大于 ±0.25Hz；并在 49～51Hz 范围内，其实际误差不应大于 ±0.15Hz。

（5）对于远离电流互感器的测量仪表，可选用二次电流为 1A 的仪表和互感器。

9.4　测量仪表的配置

9.4.1　一般原则

电气仪表的配置应符合《电力装置电测量仪表装置设计规范》（GB/T 50063—2017）的规定，以满足电力系统和电气设备安全运行的需要。

9.4.1.1　基本要求

（1）应能正确反映电气设备及系统的运行状态。

（2）在发生事故时，能使运行人员迅速判别发生事故的设备，并能分析出事故的性质和原因。

9.4.1.2　配置原则

测量仪表的配置根据运行监控的需要以及被测参数的性质决定。此外，还与主系统接线方式、一次设备容量以及其在电力系统中的地位和自动化程度等因素有关。

（1）在下列设备及回路中，应装设交流电流表：发电机和同步调相机的定子回路；变压器回路；1kV 及以上的馈线和厂用电馈线；母联断路器、分段断路器、旁路断路器和桥断路器；40kW 及以上的厂用电动机回路；并联补偿电容器组回路；根据运行要求，须监视交流电路的其他回路。

（2）在下列回路中，应装设直流电流表：40kW 及以上的直流发电机和整流回路；蓄电池组回路；同步发电机、同步调相机和同步电动机的励磁回路，以及自动调整励磁装置的输出回路；根据运行要求，须监视直流电路的其他回路。

（3）在下列回路中，应装设电压表：可能分别工作的各段直流和交流母线；直流、交流发电机和同步调相机的定子回路；1000kW 及以上的同步电动机的励磁回路；蓄电池组回路；根据运行要求，须监视电压的其他回路。

（4）在中性点不直接接地的交流系统母线以及直流系统母线上，应装设绝缘监察电压表。

9.4.2　测量仪表的配置

单机容量为 6000kW 及以上的发电厂，其电气测量仪表的配置如图 9.10 所示。

图 9.10 中未标出全厂总的有功功率表、公用的同步表、发电机转子回路仪表以及交流母线绝缘监察仪表。

9.4.2.1　发电机定子回路

在主控制室或单元控制室，应装设 3 只电流表 PA（A）；电压表 PV（V），三相有功功率表 PPA（W）、三相无功功率表 PPR（var）、三相有功电能表 PJ（Wh）和三相无功电能表 PJ（varh）各 1 只；自动记录式有功和无功功率表各 1 只。

在汽机控制（或热工控制）屏上装设 1 只频率仪（Hz），1 只三相有功功率表（W）。

（1）电流表用来监视发电机负载。一般容量在 3000kW 及以上的发电机，为了监视发电机三相负载是否平衡，均装有三只电流表。若不平衡负载过大，可能使转子出现危险的

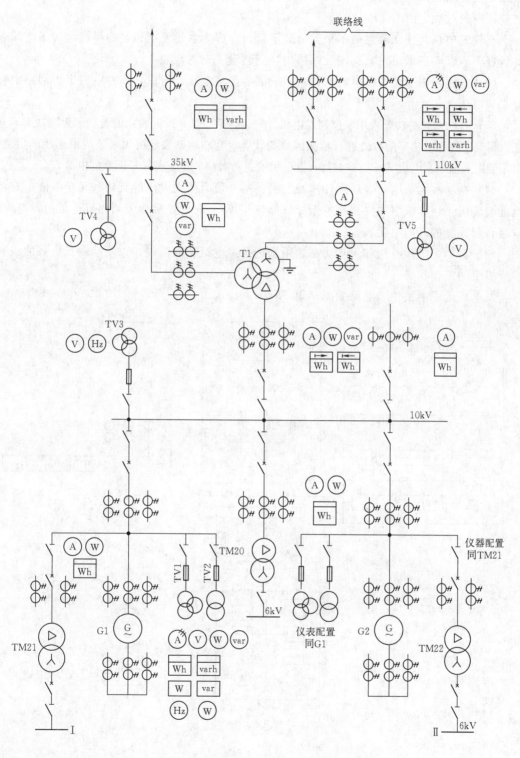

图 9.10 发电厂电气测量仪表配置图

过热，同时引起发电机共振。因此，规定汽轮发电机在额定负载连续运行时，其三相电流之差不应超过额定值的 10%。

水轮发电机允许在较大的不平衡负载下运行，因为水轮发电机是凸极机，转子冷却条件较好。所以，在水轮发电机定子回路中，只装设 1 只电流表。

（2）电压表用来监视发电机在并入系统前的定子电压。所以，在发电机定子回路中装设 1 只电压表。

（3）有功和无功功率表用来监视发电机并联运行后，某一瞬间发出的有功和无功功率，并能根据有功和无功功率的数值进行功率因数的计算。有功功率表还可用来监视原动机的负载，但不能用来监视发电机的总负载，监视发电机的总负载应凭定子与转子回路的电流表。

（4）有功和无功电能表用来计算发电机在某一段时间内发出的有功和无功电能。有功电能表还用于计算机组的主要技术指标（如煤耗等）。对于经常作为调相机运行的发电机，应装有双标度的有功电能表。

（5）自动记录式有功和无功功率表用来记录发电机负载曲线，以便绘制日负载曲线和检查机组的工作状态。

发电机定子测量仪表电路如图 9.11 所示。

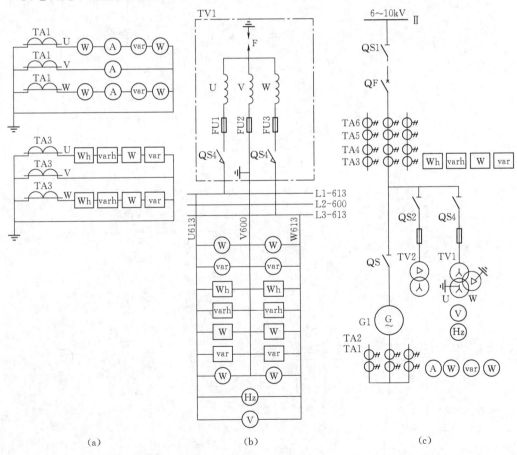

图 9.11　发电机定子测量仪表电路

（a）交流电流电路；（b）交流电压电路；（c）发电机一次系统

从图 9.11 可知：所有表计的电流线圈分别接在电流互感器 TA1 和 TA3 的二次侧。每个功率表和电能表均有两个线圈电流，分别串入 U 相和 W 相回路中。所有表计的电压线圈均并入电压互感器 TV1（其二次侧 V 相接地）的二次侧，每个功率表和电能表均有两个电压线圈，一个接在电压小母线 L1 - 613 与 L2 - 600 间，即接入 U、V 相间电压 U_{UV}，另一个接在电压小母线 L2 - 600 与 L3 - 613 间，即接入 V、W 相间电压 U_{WV}。

9.4.2.2　发电机转子回路

　　在发电机控制屏上，装设 1 只直流电压表和 1 只直流电流表，用来监视发电机转子回路的电压和电流。

　　在发电机灭磁开关屏上，装设 1 只转子回路电流表和 2 只转子回路电压表，其中 1 只电压表用来监视备用励磁系统输出电压。

　　在发电机采用不同励磁系统情况下，还应根据需要增装相应的表计：

　　(1) 采用直流励磁机系统时，在发电机控制屏上装设 1 只自动调整励磁装置输出回路电流表。

　　(2) 采用他励静止半导体励磁系统时，在发电机控制屏上，装设副励磁机定子回路交流电压表、主励磁机转子回路直流电流表。

　　在自动调整励磁屏上，装设副励磁机定子回路交流电压表、转子回路直流电流表、可控硅整流器直流输出电压表和电流表。

　　在硅整流器屏上，装设整流器交流输入电压表、直流输出电压表和电流表。

9.4.2.3　双绕组变压器

　　(1) 对于发电机变压器组单元接线，双绕组变压器不必另设测量仪表。

　　(2) 对于接在母线上的双绕组变压器，所有表计装在变压器低压侧，因为高压侧电流互感器价格高。当高压侧采用多油式断路器时，虽然断路器套筒中有电流互感器，但容量小，准确度等级不满足要求，一般不宜作测量用。

　　在变压器控制屏上，装设电流表、有功和无功功率表、有功和无功电能表各 1 只。电流表用来监视变压器的负载；有功和无功功率表用来监视在不同的时间内通过变压器的功率；有功和无功电能表用来计算通过变压器送出的电能。

9.4.2.4　三绕组升压变压器及自耦变压器

　　在三绕组升压变压器及自耦变压器高、中、低压侧，各装 1 只电流表，以便监视变压器各侧的负载分配。高压侧不装功率表和电能表。中压侧装设有功、无功功率表及有功电能表。低压侧装设的仪表与双绕组变压器低压侧装设的仪表相同，或少装 1 只无功电能表。

9.4.2.5　发电机变压器组回路

　　如果是双绕组变压器，则可利用发电机定子回路的测量仪表，不再装设其他仪表；如果是三绕组变压器，则中压侧和高压侧再装设与上述三绕组变压器相同的仪表。

9.4.2.6　6～500kV 馈线

　　(1) 6～10kV 电缆或架空线路，一般装 1 只电流表、1 只有功电能表。如果用户的电能是根据有功电能表计算的，还需加装 1 只无功电能表，用来确定功率因数，以决定电价。如果此馈线输送的功率有限制，再装设 1 只有功功率表。

　　(2) 35kV 架空线路。对于系统联络线，应装设电流表、有功功率表、无功功率表、有功电能表和无功电能表各 1 只。对于一般线路，装设电流表、有功功率表、有功电能表和无功电能表各 1 只。

（3）110～500kV 及以上电压等级的架空线路，一般装设有功功率表、无功功率表、有功电能表、无功电能表各 1 只，电流表 3 只。

9.4.2.7　母线

在各电压等级的母线上，均装设电压表，其装设原则为：

（1）在中性点不直接接地系统的母线上，装设 3 只相电压表，作为全厂（站）检查绝缘用的公用表计，通过转换开关选测任一组母线电压。

（2）在中性点直接接地系统的母线上，装设 1 只母线电压表，通过转换开关选测 U_{UV}、U_{VW}、U_{WU} 3 种线电压。

对于发电机电压母线，每一组工作母线和备用母线，均装设 1 只频率表、1 只电压表和一套绝缘监察电压表。

对于发电机变压器组高压母线，所装设的仪表与发电机电压母线装设的仪表相同，但在 110kV 及以上电压等级的母线上，不需装设绝缘监察仪表。

9.4.2.8　厂用变压器

厂用变压器应装设有功功率表、有功电能表、1 只或 3 只电流表。为了把厂用变压器有功损耗计算在电能内，有功电能表一般装在厂用变压器的高压侧。

对于照明变压器，低压侧应装设有功电能表和 3 只电流表。

9.4.2.9　其他

对于母联断路器、分段断路器和桥断路器回路，应装设 1 只电流表。对于旁路断路器、母联兼旁路断路器，应装设电流表、有功和无功功率表、有功和无功电能表。

大，中型发电厂一般需装设全厂总的有功功率表。若电气测量仪表不能满足监察要求，还需装设必要的热工测量仪表，如温度测量仪表等。

9.4.3　互感器的配置

在主电动机回路三相电路内，通常装设一组电流互感器 TA1 供测量和继电保护用。如果电动机中性点有引出线，而且需要装设纵差保护时，应在中性点引出线上再装设一组电流互感器 TA2 供纵差保护和测量仪表用，TA1 改为供过电流和纵差保护用。

在降压变压器的回路，通常三相都配置电流互感器，个别低电压小容量降压变压器回路，在保护灵敏度校验通过的前提下，可以采用"三相两互感器"的配置方式。图 9.12 中电流互感器 TA3 的一组二次绕组供纵差保护用，电流互感器 TA4 则用于测量仪表和过电流保护。

当变压器高压侧为大接地电流系统而且该变压

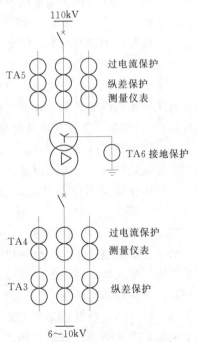

图 9.12　"主变"回路电流互感器的配置

器中性点接地时，在其中性点的接地线上应装设电流互感器 TA6，专供变压器单相接地保护用。

在主电动机电压母线和 35kV 以上的母线上，通常装设三台单相三绕组电压互感器；互感器一次绕组为中性点接地星形连接，二次绕组为一点接地中性点有引出线的星形连接，辅助二次绕组为一点接地开口三角形接法。仪表和保护装置的电压线圈，可接在互感器二次侧的相电压或线电压上。电压互感器的开口三角形，在小接地电流系统中供绝缘监视用，在大接地电流系统中供单相接地保护用。

有些采用两台单相电压互感器 V/V 形接线方式，供继电保护和仪表使用。

9.5 小电流接地系统绝缘监察装置

在 110kV 及以上中性点直接接地系统（即大电流接地系统）中，正常运行时，三相对地电压等于相电压，单相接地就形成了单相短路故障，接地电流很大，继电保护动作，将接地故障切除。所以，此系统不需监视各相对地绝缘情况。

在 35kV 及以下中性点不直接接地系统（即小电流接地系统）中，正常运行时，三相对地电压等于相电压。单相接地时，接地相对地电压小于相电压（极限值为零），其他两相对地电压大于相电压（极限值为线电压）；接地点流过较小的电容电流；又由于线电压不变，电气设备仍能正常工作。因此，在小电流接地系统中，发生单相接地后，允许继续运行一段时间，但如果单相接地未被及时发现而加以处理，则由于非故障相对地电压升高，可能在绝缘薄弱处引起另一相绝缘击穿而造成相间短路。所以，此系统必须装设绝缘监察装置。

9.5.1 小电流接地系统发生单相接地时电流电压变化
9.5.1.1 一次系统正常运行时电流电压

在图 9.13（a）所示的简单网络中，假设为空载运行，三相导线对地电容均以集中参数表示为 C_U、C_V、C_W，且

$$C_U = C_V = C_W = C$$

三相导线对地电容电流（$\dot{I}_U$、$\dot{I}_V$、$\dot{I}_W$）很小，由其引起的电压降略去不计时，交流电网中性点 N 对地电压为零，则三相对地电压等于相电压，即

$$\dot{U}_N = 0; \quad \dot{U}_U = \dot{E}_U; \quad \dot{U}_V = \dot{E}_V; \quad \dot{U}_W = \dot{E}_W$$

三相导线流入地中的电容电流在相位上超前相应相电压 90°，即

U 相对地电容电流 $\qquad\qquad\qquad \dot{I}_U = j\omega C \dot{U}_U$

有效值 $\qquad\qquad\qquad\qquad\qquad I_U = \omega C U_P$

V 相对地电容电流 $\qquad\qquad\qquad \dot{I}_V = j\omega C \dot{U}_V$

有效值 $\qquad\qquad\qquad\qquad\qquad I_V = \omega C U_P$

W 相对地电容电流 $\qquad\qquad\qquad \dot{I}_W = j\omega C \dot{U}_W$

有效值 $\qquad\qquad\qquad\qquad I_W = \omega C U_P$

式中　　$\dot{E}_U$、$\dot{E}_V$、$\dot{E}_W$——电源的三相电动势；

$\qquad\qquad U_P$——电源相电压有效值；

$\qquad\qquad \omega$——电源角频率。

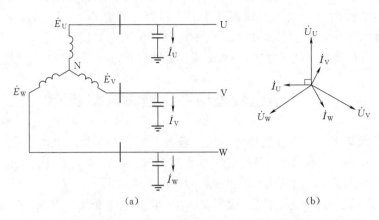

图 9.13　小电流接地系统正常运行

(a) 一次系统；(b) 电流电压相量图

　　根据以上分析，可画出图 9.13 (b) 所示的相量图。由图可见，正常运行时，三相电压和三相对地电容电流对称，相量之和等于零，没有零序电压和零序电流。

9.5.1.2　简单系统发生单相接地时的电流电压

　　在图 9.13 (a) 所示的简单（即单条引出线，并不考虑发电机和变压器对地电容时）网络中，当 U 相 E 点发生金属性接地后，如图 9.14 (a) 所示，E 点 U 相对地电压为零。因为此时流过接地点的电容电流较小，由其引起的电压降忽略不计时，电网各处 U 相对地电压都为零，并短接其对地电容，使 U 相对地电容电流也为零，此时电压、电流的变化为：

三相导线对地电压为

U 相 $\qquad\qquad\qquad\qquad \dot{U}_U^{(1)} = 0$

V 相 $\qquad\qquad\qquad\qquad \dot{U}_V^{(1)} = \dot{U}_{VU}$

有效值 $\qquad\qquad\qquad\qquad \dot{U}_V^{(1)} = \sqrt{3} U_P$ $\qquad\qquad\qquad\qquad$ (9.16)

W 相 $\qquad\qquad\qquad\qquad \dot{U}_W^{(1)} = \dot{U}_{WU}$

有效值 $\qquad\qquad\qquad\qquad \dot{U}_W^{(1)} = \sqrt{3} U_P$

电源中性点 N 对地电压为

$$\dot{U}_N = -\dot{U}_U \qquad\qquad\qquad\qquad (9.17)$$

有效值 $\qquad\qquad\qquad\qquad U_N = U_P$

母线上的零序电压为

$$\dot{U}_0 = \frac{1}{3}(\dot{U}_U^{(1)} + \dot{U}_V^{(1)} + \dot{U}_W^{(1)}) = \frac{1}{3}(\dot{U}_V^{(1)} + \dot{U}_W^{(1)}) = -\dot{U}_P \qquad (9.18)$$

有效值 $\qquad$ $U_0 = U_P$

根据以上分析可画出图 9.14 (b) 所示的向量图。三相导线流入地中的电容电流为

U 相对地电容电流 $\qquad$ $\dot{I}_U^{(1)} = j\omega C \dot{U}_U^{(1)} = 0$

V 相对地电容电流 $\qquad$ $\dot{I}_V^{(1)} = j\omega C \dot{U}_V^{(1)} = j\omega C \dot{U}_{VU}$

有效值 $\qquad$ $\dot{I}_V^{(1)} = \sqrt{3}\,\omega C U_P = \sqrt{3}\,\omega C U_0$

W 相对地电容电流 $\qquad$ $\dot{I}_W^{(1)} = j\omega C \dot{U}_W^{(1)} = j\omega C \dot{U}_{WU}$

有效值 $\qquad$ $\dot{I}_W^{(1)} = \sqrt{3}\,\omega C U_P = \sqrt{3}\,\omega C U_0$ $\qquad$ (9.19)

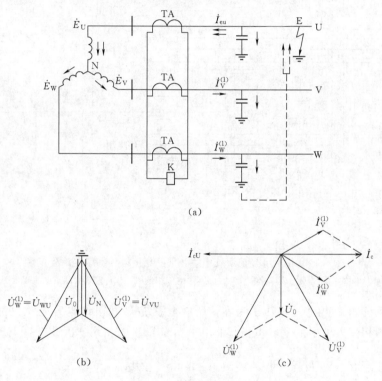

图 9.14　小电流接地系统 U 相金属性接地时电流电压

(a) 一次系统；(b) 电压相量图；(c) 电流相量图

此时接地故障点 E 的接地电容电流 I_e 从 U 相流回电源，但流过 U 相的电流 $\dot{I}_{eU}$ 与 $\dot{I}_e$ 大小相等、方向相反，即

$$\dot{I}_{eU} = -(\dot{I}_V^{(1)} + \dot{I}_W^{(1)}) = -\dot{I}_e = -(j3\omega C \dot{U}_0) \qquad (9.20)$$

有效值 $\qquad$ $I_{eU} = 3\omega C U_0 = 3\omega C U_P = I_e$

式中　I_e——接地电容电流，其值等于线路上两个非故障相对地电容电流相量和。

由式 (9.19) 和式 (9.20) 可得出故障线路本身的零序电流为

$$\dot{I}_0 = \frac{1}{3}(\dot{I}_U^{(1)} + \dot{I}_V^{(1)} + \dot{I}_W^{(1)}) = \frac{1}{3}(\dot{I}_{eU} + \dot{I}_V^{(1)} + \dot{I}_W^{(1)})$$

$$= \frac{1}{3}[-(\dot{I}_V^{(1)} + \dot{I}_W^{(1)}) + \dot{I}_V^{(1)} + \dot{I}_W^{(1)}] = 0 \qquad (9.21)$$

根据以上分析，可画出图 9.14（c）所示的相量图。

9.5.1.3　多条引出线系统单相接地时零序电流的分布

在图 9.15（b）所示的系统中，母线上有三条引出线路，若在线路Ⅲ上 U 相金属性接地后，电网各处 U 相对地电压都为零，而非故障相对地电压、电源中性点 N 对地电压、母线上的零序电压，如式（9.16）～式（9.18）所示。

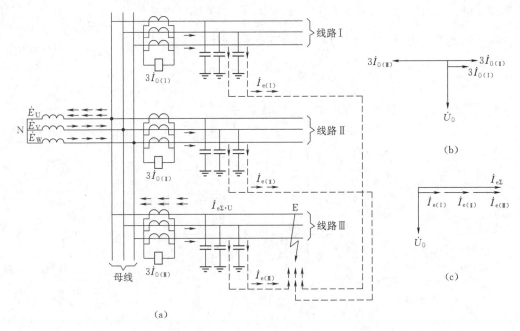

图 9.15　小电流接地系统中线路Ⅲ U 相接地时零序电流分布

（a）一次系统；（b）故障及非故障线路零序电流相量图；（c）接地故障点电流相量图

由于全系统的 U 相对地电压都为零，所以全系统 U 相对地电容电流也都为零。此时非故障线路各相流入地中的电容电流仍具有式（9.19）的关系。因此有：

线路Ⅰ
$$3\dot I_{0(\mathrm{I})}=\dot I_{\mathrm{U(I)}}^{(1)}+\dot I_{\mathrm{V(I)}}^{(1)}+\dot I_{\mathrm{W(I)}}^{(1)}=\dot I_{\mathrm{V(I)}}^{(1)}+\dot I_{\mathrm{W(I)}}^{(1)}$$

$$=\dot I_{\mathrm{e(I)}}=\mathrm{j}\omega 3\dot U_0 C_{\mathrm{I}}$$

有效值
$$3I_{0(\mathrm{I})}=I_{\mathrm{e(I)}}=3\omega U_0 C_{\mathrm{I}}=3\omega U_{\mathrm{P}}C_{\mathrm{I}}$$

线路Ⅱ
$$3\dot I_{0(\mathrm{II})}=\dot I_{\mathrm{V(II)}}^{(1)}+\dot I_{\mathrm{W(II)}}^{(1)}=\dot I_{\mathrm{e(II)}}=\mathrm{j}\omega 3\dot U_0 C_{\mathrm{II}}$$

有效值
$$3I_{0(\mathrm{II})}=I_{\mathrm{e(II)}}=3\omega U_0 C_{\mathrm{II}}=3\omega U_{\mathrm{P}}C_{\mathrm{II}}$$

故障线路Ⅲ的情况就有所不同，V 和 W 相流入地中的电容电流仍具有式（9.19）的关系，而故障相 U 中流过的是所有线路的接地电容电流的总和，也是流过接地故障点 E 的电流，并具有式（9.20）的关系，即

$$\dot I_{\mathrm{e\Sigma\cdot U}}=-[(\dot I_{\mathrm{V(I)}}^{(1)}+\dot I_{\mathrm{W(I)}}^{(1)})+(\dot I_{\mathrm{V(II)}}^{(1)}+\dot I_{\mathrm{W(II)}}^{(1)})+(\dot I_{\mathrm{V(III)}}^{(1)}+\dot I_{\mathrm{W(III)}}^{(1)})]$$

$$=-(\dot I_{\mathrm{e(I)}}+\dot I_{\mathrm{e(II)}}+\dot I_{\mathrm{e(III)}})=-\dot I_{\mathrm{e\Sigma}} \tag{9.22}$$

有效值
$$I_{e\Sigma \cdot U} = I_{e(I)} + I_{e(II)} + I_{e(III)} = I_{e\Sigma}$$
$$= 3\omega U_P (C_I + C_{II} + C_{III})$$

将式（9.22）代入式（9.21）可得出故障线路Ⅲ中的零序电流为

$$3\dot{I}_{0(III)} = \dot{I}_{e\Sigma \cdot U} + \dot{I}^{(1)}_{V(III)} + \dot{I}^{(1)}_{W(III)}$$

$$= -[(\dot{I}^{(1)}_{V(I)} + \dot{I}^{(1)}_{W(I)}) + (\dot{I}^{(1)}_{V(II)} + \dot{I}^{(1)}_{W(II)})$$

$$+ (\dot{I}^{(1)}_{V(III)} + \dot{I}^{(1)}_{W(III)})] + \dot{I}^{(1)}_{V(III)} + \dot{I}^{(1)}_{W(III)}$$

$$= -[(\dot{I}^{(1)}_{V(I)} + \dot{I}^{(1)}_{W(I)}) + (\dot{I}^{(1)}_{V(II)} + \dot{I}^{(1)}_{W(II)})]$$

$$= -(3\dot{I}_{0(I)} + 3\dot{I}_{0(II)}) = -(\dot{I}_{e(I)} + \dot{I}_{e(II)})$$

有效值　　$3I_{0(III)} = (I_{e(I)} + I_{e(II)}) = (I_{e\Sigma} - I_{e(III)}) = 3\omega U_P(C_I + C_{II})$

根据以上分析，可画出如图 9.15（b）、（c）的相量图。

综上所述，可得出以下结论：

（1）在小电流接地系统中发生单相金属性接地时，电网各处故障相对地电压均为零，非故障相对地电压为线电压，电网中出现零序电压，其值等于接地相故障前的电压，但方向相反。

（2）凡在同一电网中的所有线路均流有 $3I_0$。非故障线路 $3I_0$ 的大小等于本线路的接地电容电流，方向由母线流向线路；故障线路 $3I_0$ 的大小等于所有非故障线路 $3I_0$ 之和，方向由线路流向母线。

（3）非故障线路的零序电流超前零序电压 $90°$；故障线路的零序电流滞后零序电压 $90°$。

（4）接地故障点的电流大小等于所有线路（包括故障线路和非故障线路）接地电容电流的总和，并超前零序电压 $90°$。

以上分析是金属性接地的情况，当经过渡电阻接地时，接地相电压有效值在 $0 \sim U_P$ 之间变化；非故障相电压升高，其有效值在 $(\sqrt{3} \sim 1)U_P$ 之间变化，上述有效值的大小取决于接地电阻值。

在小电流接地系统中发生单相接地时，可利用零序电流或零序电流方向构成有选择性地接地保护，也可利用零序电压构成无选择性的接地保护。通常用后者构成绝缘监察装置。

9.5.2　绝缘监察装置

9.5.2.1　直流系统的绝缘监察

用来监视直流系统绝缘状况的装置称直流绝缘监察装置，直流系统内发生一点接地时，熔断器的熔体虽不会熔断，整个直流系统亦仍能继续工作，但是，长时间带一点接地运行会发展成为事故。例如图 9.16，当一点（如 a 点）接地之后，如果另一点（如 b 点）也发生接地，则形成两点接地，保护出口中间继电器 KM 的触点被短接，将引起断路器 QF 的误跳

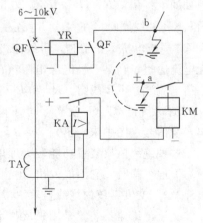

图 9.16　直流系统两点接地引起误跳闸示意图

闸，造成停电事故。为了防止由于两点接地可能引起的误跳闸，必须在直流系统中装设绝缘监察装置，当任一极对地绝缘下降到一定数值（在 DC 220V 系统中一般为 5～20kΩ）时，该监察装置应发出灯光和音响信号。

直流系统绝缘监察的方法与变电所的大小和自动化水平有关，现介绍一种典型的绝缘监察装置，其原理接线如图 9.17 所示。该接线由电压测量和绝缘监察两部分组成。

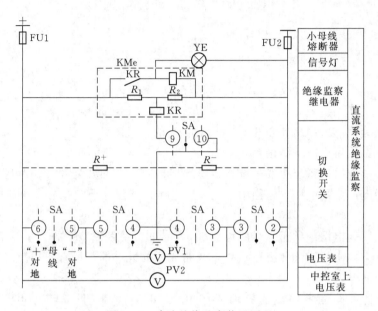

图 9.17　直流绝缘监察装置原理

电压测量部分由切换开关 SA 和电压表 PV1 组成。通过 SA 的位置切换，由电压表可测量直流母线正负极间的电压以及正极对地和负极对地电压。此外，在控制室还设有电压表 PV2，以监视直流母线的正负极间电压。

绝缘监察部分主要由绝缘监察继电器 KMe 和黄色信号灯 YE 组成。绝缘监察继电器 KMe 又由单管干簧继电器 KR、出口中间继电器 KM 和平衡电阻 R_1 和 R_2 组成。其工作原理如下：R_1、R_2（$R_1 = R_2$）为桥臂平衡电阻，R^+ 和 R^- 表示直流母线对地的绝缘电阻。KR 的线圈跨接在 R_1、R_2 连接处和 R^+、R^- "连接处"（地），因此，R_1、R_2、R^+ 和 R^- 构成电桥。正常时，母线两极对地绝缘电阻相等（$R^+ = R^-$），电桥平衡，KR 线圈无电流通过。当某一极绝缘电阻（R^+ 或 R^-）下降时，由于电桥的平衡被破坏，便有不平衡电流通过 KR 线圈。R^+ 和 R^- 相差越大，不平衡电流就越大，当它达到一定数值时，KR 动作，信号灯 YE 发光，同时 KR 触点闭合使 KM 动作，导致相应光字牌发光，并发出音响信号（图中未画出）。

这种绝缘监察装置功能较为理想，是目前常用的一种装置，但在直流母线两极绝缘同时均等地下降时，它不能发出灯光和音响信号。

9.5.2.2　交流系统的绝缘监察

交流绝缘监察装置是用来反映小接地电流系统的对地绝缘状况（单相接地故障）。在小接地电流系统中的任一点发生时，全系统都会出现零序电压，可以利用零序电压来监察相对地的绝缘状况。

由于泵站内小接地电流系统网络的结构比较简单，因此目前泵站普遍地采用反应零序电压的绝缘监察装置。

图9.18 实际上就是三台单相三绕组电压互感器的接线，加上仪表和继电器之后的接线图。在星形接法的二次绕组上接入三只电压表，测量各相对地电压，开口三角形接法的辅助二次绕组接入一个过电压继电器，反映接地时出现的零序电压。当该系统内任一相发生接地故障时，接地相的电压表没有读数，其他两相电压表的读数升高到正常电压的$\sqrt{3}$倍。同时，过电压继电器动作，发出接地信号，可根据各电压表读数判断接地故障的相别，采用依次断开各电动机回

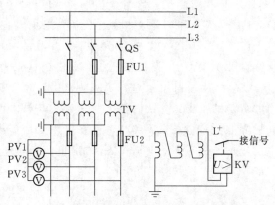

图 9.18　小接地电流系统绝缘监察装置的接线图

路的办法找接地的地点，如果依次断开所有电动机回路后，接地故障的指示均不消失，则可能是母线发生接地故障。

在正常运行时，由于电压互感器本身误差和高次谐波电压的存在，开口三角形两端存在着不平衡电压，因此，电压继电器的动作电压一般整定在 15V 左右。

<h2 align="center">本 章 小 结</h2>

本章介绍了电能计量技术、绝缘监察装置二次回路接线图。

（1）电能计量技术是采用电能计量装置来确定电能量值，为实现电能量单位的统一及其量值准确、可靠的一系列活动。在电力系统中，电能计量是电力生产、销售以及电网安全运行的重要环节。电能表分为感应式、电子式、微处理机型等类型。电能计量包括单相、三相三线和三相四线电路中有功电能和无功电能的计量。测量电路中电能表除了直接接入式的以外，还有经互感器接入的，即电能表和互感器的联合接线。

（2）直流系统绝缘监察装置主要是利用电桥平衡原理来实现的，是对直流系统是否存在接地隐患进行监视。

<h2 align="center">复 习 思 考 题</h2>

1. 什么是电能计量？有何作用？

2. 电能表分为哪些类型？各有何特点？

3. 有功电能表的接线方式有哪几种？各用于什么场合？

4. 无功电能表的接线方式有哪几种？各用于什么场合？

5. 电气测量的目的是什么？对仪表的配置有何要求？

6. 直流系统两点接地有何危害？请画图举例说明。

7. 电气测量仪表和与其连接的互感器准确度等级应满足哪些条件？

8. 电气测量系统对测量仪表有哪些要求？

9. 试述绝缘监视装置的类别及其作用。并分别说明其绝缘监视的工作原理。

10. 电气测量仪表的测量范围应如何选择？

11. 功率表和电能表有哪些不同？各有哪些用途？

12. 在图 9.11 中，若电流表最大刻度为 300A，串接于 300/5A 的电流互感器上，现改接在 400/5A 的电流互感器上，此表怎样正确读数？

13. 在图 9.11 中，当 TA3 为 600/5A，TV 为 10500/100V 时，选用 1D1 – Wh 型三相有功电能表，其表计的额定电压为 100V，额定电流为 5A。问：当一次负载为 5155A，电压为 10.5kV，$\cos\varphi = 0.8$，并在电压对称负载平衡的情况下，电能表在 1h 内的读数是多少？此值是不是发电机在 1h 内发出的有功电能？

第10章 操 作 电 源

10.1 概 述

操作电源为控制、信号、测量回路及继电保护装置、自动装置和断路器的操作提供可靠的工作电源。在电力系统中主要采用直流操作电源。

10.1.1 对操作电源的基本要求

(1) 保证供电的可靠性，最好装设独立的直流操作电源，以免交流系统故障时，影响操作电源的正常供电。

(2) 具有足够的容量，保证正常运行时，操作电源母线（简称母线）电压波动范围小于±5％额定值；事故时的母线电压不低于90％额定值；失去浮充电源后，在最大负载下的直流电压不低于80％额定值。

(3) 波纹系数小于5％。

(4) 使用寿命、维护工作量、设备投资、布置面积等应合理。

10.1.2 操作电源的分类

按电源性质，操作电源可分为交流操作电源和直流操作电源两种。直流操作电源又分为独立和非独立操作电源两种。独立操作电源分为蓄电池和电源变换式直流操作电源两种。非独立操作电源分为复式整流和硅整流电容储能直流操作电源两种。按其电压等级分为220V、110V、48V、24V操作电源。

10.1.2.1 直流操作电源

(1) 蓄电池直流操作电源。蓄电池是一种可以重复使用的化学电源，充电时将电能转变为化学能储存起来，放电时又将储存的化学能转变为电能送出。若干个蓄电池连接成的蓄电池组（简称蓄电池），作为直流操作电源。蓄电池是一种独立可靠的直流电源，不受交流电源的影响，即使在交流系统全部停电的情况下，仍能在一定时间内可靠供电。它是电力系统中最常用的直流操作电源。

(2) 电源变换式直流操作电源。电源变换式直流操作电源是一种独立式直流操作电源，其框图如图10.1所示。

电源变换式直流操作电源由可控整流装置U1、48V蓄电池GB、逆变装置U2和整流装置U3组成。正常运行时，220V交流电源经过可控整流装置U1变换为48V的直流电源，作为直流操作电源，并对48V蓄电池GB进行充电或浮充电；同时48V直流电源经过逆变装置

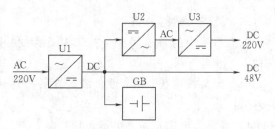

图10.1 电源变换式直流操作电源框图

U2 变换为交流电源，再通过整流装置 U3 变换为 220V 直流操作电源输出。事故情况下，电源逆变装置 U2 能利用蓄电池储存的电能进行逆变，从而保证了重要直流负载的连续供电，供电时间的长短取决于 48V 蓄电池容量，其容量必须经过计算确定。这种直流电源能提供两个电压等级的操作电源，直流 220V 和 48V，为中、小型变电站的弱电控制提供了方便。

（3）复式整流直流操作电源。复式整流直流操作电源是一种非独立式的直流电源，其框图如图 10.2 所示，它是一种复式整流装置，其整流装置不仅由厂（站）用变压器 T 供电，还由电流互感器 TA 供电。正常运行情况下，由厂（站）用变压器 T 的输出电压（电压源Ⅰ）经整流装置 U1 提供控制电源。事故情况下，由电流互感器 TA 的二次电流（电流源Ⅱ），通过铁磁谐振稳压器 V 变换为交流电压，经整流装置 U2 提供操作电源。

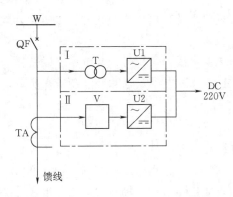

图 10.2　复式整流直流操作电源框图
Ⅰ—电压源；Ⅱ—电流源

（4）硅整流电容储能直流操作电源。硅整流电容储能直流操作电源是一种非独立式的直流操作电源。它由硅整流设备和电容器组成。正常运行时，厂（站）用变压器的输出电压经硅整流设备变换为直流电源，作为电容器充电电源和全厂（站）的操作电源。事故情况下，可利用电容器正常运行储存的电能，向重要直流负载（继电保护、自动装置和断路器跳闸回路）供电。由于储能电容器容量的限制，事故时只能短时间向重要直流负载供电，所以很难满足一次系统和继电保护复杂的变电站对直流操作电源的要求。因此，它只适用于 35kV 及以下电压等级的小容量变电站，或用于继电保护较简单的 110kV 及以下电压等级的终端变电站。

10.1.2.2　交流操作电源

交流操作电源直接使用交流电源。一般由电流互感器向断路器的跳闸回路供电，由厂（站）用变压器向断路器的合闸回路供电，由电压互感器（或厂用变压器）向控制、信号回路供电。

这种操作电源接线简单，维护方便，投资少，但其技术性能不能满足大、中型发电厂和变电站的要求。因此，它只适用于不重要的终端变电站，或用于发电厂中远离主厂房的辅助设施。

10.1.3　直流负载的分类

电力系统中的直流负载，按其用电特性可分为经常性负载、事故负载和冲击负载三种。

（1）经常性负载。经常性负载是在各种运行状态下，由直流电源不间断供电的负载。它包括：

1）经常带电的直流继电器、信号灯、位置指示器和经常点燃的直流照明灯。

2）由直流供电的交流不停电电源，即逆变电源装置。

3）为弱电控制提供的弱电电源变换装置。

（2）事故负载。事故负载是指在事故情况下必须由直流电源供电的负载，包括事故照明、汽轮机或一些重要辅助机械的润滑油泵，发电机的氢冷密封油泵和载波通信的备用电源等。

（3）冲击负载。冲击负载是指断路器合闸时的短时冲击电流及此时直流母线所承受的其他负载（包括经常性负载和事故负载）电流的总和。

10.2 蓄电池直流系统

蓄电池按电解液不同可分为酸性蓄电池和碱性蓄电池两种。

酸性蓄电池常采用铅酸蓄电池。铅酸蓄电池端电压较高（2.15V），冲击放电电流较大，适用于断路器跳、合闸的冲击负载。但是酸性蓄电池寿命短，充电时逸出有害的硫酸气体。因此，蓄电池室需设较复杂的防酸和防爆设施。酸性蓄电池一般适用于大型发电厂和变电站。

碱性蓄电池体积小、寿命长、维护方便、无酸气腐蚀，但事故放电电流较小，适用于中、小型发电厂和110kV以下的变电站。碱性蓄电池有铁镍、镉镍等几种。发电厂和变电站常采用镉镍碱性蓄电池。

10.2.1 蓄电池的容量

蓄电池的容量（Q）是蓄电池蓄电能力的重要参数。蓄电池的容量是在指定的放电条件（温度、放电电流、终止电压）下所放出的电量，单位用 Ah 表示。蓄电池的容量一般分为额定容量和实际容量两种。

10.2.1.1 额定容量

额定容量是指充足电的蓄电池在 25℃时，以 10h 放电率放出的电能，即

$$Q_N = I_N t_N$$

式中　Q_N——蓄电池的额定容量，Ah；

　　　I_N——额定放电电流，即 10h 放电率的放电电流，A；

　　　t_N——放电至终止电压的时间，一般取 $t_N = 10h$。

10.2.1.2 实际容量

蓄电池的实际容量与温度、放电电流、电解液的密度及质量、充电程度等因素有关。其实际容量为

$$Q = It$$

式中　Q——蓄电池的实际容量，即放电电流为 I 时的容量，Ah；

　　　I——非 10h 放电率的放电电流，A；

　　　t——放电至终止电压的时间，h。

蓄电池实际容量与放电电流的大小关系甚大，以大电流放电，到达终止电压的时间就短；以小电流放电，到达终止电压的时间就长。通常用放电率来表示放电至终止电压的快慢。放电率可用放电电流表示，也可用放电到终止电压的时间来表示。例如：额定容量为216Ah 的蓄电池，若用电流表示放电率，则为 21.6A 放电率；若用时间表示，则为 10h

放电率。如果放电电流大于 21.6A，则放电时间就小于 10h，而放出的容量就要小于额定容量。假设以 2h 放电率放电，达到终止电压所放出的容量只有额定容量的 60%，即 130Ah 左右，这是因为极板的有效物质很快形成了硫酸铅，堵塞了极板的细孔，因而细孔深处的有效物质就失去了与电解液进行化学反应的机会，使蓄电池的内阻很快增大，端电压很快降低到终止电压。相反，若放电电流小于 21.6A，则放电时间就大于 10h，此时放出的容量就允许大于额定容量。

　　蓄电池不允许用过大的电流放电，但是可以在几秒的短时间内承担冲击电流，此电流可以比长期放电电流大得多。因此，它可作为电磁型操作机构的合闸电源。每一种蓄电池都有其允许的最大放电电流值，其允许的放电时间约为 5s。

10.2.2　蓄电池的直流系统及其运行方式

10.2.2.1　蓄电池直流系统

　　蓄电池直流系统由充电设备、蓄电池组、浮充电设备和相关的开关及测量仪表组成，如图 10.3 所示。

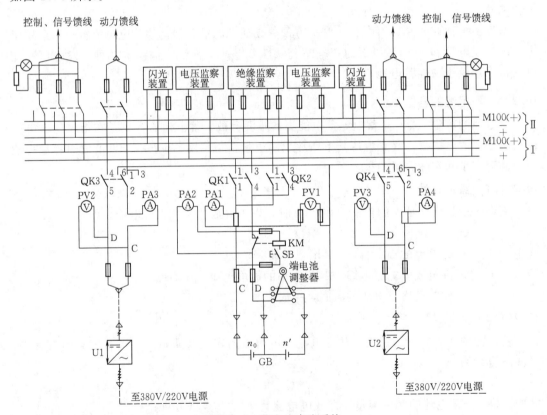

图 10.3　蓄电池直流系统

　　图 10.3 中，硅整流器 U1 为充电设备。在充电过程中，U1 除了向蓄电池组提供电源外，还可以担负母线上的全部直流负载。在整流器 U1 回路中装有双投开关 QK3，以便使整流器 U1 既可对蓄电池进行充电（触点 2-3、5-6 接通），也可以直接接入母线上，接带直流负载（触点 1-2、4-5 接通）。在其出口回路中，装有电压表 PV2 和电流表 PA3，用以监视端电压和充电电流。为了便于蓄电池放电，整流器 U1 宜采用能实现逆变

的整流装置。

整流器 U2 为浮充电设备。在浮充电过程中，U2 除了接带母线上的经常性直流负载外，同时以不大的电流（其值约等于 $0.032Q_N/36A$）向蓄电池浮充电，用以补偿蓄电池的自放电损耗，使蓄电池经常处于充满电状态。在整流器 U2 回路中装有双投开关 QK4，以便使整流器 U2 既可接入母线（触点 1-2、4-5 接通）接带母线上经常性直流负载和向蓄电池浮充电；又可以对蓄电池进行充电（其触点 2-3、5-6 接通）。在其出口回路装有电压表 PV3 和电流表 PA4，用以监视端电压和浮充电流。

蓄电池回路中装有两组开关 QK1、QK2，熔断器，两只电流表 PA1、PA2 和一只电压表 PV1。QK1 和 QK2 可以将蓄电池切换至任一组直流母线上运行。熔断器作为短路保护。电流表 PA1 为双向电流表，用以监视充电和放电电流。电流表 PA2 用来测量浮充电电流，正常时被短接，测量时，可利用按钮 SB 使接触器 KM 的常闭触点断开后测读。电压表 PV1 用来监视蓄电池端电压。

蓄电池组 GB 由不参加调节的基本（固定）蓄电池（n_0）和参加调节的端电池（n'）两部分组成。采用端电池的目的是调节蓄电池的接入数目，以保证母线电压稳定。端电池通过端电池调整器进行调节。端电池调整器的工作原理如图 10.4 所示。

图 10.4 中，有一排相互绝缘的固定金属片 1，它分别连接到端电池的端子上。放电手柄 S1 和充电手柄 S2（在图 10.5 中示出），分别带动两个可动触头 2 和 3，以免在调整过程中，当可动触头由一个金属片移至另一个金属片时，造成回路开路（即在调整过程中，先使触头 2 和 3 跨接在相邻的两个金属片上，并通过电阻 R 连接，然后再断开触头 2，完成一次调节）。端电池调整器可以手动控制，也可以用电动机远方控制，一般采用电动机远方控制。

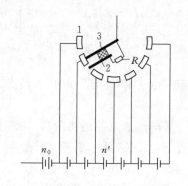

图 10.4 端电池调整器工作原理

图 10.3 所示的蓄电池直流系统采用了双母线系统，供电可靠性较高，一般适用于中、小型发电厂。对于大型发电厂，往往采用两组 220V 蓄电池，每组蓄电池分别连接在一组母线上，浮充电设备也采用两套，充电设备可公用一套。

每组母线上各装有一套电压监察装置和闪光装置，而绝缘监察装置的表计部分为两组母线公用；信号部分仍各母线单独使用一套。负载馈线的数目可根据需要决定。

10.2.2.2 蓄电池的运行方式

蓄电池的运行方式有充电-放电方式和浮充电方式两种，其中以浮充电方式应用最为广泛。

（1）充电-放电方式。充电-放电方式就是将已充好电的蓄电池接带全部直流负载，即正常运行时处于放电工作状态，如图 10.5 所示。为了保证操作电源供电的可靠性，当蓄电池放电到一定程度后，应及时进行充电，故称为充电-放电运行方式。通常，每运行 1~2 昼夜就要充电一次。可见，充电-放电运行方式操作频繁，蓄电池容易老化，极板也容易损坏。所以，这种运行方式很少采用。

放电手柄 S1 的作用是在蓄电池端电压变化时，调整端电池的接入数目，用以维持

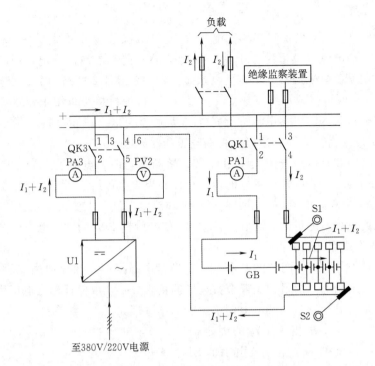

图 10.5 充电-放电方式运行的蓄电池系统

直流母线工作电压。充电手柄 S2 的作用是在充电时,将已充好电的端电池提前停止充电。

蓄电池放电的最初阶段,放电手柄 S1 处于最左(即端电池和基本电池之间)位置,双投开关 QK3 处于断开(其触点 1-2、2-3、4-5、5-6 均断开)位置,QK1 处于接通(其触点 1-2 和 3-4 接通)位置,则蓄电池接入母线,接带直流负载。

在放电过程中,蓄电池的端电压要降低,为了保持母线电压恒定,要经常将放电手柄 S1 向右移动,用以增加蓄电池接入母线的数目。

当蓄电池放电至终止电压时,放电手柄 S1 移到最右端,将全部蓄电池(包括基本电池和端电池)都接入,以保证母线电压。所以,对于额定电压为 220V 的蓄电池,全部蓄电池的总数 n 有下列两种计算方法,即

发电厂
$$n = \frac{U_m}{U_1} = \frac{230}{1.75}(\text{个})$$

变电站
$$n = \frac{U_n}{U_1} = \frac{230}{1.95}(\text{个})$$

式中 n——蓄电池总数;

U_m——直流母线电压,220V 直流系统 U_m 为 230V,110V 直流系统 U_m 为 115V;

U_1——放电末期每个蓄电池的电压,发电厂 U_1 为 $1.75 \sim 1.8V$,变电站 U_1 为 $1.95V$。

因为交流系统可能在蓄电池任何放电程度下发生故障,为了保证直流系统供电的可靠性,在蓄电池放电到额定电压的 75% ~ 80%(未放电至终止电压)时就停止放电,准备

充电。准备充电时，放电手柄 S1 已处于最右边位置，全部蓄电池都接入工作，同时将充电手柄 S2 也放在最右边位置，让全部蓄电池都能得到充电。

充电开始，首先将双投开关 QK3 合至充电位置，其触点 2 - 3 和 5 - 6 接通，QK1 仍处于合闸位置，然后启动整流器 U1，使其端电压略高于母线电压 1~2V，将整流器 U1 与蓄电池并联运行。稍提高整流器 U1 端电压的目的是使整流器 U1 接带母线上的全部负载（I_2），同时还向蓄电池充电（充电电流为 I_1）。在充电过程中，随着充电的进行，蓄电池端电压逐渐上升，充电电流逐渐减小，为了维持恒定的充电电流，需不断地提高整流器 U1 的端电压；又为了保持母线的正常工作电压，必须将放电手柄 S1 向左逐渐移动，用以减少接入母线上的蓄电池数目。放电手柄 S1 左移后，使流过接入两个手柄之间的端电池的充电电流增大为 $I_1 + I_2$，而且这部分端电池接入放电时间较迟，放电较少，因此它们先充好电。为了防止端电池过充电，在充电过程中，应将充电手柄 S2 逐渐向左移动，将充好电的端电池提前停止充电。

充电终止，每个蓄电池的端电压约为 2.7V，放电手柄 S1 已移到最左位置，此时接入母线上的蓄电池就是不参加调节的基本电池，对于额定电压为 220V 的蓄电池，基本电池的数目为

$$n_0 = \frac{U_m}{U_2} = \frac{230}{2.7} = 88（个）$$

式中　n_0——基本电池数，个；

　　U_2——充电末期每个电池的电压，一般为 2.7V。

端电池数目（n'）的计算方法：

发电厂　　　　　　　　　$n' = 130 - 88 = 42（个）$

变电站　　　　　　　　　$n' = 118 - 88 = 30（个）$

（2）浮充电运行方式。浮充电运行方式就是将充好电的蓄电池 GB 与浮充电整流器 U2 并联运行，即整流器 U2 接带母线上的经常性负载，同时向蓄电池浮充电，使蓄电池经常处于充满电状态，以承担短时的冲击负载。浮充电运行方式既提高了直流系统供电的可靠性，又提高了蓄电池的使用寿命，所以得到了广泛应用。

浮充电运行方式可用图 10.3 所示系统来说明。正常运行（即浮充电状态）时，开关 QK1 和 QK2 处于合闸位置，QK4 置正常（其触点 1 - 2、4 - 5 接通）位置，使蓄电池经常处于充满电状态。此时整流器 U2 与蓄电池并联运行，由于蓄电池自身内阻很小，外特性 $U = f(I_L)$ 比整流器 U2 的外特性平坦得多，因此在很大冲击电流情况下，母线电压虽有些下降，但绝大部分电流由蓄电池供给。此外，当交流系统发生故障或整流器 U2 断开的情况下，蓄电池将转入放电状态运行，承担全部直流负载，直至交流电压恢复，用充电设备给蓄电池充好电后，再将浮充整流器 U2 投入运行，转入正常的浮充电状态。

可见，蓄电池按浮充电方式运行，大大减少了充电次数。除由于交流系统或浮充电整流器 U2 发生故障，蓄电池转入放电状态运行后，需要进行正常充电外，平时每个月只进行一次充电，每三个月进行一次核对性放电，放出额定容量的 50%~60%，终期电压达到 1.9V 为止；或进行全容量放电，放电至终止电压（1.75~1.8V）为止。放电完后，应进行一次均衡充电（或称过充电），这是为了避免由于浮充电流控制得不准确，造成硫酸

铅沉淀在极板上，影响蓄电池的输出容量和降低其使用寿命。

10.3　硅整流电容储能直流系统

硅整流电容储能直流系统通过硅整流设备，将交流电源变换为直流电源，作为电力系统的直流操作电源。为了在交流系统发生短路故障时，仍然能使控制、保护及断路器可靠动作，系统还装有一定数量的储能电容器。

10.3.1　硅整流电容储能直流系统

硅整流电容储能直流系统通常由两组整流器 U1 和 U2、两组电容器 C_I 和 C_{II} 及相关的开关、电阻、二极管、熔断器、继电器组成，如图 10.6 所示。

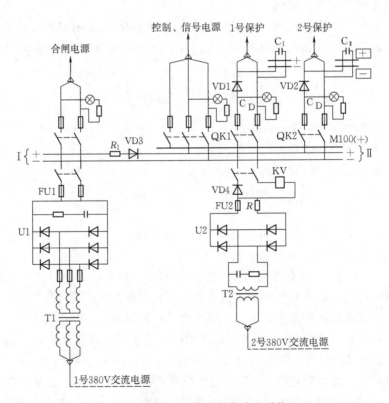

图 10.6　硅整流电容储能直流系统

图 10.6 中，左侧母线为合闸母线 I （＋、－）；右侧母线为控制母线 II （＋、－），向保护、控制和信号回路供电。整流器 U1 向 I 母线供电，也兼向 II 母线供电。由于 I 母线的合闸功率较大，所以 U1 采用三相桥式整流回路，并利用隔离变压器 T1 的二次抽头，实现电压调整，以保证 I 母线电压为 220V，同时 T1 也起到了交流、直流的隔离作用。整流器 U2 仅向 II 母线供电，采用单相桥式整流电路，也采用了隔离变压器 T2，并通过调整 T2 的二次抽头，保证 II 母线上的电压为 220V。在 I 、II 组母线之间用电阻 R_1 和二极管 VD3 隔开。VD3 起逆止阀的作用，它只允许从 I 母线向 II 母线供电，而不能反向供

电，以保证Ⅱ母线供电的可靠性，防止在断路器合闸时，或Ⅰ母线发生短路时，引起Ⅱ母线电压严重降低。电阻 R_1 用来保护 VD3，即当Ⅱ母线发生短路故障时，限制流过 VD3 的电流。FU1 和 FU2 为快速熔断器，作为 U1 和 U2 的短路保护，在熔断时间上与馈线上的熔断器相配合。在整流器 U2 的输出端串有限流电阻 R，用以保护整流器 U2；装有欠电压继电器 KV，当 U2 输出电压降低到一定程度或消失时，由欠电压继电器 KV 发出预告信号；串有隔离二极管 VD4，用以防止 U2 输出电压消失后，由Ⅰ母线向欠电压继电器 KV 供电。

正常情况下，Ⅰ、Ⅱ组母线上的所有直流负载均由整流器 U1 和 U2 供电，并给储能电容器 $C_Ⅰ$ 和 $C_Ⅱ$ 充电，即 $C_Ⅰ$ 和 $C_Ⅱ$ 处于浮充电状态。

事故情况下，电容器 $C_Ⅰ$ 和 $C_Ⅱ$ 所储存的电能作为继电保护和断路器跳闸回路的直流电源。其中一组（$C_Ⅰ$）向 6～10kV 馈线保护及其跳闸回路（即 1 号保护）供电；另一组（$C_Ⅱ$）向主变压器保护、电源进线保护及其跳闸回路（即 2 号保护）供电。这样，当 6～10kV 馈线上发生故障，继电保护虽然动作，但因断路器操作机构失灵而不能跳闸（此时由于跳闸线圈长时间通电，已将电容器 $C_Ⅰ$ 储存的能量耗尽）时，使起后备保护作用的上一级主变压器过电流保护，仍可利用电容器 $C_Ⅱ$ 储存的能量将故障切除。$C_Ⅰ$、$C_Ⅱ$ 充电回路二极管 VD1 和 VD2 起逆止阀作用，用来防止在事故情况下，电容器 $C_Ⅰ$ 和 $C_Ⅱ$ 向接于Ⅱ母线上的其他回路供电。

电阻 R_1 和二极管 VD1、VD2、VD3、VD4 按下述方法选择。

二极管的额定电流 $I_{N\cdot v}$ 和额定电压 $U_{N\cdot v}$ 为

$$I_{N\cdot v} \geqslant 1.2I_{w\cdot m}$$

$$U_{N\cdot v} = 1.2U'_m$$

式中　$I_{w\cdot m}$——通过二极管最大工作电流，A；

　　　U'_m——可能加于二极管的反向电压峰值，V。

串联电阻 R_1 的阻值为

$$R_1 = \frac{U_m}{2I_{N\cdot v}}$$

式中　U_m——直流母线电压，V。

串联电阻 R_1 的容量 P 为

$$P = I_{2w\cdot m}R_1$$

二极管的额定电流越小，电阻 R_1 的阻值就越大，对能量的传递就越不利。因此，一般二极管的额定电流不小于 20A。

10.3.2　储能电容器检查装置

为了防止储能电容器开路或老化，即电容器容量降低或失效，应定期检查电容器的电压、泄漏电流和容量。储能电容器检查装置电路如图 10.7 所示。

储能电容器检查装置是由继电器（KT、KV 和 KS）、转换开关（SM1、SM2）、按钮（SB1、SB2）和测量仪表（PA1、PA2、PV）组成。

电压表 PV 和转换开关 SM1 用来监测电容器 $C_Ⅰ$ 和 $C_Ⅱ$ 两端电压，SM1 切换至图示位置时，PV 的读数是 $C_Ⅰ$ 两端的电压。

毫安表 PA1（或 PA2）和试验按钮 SB1（或 SB2），用来检查 $C_Ⅰ$（或 $C_Ⅱ$）的泄漏电

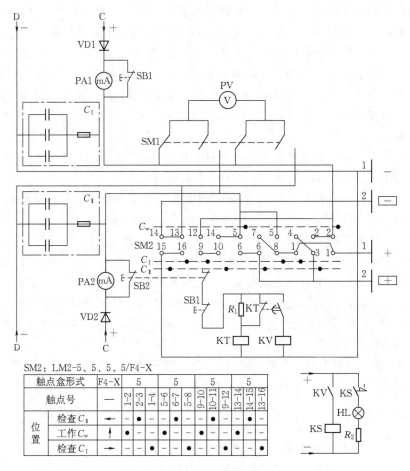

SM2：LM2-5、5、5、5/F4-X

触点盒形式	F4-X	5			5			5			5		
触点号	—	1-2	2-3	1-4	5-6	6-7	5-8	9-10	10-11	9-12	13-14	14-15	13-16
位置 检查 C_I (←)		-	•	-	-	•	-	-	•	-	-	•	-
位置 工作 C_w (↑)		•	-	-	•	-	-	•	-	-	•	-	-
位置 检查 C_I (→)		-	-	•	-	-	•	-	-	•	-	-	•

图 10.7　储能电容器检查装置

流。若泄漏电流超过允许值，表明电容器绝缘电阻下降或自放电加快，应及时处理。毫安表 PA1（或 PA2）正常时，被试验按钮 SB1（或 SB2）短接，测量时按下试验按钮，就可测泄漏电流，同时解除电容器检查回路。

继电器 KT、KV、KS 和转换开关 SM2 用来检查电容器的容量。SM2 选用 LW2-5、5、5、5/F4-X 型转换开关，它有"工作 C_w""检查 C_I""检查 C_{II}"三个位置。其工作原理如下：

（1）平时转换开关 SM2 置于"工作 C_w"位置，其触点 1-2、5-6 接通，则储能电容器 C_I 经触点 1-2 向 1 路控制母线（＋、－）供电；储能电容器 C_{II} 经触点 5-6 向 2 路控制母线（＋、－）供电。

（2）将转换开关 SM2 置于"检查 C_I"位置时，其触点 1-4、5-8、9-12、13-16 接通，此时电容器 C_{II} 继续运行，并经触点 1-4、5-8 和 13-16 向 2 路控制母线（＋、－）和 1 路控制母线（＋、－）供电。而电容器 C_I 处于被检查的放电状态，即 C_I 经 SM2 的触点 9-12 接至时间继电器 KT 线圈上（C_I 通过 KT 线圈进行放电），使 KT 动作，其常闭触点断开，电阻 R_1 串入（以减少时间继电器能量消耗）；KT 延时闭合的常开触点经延时 t（考虑裕度，放电时间 t 应比保护装置的动作时间大 0.5～1s）后，接通过电压继电器 KV 线圈。若 C_I 经 t 时间放电后，其残压大于过电压继电器 KV 的整定值，KV 就动作，其常开触点闭合，使信号继电器 KS 动作并掉牌，同时点亮信号灯 HL，则表明电容器 C_I 的电容量正常。反之，如果时间继电器 KT 或过电压继电器 KV 不能启动，则表明电容器 C_I 的电容值下降或有开路现象，应逐一检查和更换损坏的电容器。

(3) 当将转换开关 SM2 置于"检查 C_{II}"位置时，其触点 2-3、6-7、10-11、14-15 接通，此时电容器 C_I 承担 1 号和 2 号控制母线上的负载，而电容 C_{II} 则处于被检查的放电状态，动作情况同前。

采用硅整流电容储能直流操作电源时，在控制回路中，原来接控制小母线（即＋）的信号灯及自动重合闸继电器，改接至信号小母线＋700 上，使发生故障时，不消耗电容器所储蓄的能量。

10.4 直流系统一点接地故障

当直流母线上的绝缘监察装置发出接地信号后，运行人员首先利用绝缘监察装置判断是哪个极接地，并测量其绝缘电阻的大小；然后寻找接地点的位置，以便及时消除。

首先根据当时的运行方式、操作情况以及气候影响等因素，初步判断接地点的位置，然后遵循先信号和照明回路后控制回路、先室外后室内的原则，采用分路试停的方法寻找有接地点的回路。在切断各专用直流回路时，切断时间一般不得超过 3s。发现某一专用直流回路有接地时，再进一步寻找接地点的位置。寻找时注意事项如下：

(1) 停电前应采取必要的措施，以防止直流失电可能引起保护及自动装置的误动作。

(2) 禁止使用灯泡寻找接地，必须使用高内阻仪表：220V 的，内阻不小于 $20k\Omega$；110V 的，内阻不小于 $10k\Omega$。

(3) 在寻找和处理直流接地过程中，不得造成直流系统短路或另一点接地。

(4) 在硅整流电容储能的直流系统中，如需判断储能电容器的控制回路有无接地现象，可按以下两种情况进行：

第一种情况，电容器 C_I 和 C_{II} 的负极未连在一起，如图 10.7 所示。此时可用分路试停的方法寻找。

第二种情况，电容器 C_I 和 C_{II} 负极连在一起，即 1 路控制母线（＋、－）和 2 路控制母线（＋、－）具有公共的负极，如图 10.8 所示。此情况下，必须将电源开关 QK1、QK2 全部切断，才能寻找接地点，否则会造成以下错误判断：

1) 在 1 路控制母线负极 B 点接地情况下（图 10.8），若只断开电源开关 QK1，直流主母线仍可通过电源开关 QK2 与接地点相通，接在主母线上的绝缘监察装置仍反映有负极接地，可能得出 1 路控制母线无接地的错误判断。

2) 在 1 路控制母线正极 A 点接地情况下（图 10.8），当只断开电源开关 QK1 时，2 路控制

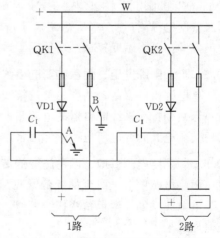

图 10.8 电容储能装置直流接地示意

母线负极对地电压为 C_1 两端残余电压，其数值为母线全电压，接在主母线上绝缘监察装置仍反映有正极接地，可能得出 1 路控制母线无接地的错误判断。

通过以上分析可知，只有将 1 路和 2 路的电源开关 QK1 和 QK2 全都断开后，1 路和 2 路控制母线的正、负极与主母线完全断开，接在主母线上的绝缘监察装置才能正确指示。

10.5　（厂）站用变压器的接线方式

操作电源是（厂）站用电设备的组成部分。（厂）站用电设备通过（厂）站用变压器（以下简称站变）与交流电网连接，以取得电能。操作电源的可靠性很大程度上取决于站变接线的可靠性。对有两台或以上主变压器的变电所，宜装设两台容量相同（或相近）互为备用的站用变压器，并装设自动投切装置。对重要的变电所应设外来电源（即站用变电器不是由本站供电）。站用变压器的容量主要考虑变电所正常运行时的生产和检修负荷，而不必考虑生活用电负荷。变电所站用变压器的形式宜采用干式变压器。站用低压配电宜采用额定电压为 380V/220V 的三相五线制，动力和照明共用的供电方式，站用低压母线宜采用单母线分段接线，每台站用变压器各接一段母线；重要低压站内用电负荷采用双回路供电方式时，并接入不同母线段。站用变压器一般布置在 10kV 配电装置区域内，单独占用一个间隔。下面对变电所站变的接线方式做必要的分析。

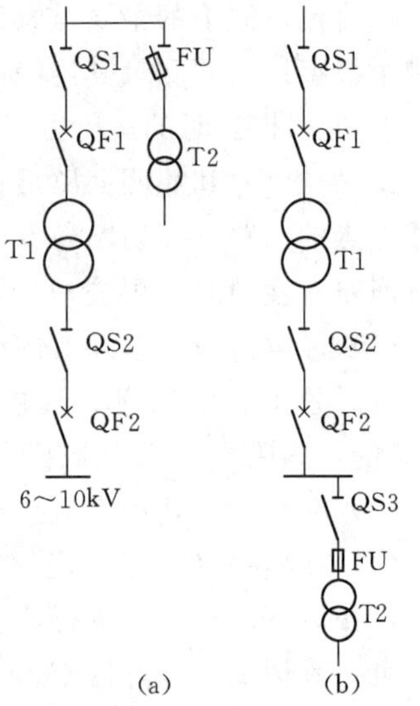

图 10.9　单电源供电、单台站变接线

10.5.1　单电源供电、单台站变的接线

单电源供电、单台站变的常见接线如图 10.9 所示，T2 为站用变压器，有两种方案供选择，两方案主变的供电方式相同，其区别仅是站变的连接点选择不同，根本原因在于能否取得备用交流电源。图 10.9（a）属于难以取得备用交流电源的方案，应将站变接在受电断路器的电源侧；图 10.9（b）属于可取得备用交流电源的方案，可将站变接在主变低压侧母线上，但要架设联络线与备用交流电源相连。

10.5.2　单电源供电、两台站变的接线

单电源供电、两台站变的常见接线如图 10.10 所示，T2、T3 为两台站用变压器，宜将一台站变接在进线断路器的电源侧；另一台站变接在主变低压侧母线上。对于容易取得备用交流电源的变电所也可以将两台站变都接在主变低压侧母线上。

10.5.3　两路电源供电、两台站变的接线

两路电源供电、两台站变的常见接线如图 10.11 所示，T3、T4 为两台站用变压器，它和单电源供电、两台站变接线相似，分别将两台站变接在进线断路器的电源侧和主变低压侧母线上。

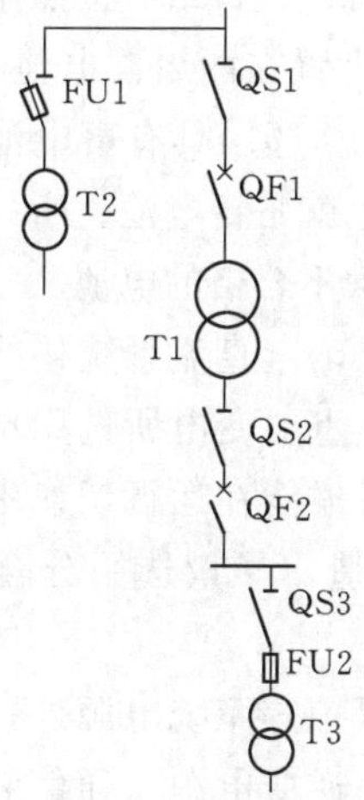

图 10.10 单电源供电、两台站变接线

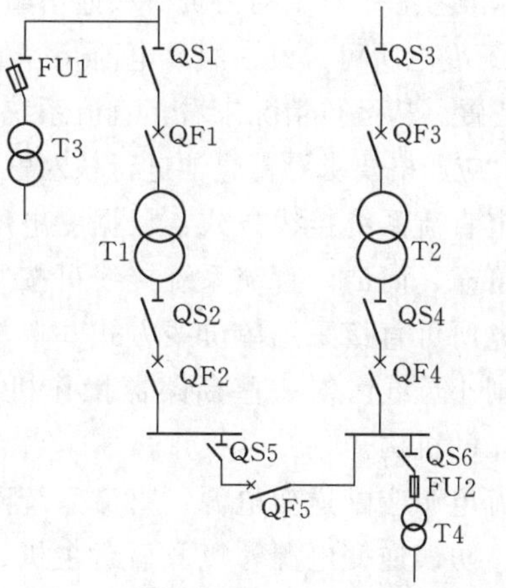

图 10.11 两路电源供电、两台站变接线

10.6 智能型直流操作电源

智能型直流电源系统一般由交流输入部分、直流充电设备、蓄电池组、直流母线及直流负荷等部分组成。具有过电流、过电压、欠电压、绝缘监察、交流失压、交流缺相等保护及声光报警的功能。充电装置的监控系统人机界面采用工业触摸屏。通过点击触摸屏幕上功能键完成相应的参数查看和具体的功能控制，监控分为主监控单元、绝缘检测单元、蓄电池巡检单元、开关量检测单元。各个功能模块分散在各个相应的柜体中，通过 RS - 485 总线进行通信来传输数据和信息。

直流系统的交流输入可直接取自所用变电所电源，一般可选择双回路进线，可相互备用自动投切模式。直流充电设备除应保证对正常的直流负荷供电外，还需要补偿蓄电池组的自放电损耗。蓄电池组在放电后，特别是在变电所事故发生后，还应及时快速地给予补充充电，使蓄电池组能在较短的时间内恢复到正常的容量。直流充电设备是交直流变换设备，根据容量和负荷情况可设立几组，各组均可独立工作，互不影响。充电装置选用高频开关整流装置，可根据接线情况，决定同时选用几组高频开关整流装置。各组开关均能独立工作，按照最大负荷来选择开关的容量；充电装置具有稳压、稳流及限流性能，并能够长期连续工作。充电装置的额定电流满足浮充电电流要求、大于初充电电流、大于均衡充电电流；充电装置的输出电压调节范围满足蓄电池放电末期和充电末期电压的要求，长期工作电压一般为 230V；充电装置对谐波干扰、电池兼容、均流系数、功率因数等指标合格。直流充电装置具备微机自动控制功能，正常以全浮充电方式运行，并可按照已设置的要求自动均衡充电。蓄电池组主要为交流电源或充电设备故障后，提供事故时的直流电源，确保其他系统的正常运作。为满足无人值班变电所的工作要求，蓄电池的工作能力必然需要更强，而维护工作量必然更少，容量足够大，电池质量足够高，配备自动功能，带有自动放电装置。

（1）选用阀控式密封蓄电池（少维护或免维护型）：装设两组相同电压的蓄电池组时，

对于控制负荷，每组应按照全部负荷考虑；对于直流事故照明负荷，每组可按照全部负荷的60％以上的标准考虑；对于动力负荷和通信事故负荷，宜平均设置在两组蓄电池上。110kV（中型）及以下变电所可只设一组蓄电池，容量可选择为100Ah。选用具有蓄电池运行维护功能的放电装置。从运行情况来看，直流系统中出故障最多的也就是蓄电池。所以在新投运蓄电池组前，应严格要求对蓄电池进行核对性充放电试验，淘汰不合格的电池。

（2）确定直流系统接线方式：根据变电所的实际负荷情况确定直流系统接线方式，并应考虑接线可靠、简洁。直流系统接线可按照实际情况而定，重要变电所选用单母线分段为宜，小变电所可直接采用单母线方式。单母线分段接线应考虑能在运行切换中不中断供电；不设合闸小母线。对一些断路器操作机构应考虑技术改造，尽量选用分合闸电流较小、操作可靠的机构。

（3）直流电源应配逆变电源：直流系统除了提供控制、保护等系统电源外，还提供通信逆变电源、防误逆变电源，以及后台主机、打印机等使用的逆变电源。通信装置直接采用DC/DC直流变换器；直流主回路及馈线回路的操作设备和保护设备采用直流断路器，应考虑上下级保护的配合，且上下级断路器的保护应有选择性；可设置防误系统等专用的逆变电源；信号回路不得与其他任何回路混用；保护装置的直流电源与各相关的操作回路均应有专用断路器供电；相同设备不同的保护装置的直流回路、不同跳闸线圈应有专用断路器供电，所有独立保护装置都应有直流电源断电的自动报警回路。

（4）一体化电源：当前直流系统发展了一种新的电源趋势，即一体化电源。为保证（厂）站中的后台监控机、自动装置、变送器、通信设备、保护装置等交直流用电装置的安全运行，除（厂）站的直流系统外，还需要配置UPS装置和专用的通信电源装置，以往一直将这三种不同的电源分别设置，各自配置一组蓄电池，导致设备整体造价高，维护量大，资源利用率低。现在用正弦波逆变器代替UPS设备，用大功率DC/DC变换器代替通信电源装置，两种设备的输入直接挂靠在直流的充电装置上组成一体化电源系统，交流失电时，由直流系统的蓄电池提供直流用电，同时逆变器和DC/DC变换器的状态信息送入直流的监控系统。采用上述方式，可以省去UPS和通信电源中的蓄电池以及监控单元。在设备管理上，仅需对直流系统的蓄电池进行智能化管理，从而减少系统的维护。一体化电源集成了蓄电池，同时通过各种智能设备组成了通信网络，降低了（厂）站电源装置的维护工作量和设备成本，大大提高了设备的智能度，目前已在越来越多的（厂）站中使用。

本　章　小　结

本章介绍了操作电源的要求、分类及操作电源的工作原理，重点讲述了蓄电池直流系统、硅整流电容储能直流系统及智能型直流操作电源。

（1）操作电源分为交流和直流两种，为整个二次系统提供工作电源，一般为220V。在一般大中型变电站中，采用站用变压器提供站内用电和操作电源。

（2）直流操作电源可采用蓄电池，也可采用硅整流电源。交流操作电源可取自互感器二次侧或站用电变压器低压母线，但保护回路的操作电源通常取自电流互感器。

复 习 思 考 题

1. 什么叫操作电源?

2. 简述操作电源作用、种类及对它的基本要求。各有何特点?

3. 交流操作电源和直流操作电源有何区别?

4. 所用电变压器一般接在什么位置? 低压侧是否允许并联?

5. 直流系统母线电压为什么不能过高或过低?

6. 简述铅酸蓄电池浮充电的目的, 端电池调整器的作用和蓄电池数量的选择方法。

7. 变电站应装设几组保护用的储能电容器? 为什么?

8. 为什么有时直流系统两点接地会造成断路器误跳闸, 有时会造成拒绝跳闸? 画图说明。

第11章 二次接线安装图

二次接线安装图（又称施工图）是制造厂向用户提供的二次接线图纸，是现场安装、校验、运行及检修时不可缺少的重要资料。

11.1 二次回路编号

为了便于施工安装和维护修理，在展开图中应该进行回路编号。回路编号实际上是给回路上有关结点用数字加以命名。回路编号应该做到：根据编号能了解该回路的用途，并且能进行正确的连接。回路编号由三位或三位以下的数字所组成，对于交流电路，为了区分相别，在数字前面还应加上 A、B、C、N 等文字符号。不同用途的回路规定了不同范围的编号数字，对于一些比较重要的常见结点（例如直流正、负电源和跳、合闸回路上的结点）都给予固定的编号。

二次回路根据等电位原则进行编号，即在电气回路中接到同一点的全部导线给予相同的编号，对于经过开关或继电器触点的回路，当触点断开时，其两端并非等电位，所以应给予不同的编号。

直流回路和交流回路数字编号范围的详细规定见有关手册。

直流回路编号从电源正极出发，以奇数递增顺序编号，直至最后一个主要压降元件。

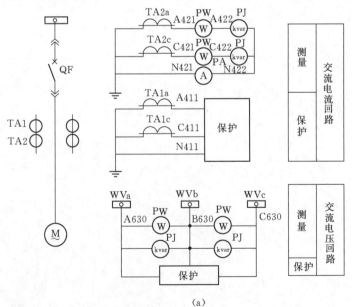

(a)

图 11.1（一） 高压电动机二次回路展开图回路编号

(a) 高压电动机交流电流、电压回路

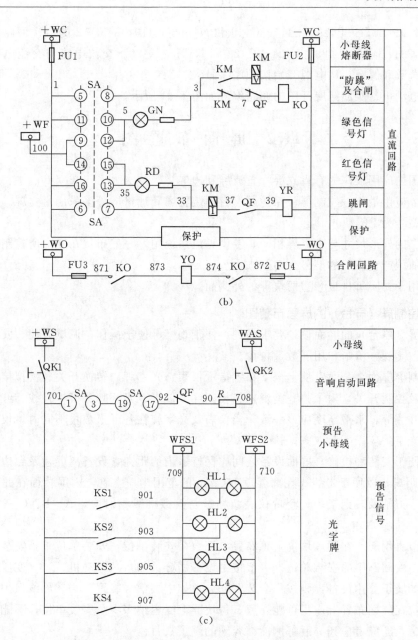

图 11.1（二） 高压电动机二次回路展开图回路编号

（b）高压电动机控制回路；（c）高压电动机信号回路

　　如果最后一个主要压降元件后面不是直接连在负极上，而是通过连接片、开关或继电器的触点接到负极上，则下一步应从负极开始以偶数递增顺序编号直至已有编号右边的结点。

　　在展开图中只需对引至端子排上的结点进行回路编号，其他结点并不需要编号。至于同一屏上元件间的连接，在屏背面接线图中另有相应的标志方法。

　　电流互感器及电压互感器二次回路属交流回路，其编号是按一次接线中电流互感器与电压互感器的编号来分组。例如在一条线路上装有两组电流互感器，其中一组供继电保护用，取符号为 TA1；另一组供电气测量用，取符号为 TA2。则对 TA1 的回路编号应取

A411～A419、B411～B419、C411～C419 和 N411～N419，对 TA2 的二次回路编号应取 A421～A429、B421～B429、C421～C429 和 N421～N429。交流电流与交流电压回路的编号不分奇数和偶数，从电源开始按顺序编号。

高压电动机二次回路展开图的回路编号如图 11.1 所示。

11.2　屏面布置图

目前国内应用较广的有直立屏、直流屏和边屏。

直立屏应用最广，控制屏、保护屏、自动装置屏和计量屏等多采用直立屏。目前国产直立屏的型号为 PK 型。

直流屏的外形尺寸与直立屏相同，专供直流系统用，一般布置在变电所控制室的主环侧面，目前国产直流屏的型号为 BZ 型。

边屏用于封闭每排最旁边两块屏的外侧面。

11.2.1　控制屏（屏台）的屏面布置图

控制屏（屏台）的屏面设计要求做到：便于观察、便于操作、调试方便、安装检修方便、整齐、美观、清晰和用屏数量较少。

在控制屏屏面上，通常从上至下布置指示仪表、光字牌、转换开关、模拟接线、红绿色指示灯及控制开关。为了整齐美观，各控制屏上仪表、光字牌、模拟接线、红绿色指示灯及控制开关等，水平高度应该一致。当仪表及光字牌在各屏上数量不同时，仪表应从上面取齐，光字牌应以下面取齐。

为了便于安装和检修，屏面设备之间应保持适当的距离，设备离屏边及台边至少要保留 50mm 距离，以便于走线。在离屏顶 160mm 的范围内应空着，因屏背面在此高度上装有电阻、小刀闸及其钢架等。测量仪表应尽量与模拟接线相对应，A、B、C 三相按纵向排列。

为了节省用屏，在同一块屏上可布置一至数个安装单位，安装单位是指安装时所划分的单元。二次回路中的安装单位，一般按主设备划分，如××电动机、××变压器、××线路等。如属于公用设备，则按一套装置划分，如中央信号装置、××母线保护等。同类的安装单位在屏面布置上应尽可能一致。每块屏上能容纳多少个安装单位，不能单从屏面布置上考虑，还应考虑到屏后每侧能够容纳的端子数目。

图 11.2 是根据图 11.1（a）和图 11.1（b）而设计的电动机控制屏屏面布置图。一块屏用于控制四台电动机。因此，屏上有四个安装单位，这些安装单位又是相同的。在图上用罗马数字Ⅰ～Ⅳ加以区分。设备表中符号一栏所表示的是展开图中该设备的符号。其中有些设备在屏面布置图上找不到，表示该设备不是安装在屏的正面，而是安装在屏后，如电阻、熔断器和继电器等，并在设备表的备注中加以说明。

光字牌和标签框内的标字，也在设计图纸中列表标出。

11.2.2　继电器屏的屏面布置图

继电器的屏面设计应力求做到：运行安全、调试方便、外观整齐、美观、适当紧凑和用屏较少。

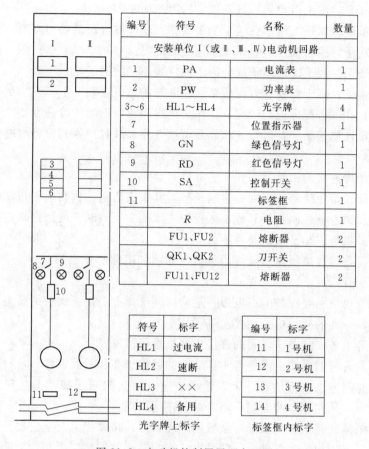

编号	符号	名称	数量
安装单位 I（或 II、III、IV）电动机回路			
1	PA	电流表	1
2	PW	功率表	1
3～6	HL1～HL4	光字牌	4
7		位置指示器	1
8	GN	绿色信号灯	1
9	RD	红色信号灯	1
10	SA	控制开关	1
11		标签框	1
	R	电阻	1
	FU1、FU2	熔断器	2
	QK1、QK2	刀开关	2
	FU11、FU12	熔断器	2

符号	标字
HL1	过电流
HL2	速断
HL3	××
HL4	备用

光字牌上标字

编号	标字
11	1 号机
12	2 号机
13	3 号机
14	4 号机

标签框内标字

图 11.2 电动机控制屏屏面布置图

一般应将调试工作量较小的简单继电器（如电流、电压、中间和时间等继电器）布置在屏的上部；将调试工作量较大的复杂继电器（如方向和差动等继电器）布置在屏的中部，将信号继电器、连接片和试验部件等布置在屏的下部。

同一块屏上有两个以上安装单位时，设备一般按纵向划分，相同的安装单位应尽可能采用对称布置方式。

屏上设备布置应注意保持屏与屏间水平高度一致。各屏上的信号继电器最好布置在同一水平上，一般在离地面 740～870mm 范围内。为了安全起见，试验部件与连接片的最低中心线离地一般不低于 400mm。

11.3 端 子 排 图

接线端子（以下简称端子）是二次接线中不可缺少的元件，许多端子组合在一起构成了端子排。保护屏和控制屏等的端子排。多数采用垂直布置方式，安装在屏后两侧；少数成套保护的端子排采用水平布置方式，安装在屏后下部。

按照用途不同，端子分以下几种：

（1）一般端子。用于连接屏内外导线（电缆）。

（2）试验端子。用于需要接入试验仪表的电流回路中。

（3）连接型试验端子。用于在端子上需要相互连接的电流试验回路中。

（4）连接端子。用于端子间需要相互连接的地方。

（5）终端端子。用于固定端子或分隔不同安装单位的端子排。

（6）特殊端子。用于需要很方便地把回路断开的地方。

（7）隔板。在不需要标记的情况下，作为绝缘隔板以增加绝缘强度。

端子排的设计要求做到：运行、检修和调试方便，并且照顾到设备与端子排在位置上的对应性。

应经过端子排连接的回路如下：

（1）屏内外设备之间的连接须经过端子排。其中交流电流回路应经过试验端子，事故音响信号回路及预告信号回路及其他在运行中需要很方便地断开的回路（例如至闪光小母线的回路）应经过特殊端子或试验端子。

（2）屏内设备与直接接至小母线的设备（如附加电阻、熔断器或小刀闸等）的连接，一般应经过端子排。

（3）各安装单位主要保护的正电源一般均由端子排上引接，保护的负电源应在屏内设备之间接成环形，环的两端应分别接至端子排上。

（4）同一屏上各安装单位之间的连接应经过端子排。

（5）为了节省控制电缆，需要经本屏转接的回路（亦称过渡回路），应经过端子排。

端子排的排列方法如下：每一个安装单位应有独立的端子排，垂直布置时，由上到下，水平布置时，从左至右按下列回路分组顺序地排列。

（1）交流电流回路（不包括励磁装置的电流回路）按每组电流互感器分组，同一保护方式的电流回路（例如差动保护）一般排在一起。其中又按数字大小由上而下排列，数字小的在上面，其中再按 A、B、C、N 排列。

（2）交流电压回路（不包括励磁装置的电压回路）按每组电压互感器分组。同一保护方式的电压回路一般排在一起，其中又按数字大小排列，再按 A、B、C、N、L 排列。

（3）信号回路按预告、位置及事故信号分组，每组按数字大小排列。

（4）控制回路按各组熔断器分组，每组里面先排正极性回路（单号），由小到大；再排负极性回路（双号），由大到小。

（5）其他回路按励磁保护，自动调节励磁装置的电流和电压回路，远方调节及联锁回路等分组，每一回路又按极性、编号和相序排列。

（6）转接回路先排本安装单位的转接端子，再排别的安装单位的转接端子。

每一安装单位的端子排应编有顺序号。在最后留 2～5 个端子作为备用，当端子排长度许可时，各组端子之间也可适当地留 1～2 个备用端子，在端子排两端应有终端端子。

正负电源之间以及经常带电的正电源与合闸回路之间的端子不应该相邻排列，难以避免时，可用一个空端子隔开，以免造成短路或使断路器误动作。

端子排的每一端一般只接一根导线，特殊情况下最多允许接两根导线，导线截面一般不超过 6mm^2。

当一根电缆同时接至屏上两侧端子排时，一般不需要经过过渡端子。

端子排的表示方法如图 11.3 所示。

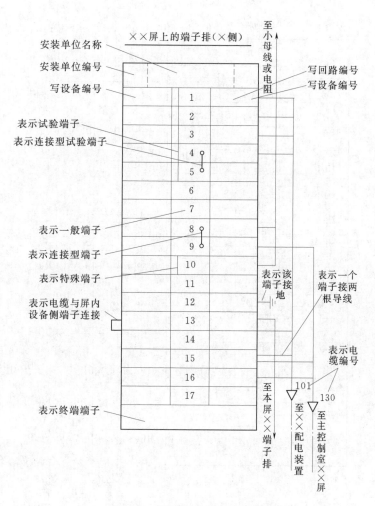

图 11.3　端子排表示方法示意

图 11.4 为电动机控制屏（图 11.2）的端子排，以它为例介绍端子排图的绘制方法。绘图时必须仔细地与展开图及屏面布置图反复核对，以免个别端子遗漏。

由图 11.1（a）和图 11.2 可知，电流表 PA、功率表 PW 在控制屏上，而有功电能表 PJ 在电度表屏上。因此，控制屏上有 PA、PW 各一只需要接入交流电流回路。为了节省电缆，将测量仪表电流回路用一根电缆从配电装置（电流互感器 TA1－TA2 安装处）引至保护屏的端子排上，接着再相继将此回路由保护屏转接至控制屏和由控制屏转接至电度表屏，当然上述转接都是在端子排上实现的。在图 11.4 中从 1 号端子开始向下排，1～6 号端子为交流电流回路，回路编号为 A421、A422、C421、C422、N421 和 N422。

1～6 号端子选用试验端子，7 号端子空着备用，从 8 号端子开始，排信号回路，首先从信号正电源 701 回路开始，信号继电器 KS 的触点是接至 701 的，该继电器是装在保护屏上，因保护屏上未装设信号小母线 WS，所以 8 号端子的外侧引至屏顶经小刀闸 QK1 接＋WS，从内侧转至保护屏。9 号、10 号端子的外侧引至屏顶预告信号小母线 WFS1、WFS2 内侧接至光字牌 HL1。11～14 号端子为光字牌 HL1～HL4 的启动回路，编号为 901、903、905、907，无论这些光字牌是否已被用上，其启动回路都应引至端子排。15

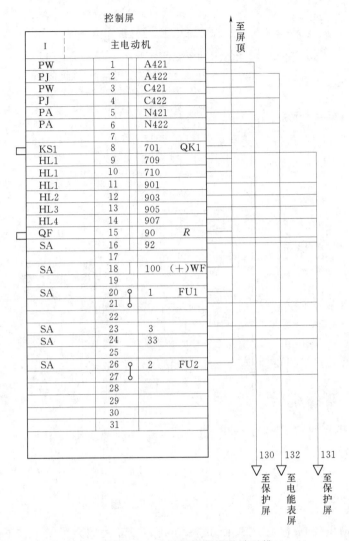

图 11.4　电动机控制屏的端子排

号和 16 号端子用于事故音响信号回路，回路编号为 90 和 92，因电阻和事故音响小母线
WAS 装在本屏屏顶，而断路器辅助触点 QF 装在配电装置上，所以需经端子排引接，15
号端子的内侧和 16 号端子经保护屏转至配电装置。为了运行方便，9～16 号端子均采用
特殊端子，16 号端子内侧接 SA，17 号端子备用。从 18 号端子起排控制回路，先从编号
100 开始，内侧接控制开关 SA 外侧接至闪光小母线（＋）WF 并采用了特殊端子。19 号
端子空着，20 号端子接控制正电源 1，内侧引至控制开关 SA 外侧接屏顶的熔断器 FU1。
因保护屏也需要正电源 1，所以 20 号端子用连接端子，由 21 号端子的外侧引至保护屏，
22 号端子备用。

　　从图 11.1 的控制回路图可以看出，除正、负电源回路 1 和 2 外，需要引至保护屏去
的单号回路从上至下有 3、33。在端子排上单号从小至大依次排列，25 号端子备用，从
26 号端子起排负电源 2，26 号端子采用了连接型端子，由 27 号端子的外侧将回路 2 转至
保护屏，最后留四只端子备用，本端子排共用了 31 只端子（不包括终端端子）。

在端子排图的外侧同时画出了本屏引出的电缆及其编号，其中编号为 130 和 131 的两根电缆为由本屏至保护屏的电缆。130 用于交流电流回路，131 用于直流回路，由于两者所要求的电缆截面不同，所以选用了两根电缆，132 为由本屏至电能表屏的电缆。

11.4　屏背面接线图

开关厂设计室根据展开图、屏面布置图和端子排图设计出屏背面接线图，作为配线的依据。屏背面接线图又是用户施工安装和运行时的重要图纸。

在屏背面接线图上，设备的排列是与屏面布置图相对应的。由于屏背面接线图为背视图，所以左右方向正好与屏面布置图相反。安装于屏后上部的设备，如附加电阻、熔断器、小刀闸、电铃、蜂鸣器等，应画正视图。端子排画在两侧，端子排上面画小母线，如图 11.5 所示。

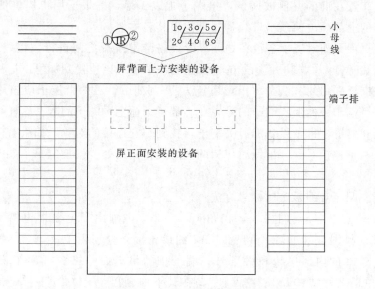

图 11.5　屏背面接线图的布置

画屏背面接线图时，应首先根据屏面布置图，在安装位置把各设备的背视图画上，设备形状应尽量与实际情况相符，不要求按比例绘制，但要保证设备间的相对位置正确。各设备的引出端子，应按实际排列顺序画出。内部接线简单的设备（如电流表），其接线可不画出；如果是复杂的，其接线则应画出。对于内部接线相当复杂的设备，可只画出与引出端子有关的线圈及触点，并标出正负电源的极性。安装在屏正面的设备，其轮廓线用虚线表示。

屏背面接线图中的各个设备图形的上方应加以标号（图 11.6）。标号的内容有：

（1）与屏面布置图相一致的安装单位编号及设备的顺序号，如 I_1、II_2、III_3 等，其中罗马数字 I、II、III 表示安装单位顺序，阿拉伯数字 1、2、3 表示设备顺序。

（2）与展开图相一致的该设备文字符号。

（3）与设备表相一致的该设备型号。

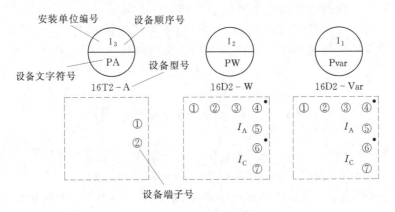

图 11.6　屏背面接线图中设备标志法

　　将屏上安装的各设备图形画好之后，下一步是根据用户提供的端子排图进一步绘制端子排图。将其布置在屏的一侧或两侧，给端子加以编号，并根据用户提供的小母线布置图，在端子排的上部画出屏顶小母线，并且标出其名称。

　　最后，根据展开图对屏上各设备之间以及设备与端子排之间进行"接线"，通常采用在设备（包括端子排）的端子旁标号的方法注明该端子应该连接到那里，标号的方法有许多，而目前被广泛采用的方法是"相对编号法"。例如甲、乙两个端子应该用导线连接起来，那么就在甲端子旁标上乙端子的号，在乙端子旁标上甲端子的号。这样，在配线时就可以根据图纸，对屏上每个设备的有关端子，找到与它连接的对象，如果有两个标号，就说明该端子有两个连接对象，配线时应用两根导线接到两处。按规定每个端子上最多只能接两根导线。

　　下面举例说明相对编号法的标号方法。

　　为了实现图 11.7（a）的接线，在图 11.7（b）中画出了电流继电器 KA1 和 KA2 的背视图和端子排图，继电器 KA1 和 KA2 的设备编号分别为 I_1、I_2。背视图中有继电器 KA1 和 KA2 的内部接线和端子号。端子排的最上面一格中标出了安装单位编号"I"和安装单位名称"10kV 线路保护"，在其下面画出了有关的三个端子排，并予以编号。

　　由于从电流互感器 TA 处引来的三根电缆芯（回路编号为 A411、C411、N411）需要经过端子排才能与屏上的继电器连接，为此占用了端子排图上 I-3 端子。在端子排的外侧分别标上了回路编号 A411、C411 和 N411 及所指电流互感器的符号及相别。在端子排的内侧 1 号端子应接至 KA1 端子②，KA1 的安装标号为 I_1，其端子②的标号应为 I_1-2，在 KA1 的端子②旁标上端子排 1 号端子的标号 I-1（罗马数字 I 表示安装单位 I 的端子排，数字 1 表示端子的顺序号为 1）。同理，在端子排的 2 号端子的内侧写上 I_2-2 表示应接至 KA2 的端子②上，而在 KA2 的端子②旁标上 I-2，表示应接至端子排的第 2 号端子上。KA1 和 KA2 的端子⑧相互连接，因此在 I_1 的端子⑧旁标上 I_2-8，而在 I_2 的端子⑧旁标上 I_1-8。最后从 KA1 的端子⑧处接至端子排上的第 3 号端子，并在 I_1 的端子⑧旁标上 I-3，在端子排的第 3 号端子旁标上 I_1-8，于是完成了图 11.7（a）所要求的接线。

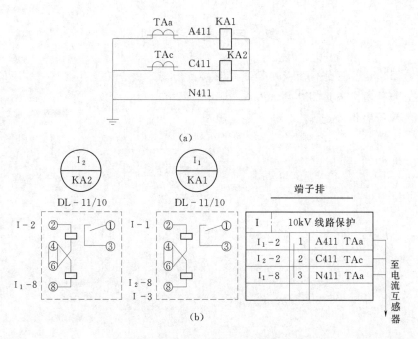

图 11.7　相对编号法的应用

(a) 展开图；(b) 安装图

对于一些端子比较少，而且布置在一起的设备，如电阻、熔断器、光字牌以及同一设备的两个端子等，其互相间的连接线，利用线条直接表示显得更直观和方便时，也可用线条连接，而不用相对编号法。此外，对于不经过端子排直接接至小母线的设备，如熔断器、小刀闸、电阻等，可在该设备的端子上直接写上小母线的符号，从小母线上画出引下线，在其旁注以所连接设备的符号，如图 11.8 所示。

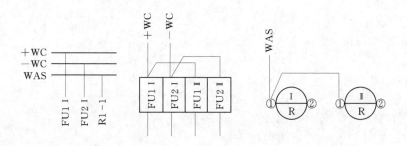

图 11.8　不经过端子排直接接至小母线的设备的标志法

本　章　小　结

本章介绍了二次接线安装图的回路编号、平面布置及屏背接线等。二次回路图按用途通常可分为原理接线图和安装接线图，原理接线图又分为归总式原理接线图和展开式原理接线图。

复 习 思 考 题

1. 简述二次接线图的作用及种类，每种接线图表示的含义是什么？
2. 屏面布置图应满足哪些要求？
3. 接线端子的作用是什么？分为哪几种？

第3篇 微机保护

第12章 微机保护基本原理

12.1 微机保护简介

12.1.1 微机保护的发展历程

　　继电保护与电力系统相伴而生，电力系统的飞速发展对继电保护不断提出新的要求，微电子技术、计算机技术和通信技术的发展为继电保护技术的发展不断注入新的活力。继电保护装置经历了机电型、整流型、晶体管型、集成电路型和数字计算机型5个阶段。微机型继电保护简称微机保护，不是模拟保护的简单数字化，而是把微机的运算能力、记忆能力、分析能力、通信能力赋予继电保护装置，使继电保护装置可采用更广泛的新原理、新方法和新技术成为可能。微机保护的发展经历了3个阶段：第一代至第三代微机保护的硬件设计重点是如何使总线系统更隐蔽，以提高抗干扰水平。第一代微机保护装置是单CPU结构。几块印制电路板由总线相连组成一个完整的计算机系统，总线暴露在印制电路板之外。第二代微机继电保护是多CPU结构，每块印制电路板上以CPU为中心组成一个计算机系统，因此实现了"总线不出插件"。第三代保护的技术创新的关键之处是利用了一种特殊单片机，将总线系统与CPU一起封装在一个集成电路块中，因此具有极强的抗干扰能力，即所谓的"总线不出芯片"原则。当今，数字信号处理器（DSP）在微机继电保护硬件系统中得到广泛应用，DSP先进的内核结构、高速运算能力及与实时信号处理相适应的寻址方式等优良特性，使许多由于CPU性能等因素而无法实现的继电保护算法可以通过DSP来轻松完成，以DSP为核心的微机保护装置是当今主流产品。此外，随着微机保护装置硬件发展的同时，各种保护原理方案和各种算法在微机保护软件等方面也取得了很多理论成果。从20世纪90年代开始我国继电保护技术已进入了微机保护的时代。

12.1.2 微机保护装置的特点

　　随着计算机技术、数字信号处理技术、智能技术、网络技术及通信技术的共同推进，信息技术（IT）正在改变着继电保护的现状，微机保护集保护、控制、测量、录波、通信功能于一体，具有以下特征：自诊断和监视报警；远方投切和整定；信息共享、多种保护功能集成并得到优化；支持并推动综合自动化的发展；采用先进的DSP算法进行波形识别，识别对象由稳态量发展到暂态量；提供动态修改值的可能性。

微机保护与常规的保护装置相比较，具有以下的显著特点：可以实现继电保护的各种动作特性，提高继电保护的性能指标。可使很多功能都集成到一个微机保护装置中，使设计简洁且成本较低。能够集成完善的自检功能，减少了维护、运行的工作量，带来较高的可用性。数字元件特性不易受温度变化、电源波动、使用年限的影响，不易受元件更换的影响。硬件较通用，装置体积较小，减少盘位数量，装置功耗低。人性化的人机交互，就地的键盘操作及显示。简洁可靠的获取信息，通过串行口同 PC 机通信，实现就地或远方控制。采用标准的通信协议（开放的通信体系），使装置能够同上位机系统通信。

12.1.3　微机保护装置优越性

　　微机保护装置能够被推广和应用，并逐步取代传统保护，使因为它具有传统保护无法比拟的优越性。

12.1.3.1　易于解决常规保护装置难以解决的问题，使保护功能得到改善

　　微机保护通过软件算法实现保护功能，因而可以实现传统保护中很难实现的保护功能，例如阻抗继电器复杂的阻抗特性、系统振荡和短路的判别、变压器差动保护励磁涌流和内部故障的识别、母线差动保护区外故障电流互感器饱和和区内故障的判别等复杂的保护都可以在微机中实现，因此微机继电保护在性能上大大地超过了传统保护。

12.1.3.2　性能稳定、可靠性高、灵活性强

　　微机保护的功能主要取决于算法和判据，对于同类型保护装置，只要程序相同，其保护性能必然一致。计算机保护系统可以对其硬件系统的各部分进行连续实时的监视，可以跟踪装置系统可能出现的故障。一旦检测到故障，则可以闭锁相应元件的功能同时发出报警信号，避免保护的误动作。在硬件上采取电磁屏蔽、光电隔离等手段，使微机系统与外界没有电气上的联系；在软件上采取数据有效性分析、多点判别等手段自动识别和排除干扰。有效地提高了微机继电保护装置的电磁兼容能力，可靠性得到很大提高。由于各种类型的微机保护所使用的硬件和外围设备可以通用，不同原理和功能的保护主要取决于软件，一套软件程序中可以设置很多保护功能和不同定值，用户可以根据需要选择，使保护配置更加灵活。

12.1.3.3　保护灵敏性高

　　微机保护利用微机的记忆功能，可明显改善保护性能，提高保护的灵敏性。比如由微机软件实现的功率方向保护，可消除电压死区。

12.1.3.4　运行维护工作量小，现场调试简单

　　传统继电保护装置调试的工作量很大，保护受电源电压波动，环境温度变化等外界因素影响较大，因此相应的定检周期也短，给正常的运行带来不便。而微机保护对硬件有很好的自检功能，成熟的软件逻辑也不会受外界因素的干扰而变化，无须逐一检验保护的各项功能是否正确，一般只需做整组试验，检查装置的出口是否正确即可，因此微机保护的维护调试工作量很小，定检周期也可以放长，大大减少了保护退出运行的时间。

12.1.3.5　辅助功能强

　　微机继电保护具有事件记录、故障测距、故障录波、报告打印等功能，方便了故障分析。此外微机继电保护还可以有很强的通信功能，可以将保护、控制和监视等功能统一设计、协调配合，实现电力系统监视、控制、保护的综合自动化，进一步实现电力系统计算机的网络控制管理。

12.2　微机保护装置硬件配置

微机型继电保护装置是一种依靠微处理器，智能地实现保护功能的工业控制装置，保护装置的硬件结构通常由五个部分构成，即信号输入回路、微机系统、人机接口、输出通道回路及电源等，如图 12.1 所示。

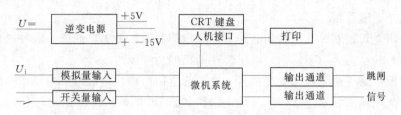

图 12.1　典型的微机保护系统硬件框图

12.2.1　信号输入回路

微机保护装置输入信号主要有两类，即开关量和模拟量信号。微机所采集的信号是弱电信号，在电流互感器、电压互感器与电子电路之间要求设置一些转变环节，称为信息预处理环节，需要隔离屏蔽、变换电平。由于计算机只能接收数字脉冲信号，需要将输入的电压和电流这种模拟信号，转换为计算机能接收的数字脉冲信号。完成模拟量至数字脉冲的变换称为模数（A/D）变换，图 12.2（a）为典型数字信号输入回路。

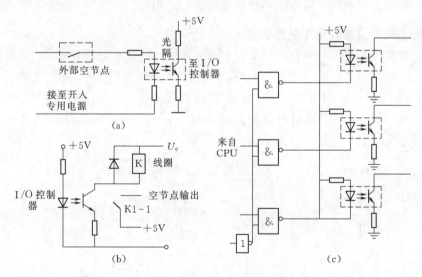

图 12.2　数字信号输入输出回路

（a）典型数字信号输入回路；（b）典型数字信号输出回路；
（c）采用逻辑编码的数字信号输出回路

12.2.2　微机系统

微机保护装置的核心是微机系统，它是由微处理器和扩展芯片构成的一台小型工业控制微机系统，如 CPU、存储器、定时器、计数器等，主要完成数值测量、计算、逻辑运算、逻辑控制和记录等智能化任务。

12.2.3　人机接口

很多情况下，微机保护系统必须接受操作人员的干预。例如保护整定值的输入、工作方式的变更、执行各种操作功能、对微机系统状态的检查等都需要人机对话。这部分工作在 CPU 控制之下完成，通常可以通过键盘、汉化液晶显示、打印及信号灯、音响或语言告警等来实现人机对话。

12.2.4　输出通道回路

输出通道是对控制对象（例如断路器）实现控制操作的出口通道。这种通道的主要任务是将小信号转换为大功率输出，满足驱动输出的功率要求。

通常情况，为了避免外部干扰信号，经过输出回路串入微机系统内部，一般均在输出回路中采用光电隔离芯片。数字信号输出回路如图 12.2（b）、（c）所示。

12.2.5　电源

微机保护系统对电源要求较高，通常这种电源是逆变电源，即将直流电逆变为交流电，再把交流电整流为微机系统所需的直流电。将变电所强电系统的直流电源与微机的弱电系统电源完全隔离开，通过逆变后的直流电源具有极强的抗干扰能力，对来自变电所中因断路器跳合闸等原因产生的强干扰可以完全消除掉。

微机保护装置均按模块化设计，对于线路和各种电力设备的保护都由上述五个部分的模块组成，所不同的是软件系统及硬件模块化的组合与数量不同。不同的保护用不同的软件来实现，不同的使用场合按不同的模块化组合方式构成。

12.2.6　微机保护装置的硬件配置举例

目前，微机保护装置的硬件采用了超大规模集成电路技术的最新成果，具备了总线不引出芯片的不扩展单片机高抗干扰的特性，采用了高分辨率的 VFC 模数变换技术，提高了保护的精度和速度，具有直接联网的高速数据通信接口，大大提高了保护的通信速度和可靠性。可以方便地利用 PC 机对保护调试及离线分析系统故障进行录波记录，以 CST 系列保护装置为代表，其结构框图如图 12.3 所示。

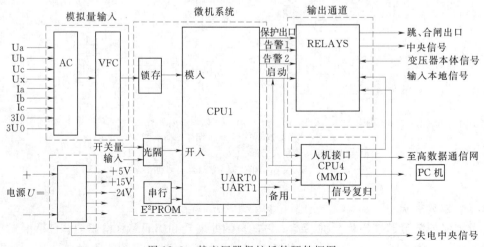

图 12.3　某变压器保护插件硬件框图

12.2.6.1 模拟量输入

模拟量输入部分由交流插件 AC 和模数变换插件 VFC 构成，分辨率高达 14 位，提高了保护的速度。

12.2.6.2 微机系统

CST 系列变压器保护的微机系统包括信号锁存、开关量输入和输出、主保护 CPU1、高压侧后备保护 CPU2、低压侧后备保护 CPU3 等（图 12.3 中未画出 CPU2 和 CPU3，其框图与 CPU1 相同）。在 CPU 芯片内集成了微处理器、RAM、EPROM 等。采用串行 E^2PROM 可避免总线引出芯片，因此它仅需要两根 I/O 线与 CPU 芯片相连，一根作串行数据线（SD）；另一根作串行时钟线（SC）。另外，CPU 插件上设置了锁存器，在 CPU 的控制下锁存经 VFC 插件来的信号，可以使外部异步脉冲信号变成同步脉冲信号，对抗干扰有利，同时还起到了脉冲整形的作用。开关量输入和输出的光隔电路均安装在 CPU 插件上，以便进一步提高抗干扰能力。

12.2.6.3 输出通道

开关量输出通道有启动、闭锁、跳闸及信号继电器等。此外，还有告警和复位继电器。

12.2.6.4 人机接口

人机接口部分硬件包括单片机（CPU4）、键盘、液晶显示器、串行硬件时钟及与保护 CPU 和 PC 机的串行通信等，该单片机芯片内集成了很强的计算机网络功能，可以通过在片外的网络驱动器直接连到高速数据通信网，与变电所内监控网络相连。人机接口的串行通信口，可以与 PC 机及保护 CPU 的 UART0 串口通信。当保护 CPU 发信时，PC 机和 MMI 都能收到，通过键盘命令，可切换 PC 机或 MMI 对保护 CPU 的发信，MMI 还设有开入及开出量，开入量用于监视启动继电器的状态，开出量用于驱动告警、复位、启动等。启动继电器动作时发绿色闪光信号及控制液晶显示背景光。

MMI 还设置了一个时钟芯片，并带有充电干电池，保证装置停电时时钟不停。

12.3 微机保护的数据采集

12.3.1 模拟量输入电路概述

模拟量输入电路是微机保护装置中很重要的电路，保护装置的动作速度和测量精度等性能都与该电路密切相关。模拟量输入电路的主要作用是隔离、规范输入电压及完成模数变换，以便与 CPU 接口，完成数据采集任务。

微机保护的模数变换方式主要有两种，即 ADC 和 VFC 的变换方式，VFC 是将模拟量电压先转变为频率脉冲，通过脉冲计数变换为数字量的一种变换方式。ADC 是直接将模拟量转变为数字量的变换方式。对于要求动作速度快、测量精度较高的高压或超高压的保护装置，目前多采用 VFC 模数变换方式。

12.3.2 ADC 式数据采集系统

目前有许多保护装置采用 8031 单片微机芯片，而 8031 芯片内不带模数变换器，需扩展模数变换功能。这种 ADC 变换模式有电压形成回路、模拟低通滤波器（ALF）、采样保持电路（S/H）、模数变换器及模拟量多路转换开关（MPX）等五个部分，如图 12.4 所示。

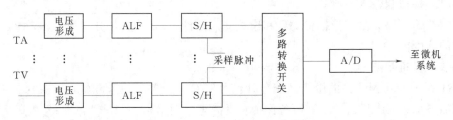

图 12.4　ADC 数据采集系统框图

12.3.2.1　电压形成回路

微机保护从电流互感器和电压互感器取得的二次电流或电压量不能适应模数变换器的输入范围要求，故一般采用各种中间变换器来实现变换。根据模数变换器要求输入信号电压±5V 或±10V，由此可以决定各种中间变换器的变比。

交流电流的变换一般采用电流变换器，并在其二次侧并联电阻以取得所需电压。该变换器只要铁芯不饱和，其二次电流及并联电阻上电压的波形可基本保持与一次电流波形相同且同相，即可做到不失真变换。但是电流变换器在非周期分量的作用下容易饱和，线性度差，动态范围也小。

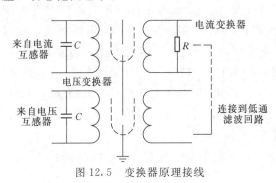

图 12.5　变换器原理接线

电抗变换器铁芯带有气隙而不易饱和，线性范围大，且具有移相作用。但它会抑制直流分量，放大高频分量，因此二次侧的电压波形在系统暂态过程时将发生畸变。为此，在微机保护中电抗变换器的使用范围并不多，但有时在暂态时需变换输入波形，就要采用电抗变换器的特性。

电压形成回路除了进行电量变换外，还起隔离作用，以减弱来自高压系统的电磁干扰，其变换器的原理接线如图 12.5 所示。

12.3.2.2　采样保持和低通滤波回路

（1）采样保持电路（S/H）。经过电流、电压变换器变换后的电压信号必须经过采样后，才能被微机系统利用。采样就是将一个在时间上连续变化的模拟信号，转换为在时间上离散的模拟量，采样的过程相当于一个受控理想开关的快速开闭的过程，如图 12.6 所示。

采样控制信号 $s(t)$ 可表示为一个以 T_s 为周期的脉冲序列信号，脉冲的宽度为 τ（即理想开关每隔 T，短暂闭合的时间为 τ）；$f(t)$ 为输入连续信号；$f_s(t)$ 为采样输出的信号。当 $s(t)=1$ 时，开关闭合，此时 $f_s(t)=f(t)$；当 $s(t)=0$ 时，开关断开，此时 $f_s(t)=0$。从图中可以看出，当 $s(t)=1$ 时，输出 $f_s(t)$ 跟踪输入 $f(t)$ 的变化。采样脉冲的宽度 τ 越小，采样输出脉冲的幅度就越准确地反映了输入信号在该离散时刻上的瞬时值。

为了保证 A/D 转换的正确进行，这些信号必须在 A/D 转换过程中保持恒定，保持电路就是来实现这一功能的。通常情况，把采样和保持电路结合在一起，即为采样保持电路，其

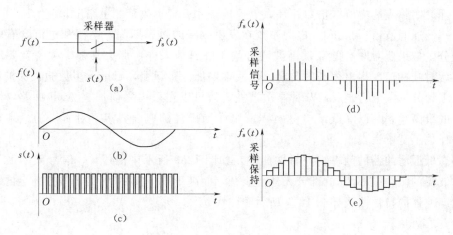

图 12.6 采样保持过程示意

图形如图 12.7 所示。

它由 MOS 管采样开关 T，保持电容 C_h 和作为跟随器的运算放大器构成。当 $s(t)=1$ 时，采样开关 T 导通，输入信号 U_i 向 C_h 充电，U_o 和 U_c 跟随 U_i 的变化，即对 U_i 采样。当 $s(t)=0$ 时，T 截止，在 C_h 的漏电电阻、跟随器的输入电阻以及 MOS 管 T 的截止电阻都是足够大，在 C_h 的放电电流可以被忽略的情况下，U_o 将保持 T 截止前一

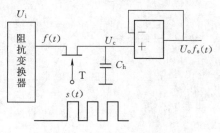

图 12.7 采样保持电路原理

刻的电流基本不变，直至下一次采样开关导通，新一轮采样重新开始，如图 12.6（d）所示。

（2）采样频率与采样定理。为了反映输入的信号，需要正确选择采样频率 $\left(f_s=\dfrac{1}{T_s}\right)$。微机保护所反映的电力系统参数是经过采样离散化的数字量，如图 12.8 所示。

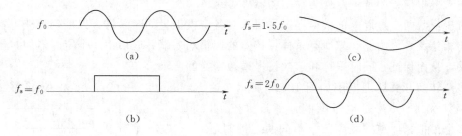

图 12.8 采样频率选择示意

（a）被采样信号；（b）采样频率 $f_s=f_0$；（c）采样频率 $f_s=1.5f_0$；
（d）采样频率 $f_s=2f_0$

设被采样信号 $f(t)$ 的频率为 f_0，若每周采一点，即 $f_s=f_0$。由图 12.8（b）可见，采样所得为一个直流量；若每周采 1.5 点，即 $f_s=1.5f_0$，采样得到一个小于 f_0 的低频信号，如图 12.8（c）所示；当 $f_s=2f_0$ 时，采样所得波形的频率为被采样信号的频率 f_0。因此，若要不丢失信息，完好地采用输入信号，必须满足 $f_s>2f_0$，这就是 Nyquist

采样定理。实际应用中所取倍数往往大于 5 倍，才有利于改善测量精度。

（3）低通滤波器（ALF）。电力系统在发生故障的暂态期间，电压和电流含有较高的频率成分，如果要对所有的高次谐波成分均不失真地采样，那么其采样频率就要取得很高，这就对硬件速度提出很高的要求，使成本增加。实际上，目前大多数微机保护原理都是反映工频分量，或者是反映某种高次谐波，故可以在采样之前加上 ALF 回路，限制输入信号的最高频率，以降低 f_s。这样既降低了对硬件的速度要求，对所需的最高频率信号的采样也不至于失真。

理想低通滤波器的频率响应特性曲线，如图 12.9 所示中曲线 a。信号频率低于理想低通滤波器的截止频率 f_c 的部分无任何衰减，而高于截止频率 f_c 的信号被完全滤除，实际低通滤波器的特性曲线如图 12.9 所示中曲线 b。

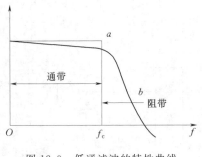

图 12.9　低通滤波的特性曲线

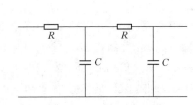

图 12.10　RC 无源滤波器

利用基频分量原理的微机保护常采用如图 12.10 所示的 RC 无源低通滤波器，这种滤波器接线简单，但对于利用高次谐波的非基频分量的保护，由于该滤波器对谐波分量衰减比较大，故不宜采用。

12.3.2.3　多路转换器

由于模数变换器接口复杂且价格高昂，通常不宜对各路电压、电流模拟量同时采用模数转换，而是采用多路 S/H 共用一个模数变换器。多路转换器是一种通过控制逻辑，从多路输入模拟信号中选一路作为输出的器件。

对于反映两个量以上的继电保护，要求对各个模拟量同时采样，以准确地获得各个量之间的相位关系。为此，把所有采样保持器的逻辑输入端并联后由一个定时器同时供给采样脉冲，从而保证了同时采样和依次按序模数变换的要求。

多路转换开关原理框图如图 12.11 所示。这里多路开关 1～n 号是电子型的、受微机控制，它把多个模拟量通道按顺序赋予不同的二进制地址。在微机输出地址信号后，多路转换开关通过译码电路选通 n 地址时，对应于采样保持电路的 n 号通道开关也就接通，此时输出电压 $U_o = U_{in}$。

12.3.2.4　模数转换电路

（1）模数转换（A/D）的基本原理。由于微机系统只能对数字量进行计算，而微机保护所取到的模拟量必须对其进行量化和编码，从而转换

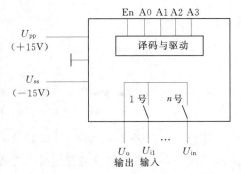

图 12.11　多路转换开关原理框图

成数字量。所谓量化，是指把时间上离散而数值上连续的模拟信号以一定的准确精度，变为时间上和数字上都离散化或量级化的等效数值。编码就是把已经量化的模拟数值用二进制数、BCD 码或其他码来表示。经过量化和编码，就完成了 A/D 转换的全过程，将各采样点的模拟信号转换成与之一一对应的数字量。

（2）逐次逼近式 A/D。微机保护用的模数变换器绝大多数是应用逐次逼近式 A/D 的工作原理，如图 12.12 所示。其基本原理是转换开始时，控制器首先在数码设定器中设置一个最高位数码"1"（例如 100000），该数码经 A/D 数模变换为模拟电压 U_o，反馈到输入侧比较器一端，与输入电压 U_i 相比较。如果设定值 $U_o < U_i$，则保留该位原设置的数码"1"。然后由控制器在数码设定器中附加次高位设置数码"1"，形成新的数码（如110000），经 A/D 模数变换，再反馈到输入侧比较器与 U_i 比较。若设定值 $U_o > U_i$，则原设定次高位数码"1"改为"0"。然后附加下一高位设置数码"1"（如 111000）。重复上述的比较与设置，直至所设定的数码总值转换成反馈电压 U_o 尽可能地接近 U_i 值。若其误差小于所设定的数码中可改变的最小值（最小量化单位），则此时数码设定器中的数码总值即为转换结果。

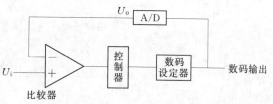

图 12.12 逐次比较型 A/D 转换原理

A/D 转换分辨率，主要取决于设定数码的最小量化单位。A/D 转换输出的数字量位数越多，最小量化单位越小，分辨率越高，转换出的数字量舍入误差越小，A/D 转换的精度就越高，这是 A/D 转换的一个重要指标。另一指标是 A/D 转换速度，分辨率越高，其转换速度就越低。通常每次转换时间不低于 $25\mu s$，而数字量位数为 10~12 位。

12.3.3 VFC 式数据采集系统

VFC 变换的基本原理是将输入的电压信号转换为相应频率的脉冲信号，然后在固定时间间隔内对此脉冲信号进行计数。VFC 变换的方式有很多，下面介绍一种应用广泛的电荷平衡式 V/F 变换的原理。

如图 12.13 所示为电荷平衡式 V/F 变换的电路原理图和工作过程波形图，其中 A1 和 RC 组成积分器，A2 为零电压比较器。当积分器的输出 U_{int} 下降到零时，零电压比较器发生跳变，触发单稳态定时器产生一个 t_0 宽度的脉冲，使 S 导通 t_0 时间。由于恒流源 I_R 在设计时就考虑使 $I_R > U_{i(max)} / R$，故在 t_0 这段时间里，I_R 使积分器反充电，使 V_{int} 线性上升到某一正电压。到 t_0 结束的时候，只有正的输入电压 U_i 作用于积分器，使其充电，此时，输出电压 U_{int} 沿斜线下降。当 U_{int} 下降到 0V 时，零电压比较器翻转，又使单稳态定时器产生一个 t_0 宽的脉冲，再次反充电，如此反复。简而言之，整个电路可以看成一个振荡频率受输入电压 U_i 控制的振荡器。

根据电荷平衡原理，即充电和放电的电荷量相等，可以得到

$$(I_R - U_i/R)t_0 = (U_i/R)(T - t_0) \tag{12.1}$$

所以，输出的振荡频率为

$$f = 1/T = U_i/I_R R t_0 = K_f U_i \tag{12.2}$$

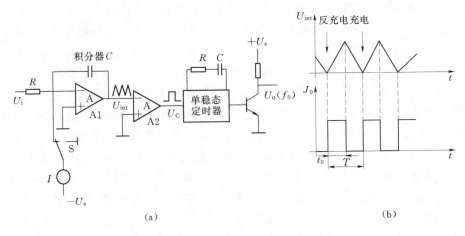

(a)　　　　　　　　　　　　　　　　(b)

图 12.13　电荷平衡式 V/F 变换电路原理和工作过程波形

(a) 电路原理；(b) 工作过程波形

即输出电压频率 f 与输入电压信号 U_i 成正比。所以，计数器的计算结果即为与 U_i 对应的数字量。

　　然而，这种方法很难满足微机保护对精度的要求，故在实用中常采用如图 12.14 所示的方法构成 VFC 式模数转换电路。其中保护 CPU 定时读取计数器在若干个采样周期内的计数值。模数转换的结果 R_t 相当于输出电压 U_{int} 的频率在某一时段内对时间的积分，即 $R_t = \int_{i-n_{Ts}}^{i} f(t)\mathrm{d}t$。其中 R_t 相当于从 $t_{i-n_{Ts}}$ 时刻到 t_i 时刻所读的计数器的计数值。

图 12.14　典型 VFC 式模数转换原理

12.4　微机保护的软件原理

12.4.1　微机保护软件系统配置

12.4.1.1　接口软件

　　人机接口部分的软件，可作为监控程序和运行程序，执行哪一部分程序由接口面板的工作方式或显示器上显示的菜单选择来决定。

　　监控程序主要就是键盘命令处理程序，是为接口插件（或电路）及各 CPU 保护插件（或采样电路）进行调试和整定而设置的程序。

　　接口的运行程序由主程序和定时中断服务程序构成。主程序主要完成巡检（各 CPU 保护插件）、键盘扫描和处理及故障信息的排列和打印。定时中断服务程序包括以下几个部分：软件时钟程序，以硬件时钟控制并同步各 CPU 插件的软时钟。检测各 CPU 插件启动元件是否动作的检测启动程序等。所谓程序时钟就是每经 1.66ms 产生一次定时中断，在中断服务程序中软计数器加 1，当软计数器加到 600 时，秒计数器加 1。

12.4.1.2 保护软件的配置

各保护 CPU 插件的保护软件配置为主程序和两个中断服务程序。主程序通常都有三个基本模块：初始化和自检循环模块、保护逻辑判断模块和跳闸（及后加速）处理模块。通常把保护逻辑判断和跳闸（及后加速）处理总称为故障处理模块。一般情况前后两个模块，在不同的保护装置中基本相同，而保护逻辑判断模块相差甚远。

中断服务程序有定时采样中断服务程序和串行口通信中断服务程序。在不同的保护装置中，采样算法不同，保护的通信规约不同，这些会造成程序的很大差异。

12.4.1.3 中断服务程序及其配置

（1）实时性与中断同工作方式概述。实时性是指在限定的时间内，对外来事件能够及时做出迅速反应的特性。保护系统要对外来事件做出及时反应，就要求保护系统中断自己正在执行的程序，而去执行服务于外来事件的操作任务和程序。由于外部事件是随机发生的，凡需要 CPU 立即响应并及时处理的事件，必须用中断的方式才可实现。

（2）中断服务程序的概念。对保护装置而言，其外部事件主要指电力系统状态、人机对话、系统机的串行通信要求。保护装置必须每时每刻掌握保护对象的系统状态。因此，一般采用定时器中断方式，每经 1.66ms 中断源程序的运行，转去执行采样计算的服务程序，采样结束后通过存储器中的特定存储单元将采样计算结果传送给源程序，然后再回去执行原被中断了的程序。这种采用定时中断方式的采样服务程序称为定时采样中断服务程序。

保护装置还应随机接受工作人员的干预，改变保护装置工作状态、查询系统运行参数、调试保护装置，就是利用人机对话方式来干预保护工作。这种人机对话是通过键盘方式进行的，常用键盘中断服务程序来完成。

系统机与保护的通信要求，实际上属于高一层对保护的干预，常用主从式串行口通信来实现。当系统主机对保护装置有通信要求时，或接口 CPU 对保护 CPU 提出巡检要求时，保护的串行通信口就提出中断请求。在中断响应时，就转去执行串行口通信的中断服务程序。串行通信是按一定的通信规约进行的，其通信数字帧有地址帧和命令帧两种。系统机或接口 CPU（主机）通过地址帧呼唤通信对象，被呼唤的通信对象（从机）就执行命令帧中的操作任务。从机中的串行口中断服务程序就是按照一定的通信规约，鉴别通信地址和执行主机的操作命令程序的。

（3）保护的中断服务程序配置。根据中断服务程序基本概念的分析，一般保护装置要配有定时采样中断服务程序和串行通信中断服务程序。对单 CPU 保护，CPU 除保护任务外，还有人机接口任务，因此还需配置键盘中断服务程序。

12.4.2 微机保护主程序框图

12.4.2.1 初始化

初始化是指保护装置在上电或按下复位键时，首先执行的程序。它主要是对微机（CPU）及可编程扩展芯片进行工作方式、参数的设置，以便程序按预定方案工作。

（1）对微机及其扩展芯片的初始化。使保护输出的开关量出口初始化。赋以正常值，保证出口继电器不动作。是运行与监控程序都需要用到的初始化程序。

（2）采样定时器的初始化。控制采样间隔时间，对 RAM 区中所有运行时要使用的软件计数器及各种标志位清零等程序。

（3）数据采集系统的初始化。主要指采样值存放地址指针初始化，如果是 VFC 式变换，则还要对可编程计数器初始化。完成采样系统初始化后，开放采样定时器中断和串行口中断，等待中断发生后转入中断服务程序。

12.4.2.2　自检内容和方式

（1）RAM 的读写检查。对 RAM 的某一单元写入一个数，再从中读出，并比较两者是否相等。若发现两者不一致，说明随机存储器 RAM 存在问题，则驱动显示器显示故障信号和故障时间。同时开放串行口中断并等待管理单元 CPU 查询。

（2）保护定值检查。每套保护定值在存入 E^2PROM 时，都自动固化若干个校验码。若发现只读存储器 E^2PROM 定值求和码与事先存放的定值和不一致。说明 E^2PROM 有故障，则驱动显示故障字符代码和故障时间。

（3）EPROM 求和自检。求和自检 EPROM 时，将 EPROM 中存放的程序代码从第一个字节加到最后一个字节，将求和结果与固化在程序末尾的和数进行比较。若发现不一致，则显示相应故障字符、代码和故障时间、类型，说明"EPROM 故障"。

（4）开出自检。开出自检主要检测开出通道是否正常，它是通过硬件开出的反馈来检测的。

12.4.2.3　开放中断与等待中断

在初始化时，采样中断和串行口中断仍被 CPU 的软开关关断，这时 A/D 转换和串行口通信均处于禁止状态。初始化后，进入运行之前应开始模数变换，并进行一系列采样计算。所以要开放采样中断，使采样定时器计时，并每隔 T_s 时间发出一次采样中断请求信号。同样，进入运行之前应开放串行口中断，以保证接口 CPU 对保护 CPU 的正常通信。

12.4.2.4　自检循环

在中断开放后，所有准备工作就绪，主程序进入自检循环阶段。故障处理程序结束返回主程序，开始进入自检循环。

在循环过程中不断地等待采样定时器的采样中断和串行口通信的中断请求信号。当保护 CPU 接到请求中断信号，在允许中断后，程序就进入中断服务程序。每当中断服务程序结束后又回到自检循环，并继续等待中断请求信号。主程序如此反复自检，中断进入不断循环阶段，这是保护运行的重要程序部分。

通用自检一般是定值监视和开入量监视，主程序典型框图如图 12.15 所示。

12.4.3　采样中断服务程序原理

12.4.3.1　采样计算概述

采样中断服务程序如图 12.16 所示。进入采样中断服务程序，必须分别对三相电流、零序电流、三相电压、零序电压及线路电压的瞬时值同时采样。如每周采样 12 点，采样频率为 $12 \times 50 = 600(Hz)$，采样后计算其瞬时值，然后将各瞬时值存入随机存储器 RAM 对应地址单元内。在计算各电流、电压交流有效值时，取某个计算的模拟量的同一周期的一组瞬时值，采用某种算法来计算。无论是运行还是采样通道，调试都要进入采样中断服务程序，都要进行采样计算。因此，在采样中断服务程序中，完成采样计算后，需查询现在处于何种工作方式。

12.4.3.2　TV 断线自检

在小接地电流系统中，可依据如下判据检查 TV 断线：

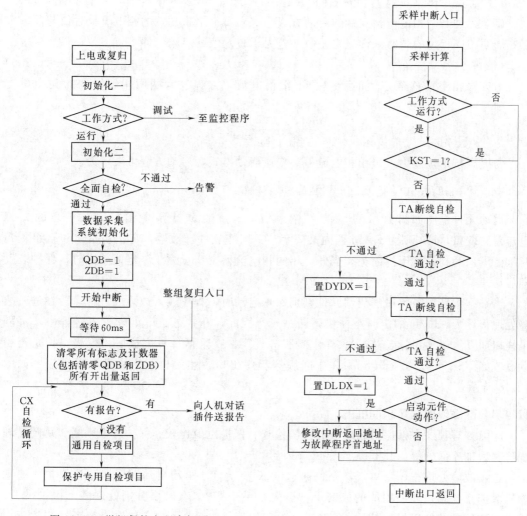

图 12.15　微机保护主程序框图　　　　　图 12.16　采样中断服务程序框图

（1）正序电压小于 30V，任一相电流大于 0.1A。

（2）负序电压大于 8V。

当满足上述任一条件后，必须延时 10s 才能确定母线 TV 断线，在 TV 断线期间，标志位 DYDX=1，并通过程序闭锁自动重合闸。这时保护系统将根据整定的控制字决定是否退出与电压有关的保护。

12.4.3.3　TA 断线自检

大接地电流系统可用以下判据检查 TA 断线

$$|\dot{I}_A + \dot{I}_B + \dot{I}_C| - |3\dot{I}_0| > I_{d1} \tag{12.3}$$

$$|3\dot{I}_0| < I_{d2} \tag{12.4}$$

式中　I_{d1}、I_{d2}——TA 断线的两个电流定值。

12.4.3.4　启动元件框图原理

为了提高保护动作的可靠性，用软件实现启动元件闭锁保护装置的出口。启动元件启动后，标志位"KST"置 1，解除保护装置出口闭锁。

启动元件采用相电流突变量的启动方式，求出每一个采样点的相电流瞬时值与前一个工频周期相同相位的瞬时采样值之差值，若大于整定值就启动，即

$$|I_K - I_{K-N}| \geqslant I_{set} \tag{12.5}$$

为克服频率偏移额定值时产生的不平衡电流，方程改为两两相邻周期的突变量之差，即

$$\Delta I_A = ||I_K - I_{K-N}| - |I_{K-N} - I_{K-2N}|| \geqslant I_{set} \tag{12.6}$$

为提高抗干扰能力，采用相电流差突变量启动方式，启动方程可表示为

$$|\Delta I_A - \Delta I_B| \geqslant I_{set}, \quad |\Delta I_B - \Delta I_C| \geqslant I_{set}, \quad |\Delta I_C - \Delta I_A| \geqslant I_{set}$$

启动元件框图如图 12.17 所示，图中 $|\Delta I_A|$ 为按上式计算得到的当前采样值的 A 相电流差突变量。KA 则为 RAM 区内某一字节，用作软件计数器，它在初始化和整组复归时被清零。为提高抗干扰能力，当任一相的相电流差突变量大于整定值 4 次时，保护装置即启动。

当采样中断服务程序的启动元件判别保护启动时，程序转入故障处理程序。在进入故障处理程序后，CPU 的定时采样仍不断进行。因此，在执行故障处理程序过程中，每隔采样周期 T_s，程序将重新转入采样中断服务程序。在采样计算完成后，检测保护是否启动过，如 KST=1，直接转到采样中断服务程序出口，然后再回到故障处理程序，如图 12.16 所示。

12.4.4　故障处理程序原理框图

故障处理程序包括保护软压板的投切检查、保护定值比较、保护逻辑判断、跳闸处理程序和后加速部分等，其框图如图 12.18 所示。

进入故障处理程序入口，首先置标志位 KST 为 1，驱动启动继电器开放保护。通常微机保护系统总是多种功能的成套保护装置，一个 CPU 有时要分别处理多个保护功能。需先查询保护"软压板"（即开关量定值）是否投入？其数值型定值有否超限？若软压板未投入，则转入其他保护功能的处理程序；若软压板已投入并超定值，则进入该保护的逻辑判断程序。若逻辑判断保护动作，则先置该保护动作标志"1"，报出保护动作信号，然后进入跳合闸、重合闸及后加速的故障处理程序。在各保护逻辑判断中，若 A 相的数值型定值未超定值或逻辑判断程序未判保护动作，则进入 B 相及 C 相的逻辑判断和故障处理程序。

12.4.5　中断服务程序与主程序各基本模块间的关系

中断服务程序与主程序各模块之间的关系如图 12.19 所示。

保护 CPU 芯片内有四个定时器，定时时间可由初始化决定。正常运行时，采样中断服务程序结束后，就自动转回执行主程序中被中断的指令。但在采样计算后，若发现被保护的线路、设备有故障，就会启动保护。随即修改中断返回地址，强迫中断服务程序结束后进入故障处理程序，而不再回到原被中断的主程序。

在执行故障处理程序时，要定时进入采样中断服务程序，因这时启动标志位 KST=1，中断结束后不再修改中断返回地址（图 12.16），在中断结束后自动回到原被中断了的故障处

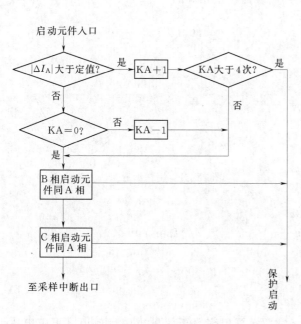

图 12.17 保护启动元件逻辑相电流
突变量启动元件框图

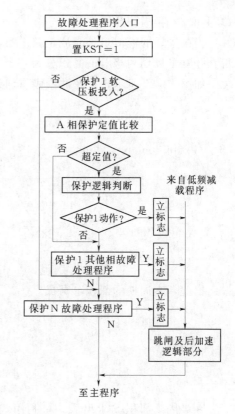

图 12.18 故障处理程序框图

理程序。即使是在执行跳闸后加速程序时,也要定时进入中断服务程序。使保护系统任何时候都获得实时采样数据,保证保护系统的实时性及动作的正确性。

在进入故障处理程序后,首先是保护逻辑判断,若保护逻辑判断应跳闸即进入跳闸后加速处理程序,处理结束后程序返回到主程序的自检循环部分。若保护逻辑判断不应动作,也返回到主程序的自检循环部分。

12.4.6 微机保护的算法

12.4.6.1 算法的基本概念

微机保护的算法是软件中的关键问题。主要考虑的是计算的精度和速度,速度又包括两个方

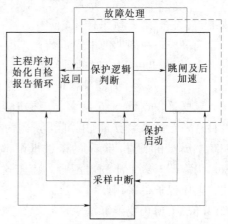

图 12.19 中断服务程序与主程序
各模块之间的关系

面:一是算法所要求的采样点数(或称数据窗长度);二是算法的运算工作量。精度和速度往往是矛盾的,若要精度高,则要利用更多的采样点,也就增加了计算的工作量,降低了计算速度。另外,要考虑算法的数字滤波功能,即滤除影响精确计算的高次谐波分量。微机保护的数字滤波用程序实现,可靠性高。

12.4.6.2 半周积分算法

当被采样的模拟量是交流正弦量时，可使用半周积分算法，该算法的依据是一个正弦量在任意半周期内绝对值的积分为一个常数 S，并且积分值 S 和积分起始点的初相角 α 无关。如图 12.20 所示，正弦波中画有斜线的两块面积是相等的。

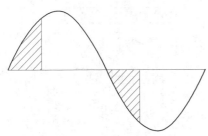

图 12.20 半周积分算法原理

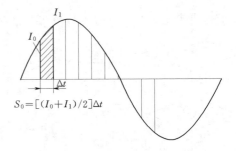

$$S_0 = [(I_0 + I_1)/2] \Delta t$$

图 12.21 用梯形近似法求解示意

据此，半周期的面积可写成

$$S = \int_0^{T/2} \sqrt{2} I \mid \sin(\omega t + \alpha) \mid \, \mathrm{d}t = \int_0^{T/2} \sqrt{2} I \sin \omega t \, \mathrm{d}t$$

从而得出

$$I = S \frac{\omega}{2\sqrt{2}} \tag{12.7}$$

在半周期面积 S 求出后，可利用式（12.7）算出交流正弦量 I 的有效值（正弦电压量 U 也可由类似算法）。而半周期面积 S 可以通过如图 12.21 所示的梯形法求和算出。即

$$S \approx \left(\frac{1}{2} \mid I_0 \mid + \sum_{k=1}^{N/2-1} \mid I_k \mid + \frac{1}{2} \mid I_{N/2} \mid \right) T_s \tag{12.8}$$

式中　I_k——第 k 次采样值；

　　　N——一周期的采样点数；

　$I_{N/2}$——$k = N/2$ 时的采样值；

　　I_0——$k = 0$ 时的采样值。

只要采样点数 N 足够多，用梯形法近似积分的误差可以做到很小。半周积分算法本身具有一定的高频分量滤除能力，因为叠加在基波上的高频分量在半周期积分中其对称的正负半周互相抵消。剩余的未被抵消部分占的比重就很少，但这种算法不能抑制直流分量，仍需要与数字滤波器配合。由于这种算法运算工作量较小，对于一些要求不高的电流、电压保护可采用此种算法。

12.4.6.3 傅氏变换算法

半周积分算法的局限性是要求采样的波形为正弦波。当被采样的模拟量不是正弦波，而是一个周期性时间函数时，可采用傅氏变换算法。傅氏变换算法来自傅里叶（Fourier）级数，即一个周期性函数 $i(t)$ 可用傅里叶级数展开为各次谐波的正弦项和余弦项之和，可用下式表示

$$i(t) = \sum_{n=0}^{\infty} (a_n \sin n\omega_1 t + b_n \cos n\omega_1 t) \tag{12.9}$$

式中　n——自然数（$n = 0, 1, 2, \cdots$），表示谐波分量次数。

于是电流 $i(t)$ 中的基波分量可表示为

$$i_1(t) = a_1 \sin\omega_1 t + b_1 \cos\omega_1 t \qquad (12.10)$$

$i_1(t)$ 还可以表示为一般表达式

$$i_1(t) = \sqrt{2} I_1 \sin(\omega_1 t + \alpha_1) \qquad (12.11)$$

式中　I_1——基波有效值；

　　　α_1——$t=0$ 基波分量初相角。

将 $\sin(\omega_1 t + \alpha_1)$ 用和角公式展开，再与式（12.10）比较，可以得到 I_1 和 α_1 同 a_1、b_1 的关系为

$$a_1 = \sqrt{2} I_1 \cos\alpha_1 \qquad (12.12)$$

$$b_1 = \sqrt{2} I_1 \sin\alpha_1 \qquad (12.13)$$

从式（12.12）和式（12.13）可以看出，只要求出基波的正弦和余弦项幅值，就很容易求得基波的有效值和初相位角 α_1。

根据傅氏级数的逆变换原理，可求得 a_1 和 b_1

$$a_1 = \frac{2}{T} \int_0^T I(t)\sin\omega_1 t\, \mathrm{d}t \qquad (12.14)$$

$$b_1 = \frac{2}{T} \int_0^T I(t)\cos\omega_1 t\, \mathrm{d}t \qquad (12.15)$$

在用微机计算 a_1 和 b_1 时，通常采用梯形法近似计算。设采样周期 $T_s = \dfrac{2\pi}{N}$，N 为一个基波周期的采样点数，I_k 为第 k 次采样值（$k=0$，1，$\cdots$，N），在 $0 \sim 2\pi$ 一个基波周期内，对函数 $f(t) = I(t)\sin\omega_1 t$ 积分，用梯形的面积和近似，如图 12.22 所示。

$$S = \frac{1}{2} \frac{2\pi}{N} \left[0 + I_1 \sin\frac{2\pi}{N} + I_2 \sin\frac{4\pi}{N} + \cdots + I_{N-1} \sin\frac{2\pi}{N}(N-1) + I_N \sin\frac{2\pi}{N}N \right]$$

$$= \frac{2\pi}{N} \left[\sum_{k=1}^{N-1} I_k \left(\frac{2\pi}{N}k \right) \right] \qquad (12.16)$$

所以 a_1 的表达式为

$$a_1 = \frac{2}{T} \int_0^T I(t)\sin\omega_1 t\, \mathrm{d}tl$$

$$= \frac{1}{N} \left[2\sum_{k=1}^{N-1} I_k \sin\left(\frac{2\pi}{N}k\right) \right]$$

同样，可以求出 b_1 的值为

$$b_1 = \frac{1}{N} \left[I_0 + 2\sum_{k=1}^{N-1} I_k \cos\left(\frac{2\pi}{N}k\right) + I_N \right]$$

$$(12.17)$$

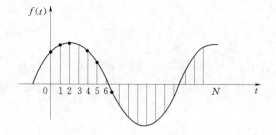

图 12.22　梯形法求 $f(t)$ 的积分

当 $N=12$ 时采样周期 T_s 一般用角度表示为 $30°$。

算出 a_1 和 b_1 后，根据式（12.12）、式（12.13）得基波的有效值和相角为

$$I_1^2 = \frac{a_1^2 + b_1^2}{2} \qquad (12.18)$$

$$\alpha_1 = \arctan b_1 / a_1 \qquad (12.19)$$

与半周积分相比，傅氏变换算法可以计算周期性时间函数，还可以算出初相位角，其积分运算结果同样具有数字滤波功能，运算工作量不大。但这种算法用于暂态采样计算时，受输入模拟量中的非周期分量影响较大，理论分析在最不利的条件下可产生 15％以上的误差，通常要采用一些补偿措施加以克服。目前，许多先进的保护装置都采用了傅氏变换算法。

12.4.6.4　解微分方程算法

解微分方程算法，主要用于线路微机距离保护中计算阻抗，该算法是利用电力线路的电压微分方程关系式，求解二元一次方程的未知数：短路故障线路电阻 R_1 和线路电感 L_1，因此该算法确切地是 RL 串联模型算法。

该算法的前提条件是假设输电线路的分布电容可以忽略。当输电线路发生故障时，从故障点到保护安装处的线路可用电阻 R_1 和电感 L_1 串联电路表示

$$U = R_1 I + L_1 \frac{\mathrm{d}I}{\mathrm{d}t} \tag{12.20}$$

式中　R_1、L_1——故障点至测量端之间线路段的正序电阻和正序电感；

　　　U、I——保护安装处采样的电压和电流瞬时值。

可见，已知采样电压和电流时，通过解式（12.20）可求得 R_1 和 L_1。

常规的距离保护接线方式，对相间保护按 0°接线方式，例如 AB 相阻抗元件 $\dot{U}_k = \dot{U}_{ab}$，$\dot{I}_k = \dot{I}_a - \dot{I}_b$；对接地距离保护按零序补偿电流法，例如 A 相阻抗元件 $\dot{U}_k = \dot{U}_a$，$\dot{I}_k = \dot{I}_a + \dot{K}_L 3\dot{I}_0$（$\dot{K}_L$ 为零序补偿系数）。在微机保护中，模拟量输入电路不存在接线方式问题。但采样计算后，代入式（12.20）的电压和电流值，相间故障时电压电流分别取 U_{ab}、$I_a - I_b$，接地故障时取 U_a 和 $I_a + K_L 3 I_0$。

如果在两个不同时刻 t_1 和 t_2 分别采样，计算出 U、I、$\frac{\mathrm{d}I}{\mathrm{d}t}$，那么就可以得到两个独立方程式为

$$U_1 = R_1 I_1 + L_1 D_1 \tag{12.21}$$

$$U_2 = R_1 I_2 + L_1 D_2 \tag{12.22}$$

$$D = \frac{\mathrm{d}I}{\mathrm{d}t}$$

式中　下标 1 和 2——两个测量时刻 t_1 和 t_2。

从式（12.21）、式（12.22）可以求出短路线路阻抗 $Z = R_1 + jL_1$

$$R_1 = (U_2 D_1 - U_1 D_2)/(I_2 D_1 - I_1 D_2) \tag{12.23}$$

$$L_1 = (U_1 I_2 - U_2 I_1)/(I_2 D_1 - I_1 D_2) \tag{12.24}$$

在微机计算时，电流的导数用差分法计算，即取 t_1 和 t_2 分别为两个相邻的采样瞬间的中间值，如图 12.23 所示。

$$D_1 = (I_{n+1} - I_n)/T_s \tag{12.25}$$

$$D_2 = (I_{n+2} - I_{n+1})/T_s \tag{12.26}$$

式中　T_s——采样周期。

只要采样点数 N 取得足够多，其电流的导数可计算得足够精确。微分方程算法忽略了输电线路分布电容的作用，由此会产生计算误差。微分方程算法实际应用中，需与数字

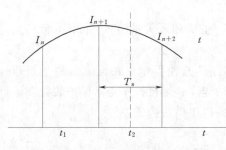

图 12.23 用差分法近似求电流导数

滤波器配合使用，一种做法是采用长数据窗和短数据窗的两种数字滤波器与微分方程算法相结合。首先，采用短数据窗滤波器对故障信号进行粗略滤波，以加快近区故障的切除速度。而对于 I 段保护范围末端附近的故障，采用长数据窗的滤波器进行精确滤波以确保选择性，可较好地解决计算精度和计算速度的矛盾。

12.4.6.5　最小二乘法

这种算法是将输入量与一个预设的含有非周期分量及某些谐波分量的函数按最小二乘原理进行拟合，即让被处理的函数与预设函数尽可能逼近，其方差为最小，从而可求出输入信号中的基频及各种暂态分量的幅值和相角。

12.4.7　数字滤波器

在模拟式滤波器中，模拟量输入信号首先经过滤波器进行滤波处理，然后对滤波后的连续型信号进行采样、量化和计算，其基本流程如图 12.24 所示。数字滤波器是直接对输入信号的离散采样值进行滤波计算，形成一组新的采样值序列，然后根据新采样值序列进行参数计算，其流程如图 12.25 所示。

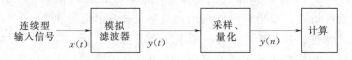

图 12.24　模拟滤波器滤波基本流程

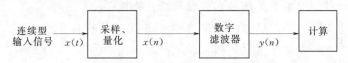

图 12.25　数字式滤波基本流程

所谓数字滤波通常是指一种算法。在微机保护中，数字滤波器的运算过程可用下述常系数线性差分方程来表述

$$y(n) = \sum_{i=0}^{m} a_i x(n-i) + \sum_{j=0}^{m} b_j y(n-j) \tag{12.27}$$

式中　$x(n)$、$y(n)$ ——滤波器输入值和输出值序列；

　　　a_i、b_j ——滤波参数。

通过选择滤波参数 a_i 和 b_j，可滤除输入信号序列 $x(n)$ 中的某些无用频率成分，使滤波器的输出序列 $y(n)$ 能更明确地反映有效信号的变化特征。根据数字滤波器的运算结构，有递归型和非递归型两种基本形式。

本　章　小　结

本章主要介绍了微机继电保护组成及配置。它是一种数字化智能保护装置，具有功能多、性能优、可靠性高等优点，是继电保护发展的方向。

（1）微机继电保护的硬件一般由数据采集系统、主机和开关量输入/输出系统三大部分组成。

（2）微机继电保护软件分为监控程序和运行程序。监控程序主要是键盘命令处理程序，以及为插件调试、定值整定、报告显示等设置的程序；运行程序是指保护装置在运行状态下所需要执行的程序，由主程序模块和中断服务程序模块构成。

复 习 思 考 题

1. 微机继电保护装置与常规继电保护装置相比较，各有什么特点？
2. 简述微机继电保护装置硬件组成及各部分作用。
3. 简述微机继电保护装置软件组成及各部分作用。
4. 微机保护系统的硬件由哪几部分组成？
5. 为什么在采样保持器前要加模拟低通滤波器？
6. 简述采样保持器的作用和原理。
7. 微机保护系统中为什么要加多路转换开关？
8. 微机保护系统的开关量输入/输出回路如何构成？
9. 什么是递归滤波与非递归滤波？其各自适用的场合是什么？
10. 什么是数字滤波？与模拟滤波相比，数字滤波有什么特点？
11. 列举几种常用的数字滤波器并说明其工作原理。
12. 基于正弦函数模型的数字滤波算法有几种？
13. 基于周期函数模型的算法与基于正弦函数模型的算法相比，有何优势？
14. 简述基于傅氏变换算法的基本原理及滤波特性。
15. 简述逐次比较式 A/D 转换器的工作原理，它有哪些特点？
16. 连续信号和离散信号有何区别？
17. 为什么采样过程中的采样频率要根据采样定理来选择？
18. 电力系统微机保护中为什么要采用数字滤波器，它与模拟滤波器比较有何优点？
19. 微机保护的主程序由哪几部分模块组成？有哪些主要的中断服务程序？
20. 通常微机保护软件有哪三种工作状态？
21. 为什么微机保护要采用中断工作方式？
22. 半周积分算法和傅氏变换算法分别应用于何种场合？为什么反应暂态故障的微机保护常采用傅氏变换算法？
23. 试说明主程序中各模块与采样中断服务程序的关系。
24. 保护启动元件的作用是什么？如何实现保护启动元件逻辑功能。

第13章 电力设备微机保护

13.1 馈线微机保护测量装置

MPW-1K数字式馈线/母线分段综合保护装置，为16位高性能控制器作为主控单元，全数字化设计。MPW-1K数字式馈线/母线分段综合保护装置主要功能如下：

(1) 速断保护。用作短路保护，用A、B、C相电流完成保护功能。

(2) 过电流保护。用作后备保护，用A、B、C相电流完成保护功能。

(3) 过载保护。即过负荷保护，用A、B、C相电流完成保护功能，可动作于信号或保护出口。

(4) 接地保护。用零序电流完成保护功能，可动作于信号或保护出口。

MPW-1K型微机馈线保护原理如图13.1所示，有关馈线保护的原理、算法如下。

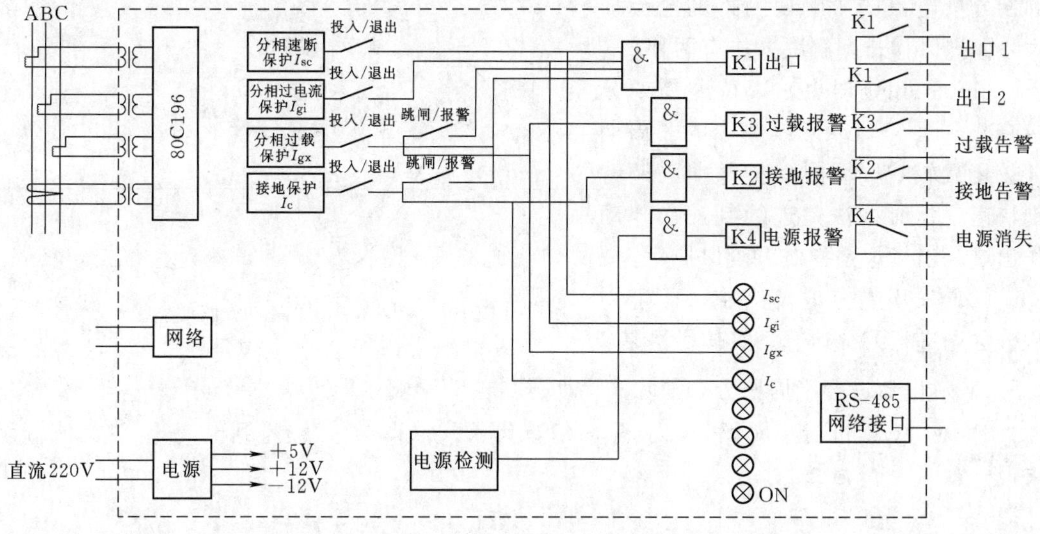

图13.1 馈线保护原理框图

13.1.1 电流大小的测量

13.1.1.1 半周积分算法

设电流表示式为 $i(t) = \sqrt{2} I \sin(\omega t + \alpha)$，半周积分算法的依据是

$$S = \int_0^{\frac{T}{2}} \sqrt{2} I \mid \sin(\omega Dt + \alpha) \mid dt$$

$$= \int_0^{\frac{T}{2}} \sqrt{2} I \mid \sin\omega t \mid dt = \frac{2\sqrt{2}}{\omega} I \tag{13.1}$$

而 S 可用梯形法近似求出

$$S \approx \left(\frac{1}{2} \mid i_0 \mid + \sum_{k=1}^{\frac{N}{2}-1} \mid i_k \mid + \frac{1}{2} \mid i_{\frac{N}{2}} \mid \right) T_s = T_s \sum_{k=1}^{\frac{N}{2}} \mid i(k) \mid \qquad (13.2)$$

式中 i_k——电流 i 的第 k 次采样值;

　　　N——工频以周期的采样点数,如取 N 为 12(600Hz)、20(1000Hz)、24(1200Hz);

　i_0、$i_{\frac{N}{2}}$——$k=0$、$\frac{N}{2}$ 时电流 i 的采样值;

　　　T_s——采样周期,$T_s = \frac{1}{f_s}$。

　　S 求出后,由式 (13.1) 可得电流 I 为

$$I = S \frac{\omega}{2\sqrt{2}} = \frac{\pi}{\sqrt{2} N} \sum_{k=1}^{\frac{N}{2}} \mid i(k) \mid \qquad (13.3)$$

实现了电流的测量。

　　这种算法运算量很少,数据窗长度为 10ms,容易实现,算法本身具有一定的滤去高频分量电流能力,但不能抑制非周期分量电流的影响。图 13.2 所示为短路电流波形。非周期分量电流的影响使测得的电流加大,保护区伸长。解决办法有两种:

　　(1) 采用延时办法,待非周期分量衰减。因 6~10kV 线路中的非周期分量衰减较快,同时保护并非强调特别快速。延时办法是连续判三次才动作出口。当然这是指对 I 段保护而言。

　　(2) 采用差分滤波措施,即半周积分法先进行差分运算。具体做法是:

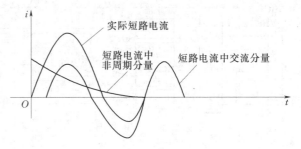

图 13.2　短路电流波形

　　1) 对电流进行半周积分,消除非周期分量电流影响,即 $y(n) = i(n) - i(n-1)$。

　　2) 对 $y(n)$ 进行半周积分,求得 S 值,代入式 (13.4),测量到电流 I_0。对交流分量来说,有

$$y(n) = \sqrt{2} I \sin \omega t_n - \sqrt{2} I \sin \left[\omega (t_n - T_s) \right]$$

$$= \sqrt{2} I 2 \cos \left(\omega t_n - \frac{\omega T_s}{2} \right) \sin \frac{\omega T_s}{2}$$

$$= \left(2 \sin \frac{\omega T_s}{2} \right) \sqrt{2} I \sin \left(\omega t_n + 90° - \frac{\omega T_s}{2} \right) \qquad (13.4)$$

可见得到的 $y(n)$ 超前 $i(n)$ 的相角是 $90° - \frac{\omega T_s}{2}$;幅值是原有电流的 $2\sin \frac{\omega T_s}{2}$ 倍。相位不影响电流的测量,而幅值必须计及 $2\sin \frac{\omega T_s}{2}$。于是对 $y(n)$ 半周积分求得 S' 后,再除以

$2\sin\dfrac{\omega T_1}{2}$，就是式（13.3）中的 S 值。其中 $\dfrac{\omega T_s}{2}$ 值见表 13.1。

表 13.1 $\dfrac{\omega T_s}{2}$ 值

采样频率/Hz	600	1000	1200
N	12	20	24
$\dfrac{\omega T_s}{2}/(°)$	15	9	7.5

13.1.1.2　差分算法＋全周傅氏算法

差分算法可抑制非周期分量电流，全周傅氏算法可有效滤去高次谐波电流。

（1）短路电流

$$i(t)=\sum_{n=0}^{\infty}\left[a_n\sin n\omega_1 t+b_n\cos n\omega_1 t\right] \tag{13.5}$$

式中　n——自然数，$n=0$，1，2，…；

　　　ω_1——基波角频率，$\omega_1=2\pi f_1$；

　a_n、b_n——各次谐波正弦项和余弦项的幅值，a_1、b_1 是基波分量正弦项和余弦项幅值；

　　　b_0——直流分量。

　　a_1、b_1 可表示为

$$a_1=\frac{2}{T_1}\int_0^{T_1}i(t)\sin\omega_1 t\,\mathrm{d}t \tag{13.6}$$

$$b_1=\frac{2}{T_1}\int_0^{T_1}i(t)\cos\omega_1 t\,\mathrm{d}t \tag{13.7}$$

式中　T_1——基波分量周期，$T_1=\dfrac{1}{f_1}$。

　　　于是 $i(t)$ 中的基波分量电流为

$$i_1(t)=a_1\sin\omega_1 t+b_1\cos\omega_1 t$$
$$=\sqrt{a_1^2+b_1^2}\sin(\omega_1 t+\alpha_1) \tag{13.8}$$

其中
$$\alpha_1=\arctan\frac{b_1}{a_1}$$

式中　α_1——$i(t)$ 的初相角。

　　　只要求出 a_1、b_1 即计算出基波分量电流。

（2）a_1、b_1 的求取。采用梯形法则可求出式（13.6）、式（13.7）的积分值，于是有

$$a_1=\mathrm{Re}(\dot I)=\frac{2}{T_1}\left\{\frac{i(0)\sin0°}{2}+i(1)\sin\omega_1 T_s+i(2)\sin2\omega_1 T_s\right.$$

$$\left.+\cdots+i(N-1)\sin[(N-1)\omega_1 T_s]+\frac{i(N)\sin N\omega_1 T_s}{2}\right\}T_s$$

$$=\frac{2}{N}\sum_{k=1}^{N-1}i(k)\sin k\,\frac{2\pi}{N}=\frac{2}{N}\sum_{k=1}^{N}i(k)\sin k\,\frac{2\pi}{N} \tag{13.9}$$

$$b_1=\mathrm{Im}(\dot I)=\frac{2}{T_1}\left\{\frac{i(0)\cos0°}{2}+i(1)\cos\omega_1 T_s+i(2)\cos2\omega_1 T_s\right.$$

$$+\cdots+i(N-1)\cos\left[(N-1)\omega_1 T_s\right]+\frac{i(N)\cos N\omega_1 T_s}{2}\bigg\}T_s$$

$$=\frac{2}{N}\left[\frac{i(0)}{2}+\sum_{k=1}^{N-1}i(k)\cos k\,\frac{2\pi}{N}+\frac{i(N)}{2}\right]\qquad i(0)=i(N)$$

$$=\frac{2}{N}\sum_{k=1}^{N}i(k)\cos k\,\frac{2\pi}{N}\tag{13.10}$$

在求取 a_1、b_1 的同时，实现了滤波；求 a_1、b_1 需 20ms 时间。当 $f_S=600\text{Hz}$ 时，$\frac{2\pi}{N}=30°$。

（3）非周期分量电流的抑制。用差分算法，即 $y(n)=i(n)-i(n-1)$。

（4）算法步骤。

1）对 $i(t)$ 进行差分运算，$y(n)=i(n)-i(n-1)$。

2）对 $y(n)$ 进行傅氏计算，即用式（13.9）、式（13.10）求出 $y(n)$ 的 a_1、b_1。

3）求 $\sqrt{a_1^2+b_1^2}$。

4）计算 $I_1=\dfrac{1}{2\sin\dfrac{\omega T_s}{2}}\sqrt{a_1^2+b_1^2}\,\dfrac{1}{\sqrt{2}}=\dfrac{\sqrt{a_1^2+b_1^2}}{2\sqrt{2}\sin\dfrac{\omega T_s}{2}}$，即 $I_1=\dfrac{\sqrt{a_1^2+b_1^2}}{2\sqrt{2}\sin\dfrac{\pi}{N}}$。

13.1.1.3　两种算法的应用

半周积分算法适用于后备保护，如Ⅱ段、Ⅲ段电流保护；差分算法＋全周傅氏算法适用于速断保护，如Ⅰ段电流保护；傅氏算法也适用于后备保护。

13.1.2　单相接地的检测

中性点不接地电网中发生单相接地时，虽可以继续运行 2h，但作为继电保护，应能正确检测出接地故障线，以寻找出故障点。这是目前国内外尚未完全解决的问题，因为有些措施虽然较好，但比较复杂。以下将有关方法分述如下，供选用。

13.1.2.1　基于零序基波的选线方法

（1）单相接地时的特点。

1）零序电压 $\dot{U}_0$。因单相接地时 $\dot{I}_{ka}$ 不大，故可忽略在线路及各元件上的压降。图 13.3 中因 A 相接地，有 $\dot{U}_A=0$，由图 13.4 可见，$\dot{U}_B$、$\dot{U}_C$ 从原有的相电压升为线电压。零序电压为

$$\dot{U}_0=\frac{1}{3}(\dot{U}_A+\dot{U}_B+\dot{U}_C)=-\dot{U}_A=-\dot{E}_A\tag{13.11}$$

可见，单相接地时出现零序电压（在 TV 开口三角形上有 100V 零序电压），并且在该电网中各处均是该零序电压值。

2）接地电流 $\dot{I}_{ka}$。图 13.3 中，C_1、C_2、C_3 是线路 L1、L2、L3 的对地电容，C_B 是母线及其他设备的对地电容。k 点单相接地时的零序网络如图 13.5 所示。$\dot{I}_{\Sigma 0}$ 由所有设备对地电容产生电流，有

$$\dot{I}_{\Sigma 0}=(\text{j}\omega C_1+\text{j}\omega C_2+\text{j}\omega C_3+\text{j}\omega C_B)\dot{U}_0=\text{j}\omega C_{\Sigma}\dot{U}_0$$

计及 $\dot{I}_{ka} = -3\dot{I}_{\Sigma 0}$，故有

$$\dot{I}_{ka} = -j3\omega C_{\Sigma}\dot{U}_0 = j3\omega C_{\Sigma}\dot{E}_A$$

可见，C_{Σ} 越大，$\dot{I}_{ka}$ 越大，I_{ka} 超过规定时，中性点要装设消弧线圈补偿，使单相接地自动熄弧，消除故障以及避免过电压。

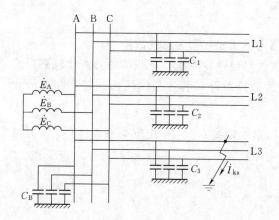

图 13.3　中性点不接地电网单相接地

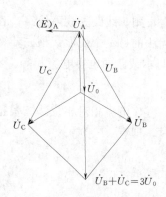

图 13.4　A 相接地时的电压相量

3）故障线与非故障线的零序电流。

非故障线 L1、L2　　　　　$\dot{I}_{01} = j\omega C_1 \dot{U}_0$，　$\dot{I}_{02} = j\omega C_2 \dot{U}_0$

故障线 L3　　　　　　　　$\dot{I}_{03} = -j\omega(C_{\Sigma} - C_3)\dot{U}_0$

可见，非故障线零序电流由本身对地电容产生，故障线的零序电流由其他所有设备、线路对地电容产生。当出线回路数较多时，故障线和非故障线零序电流差别较大。

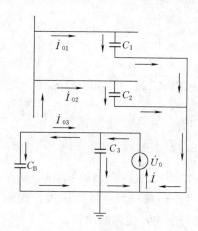

图 13.5　单相接地时的零序电流分布

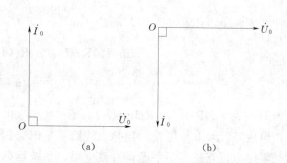

图 13.6　非故障线和故障线的 $\dot{U}_0$、$\dot{I}_0$ 间相位关系
（a）非故障线；（b）故障线

4）故障线和非故障线的 $\dot{U}_0$、$\dot{I}_0$ 间的相位关系。如图 13.6 所示，非故障线零序电流超前零序线电压 90°。两者有完全不同的相位关系。

（2）零序电流比幅法。

1）故障线零序电流最大，从而可通过各条线路零序电流大小，选出故障线。但这种方法容易受零序电流互感器不平衡、线路长短、系统运行方式及过渡电阻的影响，且系统中可能存在某线路的电容电流大于其他线路电容电流之和的情况，应用受到限制。

2）比幅法的一个变形：用本线 $\dot{I}_0$ 与其他线路的 $\dot{I}_0$ 之和进行比较。若

$$|\dot{I}_{0j}| = \sum_{k=1,\ k\neq j}^{n} |\dot{I}_{0k}| \qquad (13.12)$$

该式成立，则 j 线路为故障线路；若各条线路均不成立，则为母线故障。

比幅法的另一个变形：预先计算出每条馈线对地电容电流，单相接地时，比较测得的 I_0 是否与本线路的电容电流相等。不相等即为故障线路，若各条馈线都相等，则为母线故障。

（3）零序电流相对相位法。根据故障线和非故障线 $\dot{U}_0$、$\dot{I}_0$ 相位关系，当以 $\dot{U}_0$ 为参考相量时，即有

非故障线　　　　　　$$0° < \arctan \frac{\dot{I}_0}{\dot{U}_0} < 180° \qquad (13.13)$$

故障线　　　　　　$$180° < \arctan \frac{\dot{I}_0}{\dot{U}_0} < 360° \qquad (13.14)$$

令 $\dot{I}_0 = I_0 \angle \alpha$、$\dot{U}_0 = U_0 \angle \beta$，则有

$$\arctan \frac{\dot{I}_0}{\dot{U}_0} = \alpha - \beta$$

故式（13.13）、式（13.14）写成

$$U_0 I_0 \sin(\alpha - \beta) > 0$$
$$U_0 I_0 \sin(\alpha - \beta) < 0$$

计及 $I_0 \cos\alpha = \mathrm{Re}(\dot{I}_0)$，$I_0 \sin\alpha = \mathrm{Im}(\dot{I}_0)$，$U_0 \cos\beta = \mathrm{Re}(\dot{U}_0)$，$U_0 \sin\beta = \mathrm{Im}(\dot{U}_0)$，得到

$$\mathrm{Im}(\dot{I}_0)\mathrm{Re}(\dot{U}_0) - \mathrm{Re}(\dot{I}_0)\mathrm{Im}(\dot{U}_0) > 0 \qquad (13.15)$$

$$\mathrm{Im}(\dot{I}_0)\mathrm{Re}(\dot{U}_0) - \mathrm{Re}(\dot{I}_0)\mathrm{Im}(\dot{U}_0) < 0 \qquad (13.16)$$

而 $\mathrm{Im}(\dot{I}_0)$、$\mathrm{Re}(\dot{I}_0)$ 和 $\mathrm{Im}(\dot{U}_0)$、$\mathrm{Re}(\dot{U}_0)$，由式（13.9）、式（13.10）求得，从而可判断出故障线和非故障线。但是当线路很短时，因 I_0 过小使相位判断发生困难。此外，也受零序电流互感器不平衡、过渡电阻、系统运行方式的影响，使判断出错。

（4）群体比幅比相法。先进行 I_0 比较，选出三个较大者；再与 $\dot{U}_0$ 进行相位比较，相位与其他两者不同，即为故障线路。此法可改善比幅法、相对相位法的缺点，实际上是两者的结合。

13.1.2.2　谐波分量法

（1）谐波电流方向法。针对基波 I_0 比幅中，故障线中不一定最大，比相法因 I_0 过小

失效问题，提出了谐波电流方向原理。对中性点不接地电网，如果提取零序电流中的 5 次谐波，则因电容容抗减小，故障线与非故障线中的零序 5 次谐波电流数值差拉开，选出故障线。实际应用在有消弧线圈的电网中。

（2）5 次谐波分量法。

1）5 次谐波来源。过渡电阻的非线性，系统中本身存在。

2）采用零序电流中的 5 次谐波，因而具有零序电流、零序电压的特征。即故障线的 I_{05} 最大，故障线和非故障线的 $\dot{U}_{05}$、$\dot{I}_{05}$ 相位关系不同。

3）选线方法。先选出 3 条 $\dot{I}_{05}$ 较大的线路；再在 3 条线路中，比较 $\dot{U}_{05}$、$\dot{I}_{05}$ 的相位关系，不同者即为故障线路。

4）零序分量中 5 次谐波的提取。将 $i_0(t)$、$u_0(t)$ 展成式（13.5），类似式（13.6）、式（13.7）可得到零序电流、零序电压的 5 次谐波分量，如下式

$$a_5 = \mathrm{Re}(\dot{I}_{05}) = \frac{2}{T_1}\int_0^{T_1} i_0(t)\sin 5\omega_1 t\,\mathrm{d}t = \frac{2}{N}\sum_{k=1}^{N} i_0(k)\sin k\frac{10\pi}{N} \tag{13.17}$$

$$b_5 = \mathrm{Im}(\dot{I}_{05}) = \frac{2}{T_1}\int_0^{T_1} i_0(t)\cos 5\omega_1 t\,\mathrm{d}t = \frac{2}{N}\sum_{k=1}^{N} i_0(k)\cos k\frac{10\pi}{N} \tag{13.18}$$

$$a_5' = \mathrm{Re}(\dot{U}_{05}) = \frac{2}{T_1}\int_0^{T_1} u_0(t)\sin 5\omega_1 t\,\mathrm{d}t = \frac{2}{N}\sum_{k=1}^{N} u_0(k)\sin k\frac{10\pi}{N} \tag{13.19}$$

$$b_5' = \mathrm{Im}(\dot{U}_{05}) = \frac{2}{T_1}\int_0^{T_1} u_0(t)\cos 5\omega_1 t\,\mathrm{d}t = \frac{2}{N}\sum_{k=1}^{N} u_0(k)\cos k\frac{10\pi}{N} \tag{13.20}$$

由 $\sqrt{a_5^2 + b_5^2}$ 可求出各条线路的 I_{05}，取前三者，再由

$$\mathrm{Im}(\dot{I}_{05})\mathrm{Re}(\dot{U}_{05}) - \mathrm{Re}(\dot{I}_{05})\mathrm{Im}(\dot{U}_{05}) > 0 \tag{13.21}$$

$$\mathrm{Im}(\dot{I}_{05})\mathrm{Re}(\dot{U}_{05}) - \mathrm{Re}(\dot{I}_{05})\mathrm{Im}(\dot{U}_{05}) < 0 \tag{13.22}$$

选出故障路线。

这种选线方法，目前应用最多。主要存在的问题是，有些系统中单相接地时零序电流中的 $\dot{I}_{05}$ 太小。应注意低通滤波器的截止频率。

13.1.2.3　利用接地故障暂态过程的选线法

（1）首半波法。

1）一般发生接地故障时，均在相电压接近最大值这一瞬间，如图 13.7 所示。

2）故障线的放电电流很大，且与 u 同极性。

3）利用放电电流和电压首半波的幅值、方向特点，实现选线。

4）如果电压 u 过零时发生故障，选线将发生困难。

（2）基于小波分析的选线方法。利用接地故障时零序电流的暂态特征，实现选线。即故障线路暂态零序电流大、相位也与非故障线路不同的特征进行选线。

13.1.2.4　基于最大 $\Delta I_0 \sin\varphi$ 原理的选线方法

将 I_0 在故障线路 $\dot{I}_0$ 方向上投影，若 $\Delta I_0 \sin\varphi > 0$ 即为故障线路，其优点是可克服零序电流互感器的不平衡电流影响。但因要计算相位，计算工作量大而复杂。

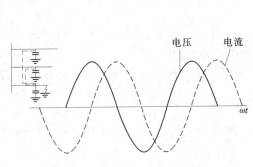

图 13.7 单相接地时暂态电流

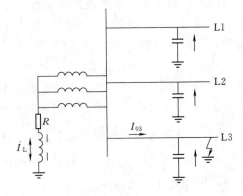

图 13.8 消弧线圈电网

13.1.2.5 有功分量法

如图 13.8 所示，$\dot{I}_{03}$ 等于其他非故障线路电容电流和消弧线圈电流 $\dot{I}_L$ 中的有功分量只流过故障线，故只要检测有功分量电流，即可实现选线。存在问题是要变更一次设备，无消弧线圈时不能应用。

13.1.2.6 从能量观点实现选线

由图 13.9 可见，对故障线，i_0 和 $u_0 e^{-j90°}$ 同相位；对非故障线，i_0 与 $u_0 e^{-j90°}$ 反相位。于是有

判故障线
$$\int_0^t u_0\left(\tau - \frac{T_1}{4}\right) i_0(\tau)\,\mathrm{d}\tau > 0$$

判非故障线
$$\int_0^t u_0\left(\tau - \frac{T_1}{4}\right) i_0(\tau)\,\mathrm{d}\tau < 0$$

由于积分的关系，选取适当时间 t，总使输出越来越大，选出故障线。将积分用采样值表示时，有

故障线
$$\frac{T_1}{N}\sum_{k=0}^{j} u_0\left(k - \frac{N}{4}\right) i_0(k) > 0 \tag{13.23}$$

非故障线
$$\frac{T_1}{N}\sum_{k=0}^{j} u_0\left(k - \frac{N}{4}\right) i_0(k) < 0 \tag{13.24}$$

式中　j——积分的长度。

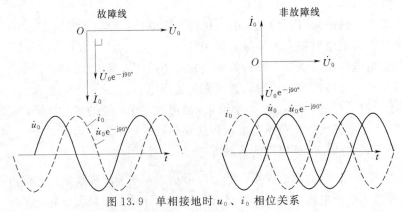

图 13.9 单相接地时 u_0、i_0 相位关系

13.1.2.7 不利用故障零序电流选线

（1）拉线法。

（2）信号注入法。单相接地时，用处于不工作状态的电压互感器，在接地相加入信号，而后到各回线进行检测。问题是经高阻接地时，信号检测小，易出错。为避免高阻出现的问题，注入 70Hz 信号，监视零序电流工角、阻尼率变化，然后判别故障线。目前应用较普遍的是 5 次谐波分量法和零序群体比幅比相法，但能量选线、小波变换选线、负序选线等应注意发展状况。

13.1.3 电气量的测量

测量 f、I、U、P、Q、$\cos\varphi$。其中 f 测量供低频减载使用，其他供遥测用。

13.1.3.1 f 的测量

f 的测量一般采用两种方法。

（1）将电压波形整形，计数测量频率。示意波形如图 13.10 所示。周期 T 为 NT_c，T_c 为计数脉冲周期。

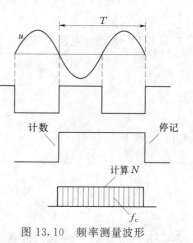

图 13.10 频率测量波形

所以

$$f = \frac{1}{T} = \frac{f_c}{N} \tag{13.25}$$

额定频率 50Hz 时，以工频周期计数 N_{50}，则有

$$50 = \frac{f_c}{N_{50}} \tag{13.26}$$

由式（13.25）、式（13.26）可得

$$f = \frac{N_{50}}{N} \times 50 \quad \text{（Hz）} \tag{13.27}$$

从而测得频率。不受电压幅值变化影响，但需有硬件对电压整形。应取 $f_c = 200\text{kHz}$ 及以上。

（2）用软件测频率。测量电压 u 从（—）到（＋）相邻两点过零点间时间 T，测出频率。如图 13.11 所示，$\overline{BA}$、$\overline{B'A'}$ 可视为直线。写出 $\overline{BA}$ 直线方程

$$u = \frac{u_1 - u_0}{T_s} t \tag{13.28}$$

令 $u = u_0$、u_1，可得 t_0、t_1 为

$$t_0 = \frac{u_0}{u_1 - u_0} T_s \tag{13.29}$$

$$t_1 = \frac{u_1}{u_1 - u_0} T_s \tag{13.30}$$

因为 u_0、u_1 可知，故 $|t_0|$、$|t_1|$ 可计算出来。从而 T 可写为

$$T = nT_s + \left| \frac{u_1}{u_1 - u_0} \right| T_s + \left| \frac{u_0}{u'_1 - u'_0} \right| T_s \tag{13.31}$$

频率 $f = \dfrac{1}{T}$，采样 f_s 可取 600Hz、1000Hz。

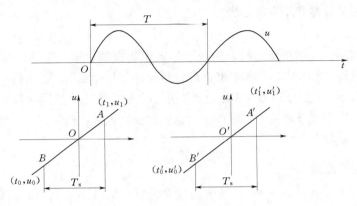

图 13.11　软件测频波形

13.1.3.2　电流、电压的测量

电流、电压的测量，即

$$I = \sqrt{\frac{1}{T_1}\int_0^{T_1} i^2 \mathrm{d}t}, \quad U = \sqrt{\frac{1}{T_1}\int_0^{T_1} u^2 \mathrm{d}t}$$

所以

$$I = \sqrt{\frac{1}{N}\sum_{k=1}^{N}\big[i(k)\big]^2}, \quad U = \sqrt{\frac{1}{N}\sum_{k=1}^{N}\big[u(k)\big]^2}$$

采样频率 f_s 可取 1200Hz 或 1600Hz。A/D 可取 14 位。

13.1.3.3　P、Q、$\cos\varphi$ 的测量

（1）二表法。即只采用两相电流，一般为

$\dot{I}_A$ 和 $\dot{I}_C$，电压为 $\dot{U}_{AB}$ 和 $\dot{U}_{CB}$。因为三相功率

$$P = \frac{1}{T_1}\int_0^{T_1}(i_A u_{AB} + i_C u_{CB})\mathrm{d}t = \sqrt{3}UI\cos\varphi$$

$$(13.32)$$

由图 13.12 示出的向量关系，可写出 P 为

$P = U_{AB}I_A\cos(\varphi+30°) + U_{CB}I_C\cos(\varphi-30°)$

$= \sqrt{3}UI\cos\varphi$

所以式（13.32）确实反映三相有功功率。

将式（13.32）写成离散形式，有

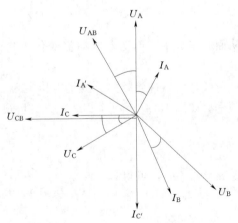

图 13.12　二表测向量关系

$$P = \frac{1}{N}\sum_{k=1}^{N}\big[u_{AB}(k)i_A(k) + u_0(k)i_C(k)\big] \qquad (13.33)$$

从而测得了有功功率。

对于无功功率 Q，可将 $\dot{I}_A$、$\dot{I}_C$ 向超前方向移90°（即向滞后方向移270°，即 $\frac{3}{4}$ 工频的

电角度)，得到 $\dot{I}'_{A}$、$\dot{I}'_{C}$。于是二表法测得的功率为

$$U_{AB}\dot{I}'_{A}\cos\left[90°-(\varphi+30°)\right]+U_{CB}\dot{I}'_{C}\cos\left[90°-(\varphi-30°)\right]=\sqrt{3}UI\sin\varphi=Q$$

只要将 $\dot{I}_{A}$、$\dot{I}_{C}$ 向滞后方向移 270°，即可测得无功功率 Q，写出计算式为

$$Q=\frac{1}{N}\sum_{k=1}^{N}\left[u_{AB}(k)i_{A}\left(k-\frac{3N}{4}\right)+u_{CB}(k)i_{C}\left(k-\frac{3N}{4}\right)\right] \tag{13.34}$$

从而测得了无功功率。

P、Q 测得后，功率因数 $\cos\varphi$ 为

$$\cos\varphi=\frac{P}{\sqrt{P^2+Q^2}} \tag{13.35}$$

也可同时测量出。

(2) 三表法。P、Q、$\cos\varphi$ 的算式为

$$P=\frac{1}{N}\sum_{k=1}^{N}\left[u_{A}(k)i_{A}(k)+u_{B}(k)i_{B}(k)+u_{C}(k)i_{C}(k)\right] \tag{13.36}$$

$$Q=\frac{1}{N}\sum_{k=1}^{N}\left[u_{A}(k)i_{A}\left(k-\frac{3N}{4}\right)+u_{B}(k)i_{B}\left(k-\frac{3N}{4}\right)+u_{C}(k)i_{C}\left(k-\frac{3N}{4}\right)\right]$$

$$\tag{13.37}$$

$$\cos\varphi=\frac{P}{\sqrt{P^2+Q^2}}$$

特殊情况下，为提高频率变化时测量的精度，对 f 进行跟踪计算，调整采样周期。

注意：保护用 CPU 和测量用 CPU 应分开，不能合用。一般保护用 f_s 相对低一些，如 600Hz、1000Hz，而测量用 f_s 较高，如 1200Hz、1600Hz。

13.1.4 低周减载

(1) f 测量见前说明。

(2) 线路不在运行状态，即 $I\leqslant6\%I_{N}$ 时，低周减载自动退出。

(3) 低周减载投入工作时，测得 f 应在 50Hz±0.5Hz 内。

(4) 为防止系统发生故障时频率下降过快造成减载误动，应设 $\dfrac{\Delta f}{\Delta t}$ 闭锁，一般取 $\dfrac{\Delta f}{\Delta t}=3\text{Hz/s}$。当频率下降速度超过 3Hz/s（即 0.06Hz/20ms）时闭锁低周减载。为此，在测量 f 的同时，还应测量 $\dfrac{\Delta f}{\Delta t}$ 值。供电中断时防止低周减载误动。

(5) 如图 13.13 所示，当供电中断 M 母线失电时，电流 I 急剧降低，前述的 $I\leqslant6\%I_{N}$ 能起到自动闭锁作用。但有时，由于同步电动机等反馈影响，起不到闭锁作用，而此时因失电，电动机转速下降，f 下降，造成低周减载误动。为此，可采用电压闭锁。一般电压降设定为 $0.7U_{N}$。当 $U<0.7U_{N}$ 时，低周减载闭锁。低周减载动作框图如图 13.14 所示。

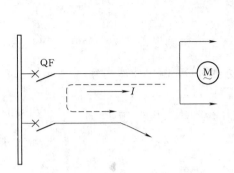

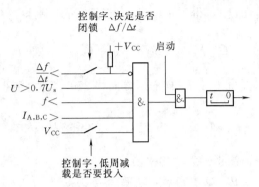

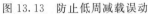

图 13.13　防止低周减载误动

图 13.14　低周减载动作框图

13.1.5　电压互感器断线检查

满足下列两条件之一，延时 10s 报 TV 断线信号，电压恢复正常后保护自动恢复正常。

（1）正序电压小于 30V，每相电流大于 0.1A。

（2）负序电压大于 8V。

（3）正、负序电压的算式。

正序电压

$$3\dot{U}_{A1} = \dot{U}_A + a\dot{U}_B + a^2\dot{U}_C = \dot{U}_A + a\dot{U}_B + (-1-a)\dot{U}_C$$

$$= \dot{U}_{AC} + a\dot{U}_{BC} = \dot{U}_{AC} - \dot{U}_{BC}e^{-j60°}$$

所以

$$3u_{A1}(k) = u_{AC}(k) - u_{BC}\left(k - \frac{N}{6}\right)$$

如取 $f_s = 600\text{Hz}$，则 $N = 12$，于是实部、虚部

$$\text{Re}(3\dot{U}_{A1}) = \frac{2}{N}\sum_{k=1}^{N}\left[u_{AC}(k) - u_{BC}(k-2)\right]\sin k\frac{\pi}{6}$$

$$\text{Im}(3\dot{U}_{A1}) = \frac{2}{N}\sum_{k=1}^{N}\left[u_{AC}(k) - u_{BC}(k-2)\right]\cos k\frac{\pi}{6}$$

所以

$$|\dot{U}_{A1}| = \frac{1}{3\sqrt{2}}\sqrt{\left[\text{Re}(3\dot{U}_{A1})\right]^2 + \left[\text{Im}(3\dot{U}_{A1})\right]^2} \tag{13.38}$$

测得了正序电压。

负序电压

$$3\dot{U}_{A2} = \dot{U}_A + a^2\dot{U}_B + a\dot{U}_C = \dot{U}_A + (-1-a)\dot{U}_B + a\dot{U}_C$$

$$= \dot{U}_{AB} - a\dot{U}_{BC} = \dot{U}_{AB} + \dot{U}_{BC}e^{-j60°}$$

所以

$$3u_{A2}(k) = u_{AB}(k) + u_{BC}\left(k - \frac{N}{6}\right)$$

$$\text{Re}(3\dot{U}_{A2}) = \frac{2}{N}\sum_{k=1}^{N}\left[u_{AB}(k) + u_{BC}(k-2)\right]\sin k\frac{\pi}{6}$$

$$\text{Im}(3\dot{U}_{A2}) = \frac{2}{N}\sum_{k=1}^{N}\left[u_{AB}(k) + u_{BC}(k-2)\right]\cos k\frac{\pi}{6}$$

所以
$$|\dot{U}_{A2}| = \frac{1}{3\sqrt{2}}\sqrt{[\mathrm{Re}(3\dot{U}_{A2})]^2 + [\mathrm{Im}(3\dot{U}_{A2})]^2}$$
(13.39)

测得了负序电压。

（4）单相接地时，持续时间在 10s 以上。此时如图 13.15 所示。$U_{A2}=0$，$U_{A1}=U_\varphi$，故有：$U_{A2}=0\mathrm{V}<8\mathrm{V}$，$U_{A1}=U_\varphi>30\mathrm{V}$，不发告警信号不闭锁保护。

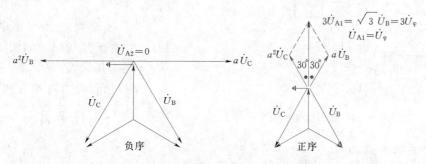

图 13.15 A 相接地时的正、负序电压

13.1.6 馈线保护测控主要功能

（1）三段电流保护功能。Ⅰ、Ⅱ段为定时限过电流保护，分别设控制字控制其投、退；Ⅲ段为过负荷保护，通过控制字整定发告警（如为 "0"）或跳闸并闭锁重合闸（如为 "1"）。

（2）零序电流保护/接地选线［零序过电流投入时，通过控制字控制报警（如为 "0"）或跳闸（如为 "1"）］。

（3）低周减载。设控制字可投、退。

（4）操作回路、故障录波。

（5）遥信开入、装置动作、事故遥信（可 9 路）。

（6）断路器分、合，小电流接地遥控分、合。

（7）P、Q、I_A、I_C、$\cos\varphi$ 模拟量遥测。

（8）SOE、脉冲输入等。

此外，装置设有独立启动段。动作后展宽 10s，并驱动一启动继电器，给出口继电器以正电源，提高装置可靠性。

13.2 电容器保护测控装置

13.2.1 主要功能及说明

（1）Ⅱ段电流保护功能，定时限，各设控制字投、退。用来保护开关到电容器连线的相同短路故障。电流为三相式。

（2）过电压保护，当系统电压过高时保护电容器不被损坏，由控制字控制告警或跳闸。

（3）低电压保护。该低电压保护可用开入量控制其投、退；由控制字控制是否经电流闭锁，以防 TV 断线造成低电压保护误动。

低电压保护的作用是：系统故障→故障线跳开→电容器组失电→线路重组使母线带电

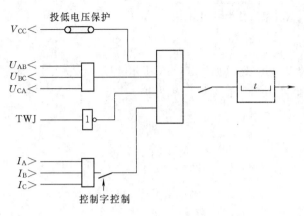

图 13.16 低电压保护框图

→如电容器未放完电，当母线电压与电容器上电压极性相反时，导致电容器合闸过电压而损坏。低电压要检测三相电压。

低电压保护示意框图如图 13.16 所示。

（4）不平衡电压（零序电压保护）。单星形接线时，如图 13.17 所示，1 路电压输入。

单星形接线，每相有两组串联，接线如图 13.18 所示。$\dot{U}_x = \dot{U}_y$ 时，KV0 不动作；$\dot{U}_x \neq \dot{U}_y$ 时，KV0 动作。$\dot{U}_x = \dot{U}_1 + \dot{U}_2 - \dot{U}_2'$；$\dot{U}_y = \dot{U}_1 + \dot{U}_2' - \dot{U}_2$。当失去平衡时，如 $\dot{U}_1 \uparrow$、$\dot{U}_2 \uparrow$（$\dot{U}_1' \downarrow$、$\dot{U}_2' \downarrow$），于是 $\dot{U}_x \uparrow$、$\dot{U}_y \downarrow$，KV0 动作。有 3 路输入。

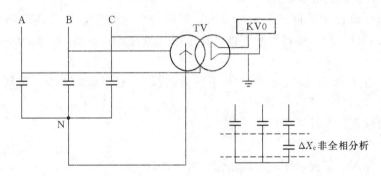

图 13.17 单星形接线的零序电压保护接线

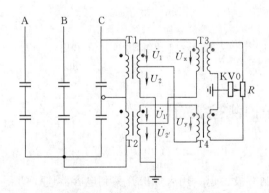

图 13.18 单星形连接不平衡电压保护

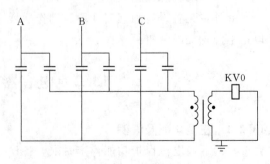

图 13.19 双星形接线的零序电压保护

双星形接线如图 13.19 所示，1 路输入。

因此，不平衡电压保护应是 1 路或 3 路输入（型号不同）。

（5）不平衡电流（零序电流保护）。单星形接线，每相有 4 个平衡臂桥路。常用桥式差电流保护有 3 路输入，如图 13.20 所示。双星形接线的零序电流保护如图 13.21 所示。

三角形接线，每相有两组电容器并联，如图 13.22 所示，有 3 路输入。

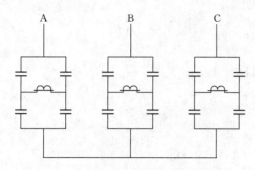

图 13.20　单星形接线的差电流保护

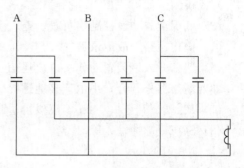

图 13.21　双星形接线的零序电流保护

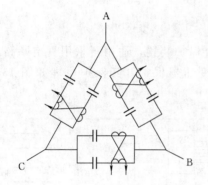

图 13.22　三角形接线的差电流保护接线

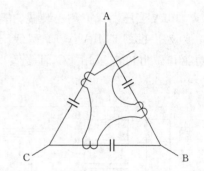

图 13.23　单三角形接线的零序电流保护

单三角形接线，用零序电流保护，如图 13.23 所示。

不平衡电流保护分 1 路或 3 路输入。

不平衡保护分为三类：①1 路电压输入、1 路电流输入；②3 路电流输入；③3 路电压输入。

不平衡保护的目的：电容器熔断器熔断后，电容器上电压分布发生变化，防止过电压。

(1) 零序过电流/小电流接地选线（同前）。

(2) 操作回路、故障录波。

(3) 遥信（同前）。

(4) 断路器分、合，小电流接地选线合、分。

(5) Q、I_A、I_B、I_C、$\cos\varphi$ 遥测。

(6) SOE、脉冲输入等。

13.2.2　算法实现

涉及 U、I 测量，同馈线保护。涉及遥测量，同馈线。

(1) 三段电流保护功能。Ⅰ、Ⅱ 段为定时限过电流保护，分别设控制字控制其投、退；Ⅲ 段为过负荷保护，通过控制字整定发告警（如为"0"）或跳闸并闭锁重合闸（如为"1")。

(2) 零序电流保护/接地选线〔零序过电流投入时，通过控制字控制报警（如为"0"）或跳闸（如为"1"）〕。

(3) 低周减载。设控制字可投、退。

(4) 操作回路、故障录波。

(5) 遥信开入、装置动作、事故遥信（可 9 路）。

(6) 断路器分、合，小电流接地遥控分、合。

(7) P、Q、I_A、I_C、$\cos\varphi$ 模拟量遥测。

(8) SOE、脉冲输入等。

13.3　变压器保护测控装置

13.3.1　10kV 变压器保护测控装置功能

站变及所变采用 MPW-1T 型低压变压器综合保护装置，适用于采用真空断路器。主要功能有做出口或采用 FC 回路做出口的低压变压器保护。其保护原理如图 13.24 所示。

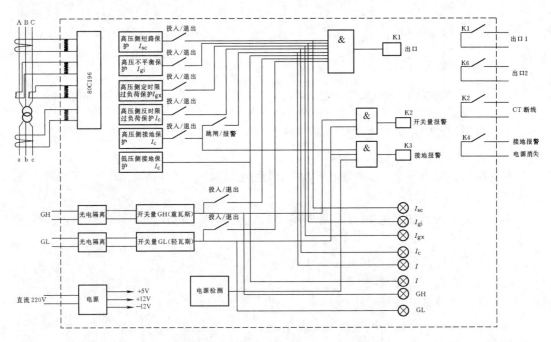

图 13.24　某微机型变压器保护原理框图

(1) 二段定时限过电流保护（三相式）。

(2) 三段零序定时限过电流保护（Ⅲ段可整定为报警或跳闸），适用于中性点经小电阻接地、消弧线圈接地、不接地电网。

(3) 非电量保护（1 路），由控制字可选延时跳闸。

(4) 接地选线。

（5）操作回路和故障录波。

（6）遥信。

（7）断路器分、合控制。

（8）P、Q、I_A、I_C、$\cos\varphi$ 遥测。

（9）SOE、脉冲输入等。

可以看出，馈线保护测控功能覆盖站变保护测控内容，故装置没有馈线复杂。

13.3.2　35～110kV 变压器保护

主保护、后备保护合一，另外测控单元也有合在一起的。

13.3.2.1　主要功能

（1）差动电流速断，防止 TA 饱和差动保护拒动，在 TA 饱和前电流速断动作。

（2）比率差动保护：躲区外故障不平衡电流，躲励磁涌流。

（3）高、低压侧复合电压过电流保护，属后备保护。

（4）非电量保护（速度、瓦斯、温度等）。

（5）TA 断线判别，TV 断线判别。

（6）过负荷发信号。

（7）过载闭锁有载调压。

（8）过负荷启动风冷和零序过电压报警。

（9）不按相操作的跳、合闸操作回路。

13.3.2.2　差动保护工作原理

（1）接线。如图 13.25 所示，$\dot{I}_{aY}$、$\dot{I}_{bY}$、$\dot{I}_{cY}$ 与 $\dot{I}_{a\triangle}$、$\dot{I}_{b\triangle}$、$\dot{I}_{c\triangle}$ 同相。再考虑变比修正，$\dot{I}_{da}$、$\dot{I}_{db}$、$\dot{I}_{dc}$ 为 0。实际上，微机保护中 TA 接入均是星形，但在变压器的星形侧，

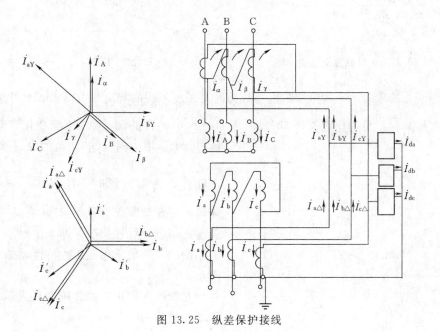

图 13.25　纵差保护接线

采用 $\dot{I}_\alpha - \dot{I}_\beta$、$\dot{I}_\beta - \dot{I}_\gamma$、$\dot{I}_\gamma - \dot{I}_\alpha$ 实现了移相。差电流为

$$\left.\begin{aligned}
\dot{I}_{da} &= \dot{I}_{a\triangle} - \dot{I}_{aY} = \dot{I}_{a\triangle} - (\dot{I}_\alpha - \dot{I}_\beta) \\
\dot{I}_{db} &= \dot{I}_{b\triangle} - \dot{I}_{bY} = \dot{I}_{b\triangle} - (\dot{I}_\beta - \dot{I}_\gamma) \\
\dot{I}_{dc} &= \dot{I}_{c\triangle} - \dot{I}_{cY} = \dot{I}_{c\triangle} - (\dot{I}_\gamma - \dot{I}_\alpha)
\end{aligned}\right\} \qquad (13.40)$$

（2）差动保护实现遇到的问题。

1）区外故障不平衡电流。k 点短路后，I_d 并不是零，存在不平衡电流，其值随故障电流增大而增大。在图 13.26 中，$\dot{I}_1$、$\dot{I}_2$ 是穿越性电流，折算到继电器侧，$|\dot{I}_{brk}| = \left|\dfrac{\dot{I}_1 + \dot{I}_2}{2}\right|$ 是故障电流，所以 I_d 随 $\dot{I}_{brk}$ 增大而增大，如图 13.27 所示。若不采取措施，内部故障时将影响灵敏度，如少量匝间故障将不能反映。

2）变压器的励磁涌流，涌流数值大，且有非周期分量电流。不采取措施时空载合闸、外部故障切除时差动保护要误动，切除变压器。

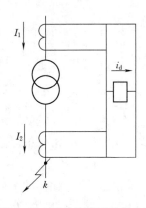

图 13.26　区外故障不平衡电流

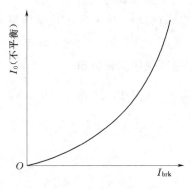

图 13.27　$T_d = f(I_{brk})$

（3）区外故障时不平衡电流与内部故障时灵敏度矛盾的解决。由图 13.26 可见，内部故障时 $|\dot{I}_1 - \dot{I}_2|$ 是动作电流，即 $I_{oper} = |\dot{I}_1 - \dot{I}_2|$，只要 I_{oper} 随 I_{brk} 而变化，即外部故障时，I_{brk} 增大时 I_{oper} 自动增大，差动保护不动作；内部故障时，$I_{brk} = \left|\dfrac{\dot{I}_1 + \dot{I}_2}{2}\right|$ 下降，I_{oper} 自动降低，从而不影响灵敏度。这就是比率制动特性曲线，即 $I_{oper} = f(I_{brk})$ 的关系曲线。一般采用三折线特性，如图 13.28 所示。

在微机保护中，曲线用方程表示较方便。即动作方程为

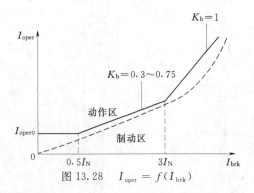

图 13.28　$I_{oper} = f(I_{brk})$

$$(0.2 \sim 0.4)I_{\mathrm{N}}$$

$$\left.\begin{array}{ll} I_{\mathrm{oper}} > I_{\mathrm{opero}} & (I_{\mathrm{brk}} < 0.5I_{\mathrm{N}}) \\ I_{\mathrm{oper}} > I_{\mathrm{opero}} + K_{\mathrm{b}}(I_{\mathrm{brk}} - 0.5I_{\mathrm{N}}) & (0.5I_{\mathrm{N}} \leqslant I_{\mathrm{brk}} \leqslant 3I_{\mathrm{N}}) \\ I_{\mathrm{oper}} > I_{\mathrm{opero}} + K_{\mathrm{b}}2.5I_{\mathrm{N}} + (I_{\mathrm{brk}} - 3I_{\mathrm{N}}) & (I_{\mathrm{brk}} > 3I_{\mathrm{N}}) \end{array}\right\} \quad (13.41)$$

其中 $I_{\mathrm{brk}} = \left| \dfrac{\dot{I}_1 + \dot{I}_2}{2} \right|$、$I_{\mathrm{oper}} = |\dot{I}_1 - \dot{I}_2|$ 是基波分量，可用全周傅式算法求取。注意 $\dot{I}_1$、$\dot{I}_2$ 分别是图 13.25 中的 $\dot{I}_{\mathrm{aY}}$、$\dot{I}_{\mathrm{bY}}$、$\dot{I}_{\mathrm{cY}}$ 与 $\dot{I}_{\mathrm{a}\triangle}$、$\dot{I}_{\mathrm{b}\triangle}$、$\dot{I}_{\mathrm{c}\triangle}$。

（4）励磁涌流的识别。

1）励磁涌流的特征：含有显著的非周期分量电流；波形间断，有间断角。

目前采用较多的是 2 次谐波制动或偶次谐波制动。因为内部故障时故障电流中几乎不含有 2 次及偶次谐波电流。励磁涌流中的 2 次谐波一般占基波 15% 以上，整定可取 20%。即 $\dfrac{I_2}{I_1} \geqslant 20\%$ 判涌流；$\dfrac{I_2}{I_1} < 20\%$ 判非涌流。当然，还应设法抑制非周期分量电流。

2）非周期分量抑制和 2 次谐波的提取：

a. 非周期分量电流抑制。当微机保护数据采集系统中采用中间变流器时，用差分算法抑制；当采用电抗变压器时，电抗变压器自身可抑制，不必采取措施。后者效果良好，但前者也有采用的。

b. 2 次谐波提取。用如下两种算法提取差回路电流中 2 次谐波，差电流见式（13.40）。

第一种方法：用全周傅式算法，即

$$\left.\begin{array}{l} a_2 = \dfrac{2}{N} \sum_{k=1}^{N} i_{\mathrm{d}}(k) \sin k \dfrac{4\pi}{N} \\ b_2 = \dfrac{2}{N} \sum_{k=1}^{N} i_{\mathrm{d}}(k) \cos k \dfrac{4\pi}{N} \end{array}\right\} \quad (13.42)$$

而

$$I_2 = \dfrac{1}{\sqrt{2}} \sqrt{a_2^2 + b_2^2} \quad (f_{\mathrm{s}} = 600\mathrm{Hz})$$

从而可计算出 $i_{\mathrm{d}}(t)$ 中的 2 次谐波电流（基波电流 I_1 类似算法）。

第二种方法：采用全零点数字滤波器，滤去直流、1 次、3 次、4 次、5 次谐波，取了 2 次谐波电流。经分析，将 $i_{\mathrm{d}}(t)$ 采样值做如下计算（$f_{\mathrm{s}} = 600\mathrm{Hz}$），即

$$y(k) = A[i_{\mathrm{d}}(k) - i_{\mathrm{d}}(k-3) + i_{\mathrm{d}}(k-6) - i_{\mathrm{d}}(k-9)] \quad (13.43)$$

其中 A 是一个实常数。计算 $y(k)$ 需 $9 \times \dfrac{5}{3} = 15(\mathrm{ms})$，而后由 $y(n)$ 再计算 I_2，即

$$\left.\begin{array}{l} a_2 = \dfrac{2}{N} \sum_{k=1}^{N} y(k) \sin k \dfrac{4\pi}{N} \\ b_2 = \dfrac{2}{N} \sum_{k=1}^{N} y(k) \cos k \dfrac{4\pi}{N} \end{array}\right\} \quad (13.44)$$

而 $I_2 = \dfrac{1}{\sqrt{2}} \sqrt{a_2^2 + b_2^2}$。由式（13.43）可得传递函数为

$$H(e^{j\omega T_s}) = \frac{Y(e^{j\omega T_s})}{I_d(e^{j\omega T_s})} = A(1 - e^{-j3\omega T_s} + e^{-j6\omega T_s} - e^{-j9\omega T_s})$$

$$= A\left|\frac{\sin 6\omega T_s}{\cos \dfrac{3\omega T_s}{2}}\right| /90° - 4 \times 5\omega T_s$$

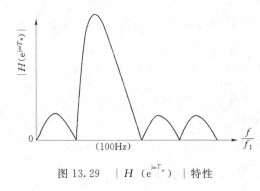

图 13.29 $|H(e^{j\omega T_s})|$ 特性

作出幅频特性如图 13.29 所示。

应当指出，采用式（13.42）计算比较方便。

3）偶次谐波的提取。2 次谐波制动是三相中一相的 2 次谐波对三相均起制动作用，实际上是取每相中的 2 次谐波最大值实现三相制动。当合闸于故障变压器时，完好相中的 2 次谐波对故障相起制动作用，将励磁涌流衰减后，保护才动作跳闸，实际上保护动作延迟了。但有时候仍按相制动。为解决上述问题，采用分相制动措施，即本相的 2 次谐波（还有其他偶次）只对本相保护起制动作用，实际是偶次谐波制动。

若微机保护中隔离变压器是电抗变压器，则判据为

$$\frac{\int_0^{\frac{T_1}{2}} \left| i_d\left(t + \frac{T_1}{2}\right) + i_d(t) \right| \mathrm{d}t}{\int_0^{\frac{T_1}{2}} | i_d(t) | \mathrm{d}t} \leqslant K_1 \tag{13.45}$$

为防止式（13.45）积分号内数值过小，附加条件：式（13.45）分母值 $> S_T$，其中

$$S_T = 0.1 I_N + \alpha \int_0^{T_1} i_d \mathrm{d}t$$

该式满足，判 $i_d(t)$ 为故障电流，不满足判励磁涌流。当 $i_d(t)$ 的表达式为

$$i_d(t) = I_m e^{-\frac{t}{\tau}} + \sum_{i=1}^{6} I_{mi}\sin(i\omega_1 t + \alpha_i) \tag{13.46}$$

谐波次数暂记到 6。当式（13.46）通过电抗变压器时，非周期分量 $I_m e^{-\frac{t}{\tau}}$ 被抑制，可不计。若电抗变压器一绕组、二绕组间的互感为 M 时，则式（13.45）可写为

$$\frac{\int_0^{\frac{T_1}{2}} \left| \sum_{i=1}^{6}\left\{i\omega_1 M I_{mi}\cos(i\omega_1 t + \alpha_i) + i\omega_1 M I_{mi}\cos\left[i\omega_1\left(t + \frac{T_1}{2}\right) + \alpha_i\right]\right\} \right| \mathrm{d}t}{\int_0^{T_1} \left| \sum_{i=1}^{6} i\omega_1 M I_{mi}\cos(i\omega_1 t + \alpha_i) \right| \mathrm{d}t} \leqslant K_1$$

即

$$\frac{2\int_0^{\frac{T_1}{2}} | 2I_{m2}\cos(2\omega_1 t + \alpha_2) + 4I_{m4}\cos(4\omega_1 t + \alpha_4) + 6I_{m6}\cos(6\omega_1 t + \alpha_6) | \mathrm{d}t}{\int_0^{T_1} \left| \sum_{i=1}^{6} i\omega_1 I_{mi}\cos(i\omega_1 t + \alpha_i) \right| \mathrm{d}t} \leqslant K_1$$

分子只取出了 $i_d(t)$ 中的所有偶次谐波，实现了偶次谐波制动。

要实现式（13.45），利用前述中式（13.2）即可（$f_s = 600\text{Hz}$）

$$\frac{\dfrac{1}{2}\mid i_d(0) + i_d(6)\mid + \displaystyle\sum_{k=1}^{5}\mid i_d(k) + i_d(k+6)\mid + \dfrac{1}{2}\mid i_d(6) + i_d(12)\mid}{\dfrac{1}{2}\mid i_d(0)\mid + \displaystyle\sum_{k=1}^{11}\mid i_d(k)\mid + \dfrac{1}{2}\mid i_d(12)\mid} \leqslant K_1$$

(13.47)

若微机保护中的隔离变压器为中间变压器，则应抑制非周期分量电流（用导数消除），此时判据为

$$\frac{\displaystyle\int_0^{\frac{T_1}{2}}\mid i'_d\left(t + \frac{T_1}{2}\right) + i'_d(t)\mid \mathrm{d}t}{\displaystyle\int_0^{T_1}\mid i'_d(t)\mid \mathrm{d}t} \leqslant K_2$$

(13.48)

利用偶次谐波制动来识别励磁涌流，性能比 2 次谐波制动好。

（5）差动保护的实施。如图 13.30 所示。

（6）TA 断线识别。

1）TA 断线设有延时报警和瞬时闭锁或报警。

2）延时 TA 断线报警在保护采样程序中，当满足以下两个条件之一且时间超过 10s 发出 TA 断线告警，但不闭锁比率差动保护，同时兼交流采样回路的自检功能。

a. 任一相差电流大于整定值。

b. $I_{d2} > \alpha + \beta I_{d\max}$

    负   固   系
    序   定   数
        值

3）瞬时 TA 断线设在故障测量程序中，只有在比率差动元件动作后，才进入瞬时 TV 断线判别程序，可防止瞬时 TA 断线误闭锁。同时满足以下条件：

a. 一相电流为 0。

b. 其他两相与启动前电流相等。

但满足下列条件之一，不进行 TA 断线判别，即：

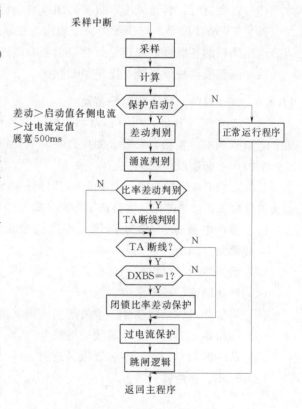

图 13.30 保护总体流程

a. 启动前最大相电流小于 $0.2I_N$，则不进行该侧 TA 断线判别。

b. 启动后最大相电流大于 $1.2I_N$。

c. 启动后任一侧电流比启动前增加。

13.3.2.3　复合电压闭锁过电流保护（后备保护）

（1）框图及整定值，如图 13.31 所示。

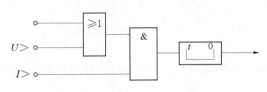

图 13.31　复合电压过电流保护窗

负序电压 $U_2 >$ 整定 $7\% U_N$，见式 (13.39)，$U_{\phi min} <$ 是相间电压值，反映三相故障时的电压降低，一般 $U_{\phi min} < (50\% \sim 60\%)U_N$。

（2）高压侧有复合电压过电流（用低压侧电压），低压侧有复合电压过电流保护，各有三段，由控制字控制投、退。

13.3.2.4　其他

（1）变压器低压侧单相接地零序过电压报警。

（2）过负荷时：启动风冷；报警；闭锁有载调压。过负荷取电流是低压侧电流。

（3）TV 断线检测：与馈线中完全相同。在断线期间，根据整定控制字选择是退出经复合电压闭锁的各段过电流还是暂时取消复合电压过电流。

（4）装置硬件故障报警并闭锁整套保护。

13.3.3　35～110kV 变压器测控装置

对于 110kV 变压器，可有：差动保护＋后备保护测控装置；差动后备保护＋测控装置。若节省成本，差动、后备、测控合一。只要将 CPU、数据采集独立即可。

测控内容与馈线中相同。

（1）三段电流保护功能。Ⅰ、Ⅱ段为定时限过电流保护，分别设控制字控制其投、退；Ⅲ段为过负荷保护，通过控制字整定发告警（如为"0"）或跳闸并闭锁重合闸（如为"1"）。

（2）零序电流保护/接地选线〔零序过电流投入时，通过控制字控制报警（如为"0"）或跳闸（如为"1"）〕。

（3）低周减载。设控制字可投、退。

（4）操作回路、故障录波。

（5）遥信开入、装置动作、事故遥信（可 9 路）。

（6）断路器分、合，小电流接地遥控分、合。

（7）P、Q、I_A、I_C、$\cos\varphi$ 模拟量遥测。

（8）SOE、脉冲输入等。

13.4　高压电动机保护测控装置

LFP - 983A/984A 同步电动机成套保护装置由 LFP - 983A 和 LFP - 984A 两套完全独立的装置组成，适用于大型电动机的保护，并可满足综合自动化系统的要求。MPW - 1C 型微机电动机差动保护装置，主要用于大型电动机的内部短路保护，与综合保护装置共同构成大型电动机的全套就地保护。MPW‑1C 型微机电动机差动保护装置原理如图 13.32 所示。

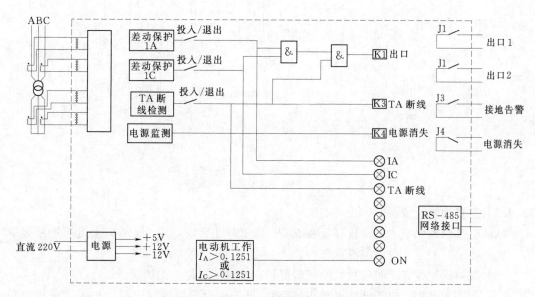

图 13.32 MPW‑1C 型电动机差动保护原理

13.4.1 LFP‑983A/984A 装置整体原理

（1）LFP‑983A 保护装置的整体构成如图 13.33 所示。装置引入三相电压、三相电流和零序电压、零序电流。

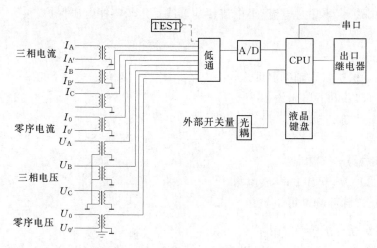

图 13.33 LFP‑983A 保护装置硬件结构

LFP‑983A 保护装置中失步保护、失磁保护在电动机启动完毕后自动投入，也可手动投入。失步保护作用于再同步时，可由外部接点来闭锁失磁、失步保护。

（2）LFP‑984A 保护装置的整体构成如图 13.34 所示。装置引入机端、中性点三相电流。LFP‑984A 保护装置中差动保护、热过负荷保护设有硬压板。如压板不投，则该保护不能跳闸出口。

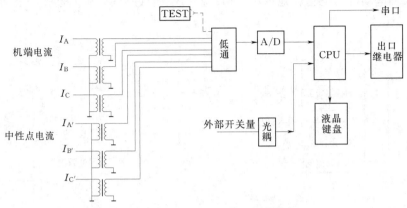

图 13.34　LFP-984A 装置硬件结构

13.4.2　主要功能及说明

（1）电流纵差保护。电动机容量在 5MW 以上时才装设，或 2MW 以上电流速断灵敏度不满足要求时，才装设电流纵差保护。

（2）短路保护或启动时间过长及堵转保护：Ⅱ段定时限过电流保护。

（3）不平衡保护（包括断相或相序接反）：Ⅱ段定时限负序过电流保护，Ⅰ段反时限负序过电流保护。

（4）过负荷保护。

（5）过热保护：分过热报警和过热跳闸，应有热记忆与禁止再启动功能（最好有实时显示热积累情况）。

（6）接地保护：零序过电流/小电流接地选线，定子零序电压保护。

（7）低电压保护。

（8）过电压保护。

（9）非电量保护（如轴承温度）。

（10）操作回路和故障录波。

（11）如果是同步电动机，应设失步保护、失磁保护等。

（12）遥信。

（13）断路器分、合控制。

（14）P、Q、I_A、I_C、$\cos\varphi$ 遥测。

（15）SOE、脉冲输入等。

13.4.3　电流纵差保护

（1）接线如图 13.35 所示，可以采用两相式差动保护（5MW 以下）。

（2）比率差动特性如图 13.36 所示。

$$
\left.
\begin{aligned}
&I_{oper} = |\dot{I}_T - \dot{I}_N| \\
&I_{brk} = \left|\frac{\dot{I}_T + \dot{I}_N}{2}\right| \\
&I_{oper} > I_{oper0} \qquad (I_{brk} \leqslant I_N) \\
&I_{oper} > I_{oper0} + K_b(I_{brk} - I_N)
\end{aligned}
\right\}
\tag{13.49}
$$

（3）差动电流速断：$(3\sim8)I_N$，动作后直跳。

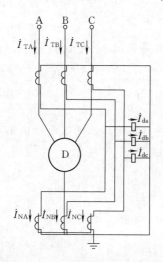

图 13.35　电动机纵差保护接线

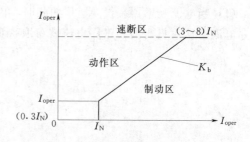

图 13.36　比率差动特性

13.4.4　短路保护、启动时间过长、堵转保护

（1）电流迅速增大。

（2）框图如图 13.37 所示。

（3）电流算式

$$I=\sqrt{\frac{1}{N}\sum_{k=1}^{N}\left[i(k)\right]^2}\tag{13.50}$$

取 $f_s=600\text{Hz}$。

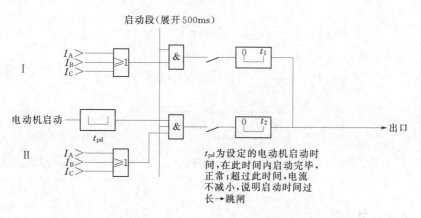

图 13.37　过电流Ⅰ、Ⅱ段框图

13.4.5　比平衡保护（负序电流保护）

13.4.5.1　负序电流的算法

当电动机装设三相电流互感器时，若 $f_s=600\text{Hz}$，则可用式（13.39）进行负序电流的计算，该式计算工作量小，只要将电压改为电流即可。当用 i_A、i_B、i_C 表示时，即为

$$\mathrm{Re}(3\dot{I}_{A2}) = \frac{1}{6}\sum_{k=1}^{12}[i_A(k) - i_B(k) + i_B(k-2) - i_C(k-2)]\sin k\frac{\pi}{6}$$

$$\mathrm{Im}(3\dot{I}_{A2}) = \frac{1}{6}\sum_{k=1}^{12}[i_A(k) - i_B(k) + i_B(k-2) - i_C(k-2)]\cos k\frac{\pi}{6}$$

所以
$$|\dot{I}_{A2}| = \frac{1}{3\sqrt{2}}\sqrt{[\mathrm{Re}(3\dot{I}_{A2})]^2 + [\mathrm{Im}(3\dot{I}_{A2})]^2} \tag{13.51}$$

(1) 当电流互感器装设 A、C 两相时。因电动机中性点不接地，所以电动机不可能有零序电流。从而只要消去正序电流就可取得负序电流，如图 13.38 所示。

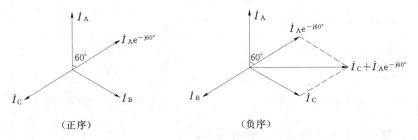

（正序）　　　　　　　　　　（负序）

图 13.38　负序电流获取相量图

由相量图可见，负序电流可表示为

$$\dot{I}_2 = \frac{1}{\sqrt{3}}(\dot{I}_C + \dot{I}_A e^{-j60°}) \tag{13.52}$$

当 $f_s = 600\mathrm{Hz}$ 时

$$i_2(k) = \frac{1}{\sqrt{3}}[i_C(k) + i_A(k-2)] \tag{13.53}$$

所以
$$\left.\begin{array}{l}\mathrm{Re}(\dot{I}_2) = \dfrac{1}{6\sqrt{3}}\sum_{k=1}^{12}[i_C(k) + i_A(k-2)]\sin k\dfrac{\pi}{6} \\[3mm] \mathrm{Im}(\dot{I}_2) = \dfrac{1}{6\sqrt{3}}\sum_{k=1}^{12}[i_C(k) + i_A(k-2)]\cos k\dfrac{\pi}{6} \\[3mm] I_2 = \dfrac{1}{\sqrt{2}}\sqrt{[\mathrm{Re}(\dot{I}_2)]^2 + [\mathrm{Im}(\dot{I}_2)]^2}\end{array}\right\} \tag{13.54}$$

(2) 负序电流。负序电流也可采用如下算式（$f_s = 600\mathrm{Hz}$），I_2 通过式（13.53）求得，即

$$i_{A2}(k) = \frac{1}{3}[i_A(k) - i_B(k) + i_B(k-2) - i_C(k-2)]$$

所以
$$I_2 = \frac{\pi}{12\sqrt{2}}\sum_{k=1}^{6}|i_{A2}(k)| \tag{13.55}$$

对于二相式 TA，由式（13.53）得到 I_2 为

$$I_2 = \frac{\pi}{12\sqrt{2}}\sum_{k=1}^{6}\frac{1}{\sqrt{3}}|i_C(k) + i_A(k-2)| \tag{13.56}$$

13.4.5.2 两段负序过电流保护（保护断相、反相、匝间短路、严重电压不对称）

（1）Ⅰ段为定时限。

（2）Ⅱ段可通过控制字工作在定时限或反时限方式。当工作于反时限方式时，动作时间 t 为

$$t = \frac{80}{\left(\dfrac{I_2}{I_P}\right)^2 - 1} t_P \tag{13.57}$$

式中　I_P、t_P——Ⅱ段负序电流的定值、时限（0~1s）。

13.4.5.3 负序过负荷报警

由控制字工作在定时限或反时限。反时限方式见式（13.57），只是 I_P、t_P 为过负荷负序的报警值。

13.4.6 过热保护

热模型中的等效电流 I_{eq}，即

$$I_{eq}^2 = K_1 I_1^2 + K_2 I_2^2 \tag{13.58}$$

式中　K_1——系数，启动时间 t_{qd} 前取 0.5；t_{qd} 以后取 1；

　　　K_2——系数，一般为 3~10，可取 $K_2 = 6$。

动作方程

$$\left[\left(\frac{I_{eq}}{I_N}\right)^2 - (1.05)^2\right] t \geqslant \tau \tag{13.59}$$

式中　τ——电动机热积累值，即发热时间常数 HEAT，一般为 150~1500s。

当计算的热积累值达到过热报警水平 HEAT×GRBJ 时，发报警信号；当热积累值达到 HEAT 时发跳闸信号。

当电动机被热保护跳闸后，并不能立即再次启动，要等到电动机散热（热模型中有模拟散热）到允许启动的温度时，才能再启动。紧急情况下通过热复归接点强制将热模型恢复到"冷态"，如图 13.39 所示。

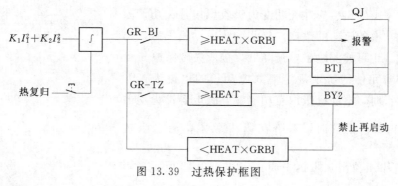

图 13.39　过热保护框图

13.4.7 其他保护

（1）过负荷保护。

（2）零序过电流/小电流接地选线。

（3）零序过电压保护。

（4）低电压、过电压保护。

（5）TV 断线检查，同前。

13.4.8　同步电动机失步、失磁保护

对于同步电动机除上述保护外（无过热保护），还应装设失步、失磁保护，此外还有强行励磁、非同步冲击等。

13.4.8.1　失步保护

同步电动机功角特性如图 13.40 所示。

$$P = \frac{UE_q}{X_d}\sin\delta$$

可见，当励磁电流减小，$U\downarrow \to \delta\uparrow \to$ 导致失步，失步后→异步运行→产生交变转矩→机械和电气均发生共振→损坏电动机，因此需装设失步保护。检测转子回路出现交流即判为失步，如图 13.41 所示。时间元件 t_1 防止 $i_\sim$ 下降返回，导致 t_2 延时防止外部不对称故障、自启动过程中加励，在励磁回路中产生交流分量电流导致失步保护误动。对于负荷平稳的同步电动机，可检测定子过负荷来检测失步，构成失步保护。

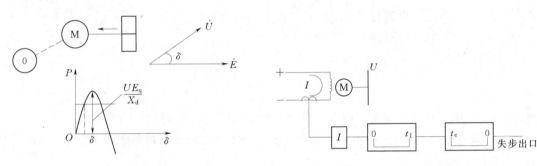

图 13.40　同步电动机功角特性　　　　　　　　图 13.41　失步保护框图

13.4.8.2　失磁保护

失磁保护可反映部分失磁的保护。同步电动机失磁后，无功功率由发出感应性无功变为吸收感应性无功，因此可用无功功率的流向的改变，检测同步电动机失磁，构成失磁保护。也可检测励磁电流降低，构成失磁保护。

无功方向元件的实现规定流入电动机的电流为正方向；正常运行时，电动机吸取有功电流，吸取容性无功电流，当 $\dot U$ 作参考相量时，$\dot I$ 落在第 1 象限，测量阻抗 $Z_m = \dfrac{\dot U}{\dot I}$ 落在第 4 象限（阻抗平面），如图 13.42 所示。图中，过 O 点作与 R 轴夹角 $10°$ 的直线 $\overline{ab}$，当 Z_m 落在阴影线一侧时，可判电动机失磁。设整定阻抗 Z_{set} 与 $\overline{ab}$ 垂直（Z_{set} 阻抗角为 $80°$），则当

$$|Z_m - Z_{set}| < |Z_m + Z_{set}| \tag{13.60}$$

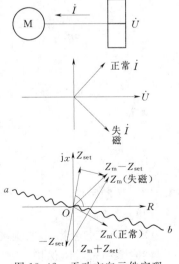

图 13.42　无功方向元件实现

时，肯定 Z_m 落在 $\overline{ab}$ 有阴影线一侧。写成比相形式时，有

$$-90° < \arg \frac{Z_{set}}{Z_m} < 90°$$

或

$$90° < \arg \frac{\dot{I}Z_m}{\dot{I}Z_{set}} < 270°$$

因为 $\dot{I}Z_m = \dot{U}$，故上式写成

$$90° < \arg \frac{\dot{U}}{\dot{I}Z_{set}} < 270° \tag{13.61}$$

计及 $Z_{set} = |Z_{set}| e^{j80°}$ 写成

$$90° < \arg \frac{\dot{U}}{\dot{I}e^{j80°}} < 270° \tag{13.62}$$

采用全周傅式算法，可以得到

$$\mathrm{Re}(\dot{U}) = \frac{2}{N}\sum_{k=1}^{N} u(k)\sin k\frac{2\pi}{N}$$

$$\mathrm{Im}(\dot{U}) = \frac{2}{N}\sum_{k=1}^{N} u(k)\cos k\frac{2\pi}{N}$$

$$\mathrm{Re}(\dot{I}e^{j80°}) = \frac{2}{N}\sum_{k=1}^{N} i(k)\sin\left(k\frac{2\pi}{N}-80°\right)$$

$$\mathrm{Im}(\dot{I}e^{j80°}) = \frac{2}{N}\sum_{k=1}^{N} i(k)\cos\left(k\frac{2\pi}{N}-80°\right)$$

式（13.62）的算式为

$$\mathrm{Re}(\dot{U})\mathrm{Re}(\dot{I}e^{j80°}) + \mathrm{Im}(\dot{U})\mathrm{Im}(\dot{I}e^{j80°}) < 0 \tag{13.63}$$

从而实现了无功方向元件，实现失磁保护。

本 章 小 结

本章主要介绍了线路、变压器、电动机等电力设备的微机继电保护组成、原理及定值设置。

（1）微机线路保护的应用算法以及对线路保护遇到问题时的特殊处理方法。

（2）微机变压器差动保护的差动电流获取、应用算法及保护原理等。

（3）微机电动机保护的差动电流获取、应用算法及保护原理等。

复 习 思 考 题

1. 微机变压器差动保护差动电流的获取方式与常规继电保护相比有什么不同？

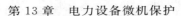
2．微机保护中如何进行模拟量的测量？可有哪几种算法实现？

3．微机保护中如何进行单相接地故障的检测？

4．电容器保护测控装置有哪些功能？

5．简述微机保护变压器测控装置的主要功能。如何实现变压器的差动保护？

6．简述微机保护电动机测控装置的主要功能。如何实现同步电机的失磁及失步保护？

第14章 变电站综合自动化技术

14.1 变电站自动化技术基础

14.1.1 概述

随着微电子技术、计算机技术和通信技术的发展,变电站综合自动化技术得到了迅速发展。变电站综合自动化成为当前我国电力行业推行技术进步的重点之一。变电站的建设和技术改造都把综合自动化作为目标。对新建的变电站,必须采用先进的技术,提高变电站的自动化水平,增加四遥功能,并根据自身的条件逐步实现无人值班和调度自动化。对于已建成的变电站,应通过技术改造、设备更新,逐步实现变电站的综合自动化。

变电站综合自动化是将变电站的二次设备(包括测量仪表、信号系统、继电保护、自动装置和远动装置等)经过功能的组合和优化设计,利用先进的计算机技术、现代电子技术、通信技术和信号处理技术,实现对一座变电站或变电站枢纽的主要设备运行工况的自动监视、测量、自动控制、微机保护、调度、通信等综合性的自动化功能。变电站综合自动化系统,是利用多台微型计算机和大规模集成电路组成的自动化系统,代替常规的测量和监视仪表,代替常规控制屏、中央信号系统和远动屏,用微机保护代替常规的继电保护屏,改变常规的继电保护装置不能与外界通信的缺陷。因此,变电站综合自动化是自动化技术、计算机技术和通信技术等高科技在变电站领域的综合应用。变电站综合自动化系统可以采集到比较齐全的数据和信息,利用计算机的高速计算能力和逻辑判断功能,可方便地监视和控制变电站内各种设备的运行和操作。变电站综合自动化系统具有功能综合化、结构微机化、操作监视屏幕化、运行管理智能化等特征。

变电站实现综合自动化,其优越性如下:

(1) 提高了变电站运行的安全性和可靠性。变电站综合自动化系统中的各子系统多由微处理器组成,它们具有故障诊断功能。除了微机保护能迅速发现被保护对象的故障并切除故障外,有的自控装置兼有监视其控制对象工作是否正常的功能,发现其工作不正常及时发出告警信息。微机保护装置和微机型自动装置还具有故障自诊断功能,这是当今的综合自动化系统比其常规的自动装置或"四遥"装置突出的特点,这使得采用综合自动化系统的变电站一次、二次设备的可靠性大大提高。

(2) 提高了变电站的运行、管理水平。变电站实现自动化后,监视、测量、记录、抄表等工作都由计算机自动进行,既提高了测量的精度,又避免了人为的主观干预,运行人员只要通过观看 CRT 屏幕,对变电站主要设备和各输、配电线路的运行工况和运行参数便一目了然。综合自动化系统具有与上级调度通信功能,可将检测到的数据及时送往调度中心,使上一级管理中心能及时掌握各变电站的运行情况,通过视频监控能对全区域内的变电站进行必要的调节与控制,且各种操作都有事件顺序记录可供查阅,大大提高运行管理水平。

（3）减少了变电站维护工作量和值班人员的劳动量，实现减人增效的目标。由于变电站综合自动化系统中，各子系统有故障自诊断功能，系统内部有故障时能自检出故障部位，缩短了维修时间。微机保护和自动装置的定值又可在线读出检查，可节约定期核对定值的时间，而监控系统的抄表、记录自动化，值班员可不必定时抄表、记录，可实现少人值班。如果配置了与上级调度的通信功能，能实现遥测、遥信、遥控、遥调，则完全可实现无人值班，达到减人增效的目的。

（4）缩小了变电站占地面积，降低造价，减少总投资。变电站综合自动化系统由于采用微计算机和通信技术，可以实现资源共享和信息共享。同时由于硬件电路多数采用大规模集成电路，结构紧凑、体积小、功能强，与常规的二次设备相比，可以大大缩小变电站的占地面积。而且随着微处理器和大规模集成电路价格的不断下降，微计算机性价比逐步上升，变电站综合自动化系统的造价会逐渐降低，而性能和功能会逐步提高，因而可以减少变电站的总投资。

变电站的运行管理要逐步实行"无人值班、少人值守"的现代化管理模式。这一管理模式将大大提高运行的可靠性，减少人为事故，保障整个变电站系统安全，提高劳动生产率，降低建设成本，推动变电站行业的科技进步，具有明显的经济效益和社会效益。

采用综合自动化系统不仅可以全面提高无人值班的技术水平，也可提高其运行可靠性。

14.1.2 变电站自动化系统的特点

变电站自动化系统具有功能综合化、测量显示数字化、操作监视屏幕化、运行管理智能化的特点。综合自动化系统具有分级分布式、微机化的结构，系统内各子系统和各功能模块由不同配置的单片机或微型计算机组成，采用分布式结构，通过网络、总线将微机保护、数据采集、控制等各子系统连接起来，构成一个分级分布式的系统。一个综合自动化系统可以有十几个甚至几十个微处理器同时并行工作，实现各种功能。变电站综合自动化系统具有以下特点。

14.1.2.1 功能综合化

变电站综合自动化系统是个技术密集、多种专业技术相互交叉、相互配合的系统。它是建立在计算机硬件和软件技术、数据通信技术的基础上发展起来的。它综合了变电站内除一次设备和交流、直流电源以外的全部二次设备。微机监控子系统综合了原来的仪表屏、操作屏、模拟屏和变送器柜、远动装置、中央信号系统等功能，微机保护子系统代替了电磁式或晶体管式的保护装置，还可根据用户的需要，微机保护子系统和监控子系统结合，综合了故障录波、故障测距和小电流接地等子系统的功能。

14.1.2.2 测量显示数字化

长期以来，变电站采用指针式仪表作为测量仪器，其准确度低、读数不方便。采用微机监控系统后，彻底改变了原来的测量手段，常规指针式仪表全被 CRT 显示器上的数字显示所代替，直观、明了。而原来的人工抄表记录则完全由打印机打印、报表所代替。不仅减轻了值班员的劳动，而且提高了测量精度和管理的科学性。

14.1.2.3 操作监视屏幕化

变电站实现综合自动化后，无论是有人值班，还是无人值班，操作人员在变电站内，或者在主控站或调度室内，面对彩色屏幕显示器，对变电站的设备和输电线路进行全方位的监视与操作。常规庞大的模拟屏被 CRT 屏幕上的实时主接线画面取代常规在断路器安装处或控制屏上进行的跳、合闸操作，被 CRT 屏幕上的鼠标操作或键盘操作所代替常规的光字牌报警信号，被 CRT 屏幕画面闪烁和文字提示或语言报警所取代，即通过计算机上的 CRT 显示器，可以监视全变电站的实时运行情况和对各开关设备进行操作控制。

14.1.2.4 运行管理智能化

变电站综合自动化的另一个突出特点是运行管理智能化。智能化的含义不仅是能实现许多自动化的功能，例如：电压、无功自动调节，不完全接地系统单相接地自动选线，自动事故判别与事故记录，事件顺序记录，制表打印，自动报警等，更重要的是能实现故障分析和故障恢复操作智能化而且能实现自动化系统本身的故障自诊断、自闭锁和自恢复等功能。这对于提高变电站的运行管理水平和安全可靠性非常重要，也是常规的二次系统所无法实现的。

总之，变电站实现综合自动化可以全面提高变电站的技术水平和运行管理水平，使其能适应智能现代化大系统运营的需要。

14.1.3 变电站自动化系统的内容和要求

14.1.3.1 变电站自动化系统的内容

变电站综合自动化系统的内容包括电气量的采集和电气设备（如断路器等）的状态监视、控制和调节。实现变电站正常运行的监视和操作，保证变电站的正常运行和安全。发生事故时，由继电保护和故障录波等完成瞬态电气量的采集、监视和控制，并迅速切除故障和完成事故后的恢复正常操作。从长远的观点看，综合自动化系统的内容还应包括高压电器设备本身的监视信息（如断路器、变压器和避雷器等的绝缘和状态监视等）。除了需要将变电站所采集的信息传送给运行管理中心和检修中心外，还要送给上一级指挥中心和管理单位的调度中心，以便为电气设备的监视和制订检修计划提供原始数据。

14.1.3.2 变电站自动化系统的要求

变电站自动化系统应能够进行变电站运行时的电量、非电量及运行状态的测量、信号采集、监督和报警，主要参数和主要事件顺序的记录、分析等处理，故障数据的记录和分析，运行时的状态分析维修调试等工作。

变电站自动化系统监控级应能够自动或者根据运行人员的指令，实时显示变电站主要设备的运行状态和参数、主要设备的操作流程、事故和故障报警信号及有关参数和画面。系统应该具有完善的通信功能，接收上级调度指令和向上级计算机传送变电站运行的各种数据具有较强的容错能力、故障自诊断能力和故障恢复能力，提供用于变电站机组故障判断、调试和故障处理指导等的辅助工具具有系统功能扩展能力和重组能力。

变电站自动化系统是对变电站传统的继电保护、控制方式、测量手段、通信和管理模式的一次全面技术改造，其基本功能应能达到自动控制、监视、测量、人机联系、数据处理与记录、通信、微机保护、继电保护等功能。

14.1.4 变电站自动化系统组成及功能

变电站自动化系统由以下几个模块组成：监测子系统、控制子系统、保护子系统、通信子系统、管理子系统。

14.1.4.1 变电站自动化监测系统

(1) 变电站自动化监测系统应能对变电站各种电量、非电量的运行数据进行巡回检测、采集和记录，定时制表打印、存储、模拟图形显示。根据这些参数的给定限值进行监督、越限报警等。

(2) 变电站自动化监测系统应具有事故追忆功能，发生事故时，自动显示与事故有关的参数的历史值、事故期间的采样值及相关事件顺序。需要进行追忆的参数包括：主变压器高低压侧母线的三相电压、三相电流和频率，主电动机的三相电压、三相电流、励磁电流、励磁电压、转速。

(3) 变电站信号系统应设置总事故、总故障信号，计算机通过显示系统区分信号性质并且记录所有事件的顺序和性质。

14.1.4.2 变电站自动化控制系统

(1) 系统应能根据变电站当时的运行状态，按照给定的控制模型或者控制规律对变电站的变压器进行自动控制。也可根据变电站的需要对变电站实行远距离的调度和控制。

(2) 变电站自动化控制系统的功能主要包括：

1) 变电站的主变压器、站用变压器、电容器等的投入、退出控制。

2) 主机机组的启、停控制。

3) 励磁设备的自动调节与控制。

14.1.4.3 变电站自动化保护系统

(1) 变电站自动化保护系统应能对主变压器、站用变压器以及母线进行自动保护。

(2) 变电站自动化系统的保护功能包括：

1) 传统的保护功能：

a. 主机保护系统包括差动保护、三相过负荷保护、零序电流保护、热过载反时限过电流保护、低电压保护、失磁和失步保护。

b. 主变压器保护系统包括差动保护、高压侧零序电流保护、高压侧零序电压保护、高压侧三相过电流保护、高压侧过负荷保护、高压侧低电压保护、低压侧零序电压保护、低压侧三相过电流保护、重瓦斯和轻瓦斯保护。

c. 站用变压器保护系统包括电流速断保护、三相过负荷保护、过电流保护。

d. 电动机电压等级的母线联络线的保护包括速断保护、三相过负荷保护。

e. 其他保护。

2) 特殊的保护功能：

a. 通信功能。微机保护装置应能够通过标准的通信接口（如 RS - 422、RS - 485）按照一定的通信协议将保护动作信息、装置自检信息等传输给上级系统，或者接受定值修改、动作信息复归、校时等命令。

b. 远方整定功能。在监控显示器上对继电保护进行远方整定，同时必须进行整定值的返校和确认。

c. 保护功能的远方投切。微机保护中的各项功能由计算机软件控制是否投入实行保护。

d. 信号传输及复归功能。信号传输采用数字信号，不仅具有未复归前的掉电保护功能，并且具有多次历史事件的记录功能。

e. 独立性。微机保护要求一套 CPU 系统只完成一个开关或者一台设备的保护。同时保护与通信、测量及远动系统无关。

14.1.4.4 变电站自动化通信系统

（1）变电站中央控制室计算机系统应与变电站管理计算机系统通过通信线路连接在一起。变电站管理计算机系统应该通过通信线路连接上级管理单位的计算机系统或者计算机网络。

（2）变电站计算机系统应该能够连接专用电力通信网络或者通过公共数据交换网络向上级管理部门提供数据或者查询服务。

14.1.4.5 变电站自动化管理系统

（1）变电站自动化系统应能根据上级的调度指令控制机组的运行，根据变电站当前的电力数据，按照经济运行模型控制机组的运行统计并分析变电站阶段运行的情况，形成报表，通过通信线路向上报告。

（2）变电站自动化管理系统的功能包括：

1）与监督、测量有关的管理。包括记录和监督变电站运行时的电量、非电量测量值记录与各种与报警有关的数据记录、分析部分参数变化趋势存储部分参数形成历史数据并长期保存产生各种报表。

2）与控制有关的管理。包括记录各种控制动作的原因、时间、结果，各种控制功能的工作流程，各种控制参数的设定、修改以及控制模型的修改。

3）与保护有关的管理。包括保护动作的记录、报警，整定值的给定、修改，保护功能的投入和退出。

4）其他管理。管理功能还包括系统规模的定义，各种测量、控制、保护功能的组态，各种报表、操作画面的制作，各种与管理有关的数据向网络上各级管理部门进行发送等。

14.2 变电站自动化系统的结构

变电站自动化系统一般采用分层分布式网络结构，符合 IEEE 802.3 以太网结构标准。根据变电站的实际情况和系统的具体要求，从下层到上层可将其分为四级结构：现场级、监督控制级、变电站管理级、决策管理级。

14.2.1 现场级

现场级网络结构应包括安装在变电站现场的若干台功能独立的智能设备（智能单元），完成变电站各种数据测量、现场控制和运行保护，及各种状态信号、保护信号采集、监督工作。现场级主要依靠智能单元利用冗余、屏蔽的总线式通信线路互连起来，可以相互或者和上一级网络进行数字通信，从而达到协调、可靠工作的目的。

14.2.2 监督控制级

监督控制级设置在变电站控制室内，是自动监控系统的中心，控制人员可通过该层在集控室或远程来实现对整个变电站的集中监控操作、信号和管理，对第一级现场采集的所有数据进行处理、分析、存储，形成报表，完成所有控制指令的收集和发布，完成保护动作的分析和指示，以各种方式（如流程图、趋势图、模拟棒状图、表格等）表达整个变电站的数据。生成实时数据库和历史数据库，访问控制数据库，实现远程控制。它还应能进行机组等设备的启动准备工作的检测、判断和显示，收集和分析机组启动数据。同时完成对系统的功能组态、流程图的制作、保护定值整定、控制模型修改等工作。监督控制级还应在控制室内设置一台与计算机连接的大屏幕投影仪，以便显示变电站的各种运行参数、画面（如电气主接线图）或者用于变电站运行的操作指导，以便多人能够同时了解变电站当前的工况。

14.2.3　变电站管理级

变电站管理级负责整个变电站的运行管理、调度和优化。应能接收监督控制级送来的各种实时数据或者历史数据，以便各部门的管理人员都可以随时观察变电站的运行状态。变电站管理级应能对管理处所有的事务进行管理，向上一级管理部门发送各种数据或接收上一级管理部门的命令和指示。

14.2.4　决策管理级

决策管理级使信息通过公共数据交换网络或公共电话网传输，保证系统具有调度、决策功能。决策管理级负责收集整个电力网数据、工情数据，通过对有关数据的分析，在变电站优化调度决策支持系统的协助下形成调度指令，然后通过计算机网络将调度指令以控制数据库的形式发送给每个变电站工程的集中控制层去执行，完成对所在电力网的一座或全部变电站进行运行调度。

变电站自动监控系统现场级和监控级宜采用总线式结构，变电站管理级采用总线式或环形结构，决策管理级通过专用电力数据网络或者公共数据网络连接，利用这一网络可以完成电力数据的传输和电力调度等工作。

变电站自动监控系统网络结构的安全策略：计算机监控系统的现场采集单元宜采用单机形式。计算机监控系统的现场级和监控级宜采用双机系统，双机互为热备份。信息化系统的现场级和监控级必须采用双机系统，双机互为热备份。变电站自动化系统框图如图14.1 所示。

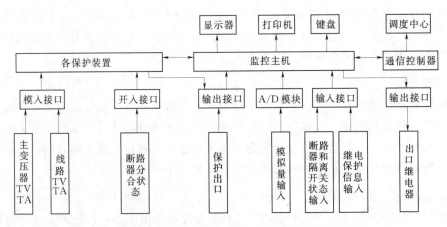

图 14.1　变电站自动化系统框图

14.3 变电站自动化系统的数据处理技术

14.3.1 变电站数据采集系统

在变电站运行过程中，为了及时了解各电力设备的工作情况，需要对变电站的一些参数进行监测。这些参数包括主机组的工作电压、工作电流、功率因数等。这些参数中有非电量参数和电量参数两部分，为了进行自动测量，必须把它们都变成标准信号，才能由自动化装置采集。变电站数据采集系统包括模拟量、开关量和电能量的采集。

14.3.1.1 模拟量采集系统

模拟量包括电气参数、非电量参数。电气参数包括：变电站主变压器高低压侧的三相电压、三相电流、有功功率、无功功率、功率因数、频率，主机电压等级的母线联络线的三相电压、三相电流，主机电压等级的母线三相电压、三相电流、频率、相位、有功功率、无功功率、功率因数、有功电量、无功电量；同步电动机励磁电流与励磁电压；电容器的电流、无功功率；各辅机设备、各种低压配电装置等的电流、电压、频率；变电站站用变压器低压侧出线的三相电压、三相电流、有功功率、无功功率，变电站站用变压器低压侧出线的三相电压、三相电流、有功功率、无功功率；直流电源电压、电流等。

14.3.1.2 开关量采集系统

开关量参数包括：反映变电站运行状态的隔离开关、断路器、操纵机构的位置信号，有载调压变压器分接头的位置、同期检测状态；变电所、机组设备等的电气开关状态，继电保护动作信号、运行告警信号、系统安全自动装置的动作信号等。

开关量包括高压进线开关，主机断路器，主机励磁电源开关，站变断路器，低压侧母线开关，低压联络开关，主机组过负荷动作、速断动作、低电压动作、零励动作等。

14.3.1.3 电能量采集系统

电能计量是指对有功电能和无功电能的电能量采集。电能量采集可采用脉冲电能表、机电一体化电能计量表或专用的微机型电能计量表计量。

14.3.2 变电站数据通信技术

14.3.2.1 变电站自动化系统的数据通信

变电站自动化系统的数据通信应包括两方面的内容：一是自动化系统内部各子系统或各种功能模块间的信息交换；二是变电站自动化系统与控制中心间的通信。

数据通信的内容很广，计算机与计算机、一个系统与另一个系统、计算机内部各部件间、CPU与存储器、磁盘及人机接口设备之间的信息交换都是数据通信的范畴。

变电站自动化系统实质上是由多台微机组成的分级分布式控制系统，包括微机监控、微机保护、变电站电能质量自动控制等多个子系统。在各个子系统中，往往又由多个智能模块组成。例如：微机保护子系统中，有变压器保护、电容器保护和变电站主电动机保护等。因此，在信息化系统内部，必须通过内部数据通信实现各子系统内部和各子系统间的信息交换和信息共享，以减少变电站二次设备的重复配置和简化各子系统间的互连，既减少重复投资，又提高了整体的安全性，这是常规的变电站二次设备所不能实现的问题。而且变电站是电能传输、交换、分配的重要环节。因此，对变电站信息化系统的可靠性、抗干扰能力、工作灵活性和可扩展性要求很高，尤其是在"无人值班，少人值守"变电站，不仅要求变电站自动化系统中所采集的电气量信息、各断路器、隔离开关的状态信息和继电保护动作信息等能传送给控制中心。自动化系统中各环节的故障信息也要及时上报控制中心，同时也要能接收和执行控制中心下达的各种操作和调控命令。

14.3.2.2　变电站自动化系统内的信息传输

在具有变电站层-单元层（间隔层）-现场层（设备层）的分层分布式自动化系统中需要传输的信息有如下四种：

（1）设备层及与间隔层间的信息交换。

1）间隔层的设备有控制测量单元或继电保护单元，或两者都具有。

2）设备层的高压断路器可能有智能传感器和执行器，可以自由地与单元层的装置交换信息。间隔层的设备大多数需要从设备层的电压和电流互感器采集正常和事故情况下的电压值和电流值，采集设备的状态信息和故障诊断信息，这些信息包括：断路器和隔离开关位置、主变压器分头位置、主电动机开关位置、变压器、互感器、避雷器的诊断信息以及断路器操作信息。

（2）单元层内部的信息交换。在一个单元层内部相关的功能模块间，即继电保护和控制、监视、测量之间的数据交换。这类信息有测量数据、断路器状态、器件的运行状态、同步采样信息等。

（3）单元层之间的通信。不同单元层之间的数据交换有：主、后备继电保护工作状态、互锁，相关保护动作闭锁，电压无功综合控制装置等信息。

（4）单元层和管理处层的通信。单元层和变电站层的通信内容很丰富，概括起来有以下三类。

1）测量及状态信息。正常和事故情况下的测量值和计算值，断路器、隔离开关、主变压器分接开关位置、各单元层运行状态、保护动作信息等。

2）操作信息。断路器和隔离开关的分、合命令，主变压器分接头位置的调节，自动装置的投入与退出等。

3）参数信息。微机保护和自动装置的整定值等。

14.3.2.3　变电站自动化系统通信的特点与要求

（1）通信网络的要求。由于数据通信在自动化系统内的重要性，经济、可靠的数据通信成为系统的技术核心，而由于变电站的特殊环境和自动化系统的要求，变电站自动化系统内的数据网络具有以下特点和要求。

1）快速的实时响应能力。变电站自动化系统的数据网络要及时地传输现场的实时运行信息和操作控制信息。在标准中对系统的数据传送都有严格的实时性指标，网络必须很好地保证数据通信的实时性。

2）很高的可靠性。变电站系统连续运行，数据通信网络也必须连续运行，通信网络的故障和非正常工作会影响整个变电站自动化系统的运行，设计不合理的系统，严重时甚至会造成设备和人身事故，造成很大的损失，因此变电站自动化系统的通信子系统必须保证很高的可靠性。

3）优良的电磁兼容性能。变电站是一个具有强电磁干扰的环境，存在电源、雷击、跳闸等强电磁干扰和地电位差干扰，通信环境恶劣，数据通信网络必须注意采取相应的措施消除这些干扰的影响。

4）分层式结构。这是由整个系统的分层分布式结构所决定的，也只有实现通信系统的分层，才能实现整个变电站自动化系统的分层分布式结构，系统的各层次又各自具有特殊的应用条件和性能要求，因此每一层都要有合适的网络系统。

（2）信息传输响应速度的要求。不同类型和特性的信息要求传送的时间差异很大，其具体内容如下：

1）正常运行状态监视信息。

a. 监视变电站的运行状态，需要传输电压、电流、有功功率、无功功率、功率因数、零序电压、频率等电气量测量值，传输这类信息需要经常传送，响应时间需满足 SCADA 的要求，一般不宜大于 1～2s。

b. 计量用信息，如有功电能量、无功电能量等，这类信息传送的时间间隔可以较长，传送优先级可以较低。

c. 刷新变电站层的数据库，需定时采集断路器的状态信息，继电保护装置和自动装置投入和退出的工作状态信息，可以采用定时召唤方式，以刷新数据库。

d. 监视变电站机、电设备安全运行所需要的信息，例如变压器、避雷器等的状态监视信息，变电站保安、防火有关的运行信息。

2）突发事件产生的信息。

a. 系统发生事故情况下，需要快速响应的信息，例如：事故时断路器的位置信号，这种信号要求传输时延最小，优先级最高。

b. 正常操作时的状态变化信息（如断路器状态变化）要求立即传送，传输响应时间要小，自动装置和继电保护装置的投入和退出信息，要及时传送。

c. 故障情况下，继电保护动作的状态信息和事件顺序记录，这些信息作为事故后用来分析事故，不需要立即传送，待事故处理完再送即可。

d. 故障发生时的故障录波，带时标的扰动记录的数据，这些数据量大，传输时占用时间长，也不必立即传送。

e. 控制命令、升降命令、继电保护和自动设备的投入和退出命令，修改定值命令的传输不是固定的，传输的时间间隔比较长。

f. 随着电子技术的发展，在高压电气设备内装设的智能传感器和智能执行器，高速地和自动化系统单元层的设备交换数据，这些信息的传输速率取决于正常状态时对模拟量的采样速率，以及故障情况下快速传输的状态量。

（3）各层次之间和每层内部传输信息时间的要求。

1）设备层和间隔层，1～100ms。

2）间隔内各个模块间，1～100ms。

3）间隔层的各个间隔单元之间，1～100ms。

4）间隔层和变电站层之间，10～1000ms。

5）变电站层的各个设备之间，大于 1000ms。

6）变电站和控制中心之间，大于 1000ms。

14.3.3　变电站数据通信的传输方式

在变电站自动化系统中，需要传输的信息有不同类型的模拟量、脉冲量、设备状态、开关变位信息和继电保护信息以及控制操作命令等，这些不同类型的信息对响应时间、传输速率、传输方式、差错率等要求各不相同。在实现数据通信时，必须分别处理。

14.3.3.1　串行通信与并行通信

在变电站自动化系统内部，各种自动装置间或继电保护装置与监控系统间，为了减少连接电缆，简化配线，降低成本，宜采用串行通信。

串行通信是数据一位一位顺序地传送，显而易见，串行通信数据的各不同位，可以分时使用同一传输线，故串行通信最大的优点是可以节约传输线，特别是当位数很多和远距离传送时，这个优点更为突出，这不仅可以降低传输线的投资，而且简化了接线。但串行通信的缺点是传输速度慢，且通信软件相对复杂些。因此适合于远距离传输，数据串行传输的距离可达数千千米。

并行数据通信是指数据的各位同时传送，可以字节为单位（8 位数据总线）并行传送，也可以字为单位（16 位数据总线）通过专用或通用的并行接口电路传送，各位数据同时发送，同时接收。显然，并行传输速度快，有时可高达每秒几十、几百兆字节，这在某些要求高速数据交换的系统是十分有用的。而且并行数据传送的软件简单，通信规约简单。但是在并行传输系统中，除了需要数据线外，往往还需要一组状态信号线和控制信号线，数据线的根数等于并行传输信号的位数。显然并行传输需要的传输信号线多，成本高，因此常用在传输距离短（通常小于 10m），要求传输速度高的场合。

14.3.3.2　数据通信系统的工作方式

数据通信系统的工作方式，按照信息传送的方向和时间，可分为单工通信、半双工通信和全双工通信三种形式。

单工通信是指信息只能按一个方向传送的工作方式；半双工通信方式是指信息可以双方向传送，但两个方向的传输不能同时进行，只能分时交替进行，因而半双工实际上是可以切换方向的单工方式；全双工通信方式是指通信双方可同时进行双方向的传送信息。

14.3.4　变电站串行数据通信接口

变电站综合自动化系统的串行数据通信主要是指数据终端设备（data terminal equipment，DTE）和数据电路端接设备（data circuit-terminating equipment，DCE）之间的通信。这里的 DTE 一般可认为是 RTU、计量表、图像设备、计算机等，DCE 一般指可直接发送和接收数据的通信设备，调制解调器也是 DCE 的一种。

在 DTE 和 DCE 之间传输信息时，必须有协调的接口，国际组织对 DTE 和 DCE 之间物理连接的机械、电气、功能和控制特性等制定了多个标准，常用的有 EIA-RS-232C 和 RS-422/RS-485。

14.3.5　变电站综合自动化系统的视频监视

14.3.5.1　视频监视对象

应对变电站的不同部位、主要辅助设施和重要电气设备、周边设施和建筑物等设置视频摄像装置。重要场所应使用云台和变焦镜头。

14.3.5.2 视频录像

视频监视系统中应设置录像机，用于对变电站运行情况进行必要的视频记录。

14.3.5.3 视频图像的显示与控制

在变电站本地视频监控主机上应可对视频图像进行直接控制，在局域网内的计算机上和远程有权客户机上亦可进行显示和控制。对视频图像的控制内容应包括画面的分割、画面的切换、云台的转动、焦距的调节、光圈的调节、像距的调节等。远程客户机与本站视频之间应通过视频控制数据库来交换控制信息。

14.3.6 变电站远传信息传输

为了提高变电站自动化水平和运行管理水平，无论是无人值班变电站，还是有人值班变电站，都需要把所采集的重要信息送给控制中心。同时，变电站也需接收控制中心下达的各种命令。由变电站向控制中心传送的信息，通常称为"上行信息"；而由控制中心向变电站发送的信息，称为"下行信息"。把变电站与控制中心之间相互传送的这两种信息统称"远传信息"，以便与变电站内部各子系统间或子系统与主系统间传输的"内部信息"相区别。远传信息应保证控制中心能掌握变电站的运行状况和主要运行参数的情况。对于无人值班的变电站，远传信息更为重要，变电站远传信息主要包括以下内容。

14.3.6.1 遥测信息

变电站的遥测信息量包括以下内容：

(1) 35kV 及以上线路及旁路断路器的有功功率（或电流）及有功电能量。

(2) 35kV 及以上联络线的双向有功电能量，必要时测无功功率。

(3) 三绕组变压器两侧有功功率、有功电能、电流及第三侧电流，二绕组变压器一侧的有功功率、有功电能、电流。

(4) 计量分界点的变压器增测无功功率。

(5) 各级母线电压（小电流接地系统应测 3 个相电压，而大电流接地系统只测 1 个相电压）。

(6) 站用变压器低压侧电压。

(7) 直流母线电压。

(8) 10kV 线路电流。

(9) 母线分段、母联断路器电流。

(10) 用遥测处理的主变压器有载调节的分接头位置。

(11) 并联补偿装置的三相电流。

(12) 消弧线圈电流。

(13) 主变压器温度。

(14) 保护设备的室温。

14.3.6.2 遥信信息

变电站的遥信信息量包括以下内容：

(1) 所有断路器位置信号。

(2) 反映运行方式的隔离开关的位置信号。

(3) 有载调节主变压器分接头的位置信号。

(4) 变电站事故总信号。

（5）35kV 及以上线路及旁路主保护信号和重合闸动作信号。

（6）母线保护动作信号。

（7）主变压器保护动作信号。

（8）低频减负荷动作信号。

（9）小电流接地系统接地信号。

（10）直流系统异常信号。

（11）断路器控制回路断线总信号。

（12）断路器操作机构故障总信号。

（13）继电保护及自动装置电源中断总信号。

（14）变压器冷却系统故障信号。

（15）变压器油温过高信号。

（16）轻瓦斯动作信号。

（17）继电保护、故障录波装置故障总信号。

（18）距离保护闭锁总信号。

（19）高频保护收信总信号。

（20）遥控操作电源消失信号。

（21）远动及自动装置用 UPS 交流电源消失信号。

（22）通信系统电源中断信号。

（23）TV 断线信号。

（24）消防及保卫信号。

14.3.6.3　遥控信息

变电站的遥控信息量包括以下内容：

（1）变电站全部断路器及能遥控的隔离开关。

（2）可进行电控的主变压器中性点接地刀闸。

（3）高频自发信启动。

（4）距离保护闭锁复归。

14.3.6.4　遥调信息

变电站的遥调信息量包括以下内容：

（1）有载调压主变压器分头位置调节。

（2）消弧线圈抽头位置调节。

14.4　变电站综合自动化局域网络技术

局部网络（Local Network）是一种在小区域内使各种数据通信设备互联在一起的通信网络，局部网络可分成两种类型：①局部区域网络，简称局域网（LAN）；②计算机交换机（CBX）。局域网是局部网络中最普遍的一种。

14.4.1　网络的拓扑结构

在网络中，一个或多个功能与传输线路互联的点称为节点，节点也可定义为网络中通向任何分支的端点，或通向两个或两个以上分支的公共点。各个站点相互连接的方法和形式称为网络拓扑。构成局域网络的拓扑结构有很多种，基本的网络拓扑结构有点对点、星形、总线形和环形四种。

14.4.1.1 点对点结构

两台计算机通过专用传输链路直接连接。这种通信方式可使用任何传输介质。

14.4.1.2 星形结构

星形结构是中央控制形结构。若干台计算机与一台计算机（主计算机或称中央节点）相连，中央节点执行集中式通信控制策略，因此中央节点比较复杂，任意两节点间通信必须由中央节点建立希望通信的节点间传输路径，各站点的通信处理负担很轻。这种方式与点对点结构一样，可使用多种传输介质。

14.4.1.3 总线形结构

总线拓扑结构采用单根传输线作为传输介质。所有的站点都接在一条公用的主干链路上。在主干链路（总线）上，任何时刻只允许两个站点间进行通信，但任何两个节点间通过总线直接通信，速度快，延迟和开销小，通信介质使用双绞线或同轴电缆为主。目前，由于光纤可提供更优的传输特性，因此亦开始应用。

14.4.1.4 环形结构

在环形拓扑结构中，局域网络是由一组用点到点链路连接为闭合环的中继器组成的，每个中继器都与两条链路相连。中继器是一种比较简单的设备，它能够接收一条链路的数据，并以同样的速度串行地把该数据传送到另一条链路上。这种链路是单向的，只能在一个方向传输数据，而且所有的链路都按同一方向传输。每个站都是通过一个中继器连接到网络上的，数据以分组形式发送。由于多个节点共享一个环，需要对此进行控制，以便决定每个站在什么时候可以把分组信息放在环上。每个节点都有控制发送和接收的访问逻辑。常用高达10Mbit/s传输速率的双绞线作为传输介质，同轴电缆和光纤均可作为环形结构的传输媒介。

14.4.2 变电站局域网络的模式

目前应用较多的局域网有 TOKEN RING、ARCNET 和 ETHERNET 等类型，这几种局域网各有不同的特点。

14.4.2.1 TOKEN RING 网络

TOKEN RING 采用 IEEE 802.5 标准，环网结构，介质访问控制选用令牌（Token）方式。

在传输效率、实时性和分布范围上均优于 ETHERNET，很适于采用光纤传输。但问题是当环网上的一个链节或重发器发生故障时，会导致整个网络的瘫痪，而且令牌管理的复杂性也对系统的可靠性构成威胁，这对于可靠性要求很高的变电站自动化系统是不利的。

14.4.2.2 ARCNET 网络

ARCNET 网络采用逻辑环令牌式的传输媒介访问控制方式，符合 IEEE 802.4 标准，支持总线、星形拓扑连接，具有结构简单、价格低廉、实时访问等特点。但该网络采用复杂的令牌管理方式和算法，以防止多令牌、令牌丢失、持有令牌的站故障等情况时全网瘫痪，因此网络的可靠性仍是一个主要问题。

14.4.2.3　ETHERNET（以太网）网络

ETHERNET 网络采用总线形拓扑结构，同轴电缆为传输媒介，采用 IEEE 802.3 标准，媒体访问方式为载波监听多路访问/冲突检测（CSMA/CD）方式，不支持带优先级的实时访问。

14.4.3　变电站综合自动化系统中的现场总线

在变电站自动化系统中，微机保护、微机监控和其他微机型的自控装置间的通信，大多数通过 RS-422/RS-485 通信接口相连，实现监控系统与微机保护和自动装置间的相互交换数据和状态信息。与变电站原来的二次系统相比，已有很大的优越性，可节省大量连接电缆，接线简单、可靠。

然而，在变电站自动化系统中，采用 RS-422/RS-485 通信接口，虽然可实现多个节点（设备）间的互连，但连接的节点数一般不超过 32 个，在变电站规模稍大时，便难以满足信息化系统的要求；其次，采用 RS-422/RS-485 通信接口，其通信方式多为查询方式，即由主计算机提问，保护单元或自控装置应答通信效率低，难以满足较高的实时性要求；再者，使用 RS-422/RS-485 通信接口，整个通信网上只能有一个主节点对通信进行管理和控制，其余皆为从节点，受主节点管理和控制，这样主节点便成为系统的瓶颈，一旦主节点出现故障，整个系统的通信便无法进行。另外，对 RS-422/RS-485 接口的通信规约缺乏统一标准，使不同厂家生产的设备很难互连，给用户带来不便。

现场总线是基于微机化的智能现场仪表，实现现场仪表与控制系统和控制室之间的一种全分散、全数字化、智能、双向、多变量、多点、多站的通信网络。它按国际标准化组织 ISO 和开放系统互联 OSI 提供了网络服务，可靠性高、稳定性好、抗干扰能力强、通信速率快、造价低、维护成本低。

随着大规模集成电路技术和微型计算机技术的不断发展，变电站自动化系统从体系结构上正面临着由原来面向功能往面向对象的方向发展。以往的变电站自动化系统是按保护、监控、故障记录和其他的自动控制等功能分为若干个相对独立的子系统，每个子系统有自己的输入和输出设备，造成设施重复，联系复杂，一方面是由于以前技术条件所限；另一方面也与各种功能发展过程中形成的管理体制和习惯有关。现在微机技术，尤其是单片机技术的发展，使人们认识变电站自动化系统按其服务对象（一次设备）将保护、测量集成在一起，然后通过网络联系起来，可以使体积大大缩小，有很多优越性。

变电站的自动化设备采用面向对象的微机化产品后，应用现场总线是必然趋势。

14.4.3.1　采用具有现场总线的自动化设备的优越性

（1）互操作性好。具有现场总线接口的设备不仅在硬件上标准化，而且在接口软件上也标准化。用户可优选不同厂家的产品集成为一个比较理想的自动化系统。

（2）现场总线的通信网络为开放式网络。以前，由于不同厂家生产的自动化设备通信协议不同，要实现不同设备间的互联比较困难。而现场总线为开放式的互联网络，所有技术和标准全是公开的，所有制造商必须遵循，使用户可以自由组成不同制造商的通信网络，既可与同层网络相连，也可与不同层网络互联，因此现场总线给自动化系统带来更大的适应性。

（3）成本降低。由于现场总线完全采用数字通信，其控制功能也可下放到现场。由现场总线设备组成的自动化系统，减少了占地面积，简化了控制系统内部的连接，可节约大量的连接电缆，使成本大大降低。

（4）安装、维护、使用方便。使用现场总线接口技术，无须用很多控制电缆连接各控制单元，只需将各个设备挂接在总线上，这样就显著减少了连接电缆，使安装更方便，抗干扰能力更强。

（5）系统配置灵活，可扩展性好。由于现场总线具有以上主要优点，因此今后变电站自动化设备采用现场总线是发展的方向。

14.4.3.2 变电站现场总线的模式

（1）LON WORKS 现场总线。LON WORKS（Local Operating Network）是美国 Echelon 公司于 1991 年推出的一种现场总线。LON WORKS 的核心是 Neuron 神经元处理芯片，收发器模块和 Lon Talk 通信协议。

（2）CAN 现场总线。CAN(Controller Area Network) 控制局域网是一种具有很高可靠性，支持分布式控制、实时控制的串行通信网络。CAN 总线最初用于汽车控制系统，成为一种运载工具，现在已推广应用于其他许多领域，例如工业自动化、机械制造、自动化仪表、环境控制等。并已成为国际标准 ISO 1898。CAN 总线采用双绞线串行通信方式，具有强的检错功能，可在高噪声干扰环境中使用，其最高通信速率可达 1Mbit/s，最大通信距离可达 5000m，可以与各种微处理器连接，目前在变电站信息化系统中，也已开始应用 CAN 总线。

14.5 变电站综合自动系统的设计与实现

变电站自动化具有电量和非电量的测量、控制、保护、报表管理、优化调度等信息化系统，可以将现场采集的设备运行数据通过网络实时地展示在各级管理人员面前。各级运行和管理人员直接通过办公室的计算机下达各种命令，监视和控制设备的运行，管理所运行人员通过广域网接收上级部门的指令，控制各类设备的可靠运行，并实现信息的快速传递和共享。

14.5.1 系统结构

整个网络建设包括三个层次：第一层，现场 LCU 采集控制网，采用基于现场总线结构的集散控制系统（DCS）。根据设备分布情况，各个采集控制站和控制室内的操作站组成一个以太网络结构，通过 TCP/IP 协议实现网络通信。第二层，管理处局域网：整个枢纽的所有科室通过局域网连接起来，实现无纸化办公和信息共享。一方面通过网关与第一层的数据采集和控制网相连，从而获得各机组运行的实时数据，便于在办公大楼内的各级领导和办公人员在各自的办公室终端前就能了解机组运行情况，同时，分管领导还可以经授权签发一些操作命令给相应操作站的值班人员，便于及时进行操作；另一方面，通过网关与省电力系统网络相连接。第三层，通过光纤与省电力系统网进行连接，以便上级调度部门随时了解变电站实际运行情况，从而实现远方指挥调度。

14.5.2 系统功能

（1）现场运行开关量、模拟量经第一层网传送到中控室的集中显示和越限报警等，控制信号由操作站或工程师站下传到现场单元进行各类设备的自动控制。

（2）管理所办公自动化系统主要包括工程管理、定置管理、值班记录管理、调度票管理和日常记录管理。

（3）远方调度指令管理。系统调度指令有两类：一类是电力部门的调度指令；另一类是管理处调度部门给变电站下达的调度指令。调度指令采用远传网络管理。如管理处调度部门通过内部局域网向站所发出一个调度指令单，站所负责人通过调度票管理系统接收到指令后，在收令人上签字后，便可将回执通过网络返回，同时调度票管理系统中保存该调度单，供备查。供电部门与各用户实行网络连通后，也可用相同的办法向闸站签发调度指令，同时在调度票管理系统中保存。

14.5.3　系统的实现

基于 Internet 和 Intranet，采用 TCP/IP 协议的浏览器/服务器（Browser/Server，B/S）模式的 MIS。该模式在客户端安装一个通用的浏览器，同时 B/S 的大部分功能都在服务器上得到实现，大大降低了日常维护的工作量，并且客户端无须开发用户界面程序，用户的操作就变得异常简单，用户只要会用浏览器即可。还有一个优点就是 B/S 模式不再局限于局域网内的应用，还可以通过 Internet 与外界直接进行信息交流。

随着计算机软硬技术发展，目前变电站自动化系统基本都采用基于 Intranet/Internet 的 B/S 模式。

14.5.4　数据库中数据的采集

自动化系统中数据的输入是整个系统有效运行的基础，也是比较重要的一个环节。作为一个变电站，一方面每时每刻有许多实时的数据产生，这些数据通过第一层监测控制网进入操作站进行及时显示并保存于实时数据库中，然后通过文件交换的方式将部分必要的数据进入 SQL Server 数据库。另一方面，进入 SQL Server 通用数据库后，各级各类人员不要到现场就可通过 Intranet 了解当前机组和一些设备的运行情况，远方调度指令和日常办公等产生的数据，通过网页交互功能就可传送，经 Web 服务器进入 SQL Server 数据库中保存。调度由领导根据情况经 Intranet 下达给相应的操作人员进行操作，并将操作结果返回给有关部门。所有的数据传递都通过网络进行，实现了办公无纸化和自动化，大大提高了变电站的管理水平和管理效率。

14.5.5　数据库安全设计

对于自动化系统来说，数据安全是十分重要的内容，即如何才能达到既提供丰富而高效的操作、访问和查询，又要保证整个系统中的信息安全可靠。系统除利用 Windows 2000 和 SQL Server 本身对数据安全控制外，还从以下几个方面来保证系统信息的安全。

（1）系统具有多级权限管理，对变电站管理人员实行密码签名，对工程管理实行双密码进入，修改后记录修改情况。权限不够，不可操作。密码只能由系统管理人员进行维护，其余值班员仅能对自己的密码进行修改。

（2）系统中对于已实施或废除的操作票不许修改和删除。

（3）采用约束和触发器，保证数据的有效性和合法性，利用参照完整性等技术保证数据的完整。

本 章 小 结

　　变电站综合自动化技术由智能化一次设备和网络化二次设备分层构建，建立在通信规范基础上，实现变电站内智能电气设备间信息共享和互操作。其主要优点是各种功能共用统一信息平台，避免设备重复投入，测量精度高，二次接线简单，电磁兼容性能优越、可靠性高，管理自动化。主要特点是变电站传输和处理的信息全数字化、过程设备智能化、统一的信息模型、统一的通信协议，数据无缝交换，各种设备和功能共享统一的信息平台。

复 习 思 考 题

1. 变电站实现综合自动化的优越性有哪些？
2. 简述变电站综合自动化系统组成及功能。
3. 如何进行变电站管理信息系统的设计与实现？

参 考 文 献

[1] 葛强，许建中，李端明. 泵站电气继电保护及二次回路 [M]. 北京：中国水利水电出版社，2009.
[2] 金永棋，钱武. 水电站电气二次部分 [M]. 北京：中国水利水电出版社，2000.
[3] 何永华. 发电厂及变电站的二次回路 [M]. 2 版. 北京：中国电力出版社，2012.
[4] 许建安. 水电站继电保护 [M]. 北京：中国水利水电出版社，2000.
[5] 郑贵林，王丽娟. 现代继电保护概论 [M]. 武汉：武汉大学出版社，2003.
[6] 张明君，弭洪涛. 电力系统微机保护 [M]. 北京：冶金工业出版社，2002.